新编21世纪高等职业教育精品教材
装备制造类

金属材料及加工工艺

主　审◎李振明
主　编◎王　真　吴明清　李艳侠
副主编◎董征莲
参　编◎苏成涛　张世亮　周兴蒽　方　雅
周　鹏　贾秋霜　王建立　徐　英
李高峰　王文广

中国人民大学出版社
·北京·

PREFACE

前言

党的二十大报告指出，教育、科技、人才是全面建设社会主义现代化国家的基础性、战略性支撑。教育是国之大计、党之大计。职业教育是我国教育体系的重要组成部分，肩负着“为党育人、为国育才”的神圣使命。本教材以习近平新时代中国特色社会主义思想为指导，深入贯彻落实党的二十大精神，将思想道德建设与专业素质培养融为一体，着力培养爱党爱国、敬业奉献，具有工匠精神的高素质技能人才。

本教材紧紧围绕高等职业教育的人才培养目标，依据岗位能力要求，结合多所职业院校骨干教师的教学经验和企业工程师的实践经验编写而成。

本教材着眼于机械类岗位群所需的专业技能和职业素养，与潍柴动力股份有限公司、歌尔声学股份有限公司、山东豪迈机械科技股份有限公司等企业合作，引入企业典型案例，采用项目制行动导向模式，引导学生对零件的材料选择和毛坯选择相关知识进行学习。教材内容由金属材料及加工工艺两大部分组成，按照 60 ~ 90 学时设计。适合作为机械类及近机械类专业的教材，也可作为机械行业一线员工岗位培训用书或相关领域的职业资格认证考试辅导书。

本教材的主要特点如下：

（1）素质教育与知识传授融合。教材注重落实立德树人根本任务，引导学生树立正确的价值观、人生观、职业观，培养其社会责任感和职业素养，实现知识教育与思想教育的有机结合。

（2）理论和实践相结合。教材体例规范，内容通俗易懂，讲解思路清晰，配套案例丰富。注重通过大量的企业案例增强学生的实践能力，案例选材强调普适性和代表性，便于学生理解和掌握。此外，项目后附有“职业能力训练”和“复习思考题”，帮助学生巩固和提高。

（3）注重实用性。教材充分考虑了机械设计行业的实际需求和发展趋势，紧密结合行业特点，注重培养学生的实际应用能力，使学生能够更好地适应行业发展的需要。教材注重讲解金属材料及加工工艺在实践中的应用，激发学生的学习兴趣，达到学以致用的目的。

本教材由山东交通职业学院王真、吴明清、李艳侠、董征莲、苏成涛，以及济南工程职业技术学院张世亮，山东商务职业学院周兴蒽，河南工业职业学院方雅，枣庄科技职业学院周鹏，潍坊职业学院贾秋霜，山东科技职业学院王建立，喀什职业技术学院徐英，潍柴动力股份有限公司李振明，歌尔声学股份有限公司李高峰，山东豪迈机械科技股份有限公司王文广编写完成。王真、吴明清、李艳侠担任主编，王真统稿，李振明主审。

由于时间仓促，加之编者水平有限，教材中难免存在不足之处，恳请广大读者批评指正。

编　者

CONTENTS

目 录

项目1 金属材料的性能

项目导读

材料是指人们用于制造器件、构件、机器或其他产品的物质。金属材料、有机高分子材料、无机非金属材料、复合材料统称为四大原材料。其中，金属材料具有良好的性能，是制造机械设备、工具量具、武器装备和生活用具的基本材料，广泛应用于多个领域。

为了设计和制造出性能优良、价格低廉的机械产品，首先要选择适宜的材料。如图1-1所示为减速器及其输入轴，该轴在使用过程中出现裂纹，说明材料性能未能满足要求。选择金属材料时，我们必须熟悉材料的各种性能，如物理性能、化学性能、力学性能和工艺性能等，这样才能从种类繁多的金属材料中选出适宜的。

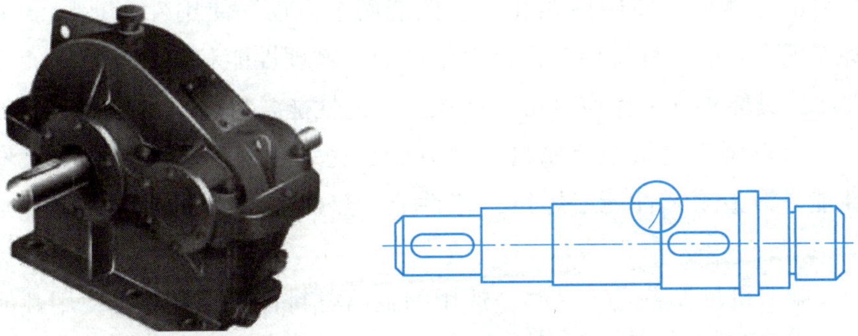

（a）单级圆柱齿轮减速器　　（b）输入轴（圆圈标注为裂纹位置）

图1-1　减速器及其输入轴

金属材料具有哪些使用性能和工艺性能呢？让我们带着问题来学习本项目的内容。

素养园地

合理选材的重要性——“泰坦尼克号”的启示

泰坦尼克号是英国皇家邮轮，也是当时最大的客运轮船，被誉为“永不沉没的巨轮”。泰坦尼克号的首次航行是从英国南安普敦出发，途经法国以及爱尔兰，计划中的目的地为美国纽约，但是就在这次航行中，它在北大西洋撞上冰山，2 000余名乘客和船员中，约有1 500人葬身海底。

据分析，造成泰坦尼克号沉没的原因不仅仅是撞上冰山，船舶设计和船体选材存在缺陷也是主要原因。据科学考察队对船体残骸金属样本的分析，在泰坦尼克号沉没地点的水温下，钢材因韧性不够而很快断裂。由于工程师只考虑到要增加钢的强度，而没考虑增加其韧性，因此当船撞上冰山时，船身被海平面下的冰山撕开一条口子，船的前部断裂，货舱迅速进水，在撞上冰山3个小时后就沉没了。

可见，机械设计过程中的材料选择至关重要，必须充分考虑零件的实际工作环境，确保安全性。

1.1 金属材料概述

金属材料是指工业领域所使用的纯金属或合金的总称。金属材料包括钢铁、有色金属及其合金。对纯金属而言，自然界中已发现的大约有70种，常见的金属有铁（Fe）、铜（Cu）、锌（Zn）、铅（Pb）、铝（Al）、锡（Sn）、镁（Mg）、镍（Ni）、钼（Mo）、钛（Ti）、金（Au）、银（Ag）等。由两种或两种以上的金属元素或金属元素与非金属元素组成的、具有金属特性的物质称为合金。例如，黄铜是由铜和锌组成的合金；碳钢和铸铁也是合金，主要由铁和碳组成。

金属材料的性能包括使用性能和工艺性能两个方面。使用性能是指金属材料在使用条件下所表现出来的各种特性，包括力学性能、物理性能和化学性能。使用性能是保证机械零件或工具能正常工作应具备的性能。工艺性能是指金属材料对不同加工工艺的适应能力，也可以用于衡量把金属材料制成产品这一过程的难易程度。工艺性能包括铸造工艺性能、锻造工艺性能、焊接工艺性能、热处理工艺性能以及切削加工工艺性能等。

在设计、制造机械设备及工具时，选用的金属材料首先应该满足使用性能。使用性能一般以力学性能为主，金属材料的力学性能是指金属材料在各种载荷作用下所表现的性能。金属材料的力学性能包括强度、塑性、硬度、韧性和疲劳强度等。随着机械与电控技术在产品中的结合越来越紧密，材料的物理性能也越来越受到重视。另外，在机械制造过程中，对金属材料的化学性能也有一定的要求，尤其要求耐高温、耐腐蚀。

零件和工具在使用过程中所受的力称为载荷，按作用方式不同，可分为拉伸、压缩、弯曲、剪切、扭转等；按性质又可分为静载荷和动载荷。静载荷是指力的大小不变或变化缓慢的载荷，如静拉力、静压力等；动载荷是指大小和方向随时间发生改变的载荷，如冲击载荷、交变载荷、循环载荷等。

1.2 金属材料的使用性能

一、力学性能

1. 强度

金属材料抵抗塑性变形或断裂的能力称为强度。强度的大小通常用应力来衡量。根据载荷作用方式不同，强度又可分为抗拉强度、抗压强度、抗弯强度、抗剪强度和抗扭强度。一般情况下将抗拉强度作为判断金属强度高低的性能指标。抗拉强度是通过金属的拉伸试验测定的。

强度

（1）拉伸试验。

拉伸试验是用静态载荷对标准试样进行轴向拉伸，在拉伸过程中连续记录拉伸力和相应的伸长量，直至断裂。根据测得的数据即可得到相关力学性能。国家标准（GB/T 228—2002）中对试样的形状、尺寸及加工要求均有明确的规定。拉伸试样的形状一般分为圆柱形和矩形两类。如图 1－2 所示为圆柱形拉伸试样。根据试样标距长度 l_0 和试样的直径 d_0 之间关系，试样可分为长试样（$l_0 = 10d_0$）和短试样（$l_0 = 5d_0$）。

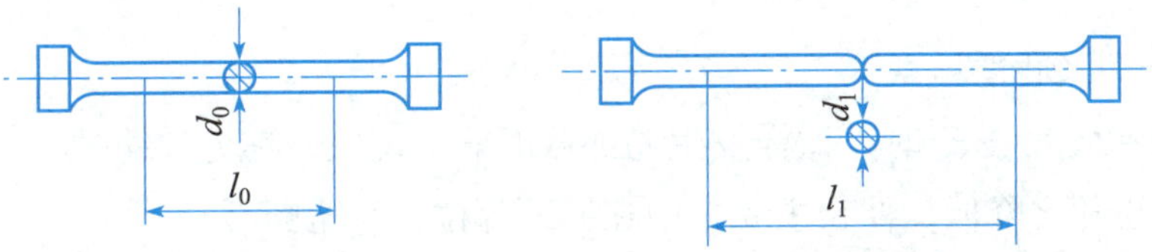

（a）拉伸前　　（b）拉伸后

图 1－2　圆柱形拉伸试样

图中，d_0——试样的直径，mm；

d_1——试样断口处的直径，mm；

l_0——试样的标距长度，mm；

l_1——试样拉断后的标距长度，mm。

（2）力——伸长曲线。

拉伸试验是在拉伸试验机上进行的。将试样装夹在拉伸试验机的夹头上，拉伸试验机缓慢地增加轴向载荷，试样在轴向载荷作用下逐步变形而伸长，直至试样被拉伸断裂为止。拉伸试验机上设有记录装置，自动记录下试样在拉伸过程中每个瞬间所受的载荷与试样的变形伸长量，并描绘出试样在拉伸过程中的弹性变形、塑性变形直至拉断时的力学特性曲线（又称拉伸曲线）。如图 1－3 所示为低碳钢试样的拉伸曲线。

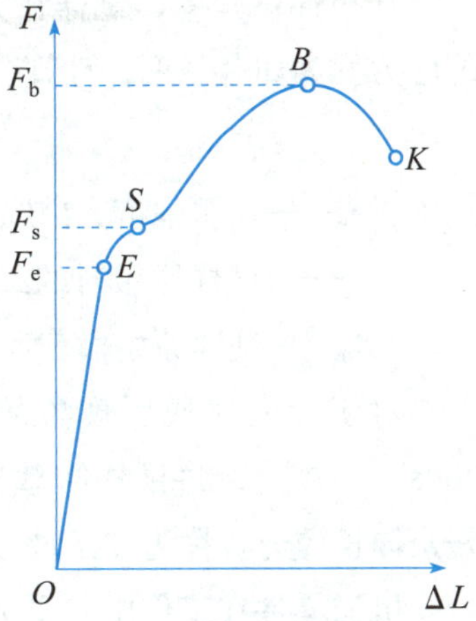

图 1－3　低碳钢试样的拉伸曲线

图中，纵坐标——拉伸力 F，N；

横坐标——变形的绝对伸长量 ΔL，mm。

可见，低碳钢试样在拉伸过程中存在以下几个变形阶段：

1）OE——弹性变形阶段。

当试样所受载荷小于 F_e 时，拉伸曲线 OE 为一斜直线，表明试样的伸长量与载荷成正比增加，卸载后试样即恢复到原始形状和尺寸。这种能随载荷的去除而恢复到原始形状和尺寸的变形称为弹性变形。F_e 为试样能恢复原始形状和尺寸的最大拉伸力。

2）ES——屈服阶段。

当拉伸载荷不断增加，超过 F_e 时，若卸载后试样只能部分恢复原状，仍保留一部分残余塑性变形，这种不能随载荷的去除而消失的变形称为塑性变形。当载荷增加到 F_s 时，曲线出现平台状或锯齿状。这种在载荷不增加或略有减少的情况下，试样继续发生变形的现象称为屈服，F_s 称为屈服载荷。屈服后，材料将残留较大的塑性变形。

3）SB——强化阶段。

在屈服阶段以后，欲使试样继续伸长，必须不断加载。随着塑性变形增大，试样变形抗力也逐渐增加，这种现象称为形变强化（或称加工硬化）。F_b 为试样拉伸试验时的最大载荷。

4）BK——缩颈阶段。

当载荷达到最大值 F_b 时，试样发生局部截面缩小现象，称为“缩颈”。此时，试样变形所需的载荷也随之降低，伸长主要集中在缩颈部位，直至断裂。

机械工程中使用的金属材料，多数没有明显的屈服现象。对于低塑性材料，不仅没有屈服现象，而且也不产生缩颈现象，如球墨铸铁等。

（3）强度。

1）屈服强度（σ_s）。

在拉伸试验中，试样在力不增加（保持恒定）的情况下，仍能继续伸长（即变形）时的应力称为屈服强度，计算公式如下：

$$\sigma_s = F_s/A_0$$

式中，σ_s——屈服强度，MPa；

F_s——试样屈服时的载荷，N；

A_0——试样原始横截面积，mm^2。

对于无明显屈服现象的金属材料，如高碳钢、铸铁等，国家标准（GB/T 10623—2008）中规定，将试样卸载后，试样标距部分残余伸长量达到 $0.2\%l_0$ 时的应力作为规定残余伸长应力。称为“条件屈服强度”，以符号 $\sigma_{0.2}$ 表示。

机械零件在工作中若受力过大，超载而产生过量的塑性变形会导致零件失效。当零件在工作中所受的载荷低于材料的屈服点或条件屈服强度时，不会产生过量的塑性变形。金属材料的屈服强度和条件屈服强度越高，允许的工作应力也越高，零件的截面尺寸及自身质量就可以减少。因此，金属材料的屈服强度和条件屈服强度是机械设计的主要依据，也是评定金属材料优劣的重要指标。

2）抗拉强度（σ_b）。

抗拉强度是指试样在拉断前所能承受的最大拉应力，用符号 σ_b 表示。计算公式如下：

$$\sigma_b = F_b/A_0$$

式中，σ_b——抗拉强度，MPa；

F_b——试样断裂前承受的最大拉伸力，N；

A_0——试样的原始横截面积，mm^2。

抗拉强度表示金属材料由均匀塑性变形向局部集中变形过渡的临界值，是金属材料在拉伸载荷作用下的最大均匀变形的抗力，也是机械设计的主要依据之一。

2. 塑性

在拉伸载荷作用下，试样断裂前金属材料产生永久变形的能力称为塑性。常用试样拉断后的断后伸长率 δ 和断面收缩率 φ 来表示材料的塑性指标。

（1）断后伸长率（δ）。

拉伸试样在拉伸力的作用下产生塑性变形，试样中的原始标距不断伸长。试样拉断后的标距长度与原始标距长度的增量的百分比称为断后伸长率，用符号 δ 表示。计算公式如下：

$$\delta = \frac{l_1 - l_0}{l_0} \times 100\%$$

塑性

式中，δ——伸长率，%；

l_1——试样拉断后的标距，mm；

l_0——试样拉断前的原始标距，mm。

同一种材料的试样长短不同时，测得的伸长率是不同的。同一材料的短试样的伸长率 δ_5 一般大于长试样的伸长率 δ_{10}。另外，δ_{10} 的下标可以省略，即如果没有下标，δ 是指 δ_{10}。

（2）断面收缩率（φ）。

断面收缩率是指试样拉断后，横截面积的最大缩减量与原始横截面积的百分比，用符号 φ 表示。计算公式如下：

$$\varphi = \frac{A_1 - A_0}{A_0} \times 100\%$$

式中，φ——断面收缩率，%；

A_0——试样的原始横截面积，mm^2；

A_1——试样拉断处的横截面积，mm^2。

金属材料的塑性指标直接影响机械零件的加工和使用效果。塑性好的金属材料不仅能顺利进行锻压、轧制等成形工艺，还可以在发生大量塑性变形时不被破坏。金属材料在使用过程中遭遇超载情况时，若塑性好，首先会产生塑性变形，可有效避免突然断裂。因此，大多数机械零件除要求具有较高的强度外，还应具有一定的塑性，塑性好的金属材料安全性较强。分析可知，δ 或 φ 越大，材料塑性越好。

工程实践中，一般把 $\delta > 5\%$ 的金属材料称为塑性材料，$\delta < 5\%$ 的金属材料称为脆性材料。

3. 硬度

硬度

硬度是用于衡量金属软硬程度的性能指标，是金属材料抵抗局部变形，特别是塑性变形、压痕或划痕的能力。

硬度是各种零件和工具必须具备的性能指标，也是检验毛坯和成品时依据的重要力学性能指标。硬度对机械零件的耐磨性和使用寿命有着直接影响，一般情况下，金属材料的硬度值越高，其耐磨性越强。硬度值又可以间接地反映金属材料的强度，以及金属材料的化学成分、金相组织和热处理工艺上的差异。因此，零件图上常标注各种硬度指标，作为热处理技术要求。

测定硬度的方法有压入法、刻划法、弹性回跳法等，常用的是压入法。压入法是在静态试验力作用下，将压头压入金属材料的表面层，然后按压痕的表面积或深度测定其硬度值的一种实验方法。

（1）布氏硬度（HB）。

布氏硬度试验原理：用一定直径的淬火钢球或硬质合金球，以相应的试验力压入试样表面，保持规定时间后卸除试验力，通过测量表面压痕直径来计算其硬度值。如图 1-4（a）所示为布氏硬度计，图 1-4（b）所示为布氏硬度试验原理示意图。

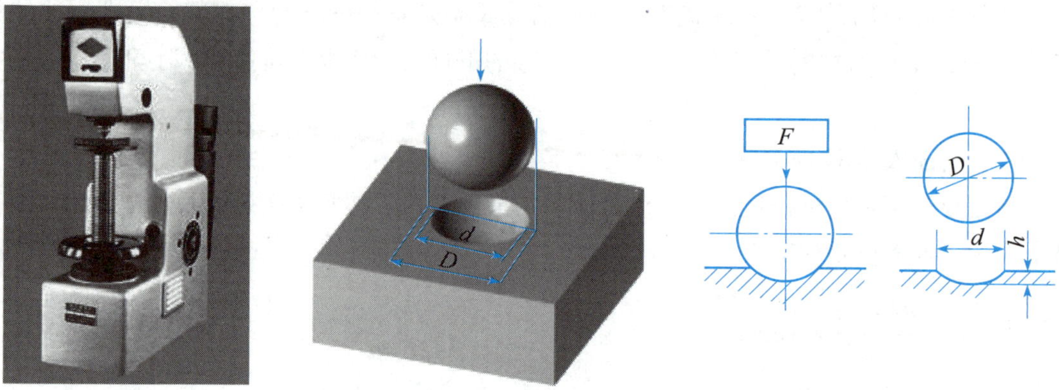

（a）布氏硬度计　　（b）布氏硬度试验原理示意图

图 1-4　布氏硬度计及其试验原理

布氏硬度值是指单位压痕表面积上所承受的平均压力。选择淬火钢球压头时，用符号 HBS 表示；选择硬质合金球压头时，用符号 HBW 表示。计算公式如下：

$$\text{HBS（HBW）}=\frac{F}{A}=0.102\frac{2F}{\pi D(D-\sqrt{D^2-d^2})}$$

式中，F——试验力，N；

A——压痕表面积，mm^2；

D——压头球体直径，mm；

d——压痕平均直径，mm。

布氏硬度值的单位是（N/mm^2），一般只写数值不标单位。

由上式可知，当试验力（F）、压头球体直径（D）一定时，材料的布氏硬度值仅与压痕平均直径（d）的大小有关。d 越小，布氏硬度值越大，材料的硬度就越高；d 越大，布氏硬度值越小，材料的硬度也就越低。因此，只需测量压痕平均直径（d），就可以通过计算或从布氏硬度表中查出相应的布氏硬度值。

布氏硬度的标注方式：符号 HBS 或 HBW 之前的数字为硬度值，符号后面按顺序表示试验条件、钢球直径、试验力和试验力保持的时间（10～15s 不标注）。例如：220HBS10/1000/30 表示用直径 10mm 的淬火钢球，在 1 000kg 的试验力作用下，保持 30s 时测得的布氏硬度值为 220。500HBW35/750 表示用直径 35mm 的硬质合金球，在 750kg 的试验力作用下，保持 10～15s 时测得的布氏硬度值为 500。

由于布氏硬度试验力较大，压痕的直径较大，能够真实反映金属材料的平均硬度，因此测量精度较高。对于硬度高的材料，由于压头（淬火钢球）本身的变形会使测量结果不准确，因此规定用淬火钢球压头测量的硬度值必须小于 450；用硬质合金球压头测量的硬度值范围为 450～650。还是由于布氏硬度试验压痕较大，因此不适合测量成品、薄壁零件、硬度高的材料和表面精度要求高的工件，只适合测量有色金属、低碳钢、灰铸铁、退火的中碳钢以及正火、调质处理的零件。

（2）洛氏硬度（HR）。

洛氏硬度试验原理：以锥角为 120° 的金刚石圆锥体或直径为 1.588mm 的淬火钢球作为压头压入试样表面。先在试样表面施加一个初始载荷，压入 h_0 之后，再施加主载荷，在主载荷作用下压痕深度至 h_1 时，去除主载荷，在保留初始载荷的情况下，用试样压痕深度来衡量金属的硬度。压痕深度 h 数值越大，表明材料越软，材料的硬度就越低。为符合所测数值越大、材料硬度就越高的一般习惯，规定每 0.002mm 压痕深度为一个洛氏硬度单位。如图 1－5（a）所示为洛氏硬度计，图 1－5（b）所示为洛氏硬度试验原理示意图。

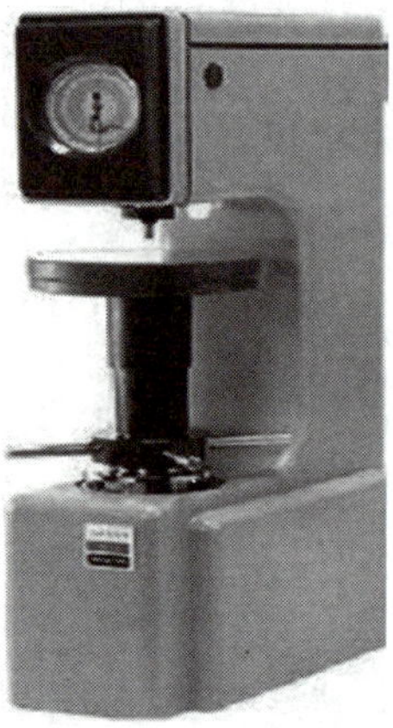

（a）洛氏硬度计

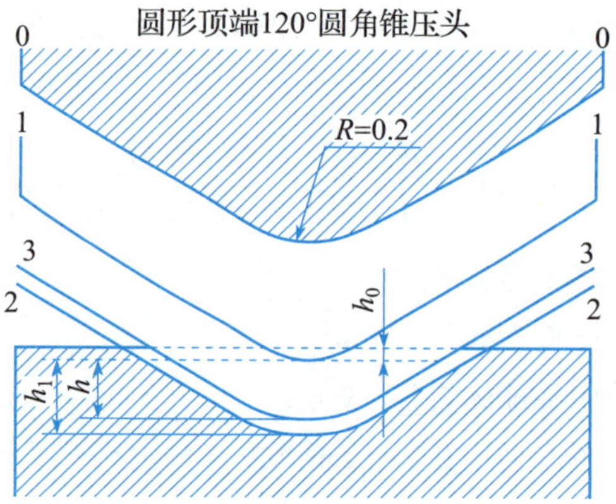

（b）洛氏硬度试验原理示意图

图 1－5　洛氏硬度计及其试验原理

洛氏硬度相应标尺常数 k 与 $h/0.002$ 的差值，称为洛氏硬度值。根据压头类型和载荷的不同，洛氏硬度常采用 A、B、C 三种标尺。用金刚石圆锥压头进行的试验，其标尺常数 k 为 100，用淬火钢球压头进行的试验，其标尺常数 k 为 130。计算公式如下：

$$\text{HRC (HRA)} = k - e = 100 - \frac{h}{0.002}$$

$$\text{HRB} = k - e = 130 - \frac{h}{0.002}$$

式中，e——残余压痕深度增量，（$e = h/0.002$）；

h——压痕深度，mm。

HRA、HRB、HRC 为三种不同标尺的洛氏硬度值，HRA 和 HRC 是用 120° 的金刚石圆锥压头进行试验的；HRB 是用直径为 1.588mm 的淬火钢球压头进行试验的。不同标尺的洛氏硬度值是不能直接进行比较的。HRA 硬度测量范围为 60 ～ 85，可以用 HRA 标尺测定硬质合金、表面淬火钢的硬度；HRB 硬度测量范围为 25 ～ 100，可以用 HRB 标尺测定软钢、铜合金和退火钢等的硬度；常用的 HRC 硬度测量范围为 20 ～ 67，可以用 HRC 标尺测定淬火钢件的硬度。

洛氏硬度的标注方式：硬度数值写在符号的前面，HR 后面写使用的标尺，如 35HRC 表示用“C”标尺测定的洛氏硬度值为 35。

洛氏硬度测量操作便捷，试验机可以直接显示硬度值，而且压痕小、对试样表面损伤小，因此广泛用于直接检验成品、半成品及薄壁工件。不过，由于压痕小，因此当材料的内部组织不均匀时，硬度数据波动较大，导致测量准确性较差。为提高准确性，可选取 3 个不同位置测量硬度值，再用平均值作被测金属材料的硬度值。

需要注意的是，不同标尺的洛氏硬度值是不能直接进行比较的。

（3）维氏硬度（HV）。

维氏硬度试验原理：用夹角为136°的正四棱锥体金刚石作为压头，以选定的试验力压入试样表面，保持规定的时间后去除试验力，试样表面便被压出一个正四棱锥形的压痕。通过测量压痕两条对角线长度的算术平均值来计算硬度值，如图1－6所示。即用正四棱锥形压痕单位表面积承受的平均压力表示维氏硬度值。计算公式如下：

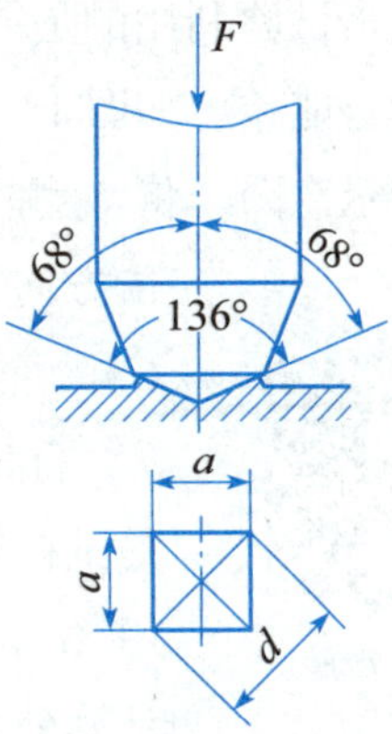

图1－6　维氏硬度试验原理示意图

$$HV = 0.1891\frac{F}{d^2}$$

式中，F——试验力，N；

d——压痕两条对角线长度的算术平均值，mm。

维氏硬度试验时，可用测微计测出压痕的对角线长度，计算出两对角线长度的算术平均值，即可查表得出维氏硬度值。

维氏硬度的标注方式：硬度数值写在符号的前面，试验条件写在符号的后面。当试验力保持时间为10～15s时，可以不标出。如300HV30表示用30kgf试验力保持10～15s测定的维氏硬度值为300。600HV30/20表示用30kgf试验力保持20s测定的维氏硬度值为600。

维氏硬度适用范围比较宽，从极软的材料到极硬的材料都可以测量。如可以测量成品或薄壁工件的硬度，也可以测量零件表面淬硬层、渗碳层和渗氮层的硬度，测量结果既精确又可靠。但由于获取维氏硬度值时需要测得对角线长度，比较烦琐，测量效率较低，因此不适用于大批量产品测量，也不适用于测量金属组织不均匀的材料（如灰铸铁）的硬度。

4. 冲击韧度

强度、塑性、硬度等力学性能指标都是在静态力的作用下测定的。实际工作中，许多机械零件如活塞销、锻锤杆、冲模和锻模等，会受到短时突然加载的冲击载荷即动态力的作用。制造这类零件的材料，除了应保证足够的静载荷作用下的力学性能外，还必须考虑材料抵抗冲击载荷的能力。金属材料在冲击载荷作用下，断裂前所吸收变形能量的能力称为韧性。金属材料的韧性常用一次摆锤冲击试验来测量。

冲击材料常用有U型缺口和V型缺口的试样，其尺寸如图1－7和图1－8所示。

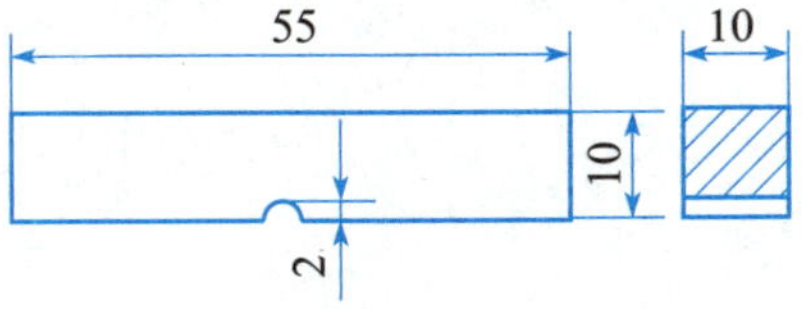

图1－7　U型缺口冲击试样

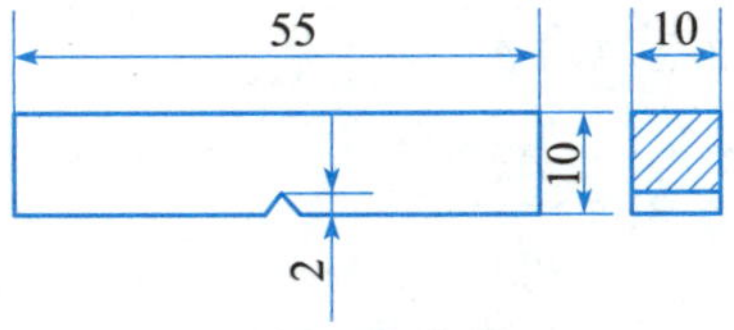

图1－8　V型缺口冲击试样

（1）冲击试验原理。

冲击试验利用的是能量守恒原理，试样被冲断过程中所吸收的能量等于摆锤冲击试样前后的势能差。如图 1－9（a）所示为冲击试验机，图 1－9（b）所示为一次性摆锤冲击试验原理示意图。将待测的金属试样放置在试验机的支座上，金属试样的缺口背向摆锤的冲击方向，将重量为 G 的摆锤，升至一定的高度 h_1，使其获得一定的势能 Gh_1。然后让摆锤自由落下将金属试样冲断，冲断后摆锤反向摆置高度为 h_2，此时摆锤剩余势能为 Gh_2。摆锤冲断试样的过程中消耗的能量，即是试样在冲击试验力的一次作用下断裂时所吸收的功，称为冲击吸收功，用 A_K 表示。A_K 值可以直接从试验机刻度盘上读出，单位为焦耳（J）。其计算公式如下：

冲击韧度

$$A_K = Gh_1 - Gh_2 = G(h_1 - h_2)$$

式中，A_K——冲击吸收功，J；

G——摆锤的重力（mg），N；

h_1——摆锤升起的高度，m；

h_2——冲断试样后摆锤回升的高度，m。

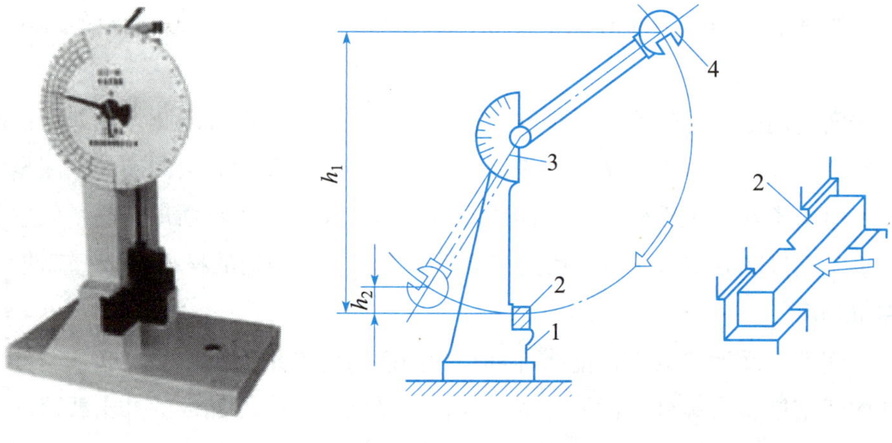

（a）冲击试验机　　（b）一次性摆锤冲击试验原理示意图

1—固定支座；2—带缺口的试样；3—指针；4—摆锤

图 1－9　冲击试验机及其试验原理

冲击试样缺口处的单位横截面积上的冲击吸收功是材料的冲击韧度，用符号 α_K 表示，其计算公式如下：

$$\alpha_K = \frac{A_K}{A_0}$$

式中，α_K——冲击韧度，J/mm²；

A_K——冲击吸收功，J；

A_0——试样缺口处横截面积，mm^2。

（2）材料的韧脆转变。

材料的 α_K 值越大，表示材料的韧性越好，抵抗冲击的能力越强。需要注意的是，α_K 值与温度有关，总体变化趋势是随温度降低而降低。当温度降至某一数值时，α_K 值急剧下降，金属材料由韧性断裂变为脆性断裂。这种现象称为金属材料的冷脆转变。金属材料由韧性状态转变为脆性状态的温度，称为金属材料的韧脆转变温度。韧脆转变温度是衡量金属冷脆转变倾向的指标。

值得注意的是，有些金属在室温时测定的 α_K 值较高，但在低温时稍受冲击便可能发生脆性断裂。例如，在寒冷（低于 -20℃）的环境下使用的设施（如塔架、桥梁、油气运输管道等），若材料选择不当，则可能发生脆性断裂，导致事故。为此，在选择金属材料时，必须考虑其工作条件和使用环境，即在使用过程中最低温度必须高于金属材料的韧脆转变温度。

5. 疲劳强度

疲劳强度

（1）疲劳。

许多机械零件在周而复始的交变应力作用下工作。虽然零件承受的交变应力数值小于材料的屈服强度，但经过长时间的工作，也可能突然发生断裂。这种在远小于金属材料的抗拉强度，甚至小于屈服强度的情况下发生的突然断裂现象，称为材料的疲劳断裂。如机床主轴、活塞杆、弹簧等机械零件均是在交变载荷作用下工作。工作过程中，各点的应力随时间做周期性变化，称为循环应力。零件在循环应力作用下，会在一点或几点产生永久性积累损伤，经过一定循环次数后产生裂纹或突然弯曲断裂的现象，称为金属疲劳现象。

疲劳断裂是机械零件失效的主要原因之一。疲劳断裂与静态力作用下的断裂不同，零件在疲劳断裂前没有明显的宏观塑性变形，即断裂前没有任何预兆，断裂是突然发生的。因此，疲劳断裂具有很大的危险性，常导致严重的生产事故。在失效的机械零件中，大约80% 属于疲劳破坏。为此，研究和预防材料疲劳破坏具有极其重要的现实意义。

（2）疲劳强度。

金属材料在交变应力的作用下，能经受无限次循环而不断裂的最大应力数值，称为材料的疲劳强度（疲劳极限）。疲劳强度用符号 σ_{-1} 表示。实际工程中的疲劳强度是指在一定的交变循环次数下不发生断裂的最大应力。一般规定黑色金属进行的交变循环次数为 $1\times10^6\sim1\times10^7$，有色金属进行的交变循环次数为 $1\times10^7\sim1\times10^8$。

疲劳强度 σ_{-1} 与抗拉强度 σ_b 有近似关系。如碳素钢 $\sigma_{-1}\approx(0.4\sim0.55)\sigma_b$，灰铸铁 $\sigma_{-1}\approx0.4\sigma_b$，有色金属 $\sigma_{-1}\approx(0.3\sim0.4)\sigma_b$。

疲劳产生的原因：零件应力高度集中的部位或材料本身强度较低的部位，在交变应力作用下产生了疲劳裂纹，随着应力循环次数的增加，裂纹不断扩展，导致零件有效承载面积不断减小，最后突然断裂。零件疲劳失效的过程可分为疲劳裂纹产生、疲劳裂纹扩展和瞬时断裂三个阶段。

影响金属材料疲劳强度的因素主要有工作条件、表面状态、材料内部组织及残余内应力等。因此，改善零件结构形状、降低零件表面粗糙度、减小或避免应力集中，以及采取各种表面强化的手段，都能提高机械零件的疲劳强度。

二、物理性能

机电工程实践中，涉及金属材料物理性能的主要是材料的密度、熔点、热膨胀性等，它们多与材料的原子结构、原子排列和晶体结构有关。

1. 密度

密度是指材料单位体积的质量，常用符号 ρ 表示。

在体积相同的情况下，金属的密度越大，重量越大。一般将密度小于 $4.5 \times 10^3 kg/m^3$ 的金属称为轻金属，如铝、钛等；密度大于 $4.5 \times 10^3 kg/m^3$ 的金属称为重金属。材料的抗拉伸强度与密度之比称为比强度；弹性模量 E 与相对密度之比称为比弹性模量。某些情况下，比弹性模量和比强度是材料的重要性能指标。

2. 熔点

熔点是指材料的熔化温度，一般用摄氏温度（℃）表示。

纯金属都有固定的熔点，即熔化过程在恒定的温度下进行，而合金的熔化过程则是在一定的温度范围内进行。金属进行成形加工和热处理时必须考虑熔点的影响。

熔点高的金属称为难熔金属（钨等），常用于制造在导弹、火箭、燃气轮机等武器或设备上应用的高温零件；熔点低的金属称为易熔金属（锡、铅等），常用于制造印刷铅字、保险丝和防火安全阀等零件。

3. 热膨胀性

热膨胀性指材料随温度升高而产生体积膨胀的性能。通常用线膨胀系数 α（温度每升高 1℃，单位长度的膨胀量）表示。

对精密仪器或精密机械上的零件，特别是高精度配合零件，线膨胀系数就是一个尤为重要的性能参数。例如，要求发动机活塞与缸套这两种材料的膨胀量尽可能接近，否则将影响密封性。

一般情况下，陶瓷材料的线膨胀系数较低，金属次之，而高分子材料最大。工程上有时也利用不同材料的线膨胀系数的差异制造控制元件，如电热式仪表的双金属片。

4. 导热性

材料传导热量的能力称作导热性，一般用导热系数表示。

材料的导热系数越大，导热性越强。一般来说，金属越纯，其导热性越强。金属中即使含有少量杂质，也会显著影响它的导热能力。因此，合金钢的导热性一般比碳钢弱，即钢中的合金元素越多，导热性越弱。

材料热加工时需要考虑导热性的影响。金属材料在加热和冷却的过程中，表面和中心之间以及薄壁和厚壁之间会产生一定的温差，导致零件不同部分产生不同的膨胀或收缩，从而产生内应力，引起变形和破坏。所以在生产过程中，对导热性弱的金属材料通常采用预热或缓慢加热和缓慢冷却等措施，以防零件变形和开裂。

5. 导电性

材料传导电流的能力称为导电性。导电性的强弱用电阻率表示。

电阻率小，导电性强。导电性最强的金属是银，其次是铜和铝，与纯金属相比，合金的导电性稍弱。

6. 磁性

材料导磁的能力称为磁性。

根据金属在磁场中磁化程度的不同，可分为铁磁性材料、顺磁性材料、抗磁性材料。铁磁性材料（如铁、钴、镍）在外磁场中能强烈地被磁化，具有较强的磁性；顺磁性材料（如锰、铬）在外磁场中只能微弱地被磁化；抗磁性材料（如铜、锌）可抵抗外部磁场对材料本身的磁化作用。铁磁性材料可用于制造变压器、电动机、测量仪器等；抗磁性材料可用于制造要求避免电磁场干扰的零件。铁磁性材料的磁性并不是固定不变的，温度升到一定高度时，磁畴被破坏，铁磁性材料变为顺磁性材料。例如，温度大于770℃时，纯铁的磁性就消失了。

三、化学性能

化学性能是金属材料在室温或高温时抵抗各种化学作用的能力，主要是指抵抗活泼介质的化学侵蚀能力。包括耐腐蚀性、抗氧化性及化学稳定性等。

1. 耐腐蚀性

金属材料在常温下抵抗水蒸气、酸、碱等介质的腐蚀能力称为耐腐蚀性。常见的钢铁生锈、铜生铜绿等都是腐蚀现象。

金属材料的耐腐蚀性是很重要的性能，特别是在腐蚀性介质中工作的金属材料需要重点考虑。如石油化工设备常接触腐蚀介质，必须考虑材料的耐腐蚀性。

2. 抗氧化性

金属材料在高温下抵抗氧化介质氧化的能力称为抗氧化性。加热时，高温使材料表面产生氧化皮，可能导致氧化、脱碳等缺陷。在高温下工作的零件，其材料应具有一定的抗氧化性。

3. 化学稳定性

化学稳定性是金属材料的耐腐蚀性和抗氧化性的统称。金属材料在高温下的化学稳定性，也称为热化学稳定性。锅炉、汽轮机、喷气发动机等设备的许多零件在高温下工作，所以要求材料具有良好的热化学稳定性。

1.3 金属材料的工艺性能

金属的工艺性能直接影响机械产品的质量、生产效率和生产成本。金属材料的工艺性能是指在零件的生产制造过程中，为了确保成形加工顺利，金属材料应具备的适应某种加工工艺的能力，是物理、化学、机械性能的综合。它是决定金属材料能否进行加工或如何进行加工的重要因素。

一、铸造工艺性能

铸造工艺性能是指金属材料在铸造过程中表现出来的工艺性能，衡量铸造工艺性能的指标有流动性、收缩性和偏析等。铸造工艺性能好的金属材料有铸铁、青铜等。

影响金属材料流动性的因素有金属的化学成分和浇注温度等。流动性好的金属材料，容易充满铸型，可获得外形完整、尺寸精确、轮廓清晰的铸件。金属材料的收缩性直接影响铸件的体积和外形尺寸，收缩性差还会使铸件产生内应力、变形和开裂等，故金属材料的收缩率越小，铸造工艺性能越好。金属材料的偏析现象会导致铸件内部的化学成分和组织不均匀，从而降低铸件质量。

二、锻造工艺性能

在锻造加工中，金属材料锻造成形的难易程度称为锻造工艺性能。锻造工艺性能主要与金属材料的塑性和变形抗力有关。塑性好、变形抗力小的金属材料的锻造工艺性能好。如有色金属在室温状态下具有良好的锻造工艺性能，碳素钢只有在加热状态下才具有较好的锻造工艺性能，而铸铝和铸铁则不能进行锻造加工。

三、焊接工艺性能

焊接金属材料时，获得优质焊接接头的难易程度称为焊接工艺性能。焊接工艺性能主要取决于金属材料的化学成分（主要与碳当量有关）。低碳钢具有良好的焊接工艺性能，高碳钢的焊接工艺性能较差，铸铁的焊接工艺性能很差，只能进行焊补。

四、切削加工工艺性能

切削加工工艺性能是指金属材料在切削过程中表现出的加工难易程度。切削加工工艺性能指标主要用表面粗糙度、刀具寿命等来衡量。切削加工工艺性能与金属材料的硬度、韧性、导热性和形变强化等因素有关。金属材料的硬度在 170 ～ 230HBS 且具有足够的脆性时，切削加工工艺性能好。铸铁比碳素钢的切削加工工艺性能好，碳素钢比高合金钢的切削加工工艺性能好。改变金属材料的化学成分或进行适当的热处理，可以改善切削加工工艺性能。

五、热处理工艺性能

热处理是改变金属材料工艺性能的主要手段。在热处理的过程中，金属材料的成分、组织、结构发生变化，从而引起金属材料机械性能变化。热处理工艺性能是指金属材料在热处理过程中获得预期结果的难易程度，衡量热处理工艺性能的指标很多，如淬透性、淬硬性、耐回火性、氧化与脱碳倾向以及热处理变形与开裂倾向等。

复习思考题

一、填空题

1. 金属材料的性能可分为________性能和________性能。

2. 使用性能是指金属材料________过程中应具备的性能，包括________、________、________等。工艺性能是指金属材料________过程中应具备的性能，它包括________工艺性能、________工艺性能、________工艺性能、________工艺性能和________工艺性能。

3. 强度是金属材料抵抗________或________的能力。强度大小通常用________表示。根据载荷作用方式不同，强度可分为________、________、________、________和________五种。一般情况下，以________作为衡量金属材料强度高低的指标。它是通过________测定的。

4. 抗拉强度是指金属材料在断裂前所能承受的________应力，用符号________表示。疲劳强度用符号________表示。

5. 塑性是指金属材料在外力作用下产生永久变形而不________的能力。塑性指标常用________和________来表示，它们的数值越大，材料的塑性就________。

6. 一般情况下，金属材料的硬度值越高，其耐磨性________。测定硬度的方法有多种，常用的是________。硬度试验分为________、________和________三种。

7. 布氏硬度试验中，用淬火钢球压头时，布氏硬度用符号________表示，硬度值范围________；用硬质合金球压头时，用符号________表示，硬度值范围________。220HBS10/1 000/30 表示硬度值为________。

8. 洛氏硬度值有________、________和________三种不同标尺值。HRA 和 HRC 是用________作压头进行试验的；HRB 是用直径为 1.588mm 的________作压头进行试验的。

9. 测定维氏硬度时，将夹角为 136° 的正四棱锥体________作为压头，通过测量压痕________来计算硬度值，用符号________表示。

10. 材料的冲击韧度表示金属材料抵抗________载荷的作用而不被破坏的能力，冲击韧度值越高，表示材料的韧性________，抵抗冲击的能力越强。

11. 材料的疲劳强度表示金属材料抵抗________载荷的作用而不被破坏的能力。

12. 材料的韧脆转变温度越________越好。金属零件应在________于其韧脆转变温度的条件下工作。

13. 失效的机械零件中，大约 80% 属于________破坏。

14. 零件经受一定的应力循环后也会发生突然断裂，这种现象称为________。疲劳强度常用________测定。材料的疲劳强度________抗拉强度。

15. 纯金属比合金的导电性和导热性________。纯金属有________熔点，合金的熔点是一个温度________。

16. 金属材料常温抵抗化学侵蚀的能力称为________，高温抵抗化学侵蚀的能力称为________，二者统称为________。

二、判断题

(　　) 1. 金属材料的塑性变形可以随材料所受载荷的去除而消失。

(　　) 2. 布氏硬度试验可以测量成品、薄壁件的硬度。

(　　) 3. 洛氏硬度试验可以直接测量成品或较薄工件的硬度。

(　　) 4. 金属材料抵抗冲击载荷作用而不被破坏的能力称为塑性。

(　　) 5. 在布氏硬度试验中，用淬火钢球压头测量的硬度值必须小于 650。

(　　) 6. 所有金属材料在拉伸试验时都会出现显著的屈服现象。

(　　) 7. 金属材料在循环应力作用下突然断裂的现象称为疲劳。

(　　) 8. 塑性好的金属材料，超载时会先产生塑性变形，这样可有效避免突然断裂。

(　　) 9. 为提高准确性，洛氏硬度试验时，可选取 3 个不同位置测量硬度值，再用平均值作被测金属材料的硬度值。

(　　) 10. 洛氏硬度试验时，试验机上可以直接显示硬度值。

三、选择题

1. 拉伸试验时，试样拉断前能承受的最大应力称为材料的（　　）。

A. 弹性极限　　B. 屈服点　　C. 抗拉强度　　D. 疲劳强度

2. 金属抵抗冲击载荷作用而不被破坏的能力称为（　　）。

A. 强度　　B. 硬度　　C. 韧性　　D. 塑性

3. 布氏硬度试验时，HBS 适用于测量布氏硬度值在（　　）以下的材料。

A. 450　　B. 650　　C. 20 ～ 67　　D. 30 ～ 60

4. 塑性材料与脆性材料的划分一般以 δ 为（　　）% 为依据。

A. 5　　B. 10　　C. 6　　D. 3

5. 金属材料断面收缩率越大，表明材料的（　　）越好。

A. 强度　　B. 硬度　　C. 塑性　　D. 韧性

6. 指标“HB”是指（　　）。

A. 强度 B. 塑性 C. 硬度 D. 韧性

7. 下列选项中，不属于金属力学性能的是（ ）。

A. 强度 B. 硬度 C. 韧性 D. 压力加工性能

8. 根据拉伸实验中拉伸实验力和伸长量的关系，画出的力—伸长曲线可以确定金属的（ ）。

A. 强度和硬度 B. 强度和塑性 C. 强度和韧性 D. 塑性和韧性

9. 试样拉断前所承受的最大标称拉应力为（ ）。

A. 抗压强度 B. 屈服强度 C. 疲劳强度 D. 抗拉强度

10. 拉伸实验中，试样所受的力为（ ）。

A. 冲击 B. 多次冲击 C. 交变载荷 D. 静态力

11. 下列选项中，属于材料物理性能的是（ ）。

A. 强度 B. 硬度 C. 热膨胀性 D. 耐腐蚀性

12. 常用的塑性判断依据是（ ）。

A. 断后伸长率和断面收缩率 B. 塑性和韧性

C. 断面收缩率和塑性 D. 断后伸长率和塑性

13. 适用于硬质合金、表面淬火钢及薄片金属的硬度测试的方法是（ ）。

A. 布氏硬度 B. 洛氏硬度 C. 维氏硬度 D. 以上方法都可以

14. 不适用于成品与表面薄层的硬度测试的方法是（ ）。

A. 布氏硬度 B. 洛氏硬度 C. 维氏硬度 D. 以上方法都不适用

15. 用金刚石圆锥体作压头可以测试（ ）。

A. 布氏硬度 B. 洛氏硬度 C. 维氏硬度 D. 以上都可以

16. 金属疲劳的判断依据是（ ）。

A. 强度 B. 塑性 C. 抗拉强度 D. 疲劳强度

17. 布氏硬度试验适用于铸铁、有色金属、合金及各种退火调制钢，尤其是（ ）则更为适宜。

A. 软金属 B. 硬金属 C. 重金属 D. 轻金属

18. 金属材料的（ ）越好，其锻造工艺性能就越好。

A. 强度 B. 塑性 C. 硬度 D. 韧性

四、简答题

低碳钢试样的拉伸曲线有 4 个明显的阶段，请写出每个变形阶段的名称。

五、综合题

简述下列材料或零件的硬度测试方法。

调质钢 手锯条 齿轮 有色金属 灰铸铁

项目2 金属材料的结构

项目导读

不同的金属材料具有不同的力学性能，即使同一种金属材料制成的零件，在不同情况下对其力学性能的要求往往也是不同的。如图2-1所示的车床变速箱中的齿轮，加工时要求硬度适中，以便于切削；使用时要求硬度高，耐磨性强。金属力学性能的这些差异，从本质上来说，是由其内部结构决定的。因此，掌握金属的内部结构及其对金属性能的影响，对于选用和加工金属材料具有非常重要的意义。

图2-1 车床变速箱及其齿轮

工程上使用的金属材料很少是纯金属，大部分为合金，这是因为纯金属的性能单一，而合金可以根据不同需要配制成具有不同力学性能和物理、化学性能的材料。而纯金属与合金的性能不同也是其内部结构不同造成的。

金属材料的内部结构是怎样的？这些结构是怎样形成的？如何通过改变内部结构来改善外部性能呢？让我们带着问题来学习本项目的内容。

素养园地

金属材料外部性能取决于内部结构的启示——外在取决于内在

金属材料的机械性能不同缘于其内部结构不同，例如常温下的铁为体心立方晶格结构、铜为面心立方晶格结构、镁为密排六方晶格结构。

外在取决于内在，这是自然界的普遍规律。一个人外在的表现是由其内在的思想、情感和态度所决定的。

思想决定行为：一个人的思想、信念和价值观会直接影响其行为和决策。例如，一个积极乐观的人更容易促成积极的结果，而消极悲观的人则更容易遇到负面情况。

情感影响人际关系：一个人的情感状态会影响其与他人的互动。开放的心态更容易建立和谐的人际关系，而封闭的心态则可能导致孤立和冲突。

态度决定生活质量：对待生活的态度直接影响生活质量。积极的态度会使人更容易感到幸福和满足，而消极的态度则可能导致不满和困扰。

2.1 金属的晶体结构与结晶

材料的结构是指材料组成单元之间平衡时的空间排列方式。材料的结构从宏观到微观可分为不同的层次，即宏观组织结构、显微组织结构和微观结构。宏观组织结构是指用肉眼或放大镜能够观察到的结构，如晶粒、相的集合状态等。显微组织结构又称亚微观结构，是借助光学显微镜或电子显微镜能观察到的结构，其尺寸约为 10^{-7} ～ 10^{-4}m。微观结构是指其组成原子（或分子）间的结合方式，以及组成原子在空间的排列方式。本项目重点讲述材料的微观结构。

一、金属的理想晶体结构

1. 晶体与非晶体

自然界固态物质按组成质点（原子、分子和离子）的空间排列位置，可分为晶体和非晶体两大类。凡是原子（离子或分子）按一定秩序有规则排列的物质均称为晶体，如固态的金属、金刚石、合金等。晶体具有固定的熔点和各向异性的特征。原子（离子或分子）呈无序堆积状态排列的物质称为非晶体，如玻璃、松香、石蜡等。非晶体没有固定的熔点，且各向同性。

自然界中绝大多数的固体是晶体，因为各原子间的吸引力与排斥力平衡，所以晶体具有规则的、规律性的原子排列形式。

2. 晶格、晶胞、晶格常数

不同的晶体，其内部的原子可按不同方式规则地排列。通常把晶体中原子规则排列的样式称为晶体结构。如图 2－2 所示为简单的金属晶体结构示意图。

为形象地描述各种晶体中的原子排列规律，可将晶体中的原子看成一个个小圆球，如图 2－2（a）所示。用一些假想的线通过原子中心把它们连接起来，并将每个原子视为一个质点，这样就构成了有明显规律的空间格子，称为晶格，如图 2－2（b）所示。空间格架中各连线的交点称为结点，结点上的小圆点（或质点）表示原子的中心。如图 2－2（c）所示，在晶格中选取一个能够完全反映晶格特征的最小几何单元进行分析，便能确定原子排列的规律，这个最小几何单元称为晶胞。晶胞的几何特征可用晶格常数（晶胞的三条棱边长度 a、b、c 和晶轴间夹角 α、β、γ）来表示。

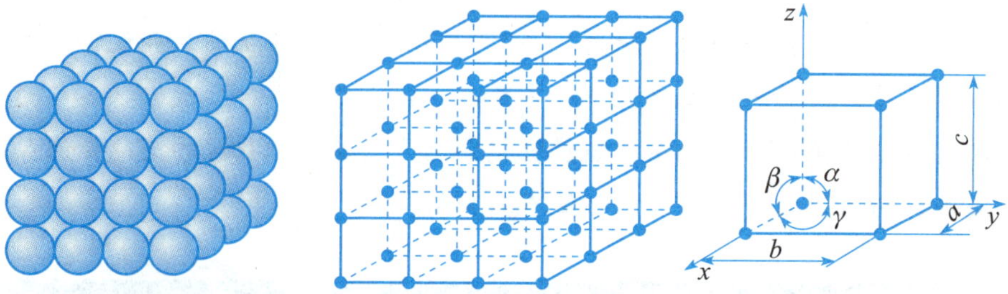

（a）晶体中的原子排列　（b）晶格　（c）晶胞

图 2－2　简单的金属晶体结构示意图

当 $a=b=c$，$\alpha=\beta=\gamma=90°$ 时，称这种晶胞为立方体晶胞。具有立方体晶胞的晶格叫立方晶格。对于立方晶格，只需要用一个晶格常数 a 就可以表示晶胞的大小和形状。

3. 三种常见的晶体结构

金属的晶格类型很多，但绝大多数的金属呈体心立方晶格、面心立方晶格和密排六方晶格这三种典型的晶体结构。

金属的晶体结构

（1）体心立方晶格

如图 2－3 所示，体心立方晶格的晶胞为立方体，原子位于立方体的 8 个顶角和立方体的中心。因为 8 个顶角的原子为邻近的 8 个晶胞所共有，且晶胞中心有一个原子，所以体心立方晶格的每个晶胞的原子数为 $1/8\times8+1=2$ 个。具有体心立方晶格的金属有铬（C_r）、钨（W）、钒（V）、铁（α-F_e）等，这类金属一般具有较高的强度和良好的塑性。

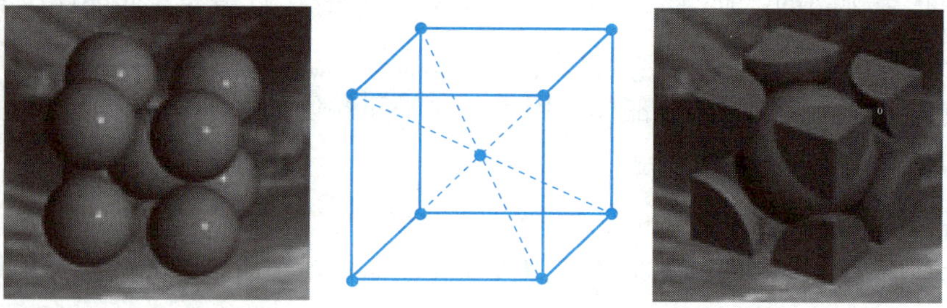

图 2－3　体心立方晶胞示意图

（2）面心立方晶格

如图 2－4 所示，面心立方晶格的晶胞为立方体，原子位于立方体的 8 个顶角和立方体 6 个面的中心。因为 8 个顶角的原子为邻近的 8 个晶胞所共有，且 6 个面的中心原子各为邻近 2 个晶胞所共有，所以面心立方晶格的每个晶胞的原子数为 $1/8\times8+1/2\times6=4$

个。具有面心立方晶格的金属有铝（Al）、铜（Cu）、镍（Ni）、铁（γ-Fe）等，这类金属具有良好的塑性。

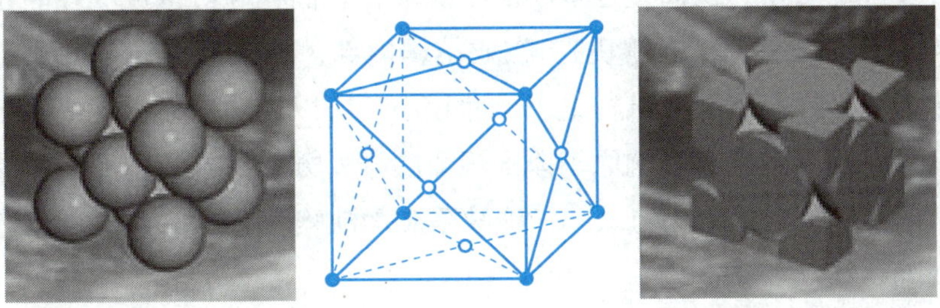

图 2－4 面心立方晶胞示意图

（3）密排六方晶格

如图 2－5 所示，密排六方晶格的晶胞为正六棱柱，原子排列在 12 个顶角和上、下底面的中心，另有 3 个原子排列在正六棱柱内。因为 12 个顶角的原子为邻近的 6 个晶胞所共有，上、下底面中心的原子各为邻近 2 个晶胞所共有，正六棱柱内还有 3 个原子，所以密排六方晶格的每个晶胞的原子数为 $1/6 \times 12 + 1/2 \times 2 + 3 = 6$ 个。具有密排六方晶格的金属有镁（Mg）、锌（Zn）、铍（Be）等。这类金属具有良好的塑性。

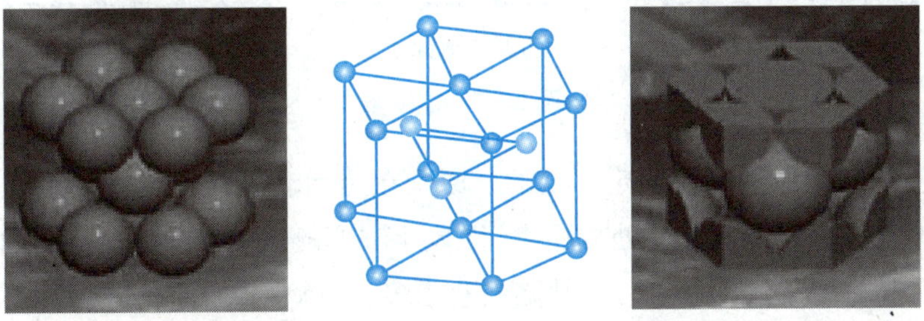

图 2－5 密排六方晶胞示意图

二、金属实际的晶体结构

1. 多晶体结构

如果晶体内部的晶格位向完全一致，则称其为单晶体。单晶体需经过特殊工序才能获得，因此工程上使用的金属材料一般是多晶体结构。在多晶体结构中，每个小晶体内部的晶格位向是一致的，但各个小晶体的位向都不同，如图 2－6 所示，这种外形不规则的小晶体称为晶粒，晶粒与晶粒之间的界面称为晶界。由许多晶粒组成的晶体结构称为多晶体结构。晶粒的尺寸很小，只有在金相显微镜下才能观察到。

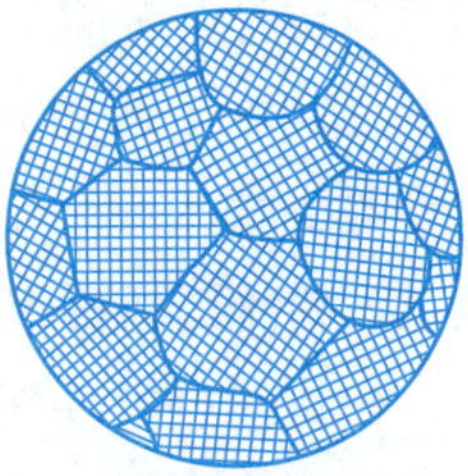

图 2－6 多晶体结构示意图（显微组织）

2. 晶体缺陷

在实际金属晶体中，一个晶粒的内部，其晶格位向并不是像理想晶体那样完全一致，而是存在着许多尺寸更小、位向差也很小的小晶块，它们相互嵌镶成一颗晶粒，这些小晶块称为亚结构（或称亚晶粒、嵌镶块）。在亚结构内部，晶格的位向是一致的。两相邻亚结构的边界称为亚晶界。因为亚结构组织尺寸较小，所以在高倍显微镜或电子显微镜下才能观察到。此外，外界因素会影响原子原本规律的排列方式，导致金属晶体缺陷。根据晶体缺陷的几何形态特征，可分为点缺陷、线缺陷和面缺陷。

（1）点缺陷。

在实际晶体结构中，有时晶格的某些结点未被原子占用，这种空着的位置称为晶格空位；同时，个别晶格空隙处又可能出现多余的原子，这种原子称为间隙原子，如图 2－7 所示。晶格空位和间隙原子是最常见的点缺陷的形式。

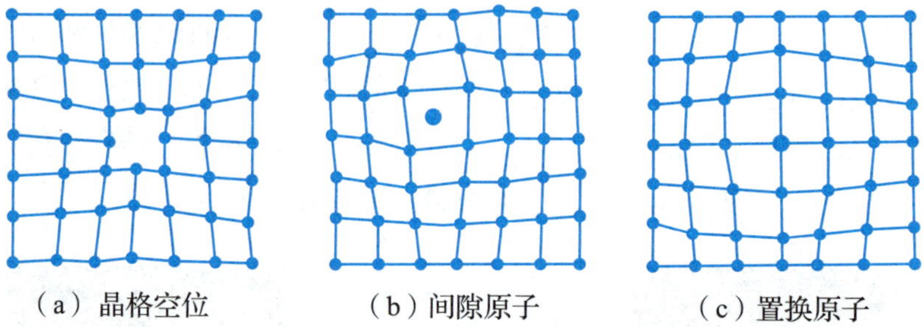

图 2－7　点缺陷

晶格空位和间隙原子不是固定不变的。原子在热运动过程中，摆脱晶格对其的束缚，脱离其平衡振动位置，跳到晶界处或晶格间隙处形成间隙原子，跳到结点上则形成置换原子。随温度升高，原子跳动加剧，点缺陷便会增多。点缺陷的存在会使晶格发生畸变，从而使金属强度、硬度升高，电阻增大，影响热处理和化学热处理的效果。

（2）线缺陷。

常见的线缺陷是晶格中的位错线，简称位错，是指三维空间某一方向尺寸较大，另两个方向尺寸很小的晶体缺陷，在晶体中呈线状分布。

刃型位错是一种简单的位错，如图 2－8 所示，晶体某个晶面的上下两部分的原子排列数目不等，就像沿着某个晶面插入一个半原子平面，使部分原子发生相对滑动而错排，故称刃型位错。

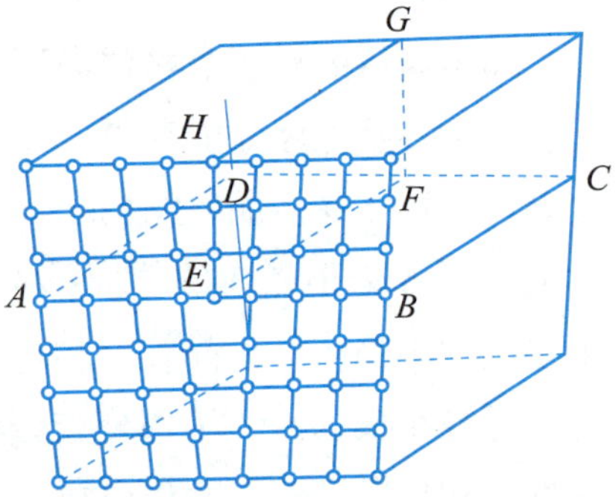

图 2－8　刃型位错

位错对材料性能特别是力学性能的影响比点缺陷大。金属中存在大量位错，位错在外力作用下会形变强化产生运动、堆积和缠结，位错附近区域会发生晶格畸变，使金属强度升高。例如，可通过冷塑性变形使晶体中的位错缺陷大量增加，便可大幅提高金属的强度。

（3）面缺陷。

面缺陷主要指金属中的晶界和亚晶界。多晶体各晶粒间的位向互不相同，当一个晶粒过渡到另外一个晶粒时，必然有一个原子排列在无规则的过渡层，如图 2－9 所示。亚晶界原子的不规则排列会产生晶格畸变。因此，晶界和亚晶界越多，位错密度越大，金属的强度越高。

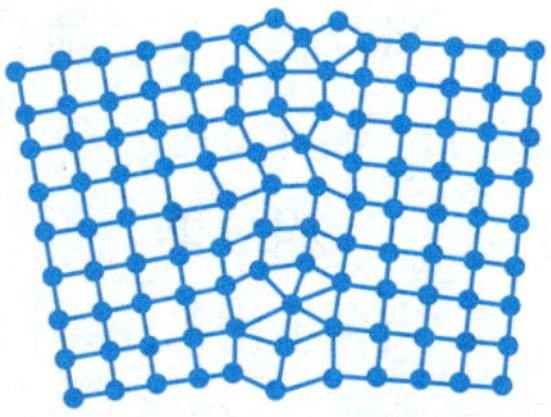
图 2－9　面缺陷

综上所述，凡晶体缺陷处及其附近，均有明显的晶格畸变，导致晶格能量提升，并使金属的物理、化学和机械性能发生显著变化。

三、合金的晶体结构

1. 合金的基本术语

由于纯金属的力学性能较低且成本较高，因此应用受到限制。而合金可以根据不同需要配制成具有不同力学性能和物理、化学性能的材料，得到广泛应用。常用的合金材料有碳素钢、铸铁、合金钢、青铜等。

（1）合金。合金是由两种或两种以上的金属元素（或金属元素与非金属元素），通过熔炼或其他方法结合而成的具有金属特性的物质。如普通黄铜是由铜和锌（均为金属元素）两种元素组成的合金；碳钢和铸铁则是由铁和碳（金属元素与非金属元素）两种元素组成的合金。

（2）组元。组成合金最基本的、能独立存在的物质称为组元，简称元。在大多数情况下，组元是合金的组成元素或是某些稳定的化合物。由两个组元组成的合金称为二元合金，三个组元组成的称为三元合金，以此类推。如黄铜是由两个组元（铜和锌元素）组成的二元合金。

（3）合金系。两个或两个以上给定的组元，可按不同比例配制出一系列成分不同、性能不同的合金，构成一个合金系统，简称合金系。如铸造铝合金中的铝硅系、铝镁系等。

（4）相。在金属或合金中，凡化学成分、晶体结构相同并与其他部分有明显分界的均匀组成部分称为相。例如，均匀的液态合金是一个相，称为液相；结晶后的纯金属也是一个相，称为固相；而正在结晶的纯金属，则是液相和固相同时存在，称为两相共存。固态下的合金的结构要比纯金属复杂得多，它们可以是单相的，也可以是多相的。若合金是由化学成分、晶体结构都相同的同一种晶粒构成，则属于单相组成的合金；若合金是由化学成分、晶体结构互不相同的几种晶粒构成，则属于多种不同相组成的合金。

（5）组织。金属及其合金的内部微观形貌特征称为显微组织。通常借助金相显微镜、电子显微镜对金属及其合金的内部微观形貌进行观察和分析，可以了解内部组成相的大小、方向、形态、分布和相对数量等，从而进一步了解材料的性能及其变化规律。

2. 固态合金的基本结构

当合金由液态结晶为固态时，由于组成合金的各组元之间的相互作用（溶解、化合或混合）不同，在固态合金中可能出现固溶体、金属化合物和机械混合物三种基本结构。

（1）固溶体。

当合金由液态结晶为固态时，组成元素间会像合金溶液那样相互溶解，形成一种在某种元素的晶格结构中包含其他元素原子的新相，称为固溶体。合金中，晶格形式被保留的组元称为溶剂，溶入固溶体中失去其原有晶格类型的组元是溶质。固溶体的晶格形式与溶剂组元的晶格相同。

根据溶质原子在溶剂晶格中所占位置的不同，可将固溶体分为置换固溶体和间隙固溶体，如图 2 - 10 所示。若根据组元相互溶解能力的不同，固溶体又可分为有限固溶体和无限固溶体。

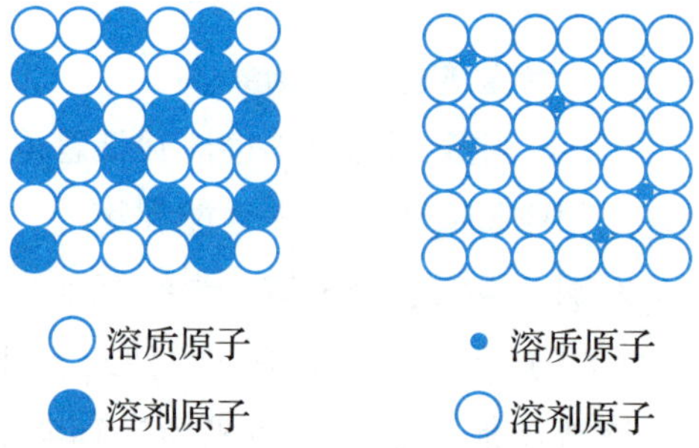

（a）置换固溶体　（b）间隙固溶体

图 2 - 10　固溶体的类型

1）置换固溶体。当溶质原子代替一部分溶剂原子而占据溶剂晶格中的某些结点位置时，所形成的固溶体称为置换固溶体。置换固溶体可以是有限固溶体，也可以是无限固溶体。一般说来，溶质原子和溶剂原子直径差别越小，则溶解度越大；两者在周期表中的位置越靠近，则溶解度也越大。如果上述条件能很好地满足，而且溶质与溶剂的晶格结构相同，则这些组元往往能无限相互溶解，即可以以任何比例形成置换固溶体，这种固溶体称为无限固溶体，如铁和铬、铜和镍。反之，若不能很好地满足上述条件，则溶质在溶剂中的溶解度是有限的，这种固溶体称为有限固溶体，如铜和锌、铜和锡。有限固溶体的溶解度还与温度有着密切的关系，一般温度越高，溶解度越大。

2）间隙固溶体。溶质原子进入溶剂晶格的间隙后，不占据结点的位置而形成的固溶体称为间隙固溶体。通常，当溶质原子半径与溶剂原子半径之比 ≤ 0.59 时，则形成间隙固溶体。在金属材料的相结构中，形成间隙固溶体的例子很多，如碳钢中的碳原子溶入 α-Fe 晶格空隙中形成的间隙固溶体称为铁素体；碳原子溶入 γ-Fe 晶格空隙中形成的间隙固溶体称为奥氏体。因为溶剂晶格的间隙是有限的，所以间隙固溶体只能是有限固溶体。

溶质原子的溶入使溶剂晶格发生歪扭和畸变，进而使合金的强度、硬度上升，塑性、韧性下降的现象称为固溶强化。工程中，对综合机械性能要求较高的结构材料，几乎都以固溶体作为基本组成相。可是，通过单纯的固溶强化所能达到的最高强度指标仍然有限，不能满足人们对结构材料的要求，还需要在固溶强化的基础上进行其他的强化处理。

（2）金属化合物。

金属化合物是指合金的各组元之间发生相互作用而形成的具有金属性质的一种新相。

它具有不同于任一组元的复杂的晶格类型，其组成一般可用分子式来表示，如铁碳合金中的 Fe_3C。金属化合物的性能与各个组元的性能有显著的不同，通常具有高熔点、高硬度，而塑性及韧性极差，因此可利用它来提高合金的强度、硬度和耐磨性。生产中，常通过压力加工和热处理等方法，改变金属化合物在合金中的形状、大小及分布，使其与固溶体适当配合来调节合金的性能。

（3）机械混合物。

纯金属、固溶体、金属化合物都是组成合金的基本相，由两个或两个以上基本相组成的多相组织称为机械混合物。在机械混合物中，各相仍保持着原有的晶格类型和性能，而整个机械混合物的性能则介于各个组成相的性能之间，与各组成相的性能以及各相的数量、形状、大小和分布状况等密切相关。机械工程中使用的合金材料，绝大多数是机械混合物。例如，铁碳合金中的珠光体就是固溶体（铁素体）和金属化合物（渗碳体）组成的机械混合物，它的性能介于两者之间。

四、纯金属的结晶

大多数金属制品都是经过熔化、浇注、凝固而成。金属材料由液态变成固态的凝固（结晶）过程，是原子由不规则排列的液态逐步过渡到规则排列的固态的过程。由于金属材料的各种性能取决于结晶所形成的组织，因此了解金属结晶的过程及规律，有利于控制晶体材料内部组织和性能。

1. 纯金属的冷却曲线及过冷度

纯金属的结晶过程通常采用热分析法进行研究。先将纯金属加热并熔化成液体，然后缓慢地冷却下来。在冷却过程中，每隔一定的时间测量一次温度，将记录下来的数据描绘在温度—时间坐标系中，便可获得纯金属的冷却曲线，如图 2－11 所示。

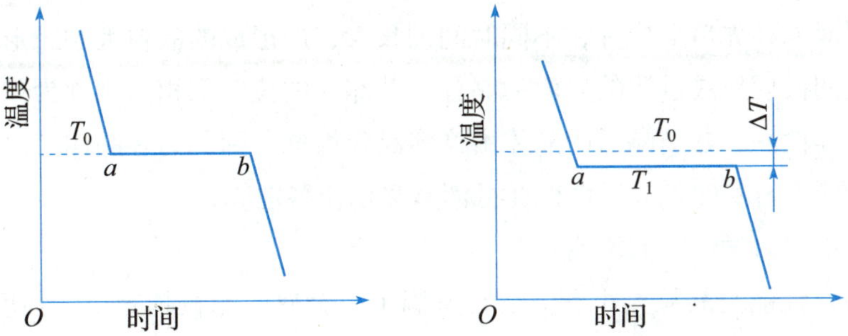

（a）以极缓慢速度冷却　（b）在实际冷却条件下冷却

图 2－11　纯金属的冷却曲线

由冷却曲线可见，液态金属随着时间的推移，热量不断向外散失，温度随之不断下降。当冷却至 a 点时，液态金属开始形核。核在长大的过程中不断释放结晶的潜热，以此补偿散失在空气中的热量，使结晶过程的温度不会随着时间的推移而下降，直至 b 点结晶结束后，温度才继续下降。a、b 两点间的水平线段称为结晶阶段，所对应的温度是纯金属的结晶温度。理论上，金属结晶温度（凝固点）与熔化温度应是同一温度，即金属的理论结晶温度（T_0）。实际上，液态金属总是冷却到理论结晶温度（T_0）以下才开始形核结晶。

实际结晶温度（T_1）低于理论结晶温度（T_0）的现象称为过冷现象，理论结晶温度和实际结晶温度之差，称为过冷度（$\Delta T = T_0 - T_1$）。金属结晶时，过冷度并不是一个恒定值，过冷度的大小与冷却速度、金属的性质及纯度有关。冷却速度越快，过冷度越大，金属的实际结晶温度就越低，结晶过程越滞后。在实际生产中，金属都是在过冷的条件下结晶，所以过冷是金属结晶的必要条件。

2. 纯金属的结晶过程

在过冷的条件下，金属液冷却到结晶温度时，液体中会形成一些微小而稳定的固体质点，称为晶核。随着时间的推移，晶核不断长大的同时陆续有很多新的晶核形成、长大，直至彼此接触，金属液全部凝固为止。最后形成许多互相接触、外形不规则而内部原子排列规则的晶体，即晶粒。因此，纯金属的结晶过程是形核及晶核长大的过程。金属的结晶过程示意图如图 2－12 所示。

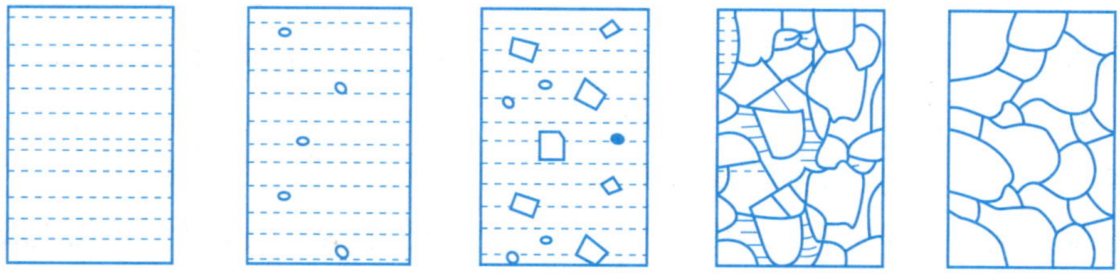

（a）均匀的液体　（b）晶核形成　（c）晶核长大　（d）彼此接触　（e）晶体

图 2－12　金属的结晶过程示意图

金属结晶时晶核先后形成并在不同时间内长大，所形成的晶粒大小、形状和位向各不相同。晶粒之间最后形成过渡的界面为晶界。若晶粒的位向都相同则称为单晶体，单晶体的性能是各向异性的。若结晶后的晶体由许多晶粒组成，则称为多晶体。多晶体内各晶粒的位向互不相同，自身的各向异性彼此抵消，显示出各向同性。

3. 晶粒大小对力学性能的影响

金属的力学性能与晶粒大小有关。在室温下，金属的晶粒越细小，强度和韧性越高。由金属结晶过程可知，金属晶粒大小取决于结晶时的形核率 N（单位时间、单位体积内所形成的晶核数目）与晶核的长大速度 V。形核率越大，结晶后的晶粒越多，晶粒就越细小。因此，控制结晶时的形核率是细化晶粒的根本途径。常用的细化晶粒的方法如下：

（1）增加过冷度。

因为形核率 N 和晶核长大速度 V 都随过冷度 ΔT 增大而增大，但在很大的范围内形核率比晶核长大速度增长得更快，因此，对于中小型铸件，可以通过增加过冷度来加快冷却速度，使晶粒细化。如降低浇铸温度、采用水冷铸型等。

（2）变质处理。

在液态金属结晶前，往金属液中加入一定量的细小的形核剂（变质剂或孕育剂）作为人工晶核，可使形核率明显增加，该方法称为变质处理。例如，在钢中加入钛、硼、铝等形核剂；在铸铁中加入硅铁、硅钙等形核剂，都能起到细化晶粒的作用。

（3）振动处理。

在金属结晶的过程中，采取对金属液施加机械振动、超声波振动和电磁振动等措施，可以破碎正在长大的树枝晶，得到更多的结晶核心，以此达到细化晶粒的目的。

五、金属的同素异构转变

1. 同素异构转变

有些金属在结晶成固态后继续冷却时，随着温度的变化，晶格形式还会发生变化，即在固态下存在两种以上的晶格形式。这种由一种晶格转变为另一种晶格的现象称为同素异构转变。具有同素异构转变的金属有铁、钴、钛、锡、锰等。以不同晶格形式存在的同一金属元素的晶体，称为该金属的同素异晶体。

2. 纯铁的同素异构转变

纯铁的冷却曲线如图 2-13 所示。

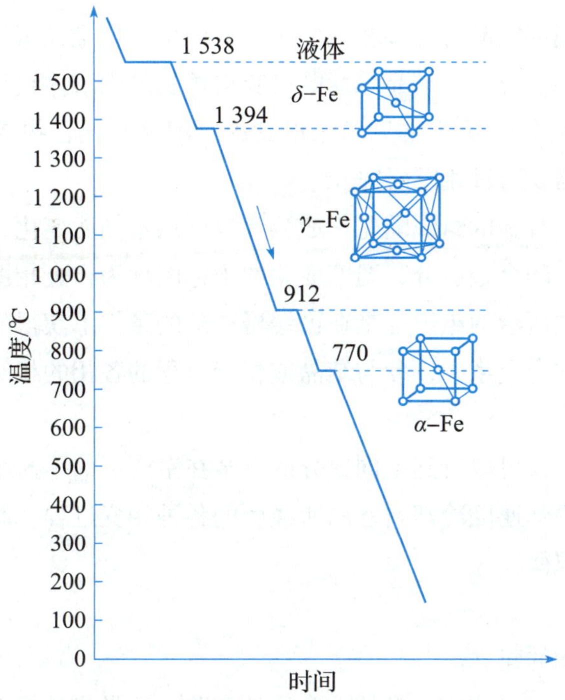

图 2-13　纯铁的冷却曲线

由纯铁的冷却曲线可见，液态纯铁在 1 538 ℃结晶时，是具有体心立方晶格的 δ–Fe，冷却到 1 394 ℃时发生同素异构转变，由体心立方晶格 δ–Fe 转变为面心立方晶格 γ–Fe，再冷却到 912 ℃时又发生同素异构转变，由面心立方晶格 γ–Fe 转变为体心立方晶格 α–Fe，直至冷却到室温，晶格的类型不再发生变化。这种转变过程可用下式表示：

$$\underset{(体心立方晶格)}{\delta\text{–Fe}} \xrightleftharpoons{1\,394℃} \underset{(面心立方晶格)}{\gamma\text{–Fe}} \xrightleftharpoons{912℃} \underset{(体心立方晶格)}{\alpha\text{–Fe}}$$

同素异构转变是钢铁进行热处理的重要理论依据。金属发生同素异构转变与液态金属的结晶过程有以下相似之处：

（1）同素异构转变是在一定温度下发生的转变；转变的过程是形核和晶核长大的过程。

（2）同素异构转变时有过冷的现象，具有较大的过冷度；会产生结晶潜热，在冷却曲线上出现水平线段。

（3）同素异构转变属于固态相变，晶格变化时金属体积也变化，同时会产生较大的内应力。

（4）采取控制冷却速度的方式，可以改变同素异构转变后的晶粒大小，进而改变金属的性能。

六、合金的结晶

1. 相图

合金的结晶与金属的结晶有许多相同的规律，但由于合金元素的相互作用，其结晶过程要比纯金属复杂得多。合金在结晶之后既可获得单相的固溶体组织，亦可得到单相的化合物组织（这种情况少见），更为常见的是得到由固溶体和化合物或几种固溶体组成的多相组织。合金的结晶需要通过相图研究。

同一个合金系中，合金的组织随化学成分和温度的不同而变化，用来表示在平衡条件下合金的相和组织状态随合金成分、温度变化的坐标图称为合金相图，又称合金状态图或合金平衡图。合金相图所示的组织都是在极缓慢冷却的条件下获得的，都是接近平衡状态的组织。相平衡是指在合金系中，参与结晶或相变过程的各相的相对重量和浓度不再改变时的一种平衡状态。

通过合金相图，不仅可以看到不同成分的合金在室温下的平衡组织，还可以了解合金从高温液态以极缓慢冷却速度冷却到室温所经历的各种相变过程。此外，还可以通过相图预测合金性能的变化规律。

2. 二元合金相图

（1）二元合金相图的建立。

合金相图都是通过实验测定出来的，常用的实验方法是热分析法。下面以图 2－14 所示的铜镍合金相图的绘制过程为例来讲解。

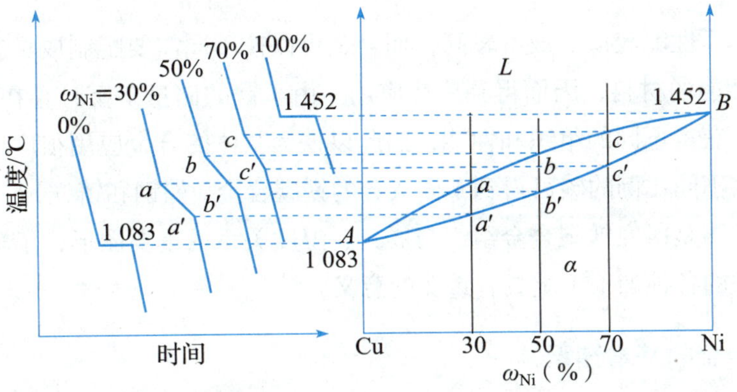

（a）冷却曲线　　（b）相图

图 2－14　铜镍合金相图的绘制

1）将两种金属（或金属与非金属）配制成不同成分的合金。配制的合金数目越多，试验数据间隔越小，测绘出来的合金相图就越精确。

2）作出每个合金的冷却曲线，并找出各冷却曲线上的临界点（即停歇点和转折点）。

3）作“温度—合金成分”的直角坐标系，并自横坐标上各成分点作“直线—合金成分”垂线，然后把每个合金冷却曲线上的临界点分别标在各合金的成分垂线上。

4）将各成分垂线上具有相同意义的点连接成线，并根据已知条件和实际分析结果在各区域内写上相应的相或组织的符号，为曲线上重要的点标注字母和数字，就得到一个完整的二元合金相图。

（2）二元合金相图的基本类型。

1）二元匀晶相图：两组元在液态和固态均无限互溶时构成的相图。具有这类相图的合金系主要有 Cu-Ni、Cu-Au、Au-Ag、Fe-Ni、W-Mo 等。如图 2－14（a）所示为 Cu-Ni 合金相图，图 2－14（b）所示为结晶过程示意图。

这类相图很简单，只有两条线：凸 *AB* 线为液相线，代表各种成分的 Cu-Ni 合金在冷却过程中开始结晶的温度，或在加热过程中熔化终了的温度；凹 *AB* 线为固相线，代表各种成分的 Cu-Ni 合金在冷却过程中结晶终了的温度，或在加热过程中开始熔化的温度。固相线的两个端点 *A* 和 *B* 是合金系统的两个组元 Cu 和 Ni 的熔点。

2）二元共晶相图：两组元在液态时无限互溶，在固态时有限互溶，而且发生共晶反应时构成的相图。具有这类相图的合金系主要有 Pb-Sn、Pb-Sb、Cu-Ag、Pb-Bi、Cd-Zn、Sn-Cd、Zn-Sn 等；某些金属元素与金属化合物（如 $Cu-Cu_2Mg$、$Al-CuAl_2$）也构成这类相图。

2.2 铁碳合金相图

纯金属的力学性能较低而成本较高，而合金可以按不同需要配制成具有不同力学性能和物理、化学性能的材料，因而得到广泛应用。由于铁的储量丰富且存在同素异构转变，通过结构转变可获得不同的组织和性能，因此以铁为基体的合金应用很广泛。例如，以纯铁为基体，加入不同比例的碳可得到不同成分的铁碳合金（如钢和铸铁）。

铁碳合金相图是研究铁碳合金组织与成分、温度关系的重要图形，了解铁碳合金相图对合理制定钢铁的各种加工工艺具有重要的意义。

一、铁碳合金的基本知识

研究铁碳合金需要从纯铁开始。

1. 工业纯铁

一般情况下不存在纯铁，其中总会有杂质。工业纯铁中常含有 0.10% ～ 0.20% 的杂质。这些杂质由碳（C）、硅（Si）、锰（Mn）、硫（S）、磷（P）、氧（O）等十几种元素构成，其中碳约占 0.006% ～ 0.02%。

纯铁在室温下的晶体结构是体心立方晶格，称为 α-Fe，具有良好的塑性和韧性，还具有良好的导磁性能，但是强度和硬度较低。已知纯铁随温度的变化，发生了两次同素异构转变，这种同素异构转变遵循结晶的一般规律，即在旧相的晶界上形核，然后逐渐长大，直至转变完成。

2. 铁碳合金

工业领域应用广泛的是铁碳合金，其中最基本的组织是铁素体、奥氏体和渗碳体，此外还有珠光体、莱氏体。

（1）铁素体。碳在 α-Fe 中形成的间隙固溶体称为铁素体，用符号 F 表示。碳在 α-Fe 中的溶解度很低，在室温下仅溶碳 0.006% ～ 0.008%，在 727℃时溶碳量可达 0.021 8%。因此，铁素体的机械性能与纯铁相近，强度和硬度较低，但具有良好的塑性和韧性。

（2）奥氏体。碳在 γ-Fe 中形成的间隙固溶体称为奥氏体，用符号 A 表示。其溶碳能力比 α-Fe 大，在 727℃时溶碳量为 0.77%，到 1 148℃时可达最大溶碳量 2.11%。奥氏体无磁性，通常存在于高温（727℃以上）环境，塑性好，变形抗力小，易于锻造成形。

（3）渗碳体。渗碳体是一种具有复杂晶体结构的间隙化合物，它的分子式为 Fe_3C，渗碳体既是组元，又是基本相。渗碳体的含碳量为 6.69%，没有同素异构转变，它的硬度很高，约为 800HBW，塑性和韧性很差，渗碳体硬而脆，强度很低，但耐磨性好。如果渗碳体以细小片状或粒状分布在软的铁素体基体上，会起弥散强化作用，对钢的性能有很大影响。Fe_3C 是一个亚稳定的化合物，在一定温度下可分解为铁和石墨，即：

$Fe_3C \rightarrow 3Fe+C$（石墨）

（4）珠光体。珠光体用符号 P 表示，它是铁素体与渗碳体薄层片相间的机械混合物。珠光体的平均含碳量为 0.77%，力学性能介于铁素体和渗碳体之间。它的强度和硬度较高（$\sigma_b = 770$MPa，180HBS），具有一定的塑性和韧性（$\delta \approx 20\% \sim 35\%$，$A_K \approx 24 \sim 32$J），是一种综合力学性能较好的组织。

（5）莱氏体。莱氏体用符号 Ld 表示，是奥氏体和渗碳体组成的共晶体。莱氏体缓冷到 727℃时，其中的奥氏体将转变为珠光体，因此 727℃以下的莱氏体由珠光体和渗碳体组成，称为低温莱氏体，用符号 L′d 表示。莱氏体因含有大量的渗碳体，故力学性能与渗碳体相近。

二、铁碳合金相图

1. 简化的铁碳合金相图

铁碳合金相图是表示在极缓慢冷却条件下，不同成分的铁碳合金在不同的温度下所具有的组织或状态的图形。当碳含量超过溶解度以后，剩余的碳在铁碳合金中可能有两种存在方式：渗碳体 Fe_3C 或石墨。碳含量高于 6.69% 的铁碳合金脆性极大，没有使用价值，所以我们只研究含碳量小于 6.69% 的部分。含碳量等于 6.69% 对应的正好全部是渗碳体，可将其看作一个组元，实际上我们研究的铁碳合金相图是 Fe-Fe_3C 相图。为了便于研究分析，将其简化，可得到图 2－15 所示的 Fe-Fe_3C 简化相图。

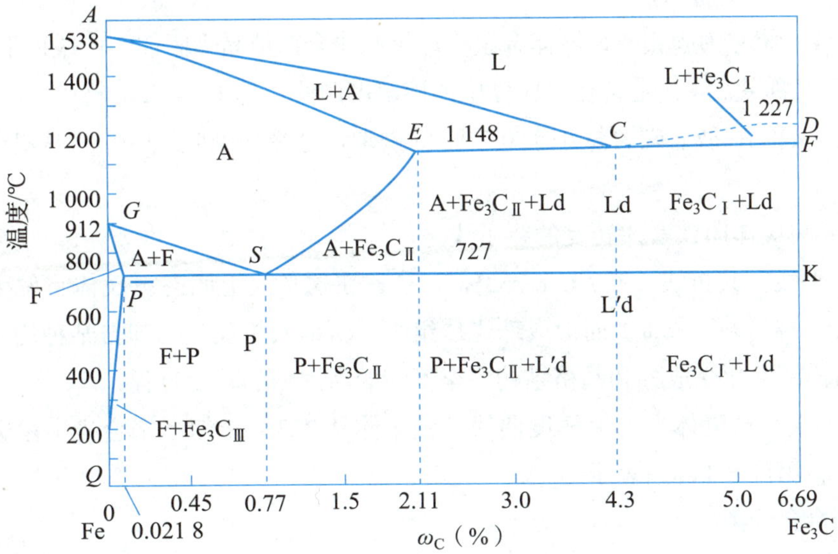

图 2－15　Fe-Fe_3C 简化相图

2. Fe-Fe_3C 相图分析

（1）特性点。Fe-Fe_3C 相图中的各特性点见表 2－1。

表 2－1　Fe-Fe_3C 相图中的各特性点

特性点符号	温度 /℃	ω_C（%）	含义
A	1 538	0	熔点：纯铁的熔点
C	1 148	4.3	共晶点：发生共晶转变 $L_{4.3} \rightleftharpoons L_d$（$A_{2.11\%}$ + Fe_3C 共晶）
D	1 227	6.69	熔点：渗碳体的熔点
E	1 148	2.11	碳在 γ-Fe 中的最大溶解度点
F	1 148	6.69	渗碳体的成分点
K	727	6.69	渗碳体的成分点
G	912	0	同素异构转变点
S	727	0.77	共析点：发生共析转变 $A_{0.77\%} \rightleftharpoons P$（$F_{0.0218\%}$+$Fe_3C$ 共析）
P	727	0.021 8	碳在 α-Fe 中的最大溶解度点
Q	室温	0.000 8	室温下，碳在 α-Fe 中的溶解度点

（2）主要特性线。

AC 线：液体向奥氏体转变的开始线。即 $L \rightarrow A$。

CD 线：液体向渗碳体转变的开始线，结晶出一次渗碳体，用 Fe_3C_{I} 表示。即 $L \rightarrow Fe_3C_{I}$。

ACD 线：统称为液相线，在此线之上合金全部处于液相状态，用符号 L 表示。

AE 线：液体向奥氏体转变的终了线。

ECF 水平线：共晶线。

AECF 线：统称为固相线，液体合金冷却至此线全部结晶为固体，此线以下为固相区。

ES 线：又称 A_{cm} 线，是碳在奥氏体中的溶解度曲线。即 $L \rightarrow Fe_3C_{II}$。

GS 线：又称 A_3 线。碳含量小于 0.77% 的铁碳合金冷却到此线时，将从奥氏体中析出铁素体。

GP 线：奥氏体向铁素体转变的终了线。

PSK 水平线：共析线（727℃），又称 A_1 线。在这条线上固态奥氏体将发生共析转变 $A_{0.77\%} \rightleftharpoons P$（$F_{0.0218\%}$ + Fe_3C）而形成珠光体组织。所谓共析反应，即自某种均匀一致的固相中同时析出两种化学成分和晶格结构完全不同的新固相的转变过程。

PQ 线：碳在铁素体中的溶解度曲线。铁素体从 723℃冷却下来会析出渗碳体，称为三次渗碳体，用符号 Fe_3C_{III}表示。

3. 铁碳合金分类

如果用“组织”来描述 Fe-Fe_3C 相图的话，铁碳合金按其含碳量和组织的不同，可分成以下三类：

（1）工业纯铁（$\omega_C \leqslant 0.0218\%$）。

（2）钢（$0.0218\% < \omega_C \leqslant 2.11\%$）。包括亚共析钢（$\omega_C < 0.77\%$）、共析钢（$\omega_C = 0.77\%$）

和过共析钢（$\omega_C > 0.77\%$）。

（3）白口铸铁（$2.11\% < \omega_C < 6.69\%$）。包括亚共晶白口铸铁（$\omega_C < 4.3\%$）、共晶白口铸铁（$\omega_C = 4.3\%$）和过共晶白口铸铁（$\omega_C > 4.3\%$）。

三、典型铁碳合金的结晶过程分析

1. 共析钢

如图 2－16 所示，过 ω_C=0.77% 的点做一条垂直于横轴的垂线 I，与相图分别交于 1、2、3 点，以这三点的温度为界分析其冷却过程。结晶过程如图 2－17 所示。当金属液冷却到和 AC 线相交的 1 点时，开始从液相（L）中结晶出奥氏体（A），到 2 点时金属液相全部结晶为奥氏体；在 2 点到 3 点间，组织不发生变化，为单一奥氏体；当合金冷却到 3 点（727℃）时，奥氏体发生共析转变，析出铁素体和渗碳体，即珠光体，其共析转变式为：

$$A_{0.77\%} \rightleftharpoons P\ (F_{0.0218\%} + Fe_3C)$$

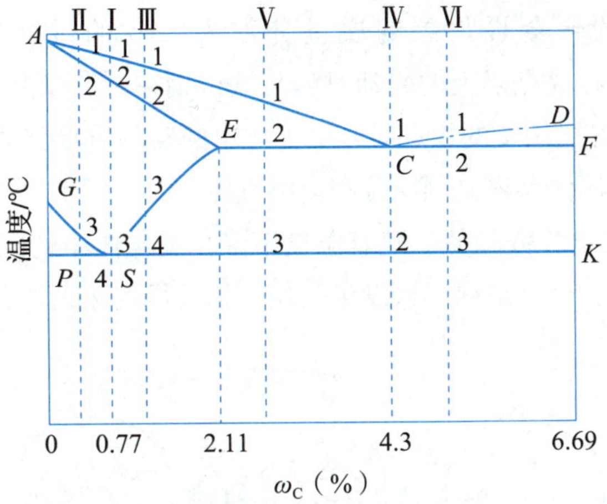

图 2－16　典型铁碳合金在 Fe-Fe3C 相图中的位置

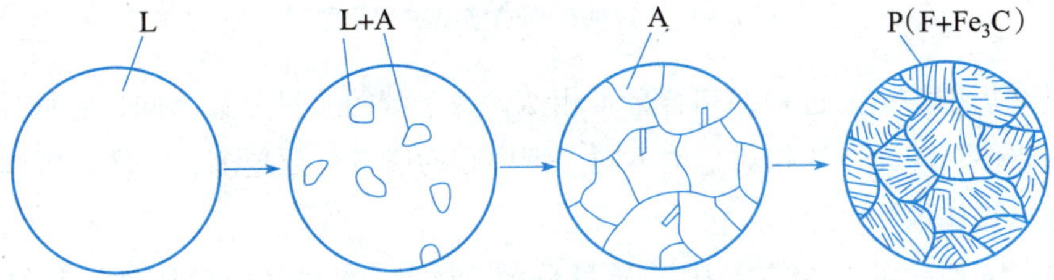

图 2－17　共析钢的结晶过程示意图

温度继续下降至室温，珠光体不再发生组织变化，所以共析钢室温时的平衡组织为珠光体。

2. 亚共析钢

如图 2－16 所示的合金Ⅱ是碳的质量分数为 0.45% 的亚共析钢，其结晶过程如

图 2－18 所示。金属液在 3 点以上的冷却过程与共析钢在 3 点以上相似，组织为单相奥氏体，当冷却到与 *GS* 线相交的 3 点时，从奥氏体中开始析出铁素体。随着温度下降，析出的铁素体量增多，剩余的奥氏体量减小，而奥氏体的碳的质量分数沿 *GS* 线增加。当温度降至与 *PSK* 线相交的 4 点时，奥氏体的碳的质量分数达到 0.77%，此时剩余奥氏体发生共析转变，转变成珠光体；4 点以下至室温，合金组织不再发生变化。亚共析钢的室温组织由珠光体和铁素体组成，随碳的质量分数的增加，珠光体增多，铁素体量减少。

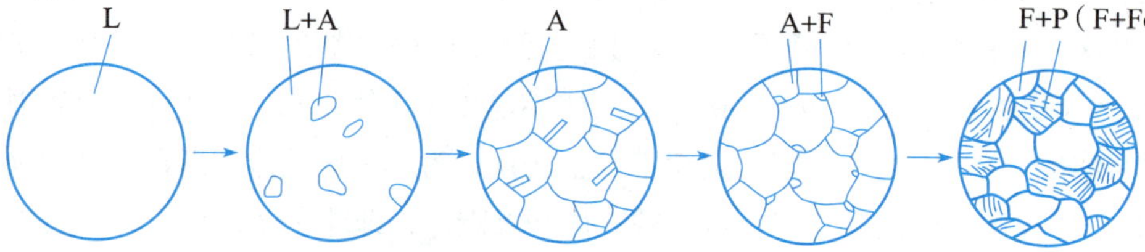

图 2－18　亚共析钢的结晶过程示意图

3. 过共析钢

如图 2－16 所示的合金Ⅲ是碳的质量分数为 1.2% 的过共析钢，其结晶过程如图 2－19 所示。金属液在 3 点以上的冷却过程与共析钢在 3 点以上相似，组织为单相奥氏体。当合金冷却到与 *ES* 线相交的 3 点时，奥氏体中的碳的质量分数达到饱和，继续冷却，析出二次渗碳体，在奥氏体晶界呈网状分布。继续冷却时，析出的二次渗碳体的数量增多，剩余奥氏体中的碳的质量分数降低。随着温度下降，奥氏体中的碳的质量分数沿 *ES* 线变化。从 4 点以下至室温，合金组织不再发生变化。最后得到珠光体和网状二次渗碳体组织。

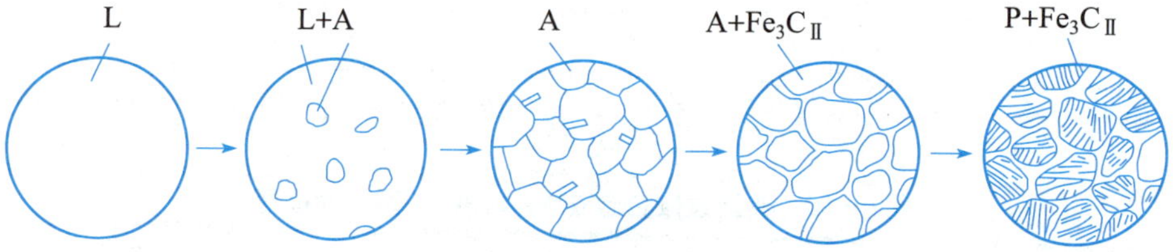

图 2－19　过共析钢的结晶过程示意图

所有过共析钢的结晶过程都和合金Ⅲ相似，由于碳的质量分数不同，它们的室温组织中的二次渗碳体和珠光体的相对量也不同。钢中碳的质量分数越多，二次渗碳体也越多。

4. 共晶白口铸铁

如图 2－16 所示的合金Ⅳ是碳的质量分数为 4.3% 的共晶白口铸铁，其结晶过程如图 2－20 所示。当金属液冷却到 1 点时发生共晶转变，从金属液中同时结晶出奥氏体和渗碳体的机械混合物，即高温莱氏体。在 1 点到 2 点之间从奥氏体中不断析出二次渗碳体，但混合于基体之中而无法分辨。当冷却到 2 点时，剩余的奥氏体在恒温下发生共析反应，转变成珠光体。因此，共晶白口铸铁的平衡组织是由珠光体和渗碳体组成的低温莱氏体。

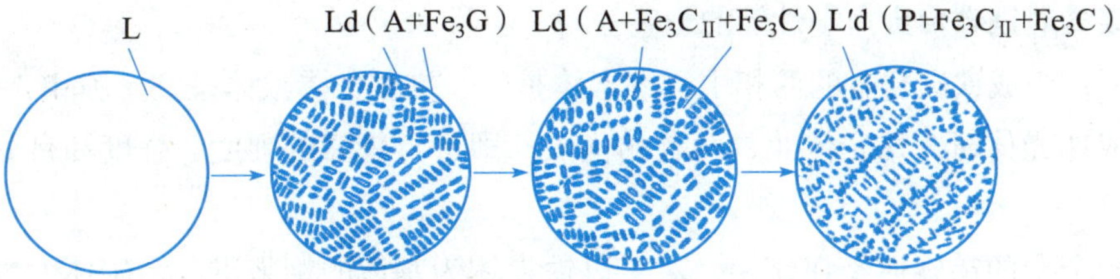

图 2－20　共晶白口铸铁的结晶过程示意图

5. 亚共晶白口铸铁

如图 2－16 所示的合金Ⅴ是碳的质量分数为 3.0% 的亚共晶白口铸铁，其结晶过程如图 2－21 所示。其常温组织为珠光体、二次渗碳体和低温莱氏体。

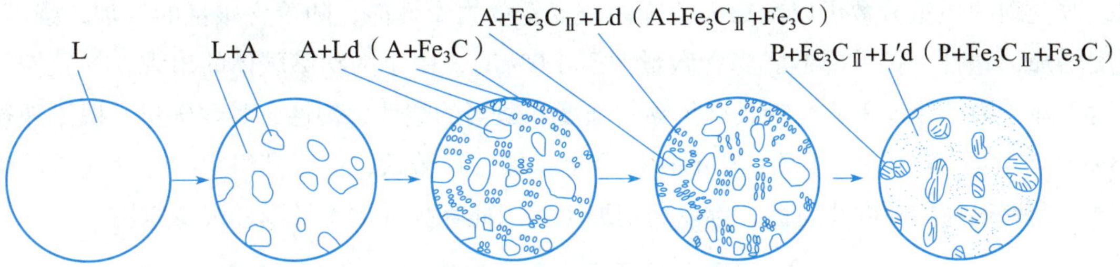

图 2－21　亚共晶白口铸铁的结晶过程示意图

6. 过共晶白口铸铁

如图 2－16 所示的合金Ⅵ为碳的质量分数为 5.0% 的过共晶白口铸铁，其结晶过程如图 2－22 所示。其常温组织为一次渗碳体和低温莱氏体。

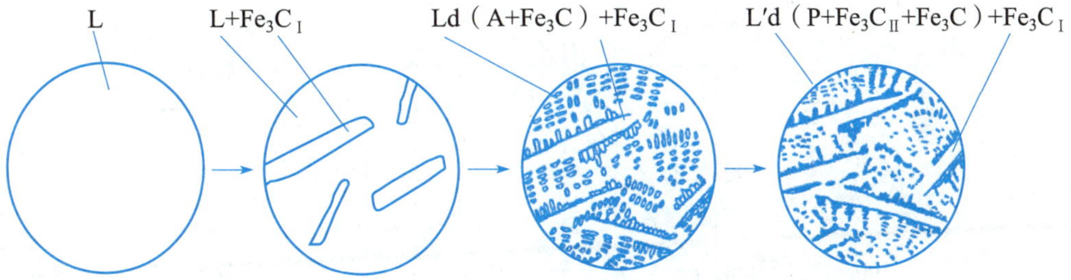

图 2－22　过共晶白口铸铁的结晶过程示意图

四、碳对碳钢组织和性能的影响

1. 含碳量对铁碳合金组织的影响

通过对铁碳合金相图的分析可知，铁碳合金在室温下的组织都是由铁素体和渗碳体两相组成。随着碳的质量分数的增加，铁素体的量逐渐减少，而渗碳体的量则有所增加。随着碳的质量分数的变化，不仅铁素体和渗碳体的相对量有变化，而且相互组合的形态也发生变化。随着 ω_C 的增加，合金组织将按下列顺序发生变化：$F \rightarrow F+P \rightarrow P \rightarrow P+Fe_3C_{II} \rightarrow P+Fe_3C_{II}+L'd \rightarrow L'd \rightarrow Fe_3C_I+L'd$。

2. 含碳量对铁碳合金力学性能的影响

室温下，组成铁碳合金的两相中，铁素体是软、韧相，渗碳体是硬、脆相，当两者以层片状组成珠光体时，珠光体兼具两者的优点，即具有较高的硬度、强度和良好的塑性、韧性。

铁碳合金中的渗碳体是强化相，对于以铁素体为基体的钢来讲，渗碳体的数量越多，分布越均匀，其强度越高。但若 Fe_3C 以网状分布于晶界上或呈粗大片状，尤其是作为基体时会使铁碳合金的塑性、韧性大大下降，这就是过共析钢和白口铸铁脆性很高的原因。

碳对铁碳合金性能的影响，也是通过对组织的影响来实现的。铁碳合金组织的变化，必然引起性能的变化。如图 2－23 所示为碳的质量分数对钢的力学性能的影响，由图可知，改变碳的质量分数可以在很大范围内改变钢的力学性能，随着含碳量的增加，强度、硬度增加，塑性、韧性降低。当含碳量大于 1.0% 时，由于网状渗碳体的出现，导致钢的强度下降。为了保证工业用钢具有足够的强度和适当的塑性、韧性，其含碳量一般不超过 1.3% ～ 1.4%。含碳量大于 2.11% 的铁碳合金，即白口铸铁，由于其组织中存在大量的渗碳体，具有很高的硬度和脆性，难以切削加工，因此除少数耐磨件以外很少应用。

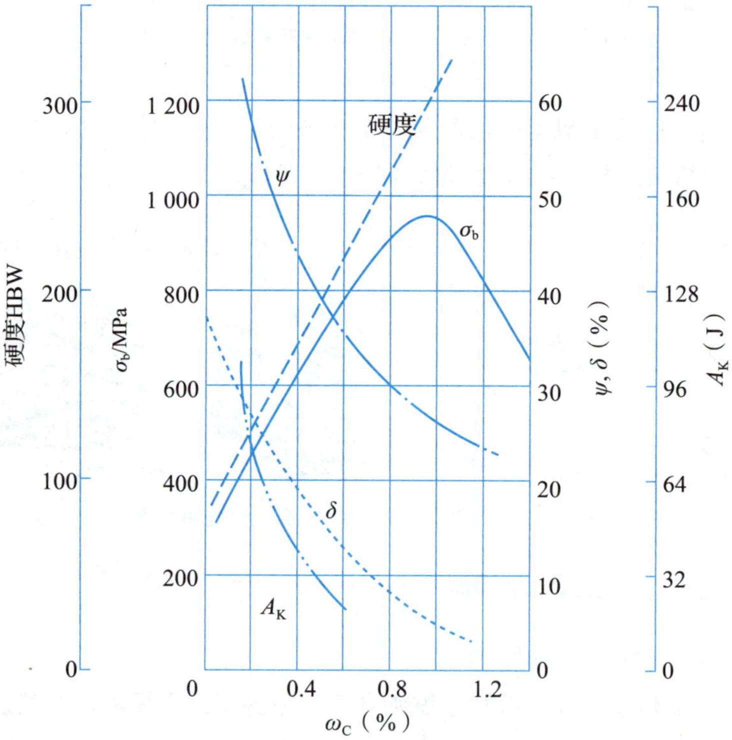

图 2－23　碳的质量分数对钢的力学性能的影响

五、Fe-Fe3C 相图在工业中的应用

$Fe\text{-}Fe_3C$ 相图反映了铁碳合金组织和性能随成分的变化规律。这样，就可以根据零件

的工作条件和性能要求来合理地选择材料。若需要塑性、韧性好的材料，可选用低碳钢（$\omega_C=0.1\%\sim0.25\%$）；若希望强度和韧性都比较好，可选用中碳钢（$\omega_C=0.25\%\sim0.65\%$）；需要硬度高、耐磨性好的材料，可选用高碳钢（$\omega_C=0.77\%\sim1.44\%$）。

1. 在铸造生产中的应用

由 Fe-Fe_3C 相图可知，共晶成分的铁碳合金熔点低，结晶温度范围最小，具有良好的铸造性能。因此，在铸造生产中，可选用接近共晶成分的铸铁。

2. 在锻压生产中的应用

钢在室温下的组织为两相混合物，塑性较差，变形困难；而奥氏体的强度较低，塑性较好，便于塑性变形。因此在进行锻压和热轧加工时，要把坯料加热到奥氏体状态。加热温度不宜过高，以免钢材氧化烧损严重，但变形的终止温度也不宜过低，过低的温度除了会增加能量的消耗和设备的负担外，还会因塑性的降低而导致开裂。各种碳钢较合适的锻轧加热温度范围：始锻轧温度为固相线以下 100 ～ 200℃；终锻轧温度为 750 ～ 850℃。对于过共析钢，则选择在 *PSK* 线以上某一温度，以便打碎网状二次渗碳体。

3. 在焊接生产中的应用

焊接时，由于局部区域（焊缝）被快速加热，所以从焊缝到母材各区域的温度是不同的。由 Fe-Fe_3C 相图可知，温度不同，冷却后的组织和性能就不同，为了获得均匀一致的组织和性能，就需要在焊接后采用热处理方法加以改善。

4. 在热处理方面的应用

由 Fe-Fe_3C 相图可知，铁碳合金在固态加热或冷却的过程中均发生相的变化，所以钢和铸铁可以进行有相变的退火、正火、淬火和回火等热处理。奥氏体有溶解碳和其他合金元素的能力，而且溶解度随温度的升高而增加，这就是钢可以进行渗碳和其他化学热处理的缘故。

复习思考题

一、填空题

1. 纯金属的晶格类型主要有________晶格、________晶格和________晶格 3 种。

2. 在固溶体中，保持原有晶格的组元称为________，而晶格结构消失的组元称为________。

3. 在室温下，金属的晶粒越________，强度和韧性越________。

4. 当晶格常数________，晶轴间夹角________时，称这种晶胞为立方体晶胞。

5. 在铁碳合金的平衡组织中，常见的 3 个单相组织是________、________和________，常见的两个两相组织是________和________。

6. 金属结晶时，过冷度的大小与冷却速度有关，冷却速度越________，金属的实际结晶温度越________，过冷度也就越________。

7. 金属结晶时，晶粒的大小对其性能影响很大，一般可通过________法、________法和________法来细化晶粒。

8. 固态合金中有________、________和________3 种基本结构。

9. 按照溶质原子在溶剂中位置的不同，固溶体分为________和________。

10. 固溶体按溶解度大小不同可分为________和________。

11. 实际晶体中主要存在三类缺陷，其中点缺陷有________和________等，线缺陷有________等，面缺陷有________等。

12. 晶体缺陷分为________、________和________三类。

13. 机械行业常用的长度单位为________。实践中，零件质量检测常用单位为________，1________= 0.1mm。

14. 纯铁在室温时为________晶格，加热至 912℃以上则转变为________晶格，加热至 1 394℃以上则转变为________晶格。

15. 金属在固态时随着温度或者压力的变化，晶格形式发生的转变称为________。

16. 在 $Fe\text{-}Fe_3C$ 合金组织中，一次渗碳体是指从________中析出的，二次渗碳体是指从________中析出的，三次渗碳体是指从________中析出的。

二、判断题

(　　) 1. 金属的晶粒越细小，其强度越高、塑性越好。

(　　) 2. 金属在液态下随着温度的改变，由一种晶格转变为另一种晶格的现象称为同素异构转变。

(　　) 3. 间隙固溶体的溶质原子直径小，其强化效果远比置换固溶体差。

(　　) 4. 间隙固溶体必是有限固溶体。

(　　) 5. 无限固溶体必是置换固溶体。

(　　) 6. 金属的晶粒越细小，其强度越高，但韧性变差。

(　　) 7. 细化晶粒虽能提高金属的强度，但增大了金属的脆性。

(　　) 8. 金属凝固时，过冷度越大，晶体长大速度越大，导致其晶粒粗大。

(　　) 9. 置换固溶体必是无限固溶体。

(　　) 10. 常见的固态金属都是非晶体，其内部原子排列是不规则的。

(　　) 11. $\omega_C = 0.45\%$ 的碳素钢，其室温平衡组织是珠光体。

(　　) 12. 过共析钢的平衡组织中没有铁素体相。

(　　) 13. 铁碳合金中的含碳量越高，其强度越高。

(　　) 14. 纯铁在室温下的晶体结构为面心立方晶格。

(　　) 15. 金属材料的力学性能差异是由其化学成分和组织结构决定的。

(　　) 16. 铁碳合金中的铁素体组织是碳溶解于 α-Fe 中形成的间隙固溶体。

(　　) 17. 铁素体是置换固溶体。

(　　) 18. 渗碳体是钢中常见的固溶体相。

(　　) 19. 机械混合物的强度、硬度比固溶体高，塑性、韧性不如固溶体。

(　　) 20. 纯金属的结晶过程是一个恒温过程。

三、选择题

1. 在铁碳相图中，含碳量为 0.77% 的钢的奥氏体冷却到 *S* 点时析出（　　）。

A. 莱氏体　B. 铁素体　C. 二次渗碳体　D. 珠光体

2. 在晶体缺陷中，属于面缺陷的有（　　）。

A. 空位　B. 位错　C. 晶界　D. 断裂

3. 在 Fe-C 合金中，共晶白口铸铁的含碳量为（　　）。

A. 3.3%　B. 4%　C. 4.3%　D. 5%

4. Fe-Fe_3C 相图中，*GS* 线是平衡结晶时（　　）。

A. 奥氏体向珠光体转变的开始线　B. 从奥氏体中析出二次渗碳体的开始线

C. 奥氏体向铁素体转变的开始线　D. 奥氏体向 δ 固溶体转变的开始线

5. 组成合金最基本的、独立的物质称为（　　）。

A. 组元　B. 合金系　C. 相　D. 组织

6. 金属材料的组织不同，其性能（　　）。

A. 相同　B. 不同　C. 难以确定　D. 与组织无关

7. 铁碳合金状态图中的最大含碳量为（　　）。

A. 0.77%　B. 2.11%　C. 4.3%　D. 6.69%

8. 发生共晶转变的含碳量的范围是（　　）。

A. 0.77% ～ 4.3%　B. 2.11% ～ 4.3%

C. 2.11% ～ 6.69%　D. 4.3% ～ 6.69%

9. 液态合金在平衡状态下冷却时结晶终止的温度线叫（　　）。

A. 液相线　B. 固相线　C. 共晶线　D. 共析线

10. 共晶转变的产物是（　　）。

A. 奥氏体　B. 渗碳体　C. 珠光体　D. 莱氏体

11. 珠光体是（　　）。

A. 铁素体与渗碳体的层片状混合物　B. 铁素体与奥氏体的层片状混合物

C. 奥氏体与渗碳体的层片状混合物　D. 铁素体与莱氏体的层片状混合物

12. 共析转变的产物是（　　）。

A. 奥氏体　B. 渗碳体　C. 珠光体　D. 莱氏体

13. 共析钢的含碳量为（　　）。

A. $\omega_C = 0.77\%$　B. $\omega_C > 0.77\%$　C. $\omega_C < 0.77\%$　D. $\omega_C = 2.11\%$

14. $\omega_C < 0.77\%$ 的铁碳合金冷却至 A_3 线时，将从奥氏体中析出（　　）。

A. 铁素体　　B. 渗碳体　　C. 珠光体　　D. 莱氏体

15. $\omega_C > 4.3\%$ 的铁称为（　　）。

A. 共晶白口铸铁　B. 亚共晶白口铸铁　C. 过共晶白口铸铁　D. 共析白口铸铁

16. 铁碳合金相图中，*ACD* 线是（　　）。

A. 液相线　　B. 固相线　　C. 共晶线　　D. 共析线

17. 铁碳合金相图中的 A_{cm} 线是（　　）。

A. 碳在奥氏体中的固溶线

B. 共晶转变线

C. 共析转变线

D. 铁碳合金在缓慢冷却时奥氏体转变为铁素体的开始线

18. 工业上应用的碳钢，ω_C 一般不大于（　　）。

A. 0.77%　　B. 1.3% ～ 1.4%

C. 2.11% ～ 4.3%　　D. 6.69%

19. 铁碳合金相图中，*S* 点是（　　）。

A. 纯铁熔点　　B. 共晶点

C. 共析点　　D. 纯铁同素异构转变点

20. 钢的含碳量一般在（　　）。

A. 0.77% 以下　　B. 2.11% 以下　　C. 4.3% 以下　　D. 6.69% 以下

四、简答题

1. 金属实际的晶体结构是怎样的？

2. 过冷度是什么意思？影响过冷度的主要因素是什么？

3. 如果其他条件相同，试比较在下列铸造条件下，铸件晶粒的大小。

（1）金属模浇铸与砂模浇铸。

（2）浇注时采取振动与不采取振动。

（3）向液态金属加入少量微粒物质与不加微粒物质。

五、名词解释

晶体　　晶格　　晶胞　　晶粒

晶界　　单晶体　　多晶体　　过冷度　　同素异构转变

项目 3 钢的热处理

项目导读

铁碳合金应用广泛，不同成分的铁碳合金在室温下获得不同的组织，从而具有不同的性能，进而满足不同的使用要求。不同应用场景对零件提出了不同的要求，因此，成分确定后，还需要进行热处理。对钢材进行热处理，可以通过改变组织来改善性能。实际上，绝大多数机械零件都经过了热处理这一工艺过程，如汽车、拖拉机中需要进行热处理的零件占 70% ～ 80%；机床中占 60% ～ 70%；轴承及各种模具则达到 100%。如图 3－1 所示为零件进行淬火热处理。

图 3－1　零件淬火热处理

在热处理过程中，钢的组织和性能会发生怎样的变化？常用的热处理工艺有哪些？分别获得了怎样的组织和性能？让我们带着问题来学习本项目的内容。

素养园地

龙泉宝剑淬火的启示——要强大必须付出努力

龙泉宝剑是中华古兵器的代表之一，相传因须以浙江龙泉剑池湖水淬剑而得名，龙泉宝剑锻制技艺距今已有 2 500 多年的历史。

龙泉剑的传统工艺是取当地剑池湖之水淬火，这是其特别锋利的奥秘之一。淬火是将已锻好的剑坯烧到较高温度后浸入水中急速冷却，从而提高剑身的硬度、强度和耐磨性的工艺。

经过千锤百炼，龙泉剑砥砺“烈火”，淬炼成金。

要强大必须付出努力。努力是梦想与现实之间的桥梁，努力是一种态度和勇气，是对自我价值的不断追求。

新时代的大学生肩负着重要的历史责任和时代使命，因此必须要有足够过硬的本领。对大学生来说，要当起而行之的行动者、攻坚克难的奋斗者，坚定想干事、会干事、干实事、谋实绩的思想，不断加强实践锻炼，把火热的实践作为最好的课堂，在改革发展的主战场、维护稳定的第一线，大胆去经风雨、见世面、壮筋骨、长才干，真正经受磨砺、收获成长，把会干的事干好、能干的事干优，该干的事干实，努力练就堪当大任的宽厚肩膀。

3.1 钢在加热和冷却时的组织转变

将钢在固态下进行加热、保温和冷却，以改变其内部组织，从而获得所需性能的工艺方法称为钢的热处理。热处理工艺方法较多，但其过程都是由加热、保温和冷却三个阶段组成的。最基本的热处理工艺曲线如图 3－2 所示。

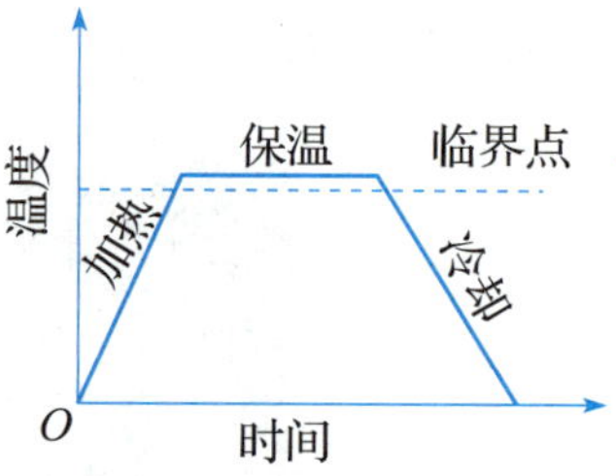

图 3－2　最基本的热处理工艺曲线

根据加热和冷却方法不同，可将钢的常用热处理分类如下：

热处理
- 整体热处理：退火、正火、淬火、回火
- 表面热处理：表面淬火
- 化学热处理：渗碳、渗氮、碳氮共渗

金属或合金在加热和冷却的过程中，发生相变的温度称为相变点或临界点。$Fe\text{-}Fe_3C$ 相图中的相变点 A_1、A_3、A_{cm} 是在极缓慢地加热或冷却碳钢的情况下测定的。但在实际生产中，加热和冷却并不是极缓慢的，因此，钢的实际相变点会偏离平衡相变点。即加热转变相变点在平衡相变点以上，而冷却转变相变点在平衡相变点以下。随着加热和冷却速度的增加，相变点的偏离将逐渐增大。通常把实际加热温度标为 Ac_1、Ac_3、Ac_{cm}，实际冷却温度标为 Ar_1、Ar_3、Ar_{cm}，如图 3－3 所示。

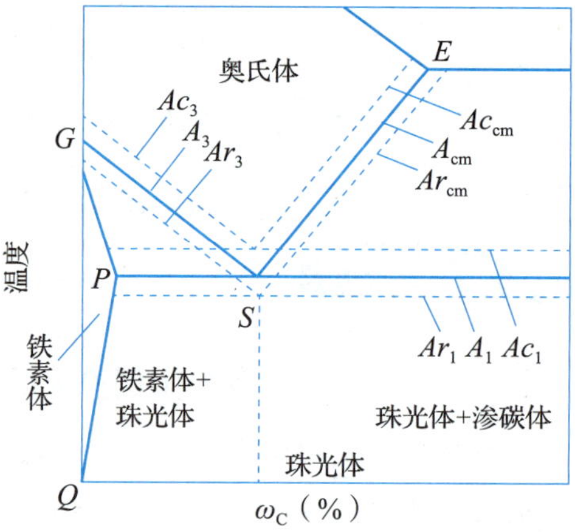

图 3－3　$Fe\text{-}Fe_3C$ 相图上各相变点的位置

一、钢在加热时的转变

钢加热到 Ac_1 点以上时会发生珠光体向奥氏体的转变，加热到 Ac_3 和 Ac_{cm} 以上时，全部转变为奥氏体，这种加热转变过程称为钢的奥氏体化。

1. 奥氏体的形成过程

共析钢在室温下的组织为单一的珠光体，珠光体转变为奥氏体是结晶的过程，包括晶核的形成和晶核的长大。珠光体是铁素体和渗碳体的机械混合物，由于铁素体和渗碳体的晶胞类型不同，且含碳量差别很大，因此转变为奥氏体必须进行晶胞的改组和铁碳原子的扩散。下面以图 3－4（a）所示的共析钢为例说明奥氏体化的过程。

（1）奥氏体晶核的形成。

奥氏体的晶核首先在铁素体和渗碳体的相界面上形成，如图 3－4（b）所示。由于界面上的碳浓度处于中间值，原子排列也不规则，因此原子会偏离平衡位置处于畸变状态而具有较高的能量。同时，位错和空间密度较高的铁素体和渗碳体的交接处在浓度结构和能量上为奥氏体形核提供了有利条件。

（2）奥氏体晶核的长大与渗碳体的溶解。

奥氏体一旦形成，便通过原子扩散而不断长大，在与铁素体接触的方向上，铁素体逐渐通过改组晶胞向奥氏体转化；在与渗碳体接触的方向上，渗碳体不断溶入奥氏体，如图 3－4（b）所示。

（3）残余渗碳体溶解。

由于铁素体的晶格类型和含碳量的差别都不大，因此铁素体向奥氏体的转变总是先完成。当珠光体中的铁素体全部转变为奥氏体后，仍有少量的渗碳体尚未溶解。随着保温时间的延长，这部分渗碳体不断溶入奥氏体，直至完全消失，如图 3－4（c）所示。

（4）奥氏体均匀化。

刚形成的奥氏体晶粒中，碳浓度是不均匀的。原先渗碳体的位置，碳浓度较高；原先属于铁素体的位置，碳浓度较低。因此，必须保温一段时间，通过碳原子的扩散获得成分均匀的奥氏体，如图 3－4（d）所示。这就是热处理应该有一个保温阶段的原因。

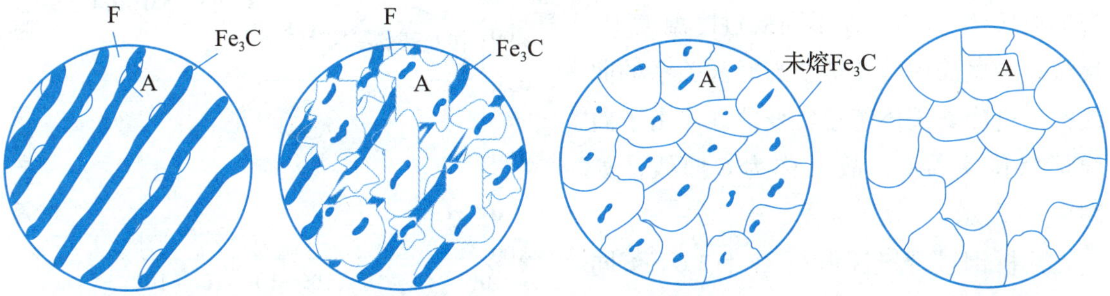

（a）奥氏体形核　（b）奥氏体长大　（c）残余渗碳体溶解　（d）奥氏体均匀化

图 3－4　奥氏体的形成过程

对于亚共析钢与过共析钢，若加热温度没超过 Ac_3 或 Ac_{cm}，而在稍高于 Ac_1 停留，则只能使原始组织中的珠光体转变为奥氏体，而共析铁素体或二次渗碳体仍将保留。只有进一步加热至 Ac_3 或 Ac_{cm} 以上并保温足够时间，才能得到单相的奥氏体。

2. 奥氏体晶粒的长大及控制

钢中的奥氏体晶粒的大小直接影响冷却后的组织和性能。在珠光体刚转变为奥氏体时，大量的晶核造就了细小的奥氏体晶粒。加热温度的升高或保温时间的延长，会促使奥氏体晶粒粗化。奥氏体晶粒粗化后，热处理后钢的晶粒就粗大，会降低钢的力学性能。

在工程实际中，常从加热温度、保温时间和加热速度等方面来控制奥氏体晶粒的大小。加热温度相同时，加热速度越快，保温时间越短，奥氏体晶粒越小。

二、钢在冷却时的组织转变

钢的常温性能与冷却后的组织有直接关系。热处理的冷却方式通常有两种，即等温冷却和连续冷却。等温冷却是指将奥氏体化的钢件迅速冷却至 Ar_1 以下某一温度并保温，使其在该温度下发生组织转变，然后再冷却至室温；连续冷却则是将奥氏体化的钢件连续冷却至室温，使其在连续冷却的过程中发生组织转变，可采用水冷、油冷、炉冷和空冷方式。如图 3－5 所示，实线表示连续冷却，虚线表示等温冷却。

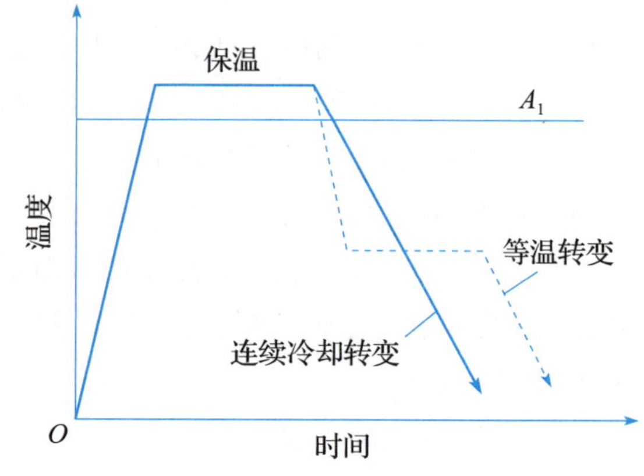

图 3－5　钢的冷却方式曲线

1. 过冷奥氏体的等温冷却转变

钢的冷却组织转变实质上是过冷奥氏体的冷却转变，过冷奥氏体是指在相变温度 A_1 以下，未发生转变而处于不稳定状态的奥氏体（A′）。在不同的过冷温度下，反映过冷奥氏体转变产物与时间关系的曲线称为过冷奥氏体等温转变曲线。由于曲线形状像字母 C，故又称为 C 曲线，如图 3－6 所示。

共析钢过冷奥氏体在 Ar_1 线以下不同温度会发生三种不同的转变，即珠光体转变、贝氏体转变和马氏体转变。

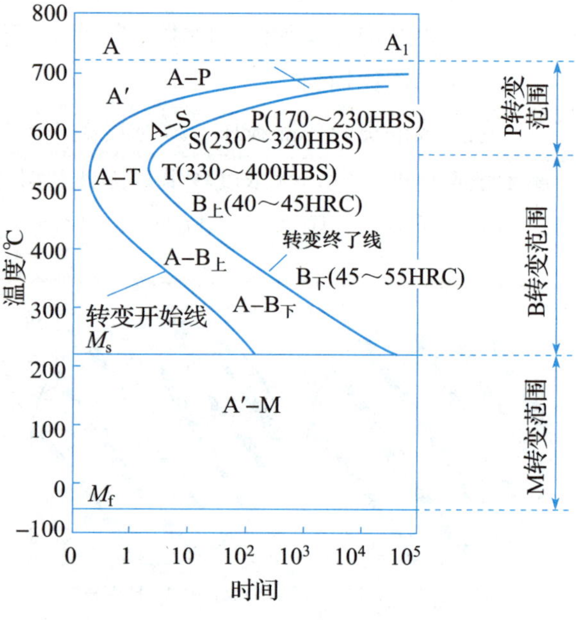

图 3－6　共析钢过冷奥氏体等温转变曲线

（1）珠光体转变。

共析成分的奥氏体过冷到 Ar_1 ～ 550℃高温区等温停留时，将发生共析转变，转变产物为珠光体型组织，是由铁素体和渗碳体的层片组成的机械混合物。过冷奥氏体向珠光体转变的温度不同，珠光体中铁素体和渗碳体的层片厚度也不同。在 Ar_1 ～ 650℃范围，层片间距较大（约为 0.3mm），形成的珠光体比较粗，称为珠光体（P）；在 650 ～ 600℃范围，层片间距较小，称为索氏体（S）；在 600 ～ 550℃范围，层片间距很小，称为托氏体（T）。

显然，温度越低，珠光体的层片越薄，片间距也就越小，珠光体组织中的片间距越小，相界面越多，强度和硬度越高；同时，由于渗碳体变薄，使得塑性和韧性也有所改善。

（2）贝氏体转变。

共析成分的奥氏体过冷到 550℃～ M_s（240℃）的中温区停留时，将发生过冷奥氏体向贝氏体的转变，形成贝氏体（B）。由于过冷度较大，转变温度较低，贝氏体转变时只发生碳原子的扩散而不发生铁原子的扩散，因此贝氏体是由含过饱和碳的铁素体和碳化物组成的两相混合物。

按组织形态和转变温度，可将贝氏体组织分为上贝氏体（$B_上$）和下贝氏体（$B_下$）两种。上贝氏体是在 550 ～ 350℃温度范围形成的，由于脆性较高，基本无实用价值，这里不予讨论。下贝氏体是在 350℃～ M_s 温度范围形成的，由含过饱和的细小针片状铁素体和铁素体片内弥散分布的碳化物组成，硬度约为 48 ～ 55HRC。下贝氏体具有较高的强度和硬度、塑性和韧性。在实际生产中常采用等温淬火的方式获得下贝氏体。

（3）马氏体转变。

当过冷奥氏体被快速冷却到 M_s 温度以下时，便发生马氏体转变，形成马氏体（M），它是奥氏体冷却转变最重要的产物。奥氏体为面心立方晶体结构，过冷至 M_s 温度以下时，转变为体心立方晶体结构。由于转变温度较低，原奥氏体中溶解的过多碳原子没有能力进行扩散，致使所有溶解在原奥氏体中的碳原子难以析出，从而使晶格发生畸变，含碳量越高，畸变越大，内应力也越大。马氏体实质上就是碳溶于 α-Fe 中的过饱和间隙固溶体。

马氏体的强度和硬度主要取决于马氏体的碳含量。当 ω_C 小于 0.2% 时，可获得束状尺寸大体相同的平行条状马氏体，称为板条状马氏体，如图 3－7（a）所示。

当钢的组织为板条状马氏体时，具有较高的硬度和强度、较好的塑性和韧性。当马氏体的 ω_C 大于 0.6% 时，得到针片状马氏体，如图 3－7（b）所示。针片状马氏体具有很高的硬度，但塑性和韧性很差，脆性大。当 ω_C 在 0.2% ～ 0.6% 时，低温转变得到板条状马氏体与针片状马氏体混合组织。随着碳含量的增加，板条状马氏体量减少而针片状马氏体量增加。与前两种转变不同的是，马氏体转变不是等温转变，而是在一定温度范围内（M_s ～ M_f）快速连续冷却完成的转变。随温度降低，马氏体量不断增加。实际生产中，进行马氏体转变淬火处理时，冷却只进行到室温，这时奥氏体不能全部转变为马氏体，有少量奥氏体未发生转变而残余下来，称为残余奥氏体。过多的残余奥氏体会降低钢的强度、硬度和耐磨性。残余奥氏体为不稳定组织，在钢件使用过程中易发生转变而导致工件产生内应力，引起变形、尺寸变化，从而降低工件精度。因此，生产中经常将对硬度或精度要求高的工件，淬火后迅速置于接近 M_f 温度，促使残余奥氏体转变成马氏体，这一工艺过程称为“冷处理”。

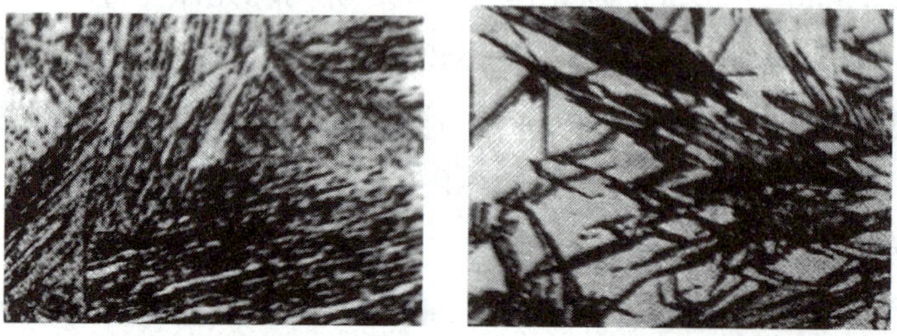

（a）板条状马氏体　　（b）针片状马氏体

图 3－7　马氏体组织示意图

亚共析钢和过共析钢过冷奥氏体的等温转变曲线与共析钢的奥氏体等温转变曲线相比，它们的 C 曲线分别多出一条先共析铁素体析出线或先共析渗碳体析出线。

通常，亚共析钢的 C 曲线随着含碳量的增加而向右移，过共析钢的 C 曲线随着含碳量的增加而向左移。故在碳钢中，共析钢的 C 曲线最靠右，其过冷奥氏体最稳定。

2. 过冷奥氏体连续冷却转变

共析钢的冷却转变

在实际生产中，奥氏体的转变大多是在连续冷却过程中进行的，故有必要对过冷奥氏体的连续冷却转变曲线有所了解。它也是由实验方法测定的，与等温转变曲线的区别在于连续冷却转变曲线位于曲线的右下侧，且没有 C 曲线的下半部分，即共析钢在连续冷却转变时，得不到贝氏体组织。这是因为共析钢贝氏体转变的孕育期很长，当过冷奥氏体连续冷却通过贝氏体转变区内，尚未发生转变就已过冷到 M_s 温度而发生马氏体转变，所以不出现贝氏体转变。连续冷却转变曲线又称 CCT 图，如图 3－8 所示。

图 3－8 中，P_s 和 P_f 表示 A—P 的开始线和终了线，P_K 线表示 A—P 的终止线，若冷却曲线碰到 K 线，则 A—P 转变停止，继续冷却时奥氏体一直保持到 M_s 温度以下转变为马氏体。V_K 称为临界冷却速度，又称上临界冷却速度，它是获得全部马氏体组织的最小冷却速度。V_K 越小，钢在淬火时越容易获得马氏体组织，即钢接受淬火的能力越大。V_K' 为下临界冷却速度，是保证奥氏体全部转变为珠光体的最大冷却速度。V_K' 越小，则退火所需时间越长。

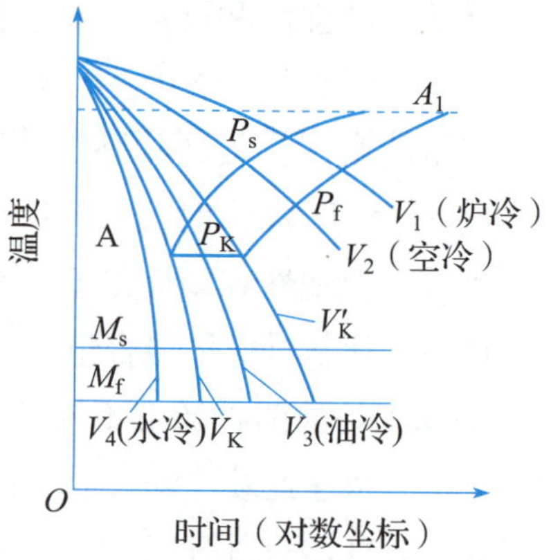

图 3－8　共析钢的连续冷却转变曲线

3.2 钢的普通热处理

普通热处理又称为整体热处理，是将工件整体进行加热、保温和冷却，以使其获得均匀的组织和性能的操作，包括退火、正火、淬火和回火。

一、钢的退火

将工件加热到临界点以上或在临界点以下某一温度保温一定时间后，以十分缓慢的冷却速度（一般随炉冷却）进行冷却的热处理工艺称为退火。其目的是消除钢的内应力、降低硬度、提高塑性、细化组织及均匀化学成分，以利于后续加工，并为最终热处理做好组织准备。根据成分、组织状态和退火目的不同，退火工艺可分为：完全退火、等温退火、球化退火、去应力退火等。钢的退火、正火加热温度范围如图 3－9 所示，钢的退火、正火工艺曲线如图 3－10 所示。

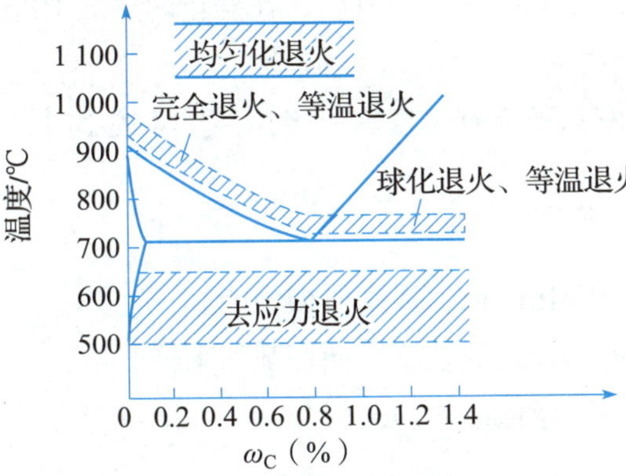

图 3－9　钢的退火、正火加热温度范围

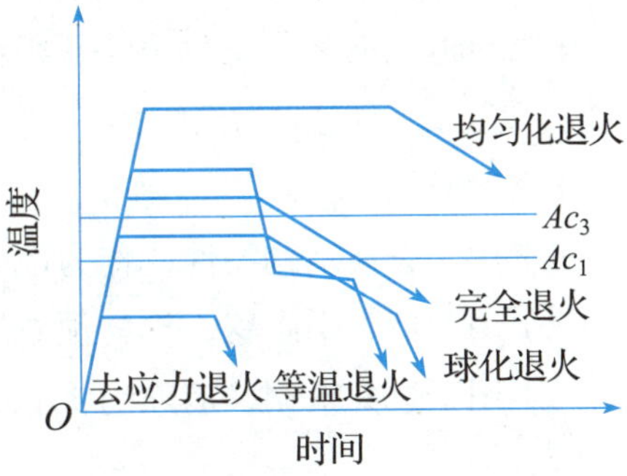

图 3－10　钢的退火、正火工艺曲线

1. 完全退火和等温退火

完全退火：将工件加热到 Ac_3 以上 30 ～ 50℃，保温一定时间后，随炉缓慢冷却到500℃以下，然后在空气中冷却。用于亚共析钢成分的碳钢和合金钢的铸件、锻件及热轧型材，有时也用于焊接结构。

目的：细化晶粒，降低硬度，改善切削加工性能。

完全退火工艺过程比较费时间。为克服这一缺点，产生了等温退火工艺。

等温退火：将工件加热到 Ac_3 以上 30 ～ 50℃，保温一定时间后，先以较快的冷速冷却到珠光体的形成温度等温，待等温转变结束再进行快冷。这样可大大缩短退火时间。

2. 球化退火

将工件加热到 Ac_1 以上 30 ～ 50℃，保温一定时间后随炉缓慢冷却至 600℃后出炉空冷。生产上常采用等温球化退火，它的加热工艺与普通球化退火相同，只是冷却方法不同。等温的温度和时间要根据硬度要求，利用 C 曲线确定。可见，球化退火（等温）可缩短退火时间，主要用于共析或过共析成分的碳钢及合金钢。

目的：降低硬度，改善切削加工性，并为后续淬火做准备。

实质：通过球化退火，使层状渗碳体和网状渗碳体变为球状渗碳体，球化退火后的组织是由铁素体和球状渗碳体组成的球状珠光体。

3. 去应力退火（低温退火）

将工件随炉缓慢加热（100 ～ 150℃ /h）至 500 ～ 650℃（A_1 以下），保温一段时间后随炉缓慢冷却（50 ～ 100℃ /h）至 200℃出炉空冷。

主要用于消除铸件、锻件、焊接件、冷冲压件（或冷拔件）及机加工的残余内应力。这些应力若不消除会导致工件在随后的切削加工或使用中变形开裂，降低机器的精度，甚至发生事故。去应力退火中不发生组织转变。

二、钢的正火

将工件加热到 Ac_3 或 Ac_{cm} 以上 30 ～ 50℃，保温后从炉中取出，在静止的空气中冷却的热处理工艺称为正火。

正火与退火的区别是冷速快，组织细，强度和硬度有所提高。当钢件尺寸较小时，正火后组织为 S，而退火后组织为 P。

正火的应用：

（1）用于普通结构零件，作为最终热处理，细化晶粒，提高机械性能。

（2）用于低、中碳钢，作为预先热处理，得到合适的硬度以便切削加工。

（3）用于过共析钢，消除网状 Fe_3C_{II}，有利于球化退火的进行。

三、钢的淬火

将工件加热到 Ac_3 或 Ac_1 以上 30 ～ 50℃，保温一定时间，然后以大于临界冷却速度冷却（一般为油冷或水冷），从而得到马氏体的热处理工艺称为淬火。

1. 淬火的目的

淬火的目的是获得马氏体。但淬火必须和回火相配合，否则淬火后的工件硬度、强度高，但韧性、塑性低，综合机械性能不佳。

2. 钢的淬火工艺

淬火是一种复杂的热处理工艺，却是决定产品质量的关键工序之一。淬火后，要想得到细小的马氏体组织，又不会产生严重的变形和开裂，就必须根据钢的成分，以及零件的大小、形状等，结合 C 曲线合理选择淬火加热和冷却方法。

（1）淬火加热温度的选择。

马氏体晶粒大小取决于奥氏体晶粒大小。为了在淬火后得到细小而均匀的马氏体，首先要在淬火加热时得到细小而均匀的奥氏体。因此，加热温度不宜太高，只能在临界点以上 30 ～ 50℃。碳钢的淬火加热温度范围如图 3 - 11 所示。

对于亚共析钢：Ac_3+（30 ～ 50℃），淬火后的组织为细小而均匀的马氏体。

对于过共析钢：Ac_1+（30 ～ 50℃），淬火后的组织为细小而均匀的马氏体、颗粒状渗碳体和残余奥氏体的混合组织。如果加热温度过高，渗碳体溶解过多，奥氏体晶粒粗大，会使淬火组织中的马氏体针变粗，渗碳体量减少，残余奥氏体量增多，从而降低钢的硬度和耐磨性。

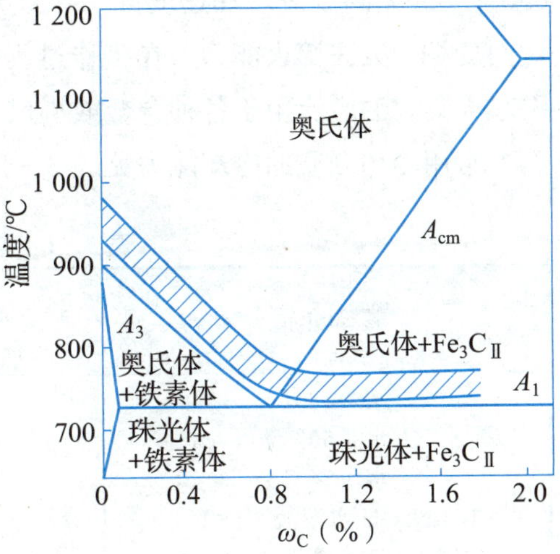

图 3 - 11　碳钢的淬火加热温度范围

（2）淬火冷却介质。

淬火冷却速度是决定淬火质量的关键，淬火冷却速度必须大于临界冷却速度 V_K 才能获得理想的淬火组织。但是，若速度太快必然产生很大的淬火内应力，为获得良好的淬火效果，应选择合理的冷却介质，以达到合理的冷却速度。常用的冷却介质是水、盐水和油。

1）水。

水是应用最为广泛的冷却介质，来源广、价格低、成分稳定、不易变质，而且具有较强的冷却能力。但它的冷却特性并不理想，在需要快冷的 650 ～ 500℃范围，它的冷却速度较小；而在需要慢冷的 300 ～ 200℃范围，它的冷却速度比要求的大，这样易使零件产生变形，甚至开裂，因此有一定的局限性，只能用作尺寸较小、形状简单的碳钢零件的淬火介质。

2）盐水。

为了提高水的冷却能力，在水中加入 5% ～ 15% 的食盐形成盐水溶液，其冷却能力比清水强，在 650 ～ 500℃范围，冷却能力比清水提高近 1 倍，这对于保证碳钢件的淬硬来说是非常有利的。经盐水淬火的工件，容易得到较高的硬度和光洁的表面，不易产生淬不硬的软点。但是盐水在 300 ～ 200℃范围，冷速仍像清水一样快，工件易产生变形，甚至开裂。实际生产中，为防止这种变形和开裂，采用先盐水快冷，在 M_s 温度附近再转入冷却速度较慢的介质中缓冷。盐水主要用于形状简单、硬度要求高而均匀、表面要求光洁、变形要求不严格的碳钢零件的淬火，如螺钉、销、垫圈等。

3）油。

一般用矿物油作冷却介质，如机油、变压器油和柴油等。机油一般采用 10 号、20 号、30 号，油号越大，黏度越大，闪点越高，冷却能力越低，使用温度相应提高。

油的冷却能力比水弱，不论是 650 ～ 550℃还是 300 ～ 200℃，都比水的冷却能力小几倍。油的优点是在 300 ～ 200℃的马氏体形成区冷却速度很慢，不易淬裂；并且它的冷却能力很少受油温升高的影响，平常在 20 ～ 80℃范围均可使用。油的缺点是在 650 ～ 550℃高温区冷却速度慢，导致某些钢不易淬硬；并且油在多次使用后，还会因氧化而变稠，失去淬火能力。在工作过程中必须注意淬火安全，防止热油飞溅，防止油燃烧引起火灾。油广泛用于各种合金或小尺寸碳钢工件的冷却。

常用冷却介质的冷却能力见表 3 - 1。

表 3 - 1　常用冷却介质的冷却能力

冷却介质	冷却速度 / (℃ /s)	
	在 650 ～ 550℃区间	在 300 ～ 200℃区间
水（18℃）	600	270
水（50℃）	100	270
水（74℃）	30	200
10%NaOH 水溶液（18℃）	1 200	300
10%NaCl 水溶液（18℃）	1 100	300
50℃矿物油	150	30

4）其他淬火介质。

除水、盐水和油外，生产中还会采用碱浴或硝盐浴作为淬火冷却介质。

在高温区域，碱浴的冷却能力比油强而比水弱，硝盐浴的冷却能力比油略弱。在低温区域，碱浴和硝盐浴的冷却能力都比油弱。碱浴和硝盐浴具有流动性好、淬火变形小等优点，因此这类介质广泛应用于截面不大、形状复杂、变形要求严格的碳素工具钢、合金工具钢等工件，作为分级淬火或等温淬火的冷却介质。由于碱浴蒸气有较大的刺激性，劳动条件差，因此应用不如硝盐浴广泛。

（3）淬火方法。

为了将工件淬火成马氏体并防止变形和开裂，单纯依靠选择淬火介质是不行的，还必须采取正确的淬火方法。常用的淬火方法有四种，如图 3 - 12 所示。

1）单液淬火法（单介质淬火）。将加热的工件放入一种淬火介质中一直冷至室温。这种方法操作简单，容易实现机械化、自动化。应用方面，碳钢常在水中淬火，合金钢常在油中淬火。但其缺点是不符合理想淬火冷却速度的要求，水淬容易产生变形和裂纹，油淬容易产生硬度不足或硬度不均匀等现象。

2）双液淬火法（双介质淬火）。将加热的工件先在快速冷却的介质中冷却到接近马氏体转变温度 M_s 时，立即转入另一种缓慢冷却的介质中冷却至室温，

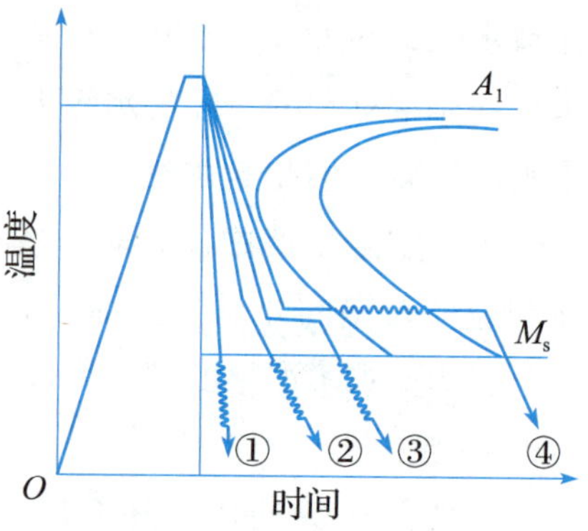

1—单液淬火法；2—双液淬火法；3—分级淬火法；4—等温淬火法

图 3 - 12　常用的淬火方法示意图

以降低马氏体转变时的应力，防止工件变形开裂。应用方面，形状复杂的碳钢工件常采用水淬油冷的方法，即先在水中冷却到300℃，再在油中冷却；合金钢则采用油淬空冷，即先在油中冷却，再在空气中冷却。

3）分级淬火法。将加热的工件先放入温度稍高于M_s的盐浴或碱浴中，保温2～5min，使工件内外的温度均匀后，再立即取出置于空气中冷却。这种方法可以减小工件内外的温差并减慢马氏体转变时的冷却速度，从而有效地减小内应力，防止工件变形开裂。由于盐浴或碱浴的冷却能力低，因此只适用于零件尺寸较小、变形要求小、尺寸精度高的工件，如模具、刀具。

4）等温淬火法。将加热的工件放入温度稍高于M_s的盐浴或碱浴中，保温足够长的时间使其完成B转变。等温淬火后获得$B_下$组织。下贝氏体与回火马氏体相比，在含碳量相近、硬度相当的情况下，前者比后者具有较高的塑性与韧性，而且等温淬火后一般不需进行回火。适用于尺寸较小、形状复杂、变形要求小、具有高硬度和强韧性的工具，如模具。

3. 钢的淬透性

（1）淬透性和淬硬性。

淬透性是指钢在淬火时获得淬硬层的能力。淬硬层一般规定为工件表面至半马氏体（马氏体量占50%）之间的区域，其深度叫作淬硬层深度。不同的钢在同样的条件下，淬硬层深度不同，说明不同的钢的淬透性不同，淬硬层较深的钢的淬透性较好。

淬硬性是指钢以大于临界冷却速度冷却时，获得的马氏体组织所能达到的最高硬度。钢的淬硬性主要取决于马氏体的含碳量，即淬火前奥氏体的含碳量。淬透性好，淬硬性不一定好；淬硬性好，淬透性不一定好。

（2）影响淬透性的因素。

1）化学成分。

*C*曲线距纵坐标越远，淬火的临界冷却速度越小，则钢的淬透性越好。对于碳钢，钢中含碳量越接近共析成分，其*C*曲线越靠右，临界冷却速度越小，则淬透性越好，即亚共析钢的淬透性随含碳量增加而增大，过共析钢的淬透性随含碳量增加而减小。除Co和Al以外的大多数合金元素都会使*C*曲线右移，使钢的淬透性增加，所以说合金钢的淬透性比碳钢好。

2）奥氏体化的条件。

奥氏体化温度越高，保温时间越长，所形成的奥氏体晶粒也就越粗大，使晶界面积减少，这样就会降低过冷奥氏体转变的形核率，不利于奥氏体的分解，使其稳定性增大，淬透性增加。

（3）淬透性的应用。

淬透性是设计机械零件时选择材料和制定热处理工艺的重要依据。淬透性不同的钢材，淬火后得到的淬硬层深度不同，所以沿截面的组织和机械性能差别很大。机械制造中，对于截面较大或形状较复杂的重要零件，以及应力状态较复杂的螺栓、连杆等零件，要求截面机械性能均匀，因此应选用淬透性较好的钢材。受弯曲和扭转力的轴类零件，应力在截面上的分布是不均匀的，其外层受力较大，心部受力较小，可考虑选用淬透性较低的、淬硬层较浅（如为直径的 1/3 ～ 1/2）的钢材。有些工件（如焊接件）不能选用淬透性高的钢件，否则容易在焊缝热影响区内出现淬火组织，造成焊缝变形和开裂。

四、钢的回火

1. 钢的回火及回火的目的

工件淬火后通常会获得马氏体加残余奥氏体组织，这种组织不稳定，存在很大的内应力，因此必须回火。回火是将淬火钢重新加热到 A_1 点以下的某一温度，保温一定时间后，冷却至室温的操作。

回火的目的：降低淬火钢的脆性，减少或消除内应力，使组织趋于稳定并获得所需性能。

2. 淬火钢在回火时组织和性能的变化

淬火钢在回火过程中，随着加热温度的升高，原子活动能力增大，其组织相应发生以下 4 个阶段的转变。

（1）第一阶段（≤ 200℃）：马氏体开始分解。在这一温度范围内回火时，由淬火马氏体中析出的薄片状细小的碳化物会使马氏体中碳的过饱和度降低。通常将这种马氏体和细小碳化物的组织称为回火马氏体，如图 3 - 13（a）所示。

（2）第二阶段（200 ～ 300℃）：残余奥氏体分解。马氏体分解的同时，降低了残余奥氏体的压力，使其转变为下贝氏体。这个阶段转变后的组织是下贝氏体和回火马氏体，亦称为回火马氏体。

（3）第三阶段（250 ～ 400℃）：马氏体分解完成和渗碳体的形成。这一阶段马氏体继续分解，直到过饱和的碳原子几乎全部由固溶体内析出。与此同时，细小碳化物转变成极细的稳定的渗碳体。此阶段后的回火组织为尚未结晶的针状铁素体和细球状渗碳体的混合组织，称为回火托氏体，如图 3 - 13（b）所示。

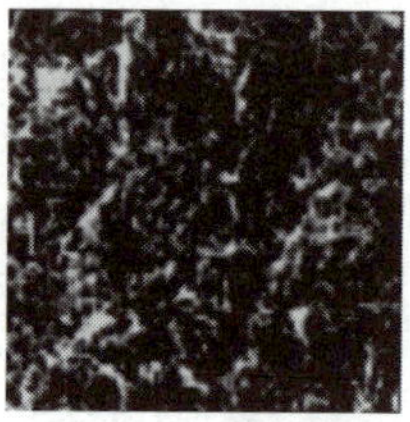
（a）回火马氏体

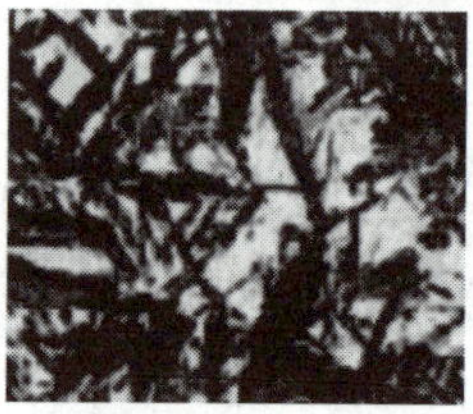
（b）回火托氏体

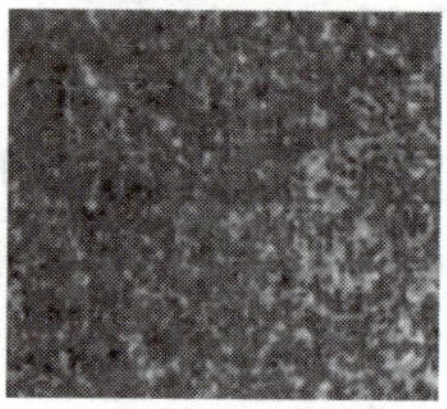
（c）回火索氏体

图 3 - 13　钢的回火组织

（4）第四阶段（>400℃）：α 固溶体的回复与再结晶，以及渗碳体的聚集长大。回火温度超过 400℃时，具有平衡浓度的 α 相开始回复，500℃以上时发生再结晶，从针叶状变为多边形的粒状。在这个回复再结晶的过程中，粒状渗碳体聚集长大成球状，即在 500℃以上（500 ~ 650℃）得到粒状铁素体和球状渗碳体的混合组织，称为回火索氏体，如图 3 - 13（c）所示。

3. 回火的方法及应用

钢的回火，按回火温度范围可分为以下 3 种：

（1）低温回火。回火温度范围 150 ~ 250℃。回火后的组织为回火马氏体。内应力和脆性有所降低，但保持了马氏体的高硬度和高耐磨性。主要应用于高碳钢或高碳合金钢制造的工具、模具、滚动轴承及渗碳和表面淬火的零件。

（2）中温回火。回火温度范围为 350 ~ 500℃，回火后的组织为回火托氏体，具有一定的韧性以及较高的弹性极限和屈服强度。主要应用于各类弹簧和模具等。

（3）高温回火。回火温度范围为 500 ~ 650℃，回火后的组织为回火索氏体，强度、硬度、塑性和韧性等综合力学性能较好。广泛应用于汽车、拖拉机、机床等机械中的重要结构零件，如轴、连杆、螺栓等。

通常在生产上将淬火与高温回火相结合的热处理称为“调质处理”。应当指出，工件回火后的硬度主要与回火温度和回火时间有关，而与回火后的冷却速度关系不大。因此，在实际生产中回火件出炉后通常采用空冷。

随着回火温度的升高，钢的强度、硬度、塑性、韧性发生变化，如图 3 - 14 所示为 40 号钢的机械性能与回火温度的关系。

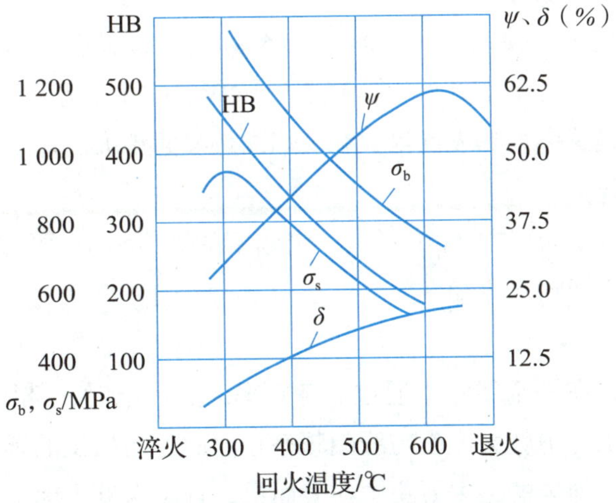

图 3 - 14　40 号钢的机械性能与回火温度的关系

4. 回火脆性

钢在某一温度范围内回火时，其冲击韧度反而比低温回火时显著下降，这种脆化现象称为回火脆性。

在 250 ～ 350℃温度范围出现的回火脆性称为第一类回火脆性。无论是在碳钢还是在合金钢中均会出现这类回火脆性，它与钢的成分和冷却速度无关，即使加入合金元素，或回火后快冷，又或重新加热到此温度范围内回火，都无法避免，故又称“不可逆回火脆性”。防止办法是避免在此温度范围内回火。

在 500 ～ 600℃温度范围出现的回火脆性称为第二类回火脆性，部分合金钢易产生这类回火脆性。在回火时快冷就不会出现这类回火脆性。如果已经产生脆性，只要再加热到原来的回火温度重新回火并快冷，即可完全消除。因此这类回火脆性又称为“可逆回火脆性”。

3.3 钢的表面热处理

实际上，有些零件是在弯曲、扭转、冲击载荷、摩擦条件区工作的，要求具有表面硬且耐磨，而心部韧性好且抗冲击的特性，仅从选材方面是很难达到此要求的。如用高碳钢，虽然硬度高，但心部韧性不足；若用低碳钢，虽然心部韧性好，但表面硬度低，不耐磨。因此工业上广泛采用表面热处理来满足上述要求。

一、钢的表面淬火

仅对工件表层进行淬火的工艺称为表面淬火。它是利用快速加热使钢件表面奥氏体化，而中心尚处于较低温度时便迅速予以冷却，此时表层被淬硬为马氏体，而中心仍保持原来的退火、正火或调质状态的组织。

表面淬火一般适用于中碳钢（$\omega_C = 0.4 \sim 0.5\%$）和中碳低合金钢（40Cr、40MnB 等），也可用于高碳工具钢、低合金工具钢（如 T8、9Mn2V、GCr15 等）以及球墨铸铁等。目前应用最多的淬火模式是感应加热表面淬火和火焰加热表面淬火。

1. 感应加热表面淬火

感应加热表面淬火是指在工件中引入一定频率的感应电流（涡流），将工件表面层快速加热到淬火温度后立即喷水冷却。

（1）工作原理。

如图 3－15 所示，在一个线圈中通过一定频率的交流电时，其周围会产生交变磁场。把工件放入线圈中，工件中就会产生与线圈频率相同而方向相反的感应电流。这种感应电流在工件中的分布是不均匀的，主要集中在表面层，且越靠近表面，电流密度越大；频率越高，电流集中的表面层越薄。这种现象称为“集肤效应”，是感应电流能使工件表面层加热的基本依据。

（2）感应加热的分类。

根据电流频率不同，感应加热可分为：高频感应加热（50 ～ 300kHz），适用于中小型零件，如小模数齿轮；中频感应加热（2.5 ～ 10kHz），适用于大中型零件，如直径较大的轴和大中型模数的齿轮；工频感应加热（50Hz），适用于大型零件，如直径大于 300mm 的轧辊及轴类零件等。

（3）感应加热的特点。

优点是加热速度快、生产效率高；淬火后表面组织细、硬度高（比普通淬火高 HRC2 ～ 3）；加热时间短，氧化脱碳少；淬硬层深度易控制，变形小、产品质量好；生产过程易实现自动化。缺点是设备昂贵，维修、调试困难，形状复杂的感应圈不易制造，不适合单件生产。另外，工件在感应加热前需要进行预先热处理，一般为调质或正火，以保证工件表面在淬火后得到均匀细小的马氏体，同时改善工件心部硬度、强度、韧性和切削加工性，并减小淬火变形。工件在感应加热表面淬火后需要进行低温回火（180 ～ 200℃）以降低内应力和脆性，获得回火马氏体组织。

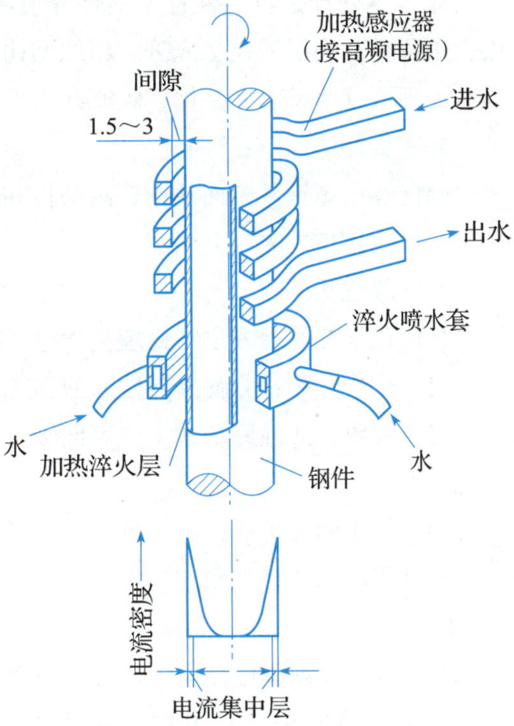

图 3－15　感应加热表面淬火原理

2. 火焰加热表面淬火

火焰加热表面淬火是指用乙炔－氧或煤气－氧的混合气体燃烧的火焰，喷射至零件表面，使其快速加热，当达到淬火温度时立即喷水冷却，从而获得预期的硬度和淬硬层深度，如图 3－16 所示。火焰加热表面淬火适用于中碳钢（如 35 钢、45 钢）以及中碳合金结构钢（如 40Cr、65Mn），如果含碳量太低，则淬火后硬度较低；如果碳和合金元素含量过高，则易淬裂。该淬火法还适用于铸铁件、灰铸件、合金铸铁。火焰加热表面淬火的淬硬层深度一般为 2 ～ 6mm，淬硬层加深的话，往往会引起零件表面严重过热，易产生淬火裂纹。

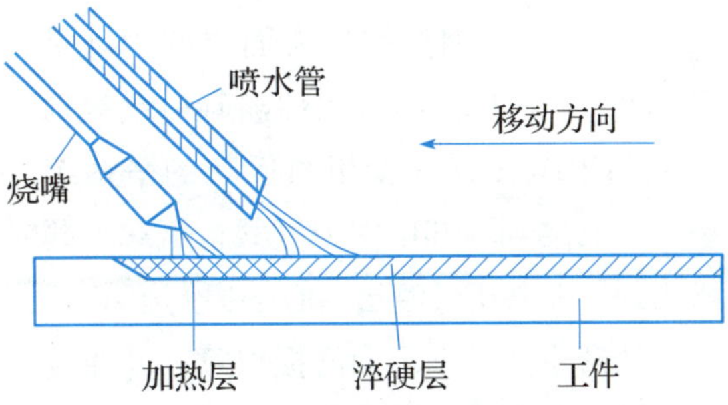

图 3－16　火焰表面淬火示意图

火焰加热表面淬火方式简便，无须特殊设备，适用于单件 / 小批量生产的大型零件以及需要局部淬火的工具和零件，如大型轴类、大模数齿轮、锤子等。但由于该淬火法易导致工件过热，淬火质量往往不够稳定，工作条件差，因此限制了它在机械制造业中的广泛应用。

二、钢的化学热处理

化学热处理是将工件置于活性介质中加热和保温，使介质中的活性原子渗入工件表层，以改变其表层的化学成分、组织结构和性能的热处理工艺。根据渗入元素的类别，化学热处理可分为渗碳、氮化、碳氮共渗等。

1. 主要目的

除能够提高钢件表面硬度、耐磨性和疲劳极限外，还能够提高零件的耐腐蚀性、抗氧化性，以代替昂贵的合金钢。

2. 一般过程

任何化学热处理方法的物理化学过程基本相同，要经过分解、吸收和扩散。

（1）介质分解：分解出活性的 N 或 C 原子。

（2）吸收：活性原子被工件表面吸收，先固溶于基体金属，超过固溶度后，便可能形成化合物。

（3）原子向内扩散：形成具有一定厚度的渗层。

3. 常用的化学热处理方法

（1）渗碳。

将工件放在渗碳性介质中，使其表面层渗入碳原子的化学热处理工艺称为渗碳。

渗碳的目的是提高工件表层含碳量。经过渗碳及随后的淬火和低温回火，可提高工件表面的硬度、耐磨性和疲劳强度，而心部仍保持良好的塑性和韧性。工业生产中，渗碳钢一般都是 $\omega_C = 0.15\% \sim 0.25\%$ 的低碳钢和低碳合金钢，渗碳层深度一般为 0.5 ～ 2.5mm。钢渗碳后表面层的含碳量可达 0.8% ～ 1.1%。渗碳件渗碳后缓冷到室温的组织接近铁碳相图反映的平衡组织，从表层到心部依次为过共析组织、共析组织、亚共析过渡层、心部原始组织。

渗碳主要用于表面磨损严重，并在较大的冲击载荷下工作的零件（受较大接触应力），如齿轮、轴类等。

渗碳方法有气体渗碳、液体渗碳、固体渗碳，目前常用的是气体渗碳，如图 3－17 所示。

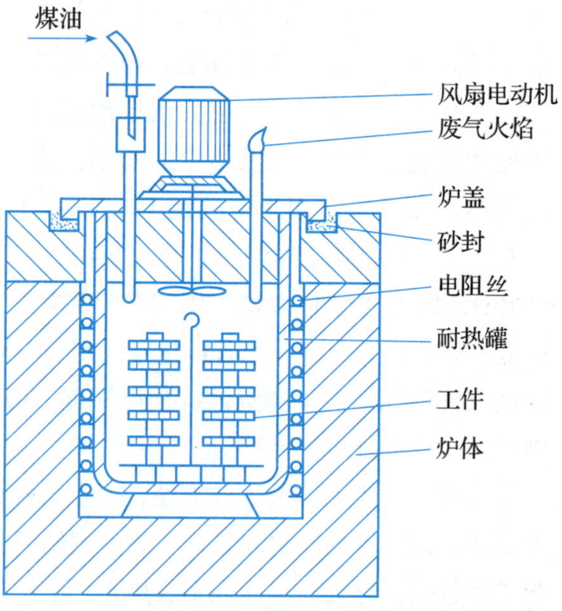

图 3－17　气体渗碳法示意图

（2）渗氮（氮化）。

向钢件表面渗入氮，形成含氮硬化层的化学热处理过程称为氮化。氮化实质就是利用含氮的物质分解产生活性N原子，然后渗入工件表层。目的是提高工件的表面硬度、耐磨性、疲劳强度及热硬性。渗氮处理有气体渗氮、离子渗氮等。目前应用较广的是气体渗氮法。渗氮用钢通常是含Al、Cr、Mo等合金元素的钢，渗氮层由碳、氮溶于α-Fe的固溶体和碳、氮与铁的化合物组成，还含有高硬度、高弥散度的稳定的合金氮化物（如AlN、CrN、MoN、TiN、VN），这些氮化物的存在对氮化钢的性能起主要作用。

与渗碳相比，氮化工件具有以下特点：氮化前需经调质处理，以便使心部组织具有较高的强度和韧性；表面硬度、耐磨性、疲劳强度及热硬性均高于渗碳层；氮化表面形成致密氮化物组成的连续薄膜，具有一定的耐腐蚀性；氮化处理温度低，渗氮后不需要再进行其他热处理，因此工件变形小。

氮化处理适用于耐磨性和精度要求较高的零件，或要求抗热、抗蚀的耐磨件，如发动机的汽缸、排气阀、高精度传动齿轮等。

（3）碳氮共渗。

碳氮共渗是向钢的表面同时渗入碳和氮的过程。目前以中温气体碳氮共渗和低温气体碳氮共渗（即气体软氧化）应用较为广泛。中温气体碳氮共渗的主要目的是提高钢的硬度、耐磨性和疲劳强度。低温气体碳氮共渗以渗氮为主，其主要目的是提高钢的耐磨性和抗咬合性。

3.4 零件常见的热处理缺陷分析及预防措施

在热处理过程中，必须严格按照工艺规范进行操作，否则容易产生热处理缺陷，使零件的性能恶化甚至报废，常见的热处理工艺缺陷有以下几种。

一、氧化和脱碳

当加热介质是空气或熔盐时，钢表层的铁和碳会与加热介质中的氧气、二氧化碳和水蒸气等在高温下发生化学反应，形成铁和碳的氧化物，这种现象称为氧化。与此同时，工件表层的碳被氧化，从钢件表面逸出，降低了表层含碳量，这种现象称为脱碳。氧化会降低零件尺寸精度，增大表面粗糙度，影响淬火质量；脱碳会使表面硬度、耐磨性降低，使疲劳强度大幅降低。过分氧化脱碳会使零件报废。

可以采取以下措施防止氧化和脱碳：

（1）隔绝加热的工件，不与炉气接触。通入保护性气体，控制炉气中氧化性气体的含量，使炉内保持中性气氛。

（2）在工件表面敷防氧化涂料，如硼砂、石墨粉、玻璃粉、耐火黏土等。

（3）对于高级合金钢及精密零件，在真空中进行无氧化加热。

二、过热和过烧

加热温度过高或保温时间过长导致晶粒显著粗化的现象，称为过热。过热会导致工件淬火后得到粗针马氏体，脆性增加，疲劳强度降低。对于过热不严重的工件（如碳素结构钢、合金结构钢），可采取一次正火或退火后再次加热重新淬火的方式消除影响；对于高碳钢和合金工具钢，则应进行多次退火、正火处理，然后按正确的淬火工艺重新淬火。

如果钢的加热温度远远超过正常的加热温度，以致沿晶界出现熔化和氧化现象，称为过烧。钢的过烧组织晶粒极为粗大，在晶界上有氧化物网络，力学性能急剧恶化，此种缺陷已无法挽救，应绝对避免。

三、硬度不足及软点

淬火温度过低、保温时间过短、淬火冷却速度不够、回火温度过高、加热后表面脱碳，都会导致零件硬度不足。淬火局部区域氧化皮未爆开、淬火冷却剂选用错误、局部脱碳、淬火后在冷却剂内相对运动不够等，零件表面会产生许多未被淬硬的小区域，这些小区域叫作软点。

要避免硬度不足和软点问题，必须制定合理的热处理规范并正确选用淬火冷却剂。如已出现硬度不足的情况，对于一般碳素钢及合金结构钢，可经正火后，再次加热重新淬火；对于合金工具钢，最好退火后重新淬火。

四、变形和开裂

变形和开裂是热处理过程中最常见的缺陷，导致变形和开裂的根本原因是热处理时工件内部产生了内应力。工件在加热和冷却时，其表层与心部或各部的温度变化是不一致的。即工件各部分热胀冷缩不一致，引起工件内部一部分金属对另一部分金属的作用力，称为热应力。加热和冷却的速度越大，热应力也就越大。

此外，在热处理过程中，由于工件内各部分组织转变的不一致性或不同时性，其体积的膨胀或收缩也不一致，因此也会产生内应力，称为组织应力。特别是奥氏体向马氏体转变时产生的体积膨胀，由于受到尚未转变部分的阻碍，因此组织应力最为显著。在热应力与组织应力的作用下，工件会产生变形或裂纹。

对于变形工件，可在冷透前进行矫正，或在正火后矫正，再进行淬火。若工件变形太大或产生裂纹，则无法补救，只能报废。为了避免出现变形和裂纹，除淬火时在马氏体转变区采取减缓冷却方式外，在设计时要注意工件的截面积不宜过于悬殊，截面形状尽量对称，避免出现尖棱和直角，预留较大的磨削余量等。

3.5 热处理工艺新技术

当今热处理技术发展的主要趋势：一方面是研发可使机械零部件获得各种优异性能的热处理工艺，满足装备升级需要；另一方面是研发能够节约能源和提升效率的热处理工艺，进而提高劳动生产率。此外，为了防止工业污染，保护环境，还需要推广无公害的工艺。下面介绍几种热处理工艺新技术。

一、可控气氛热处理

钢在空气中加热，难免发生氧化和脱碳，不仅会烧损钢材，造成浪费，还严重影响工件质量，因此必须采取措施防止氧化和脱碳。

为达到无氧化、无脱碳或按要求增碳的目的，工件在炉气成分可控的加热炉中进行的热处理，称为可控气氛热处理。主要目的是减少和防止工件加热时的氧化和脱碳，提高工件尺寸精度和表面质量，节约钢材，控制渗碳时渗层的碳浓度，而且可使脱碳工件重新复碳。

可控气氛热处理设备通常由制备可控气氛的发生器和进行热处理的加热炉两部分组成。目前应用较多的是吸热式气氛、放热式气氛、放热－吸热式气氛及滴注式气氛。

二、真空热处理

真空热处理是真空技术与热处理技术相结合的新型热处理技术，真空热处理所处的真空环境指的是低于一个大气压的气氛，包括低真空、中等真空、高真空和超高真空，真空热处理实际上也属于气氛控制热处理。真空热处理是指热处理工艺的全部或部分过程在真空状态下进行，真空热处理可以实现几乎所有的常规热处理所能涉及的热处理工艺，如淬火、退火、回火、渗碳及氮化，在淬火工艺中可实现气淬、油淬、硝盐淬和水淬等，还可以进行真空钎焊、烧结及表面处理等，热处理质量大大提高。与常规热处理相比，真空热处理可实现无氧化、无脱碳和无渗碳，可去掉工件表面的磷屑，并具有脱脂除气等作用，从而达到表面光亮洁净的效果。真空热处理的特点如下：

（1）热处理变形小。因为真空加热缓慢而且均匀，内热温差较小，热应力小，所以热处理变形小。

（2）提高工件表面力学性能，延长工件使用寿命。

（3）工作环境好，操作安全，节省能源，没有污染和公害。

（4）真空热处理设备造价较高，目前多用于模具、精密零件的热处理。

三、形变热处理

形变热处理是将塑性变形和热处理结合，以获得形变强化和相变强化综合效果的工艺。这种工艺既可提高钢的强度，改善塑性和韧性，又节约能源，得到了广泛应用。例如，将钢加热至 Ac_3 以上，获得奥氏体组织，保持一定时间后进行形变，立刻淬火获得马氏体组织，然后在适当温度回火后，即可获得很高的韧性。通常，钢件形变热处理后，强度可提高 10% ～ 30%，塑性可提高 40% ～ 50%，冲击韧性可提高 1 ～ 2 倍，钢件获得较高的抗脆断能力。形变热处理广泛应用于结构钢、工具钢工件，以及锻后余热淬火、热轧淬火等工艺。

四、激光热处理

激光是一种具有极高能量密度、高亮度和强方向性的光源。激光热处理是指以高能量激光作为能源，以极快速度加热工件并自冷强化的热处理工艺。

激光淬火具有工件处理质量高、表面光洁、变形极小、无工业污染和易实现自动化的特点，适用于各种小型复杂工件的表面淬火，还可以进行局部表面合金化处理。但是，激光器价格昂贵，生产成本较高，故其应用受到一定限制。此外，激光容易对人眼造成伤害，操作时要注意安全。

激光在热处理中的应用研究始于 20 世纪 70 年代初，随后即由实验室研究阶段进入生产应用阶段。当经过聚焦的高能量密度（106W/cm^2）激光照射金属表面时，金属表面在百分之几秒甚至千分之几秒内升高到淬火温度。由于照射点升温特别快，热量来不及传到周围的金属，因此在停止激光照射时，照射点周围的金属便起到冷却介质的作用而大量吸热，使照射点迅速冷却，得到极细的组织，具有很高的力学性能。如加热温度升高至使金属表面熔化，冷却后可以得到一层光滑的表面，这种操作称为上光。激光加热也可用于局部表面合金化处理，即对工件易磨损或需要耐热的部位先镀一层耐磨或耐热金属，或者涂覆一层含耐磨或耐热金属的涂料，然后用激光照射使其迅速熔化，形成耐磨或耐热合金层。例如，在需要耐热的部位先镀上一层铬，然后用激光使之迅速熔化，形成硬的抗回火的含铬耐热表层，可以大大提高工件的使用寿命和耐热性。

五、电子束表面淬火

电子束表面淬火是指以电子枪发射的电子束作为热源轰击工件表面，以极快速度加热工件并自冷，淬火后使工件表面强化的热处理工艺。

电子束的强度大大高于激光，而且其激光利用率可达 80%，高于激光热处理。电子束表面淬火质量高，淬火过程中工件基体性能几乎不受影响，是很有发展前景的热处理新技术。

电子束表面淬火早期应用于薄钢带、钢丝的连接退火，能量密度最高可达 108W/cm^2。电子束表面淬火除在真空中进行外，其他特点与激光热处理相同。当电子束轰击金属表面时，轰击点被迅速加热。电子束穿透材料的深度取决于加速电压和材料密度。例如，

150kW 的电子束在铁表面上的理论穿透深度约为 0.076mm；在铝表面则可达 0.16mm。电子束在很短时间内轰击工件表面，表面温度迅速升高，而基体仍保持冷态。当电子束停止轰击时，热量迅速向冷基体金属传导，从而使加热表面自行淬火。为了有效地进行“自冷淬火”，整个工件的体积和淬火表层的体积至少保持 5∶1 的比例。表面温度和淬透深度还与轰击时间有关。电子束热处理加热速度快，奥氏体化的时间仅为零点几秒甚至更短，因此可使工件表面晶粒细小，硬度比一般热处理高，并具有良好的力学性能。

职业能力训练

训练要求	用 40Cr 钢制造某机床齿轮，其加工工艺路线为：下料（棒料）→锻造毛坯→热处理 1→粗加工→热处理 2→精加工→热处理 3→磨削。 请为齿轮安排适宜的热处理工艺，并说明各热处理工艺的作用。 如果材料为 20Cr，热处理工艺如何变化？
训练目标	掌握常用热处理工艺的原理、特点及应用，能够为零件安排适宜的热处理工艺。
实施过程	1. 安排适宜的热处理工艺 热处理 1：正火； 热处理 2：调质； 热处理 3：表面淬火 + 低温回火。 2. 分析各个热处理工艺的作用 热处理 1：正火，改善材料的切削加工性； 热处理 2：调质，提高材料的综合力学性能； 热处理 3：表面淬火 + 低温回火，提升齿轮表面的硬度，提高耐磨性能。 3. 材料换为 20Cr，热处理工艺的变化 热处理 1：不变； 热处理 2：取消； 热处理 3：渗碳 + 表面淬火 + 低温回火，增加齿轮表面含碳量，提升硬度，提高耐磨性能。

复习思考题

一、填空题

1. 热处理工艺路线由________、________和________三个阶段组成。

2. 化学热处理的方法有________、________、________和________等。

3. 常用普通热处理包括________、________、________和________等。

4. 贝氏体分为________和________两种，________具有良好的综合力学性能，是钢等温淬火的理想组织。

5. 常用的退火方法有________、________和________等。

6. 常用的冷却介质有________、________和________等。

7. 按回火温度范围可将回火分为________、________和________三种。

8. 化学热处理是由________、________和________三个基本过程组成的。

9. 根据渗碳时介质的物理状态不同，渗碳可分为________、________和________三种。

10. 感应加热表面淬火法，按电流频率不同，可分为________、________和________三种。

二、判断题

(　　) 1. 正火的典型冷却方式是空冷。

(　　) 2. 氮化件的变形远比渗碳件小。

(　　) 3. 弹簧钢的最终热处理应是淬火 + 低温回火。

(　　) 4. 工件经渗碳处理后，应进行淬火及低温回火。

(　　) 5. 同一钢材在相同加热条件下，水淬比油淬的淬透性好。

(　　) 6. 对要求高精度的工件，淬火冷却到室温后，必须进行冷处理。

(　　) 7. 表面淬火主要用于高碳钢。

(　　) 8. 过共析钢的预备热处理应采用完全退火。

(　　) 9. 贝氏体等温淬火是将钢件加热到奥氏体化后，快速连续冷却至室温的热处理工艺。

(　　) 10. 渗碳主要用于中碳钢。

三、选择题

1. 通常，淬火钢的回火温度越高，其硬度（　　）。

A. 越高　　B. 保持不变　　C. 越低　　D. 不确定

2. 共析钢过冷奥氏体在 550℃～ M_s 范围发生等温转变，其转变产物为（　　）。

A. 珠光体　　B. 贝氏体　　C. 马氏体　　D. 托氏体

3. 为了改善重要轴类零件的综合力学性能，通常对轴进行（　　）热处理。

A. 正火　　B. 回火　　C. 调质　　D. 完全退火

4. 热处理时，通常要使金属常温组织加热变成（　　）组织。

A. 珠光体　　B. 渗碳体　　C. 奥氏体　　D. 莱氏体

5. 为改善低碳钢的切削加工性，应进行（　　）热处理。

A. 等温退火　　B. 完全退火　　C. 球化退火　　D. 正火

6. 高碳钢淬火后回火时，随回火温度升高，其（　　）。

A. 强度、硬度下降，塑性、韧性提高　　B. 强度、硬度提高，塑性、韧性下降

C. 强度、韧性提高，塑性、硬度下降　　D. 强度、韧性下降，塑性、硬度提高

7. 为了提高 45 钢的综合机械性能，应进行（　　）。

A. 正火　　B. 调质　　C. 退火　　D. 淬火 + 中温回火

8. 常见的齿轮材料 20CrMnTi 的最终热处理工艺应该是（　　）。

A. 调质　　B. 淬火 + 低温回火

C. 渗碳　　　　　　　　　　D. 渗碳后淬火 + 低温回火

9. 下列钢经淬火后，硬度最低的是（　　）。

A. Q235　　B. 40Cr　　C. GCr15　　D. 45 钢

10. 某中等载荷齿轮拟选用 45 钢制造，其可能的最终热处理工艺应该是（　　）。

A. 淬火 + 低温回火　　　　　B. 调质 + 表面淬火

C. 渗碳 + 淬火 + 低温回火　　D. 淬火 + 中温回火

四、简答题

用 45 钢制造某减速器转轴，其加工工艺路线为：下料（棒料）→锻造毛坯→热处理 1 →粗加工→热处理 2 →精加工→热处理 3 →磨削。请说明各热处理工艺的名称和作用。

如果材料为 20 钢，热处理工艺如何变化？

五、名词解释

钢的热处理	等温转变	连续冷却转变	马氏体
退火	正火	淬火	回火
表面热处理	渗碳	渗氮	

项目 4 常用金属材料

项目导读

金属材料来源丰富，并具有优良的使用性能和工艺性能，是机械工程中应用最普遍的材料之一，常用来制造机械设备、工具、模具，并广泛应用于工程结构中。常用金属材料大致包括黑色金属和有色金属两大类。黑色金属通常指钢和铸铁；如图 4-1 所示，蜗轮蜗杆减速器的滚动轴承的组成材料均为钢，减速器箱体的材料为灰铸铁。有色金属是指黑色金属以外的金属及其合金，如铝及铝合金、铜及铜合金等。如图 4-1（c）所示的蜗轮的材料为铜合金。每个材料大类中又有很多小类，为了便于生产、使用和研究，必须对金属材料进行科学的命名，制定简明的分类表示方法，即牌号规则。熟悉常用金属材料，掌握其牌号规则，了解各种材料的性能特点和应用场合，具有非常重要的意义。

（a）蜗轮蜗杆减速器　（b）滚动轴承　（c）蜗轮

图 4-1　蜗轮蜗杆减速器、滚动轴承和蜗轮

常用的金属材料有哪些种类？各种金属材料的牌号规则是怎样的？各种金属材料的性能特点和应用场合又是怎样的？让我们带着问题来学习本项目的内容。

素养园地

金属材料的发展史——人类创新精神的见证

从金属材料的发展史，我们可以看出人类社会的发展实际上是一部不断创新和创造的过程。

人类在大约公元前五千年由石器时代进入铜器时代，由于在自然环境存在的铁易被氧化，同时铜的熔点比铁要低，因此人类最早应用的金属是铜。在炼铜技术逐步提升的过程中，我们的祖先发现了“合金”。人类最早应用的合金是青铜，约由百分之十的锡及百分之九十的铜构成。随着青铜技术的不断发展，人们在应用中发现增大锡的比例会使合金变硬，换句话说，“合金”比单一的金属拥有更好的性能。后来，为了满足更多场合的要求，人们又研制了铜和锌的合金——黄铜。在公元前一千二百年，人类步入了所谓的铁器时代。铁具有高硬度、高熔点，且铁矿的蕴含量大，使得铁相对青铜来说价格便宜且应用范围广。此时，人们已经能采用复杂的金属加工工艺来生产铁器。若干年后，社会化大生产推动金属的冶炼和材料的制造向着工厂化、规模化发展。一些效率更高的大型炼铁炉被建造起来。随着铁的大规模生产，人类物质文明水平进一步提高，铁轨等应运而生。在实际应用中，人们发现了铁的性能存在局限，于是研发了更好的工程材料——钢，于是代替铁轨的钢轨等钢材在人类社会中广泛应用。近代，合金钢以及其他金属材料加工技术飞速发展。高速钢、不锈钢、耐热钢、耐磨钢、电工用钢等特种钢如雨后春笋般相继出现，其他合金如铝合金、铜合金、钛合金、钨合金、钼合金、镍合金，以及各种稀有合金工艺不断进步，金属材料在全社会经济发展中占据了不可替代的地位。当今，金属材料技术的发展逐步由经验上升为理论，由被动变为主动，用理论指导实践，再由实践去发展理论。

创新是民族进步的灵魂，一个没有创新能力的民族，难以屹立于世界先进民族之林。创新是国家兴旺发达的不竭动力。当今世界各国之间在政治、经济、军事和科学技术方面的激烈竞争，实际上是人才的竞争，是人才创新能力的竞争。对金属材料的创新和改进，等待着新时代的人才——你们去实现。

4.1 工业用钢

工业中应用最广泛的金属材料是钢铁，钢铁被称为工业的“脊梁”。

实际使用的钢并不是单纯的铁碳合金，受冶炼时所用原料以及冶炼工艺方法等影响，钢中不免含有少量其他元素，如硅（Si）、锰（Mn）、硫（S）、磷（P）、铜（Cu）、铬（Cr）、镍（Ni）等，这些并非有意加入或保留的元素即为杂质。它们的存在对钢的性能有较大的影响。

一、常存元素对钢性能的影响

1. 锰（Mn）

锰来自炼钢生铁及脱氧剂锰铁。一般认为锰在钢中是一种有益的元素。碳钢中的含锰量通常 <0.80%；在含锰合金钢中，含锰量一般控制在 1.0% ～ 1.2%。锰一部分溶于铁素体中，形成置换固溶体，并使铁素体强化；另一部分锰溶于渗碳体中，形成合金渗碳体，

提高钢的硬度。锰与硫化合成 MnS，能减轻硫的有害性。当锰含量不多，在碳钢中仅作为少量杂质存在时，它对钢的性能影响并不明显。

2. 硅（Si）

硅来自炼钢生铁和脱氧剂硅铁，碳钢中的含硅量通常 <0.35%，硅和锰一样能溶于铁素体中，使铁素体强化，从而使钢的强度、硬度、弹性提高，而塑性、韧性降低。因此，硅也是碳钢中的有益元素。

3. 硫（S）

硫是生铁中带来的而在炼钢时又未能除尽的有害元素。硫不溶于铁，而以 FeS 形式存在，FeS 会与 Fe 形成低熔点（985℃）的共晶体（FeS-Fe），并分布于奥氏体的晶界上。当钢材在 1 000 ～ 1 200℃压力加工时，晶界处的 FeS-Fe 共晶体已经熔化，并使晶粒脱开，钢材将沿晶界处开裂，这种现象称为热脆。为了避免热脆，必须严格控制钢中的含硫量，普通钢的含硫量应≤ 0.055%，优质钢的含硫量应≤ 0.040%，高级优质钢的含硫量应≤ 0.030%。

提高钢的含锰量，可消除硫的有害作用，锰能与硫形成熔点为 1 620℃的 MnS，而且 MnS 在高温时具有塑性，可避免热脆现象。

4. 磷（P）

磷是生铁中带来的而在炼钢时又未能除尽的有害元素。磷在钢中全部溶于铁素体，虽可提高铁素体的强度、硬度，却急剧降低了室温下的钢的塑性、韧性，且在低温时表现尤其突出。这种在低温时由磷导致的钢严重变脆的现象称为冷脆。磷的存在还会使钢的焊接性能变差，因此应严格控制钢的含磷量，普通钢的含磷量应≤ 0.045%，优质钢的含磷量应≤ 0.040%，高级优质钢的含磷量应≤ 0.035%。

但是，在适当情况下，硫、磷也有一些有益作用。对于硫，当钢中含硫较高（0.08%～0.3%）时，适当提高钢的含锰量（0.6% ～ 1.55%），使硫与锰结合成 MnS，切削时易于断屑，能改善钢的切削性能，故易切钢中含有较多的硫。对于磷，与铜配合能增加钢的抗大气腐蚀能力，改善钢的切削加工性能。

另外，钢在冶炼时还会吸收和溶解一部分气体，如氮、氢、氧等，给钢的性能带来有害影响。尤其是氢，会使钢发生氢脆，也会使钢中产生微裂纹，即白点。

二、钢的分类和编号

1. 钢的分类

钢的编号规则

钢的种类繁多，按用途不同，分为结构钢（包括建筑用钢和机械用钢）、工具钢（工具制造用钢，如刀具、量具、模具）和特殊性能钢（具有特殊的物理、化学性能的钢）；按脱氧程度不同，分为沸腾钢、半镇静钢、镇静钢和特殊镇静钢；按钢的品质不同，分为普通钢（$\omega_p \leqslant 0.045\%$，$\omega_s \leqslant 0.05\%$）、优质钢（$\omega_p \leqslant 0.35\%$，$\omega_s \leqslant 0.35\%$）、高级优质钢（$\omega_p \leqslant 0.25\%$，$\omega_s \leqslant 0.25\%$）和特级优质钢（$\omega_p \leqslant 0.025\%$，$\omega_s \leqslant 0.015\%$）。

2. 钢的编号

一些国家和地区根据实际情况制定了科学而简明的钢铁分类表示方法，如通过“牌号”表示钢的品种，具体见表 4－1。人们可通过牌号大致了解钢的类别、成分、冶金质量、性能特点、热处理要求和用途等。

表 4－1　各类钢的编号方法

分类	典型牌号	编号说明
普通碳素结构钢	Q234-A-F 质量为 A 级的沸腾钢 屈服点为 235MPa	由代表屈服点的字母、屈服点数值、质量等级符号（分为 A、B、C、D，从左至右质量依次升高）、脱氧方法（F、B、Z、TZ 依次表示沸腾钢、半镇静钢、镇静钢、特殊镇静钢）组成
优质碳素结构钢	45 平均 ω_C 为 0.45% 65Mn 较高含 Mn 量 平均 ω_C 为 0.65%	以两位阿拉伯数字表示平均含碳量（以万分之几计），化学元素符号 Mn 表示钢的含锰量较高
碳素工具钢	T8 平均 ω_C 为 0.8% T8A 高级优质钢 平均 ω_C 为 0.8%	字母 T 为“碳”的汉语拼音首字母，数字表示碳平均含量的千分数；“A”表示高级优质钢
铸钢	ZG200-400 碳素铸钢 屈服点为 200MPa 抗拉强度为 400MPa	“ZG”表示铸钢。其后面第一组数字为屈服点，第二组数字为抗拉强度
合金结构钢	60Si2Mn 平均 ω_C 为 0.6% 平均 ω_i 为 2% 平均 $\omega_{Mn} \leqslant 1.5\%$ GCr15SiMn 平均 ω_{Cr} 为 1.5%	数字＋化学元素符号＋数字，前面的数字表示钢的平均 ω_C，以万分之几表示；后面的数字表示合金元素的含量，以平均该合金元素的质量分数的百分之几表示，质量分数少于 1.5% 时，一般不标明含量。若为高级优质钢，则在钢号的最后加“A”。滚动轴承钢的钢号前面加“G”，ω_{Cr} 用千分之几表示
合金工具钢	5CrMnMo 平均 ω_C 为 0.5% 平均 ω_{Cr}、ω_{Mn}、ω_{Mo} 小于 1.5%	平均 ω_C<1.0% 时以千分之几表示，≥ 1.0% 时不标出；高速钢例外，其平均含量 <1.0% 时也不标出；合金元素含量的表示方法与合金结构钢相同
特殊性能钢	2Cr13 平均 ω_C 为 0.2% 平均 ω_{Cr} 为 13%	平均 ω_C 以千分之几表示，但当平均 $\omega_C \leqslant 0.03\%$ 及 $0.03\% < \omega_C \leqslant 0.08\%$ 时，钢号前分别以 00 及 0 表示；合金元素含量的表示方法与合金结构钢相同

三、结构钢

结构钢在工程中应用最多。凡用作各种机器零件及各种工程结构（如屋架、井架、桥梁、车辆构架等）的钢称为结构钢。

1. 碳素结构钢

碳素结构钢的硫、磷的质量分数较高（$P \leqslant 0.045$，$S \leqslant 0.055$），多用作工程结构，也可用于制造机械零件。用“Q + 数字”表示，“Q”表示屈服点，即“屈”的汉语拼音首字母，数字表示屈服点数值。例如，Q275，表示屈服点为 275MPa；若牌号后面标注字母 A、B、C、D，则表示钢材质量等级不同，即 S、P 含量不同；A、B、C、D 质量依次升高；“F”表示沸腾钢，“b”为半镇静钢，不标“F”和“b”的为镇静钢。如 Q235-A · F 表示屈服点为 235MPa 的 A 级沸腾钢，又如 Q235-C 表示屈服点为 235MPa 的 C 级镇静钢。

一般情况下，碳素结构钢都不经热处理，而是在供应状态下直接使用。通常 Q195、Q215、Q235 含碳量低，具有一定的强度，常扎制成薄板、钢筋、焊接钢管等，用作桥梁、建筑等钢结构，也可用于制造普通的铆钉、螺钉、螺母、垫圈、地脚螺栓、轴套、销轴等。Q255 和 Q275 钢的强度较高，塑性、韧性较好，可进行焊接，通常轧制成型钢、条钢和钢板，用作结构件，也可用于制造连杆、键、销、简单机械上的齿轮、轴节等。

2. 低合金高强度结构钢

低合金高强度结构钢是在低碳钢基础上加入少量合金元素（Mn 为主加元素）形成的。低合金钢是一类可焊接的低碳低合金工程结构钢，主要用作房屋、桥梁、船舶、车辆、铁道、高压容器等工程结构件。钢中 $\omega_C \leqslant 0.2\%$（低碳具有较好的塑性和焊接性），$\omega_{Mn} = 0.8\% \sim 1.7\%$，辅以我国富产资源钒、铌等元素，通过强化铁素体、细化晶粒，使其具备较高的强度和韧性，以及良好的综合力学性能和耐腐蚀性。

低合金高强度结构钢通常是在热轧经退火（或正火）状态下供应的，使用时一般不进行热处理。低合金高强度结构钢分为镇静钢和特殊镇静钢，牌号的组成中没有表示脱氧方法的符号，其余表示方法与碳素结构钢相同。例如，Q345A 表示屈服强度为 345MPa 的 A 级低合金高强度结构钢。

3. 合金结构钢

合金结构钢主要用于制造各种机械零件，用途广、产量大、钢号多，通常需经热处理后才能使用。按其用途及热处理特点可分为渗碳钢、调质钢、弹簧钢等。

合金结构钢的牌号由数字和元素符号组成。用二位数字表示碳的平均质量分数（以万分之几计），位于牌号头部。合金元素含量表示方法为：平均质量分数 <1.5% 时，牌号中仅标注元素，一般不标注含量；平均质量分数为 1.5% ～ 2.49%、2.5% ～ 3.49%……时，在合金元素后相应注写 2、3……。例如，碳、铬、镍的平均质量分数为 0.2%、0.75%、

2.95% 的合金结构钢，其牌号为“20CrNi3”。高级优质合金钢和特级优质合金钢的表示方法同优质碳素结构钢。

（1）渗碳钢。

用于制造渗碳零件的钢称为渗碳钢。渗碳钢的 $\omega_C = 0.12\% \sim 0.25\%$，较低的碳含量保证了淬火后零件心部有足够的塑性、韧性。主要合金元素是铬，还可加入镍、锰、硼、钨、钼、钒、钛等元素。其中，铬、镍、锰、硼的主要作用是提高淬透性，使大尺寸零件的心部淬回火后具有较高的强度和韧性；少量的钨、钼、钒、钛能形成细小、难溶的碳化物，以阻止渗碳过程中高温、长时间保温条件下晶粒长大。

渗碳后的钢件，表层经淬火和低温回火后，获得高碳回火马氏体加碳化物，硬度一般为 58 ～ 64HRC；而心部组织则视钢的淬透性及零件的尺寸而定，可得低碳回火马氏体（40 ～ 48HRC）或珠光体加铁素体组织（25 ～ 40HRC）。20CrMnTi 是应用最广泛的合金渗碳钢，用于制造汽车、拖拉机的变速齿轮和轴等零件。

（2）调质钢。

优质碳素调质钢中的 40 钢、45 钢、50 钢虽然常用且价廉，但由于存在淬透性差、耐回火性差、综合力学性能不够理想等缺点，因此对重载作用下同时受冲击的重要零件必须选用合金调质钢。

调质钢的 $\omega_C = 0.25\% \sim 0.5\%$。调质钢中主加合金元素是锰、硅、铬、镍、钼、硼、铝等，主要作用是提高钢的淬透性。其中，钼能防止高温回火脆性，铝能加速渗氮过程。此外，加入钨、钒、钛可细化晶粒。

调质钢锻造毛坯应进行预备热处理，以降低硬度，便于切削加工。合金元素含量低、淬透性低的调质钢可采用退火；淬透性高的调质钢则采用正火加高温回火。例如，40CrNiMo 正火后硬度在 400HBS 以上，经高温回火后硬度才能降低至 230HBS 左右，满足切削要求。调质钢的最终热处理为淬火后高温回火（500 ～ 600℃），以获得回火索氏体组织，使钢件具有高强度、高韧性相结合的良好综合力学性能。如果在具备良好的综合力学性能外，还要求表面具有良好的耐磨性，则可在调质后进行表面淬火或渗氮处理。

调质钢主要用于制造受力复杂的重要零件，如机床主轴、汽车半轴、柴油机连杆螺栓等。40Cr 是最常用的调质钢之一，具有很好的强化效果。38CrMoAl 是专用渗氮钢，经调质和渗氮处理后，表面具有很高的硬度、耐磨性和疲劳强度，且变形很小，常用于制造精密零件，如镗床镗杆、磨床主轴等。

（3）弹簧钢。

弹簧钢主要用于制造弹簧等弹性元件，如汽车、拖拉机、坦克、机车车辆的减振板簧和螺旋弹簧，以及钟表发条等。

弹簧钢的 $\omega_C = 0.45\% \sim 0.7\%$。常加入硅、锰、铬等合金元素，主要作用是提高淬透性和弹性极限。硅可以显著提高弹性极限，有助于钢加热时表面脱碳；锰可以增加淬透性，可使钢的过热和回火脆性倾向增大。另外，弹簧钢中还可加入钨、钼、钒等，用于减小硅锰弹簧钢脱碳和过热的倾向，进一步提高弹性极限、耐热性和耐回火性。

弹簧钢的热处理一般为淬火加中温回火，获得回火托氏体组织，具有较高的弹性极限和屈服强度。60Si2MnA 是典型的弹簧钢，广泛用于制造汽车、拖拉机上的板簧和螺旋弹簧。

（4）滚动轴承钢。

滚动轴承钢主要用于制造各种滚动轴承元件，如轴承内外圈、滚动体等。此外，还可以制造某些工具，如模具、量具等。滚动轴承钢有自己独特的牌号。牌号前面以“G”（滚）为标志，其后为铬元素符号 Cr，质量分数以千分之几表示，其余与合金结构钢牌号规定相同，例如平均 $\omega_{Cr}=1.5\%$ 的轴承钢的牌号为“GCr15”。

轴承钢在工作时承受很高的交变接触压力，同时滚动体与内外圈之间还会产生强烈的摩擦，并受到冲击载荷的作用以及大气和润滑介质的腐蚀。这就要求轴承钢必须具有高而均匀的硬度和耐磨性、高抗压强度和接触疲劳强度、足够的韧性、对大气和润滑剂的耐腐蚀能力。为获得上述性能，一般 $\omega_C=0.95\%\sim1.15\%$，$\omega_{Cr}=0.4\%\sim1.65\%$。高碳是为了获得高而均匀的硬度和耐磨性；铬的作用是提高淬透性，增加回火稳定性。轴承钢的纯度要求很高，磷、硫含量限制极严，故它是一种高级优质钢（但在牌号后不加“A”）。

轴承钢的热处理包括预备热处理（球化退火）和最终热处理（淬火与低温回火）。GCr15 为常用的轴承钢，具有较高的强度、耐磨性和稳定的力学性能。

四、工具钢

为了满足高硬度和耐磨性的使用要求，工具钢均为高碳成分，一般经过淬火和低温回火后使用。碳素工具钢虽然能达到较高的硬度和耐磨性，但其淬透性差、淬火变形倾向大，并且韧性和红硬性差（只能在 200℃以下保持高硬度）。因此，尺寸大、精度高、承受冲击载荷和较高工作温度的工具多采用合金工具钢制造。

工具钢按用途可分为三种：刃具钢、模具钢和量具钢。各类工具钢并无严格的使用界限。

1. 刃具钢

刃具切削时受切削力作用且会发热，还承受一定的冲击和振动。因此，要求具有高强度（特别是抗弯和抗压）、高硬度、高耐磨性、高热硬性，以及足够的塑性和韧性。

碳素工具钢（T8、T8A、T10、T12 等）均为高碳钢；合金刃具钢（Cr06、9SiCr 等）的 ω_C 一般为 $0.9\%\sim1.1\%$，常加入 Cr、Mn、Si、W、Mo、V 等合金元素，这类钢的最高工作温度不超过 300℃；高速钢（W18Cr4V）的 ω_C 在 0.7% 以上，最高可达 1.5%，加入 $\omega_{Cr}=4\%$ 的 Cr 可使钢具有良好的切削加工性能，加入 W、Mo 可保证较高的热硬性，加入 V 可提高耐磨性。

2. 模具钢

模具钢按工作条件不同分为冷作模具钢和热作模具钢。

（1）冷作模具钢。

冷作模具钢工作时承受很大的压力、弯曲力、冲击载荷和摩擦。主要损坏形式是磨损，常出现崩刃、断裂和变形等失效现象。因此，要求冷作模具钢具有高硬度、高耐磨性、足够的韧性与疲劳抗力、较小的热处理变形。

冷作模具钢主要用于制造冷冲模、冷挤压模、拉丝模等。尺寸较小的冷作模可采用9Mn2V、CrWMn 等，尺寸较大的可采用 Cr12、Cr2MoV 等。

（2）热作模具钢。

热作模具钢工作时承受很大的冲击载荷、摩擦、剧烈的冷热循环引起的不均匀热应变和热应力，以及高温氧化，常出现崩裂、塌陷、磨损、龟裂等失效现象。因此，要求热作模具钢具有较高的热硬性、高温耐磨性、较强的抗氧化能力、较高的热强性和足够高的韧性，尤其是受冲击较大的热锻模钢，要求具有较高的热疲劳抗力，以防止龟裂破坏。此外，由于热模具体积一般较大，因此还要求具有较高的淬透性和导热性。

热作模具钢主要用于制造各种热锻模、热挤压模、压铸模等，工作时型腔表面温度可达 600℃以上。其中 Cr12、5CrMnMo 应用最为广泛。

3. 量具钢

量具在使用过程中主要承受磨损，因此对量具钢的性能要求是具有较高的硬度（不小于 56HRC）、耐磨性、尺寸稳定性。

量具钢用于制造各种测量工具，如千分尺、螺旋测微仪、块规等。

量具钢没有专用钢。尺寸小、形状简单、精度较低的量具，用高碳钢制造；复杂的、较精密的量具一般用低合金刃具钢制造；CrWMn 的淬透性较高，淬火变形很小，可用于制造精度要求高且形状复杂的块规；GCr15 的耐磨性和尺寸稳定性较好，多用于制造高精度块规、螺旋塞头、千分尺。

五、特殊性能钢

特殊性能钢是指具有某些特殊的物理、化学、力学性能，因而能在特殊的环境、工作条件下使用的钢。主要包括不锈钢、耐热钢、耐磨钢。

1. 不锈钢

在腐蚀性介质中具有耐腐蚀性能的钢称为不锈钢。铬是不锈钢获得耐腐蚀性的基本元素。

（1）牌号。牌号表示法与合金结构钢基本相同，只是当 $\omega_C \leqslant 0.03\%$ 及 $\omega_C \leqslant 0.08\%$ 时，在钢号前分别注写“00”及“0”，例如 0Cr19Ni9。

（2）铬不锈钢。这类钢包括马氏体不锈钢和铁素体不锈钢两种类型。其中 Cr13

型属马氏体不锈钢，可淬火获得马氏体组织。Cr13 型的铬的质量分数平均为 13%，$\omega_C = 0.1\% \sim 0.4\%$。1Cr13 和 2Cr13 可用于制造塑性和韧性较高的、受冲击载荷的、在弱腐蚀条件下工作的零件（1 000℃淬火加 750℃高温回火）；3Cr13 和 4Cr13 可用于制造强度较高、高硬、耐磨、在弱腐蚀条件下工作的弹性元件和工具等（淬火加低温回火）。当含铬量较高（$\omega_{Cr} \geqslant 15\%$）时，铬不锈钢的组织为单相奥氏体，如 1Cr17 钢，耐腐蚀性优于马氏体不锈钢。

（3）铬镍不锈钢。这类钢含铬 $\omega_{Cr} = 18\% \sim 20\%$，含镍 $\omega_{Ni} = 8\% \sim 12\%$，经 1 100℃水淬固溶化处理（加热 1 000℃以上保温后快冷），在常温下呈单相奥氏体组织，故称为奥氏体不锈钢。奥氏体不锈钢无磁性，耐腐蚀性优良，塑性、韧性、焊接性优于其他不锈钢，是应用最为广泛的一类不锈钢。由于奥氏体不锈钢固态下无相变，因此不能热处理强化，冷形变强化是有效的强化方法。目前应用广泛的是 0Cr18Ni10。

2. 耐热钢

耐热钢是指在高温下具有热化学稳定性和热强性的钢，包括抗氧化钢和热强钢等。热化学稳定性是指钢在高温下对各类介质化学腐蚀的抗力；热强性是指钢在高温下对外力的抗力。

对这类钢的主要要求是优良的高温抗氧化性和高温强度。此外，还应有适当的物理性能，如热膨胀系数小、导热性好，以及较好的加工工艺性能等。

为了提高耐热钢的抗氧化性，加入合金元素铬、硅和铝，在钢的表面形成完整且稳定的氧化物保护膜。但硅、铝含量较高时钢材会变脆，所以一般以加铬为主。另外，加入钛、铌、钒、钨、钼等合金元素来提高热强性。常用牌号有 3Cr18Ni25Si2、Cr13 型、1Cr18Ni9Ti 等。

3. 耐磨钢

对耐磨钢的主要性能要求是具有很高的耐磨性和韧性。高锰钢能很好地满足这些要求。

耐磨钢具有高碳高锰的特性，一般 $\omega_C = 1.0\% \sim 1.3\%$，$\omega_{Mn} = 11\% \sim 14\%$。高碳可以提高耐磨性（过高时韧性下降，且易在高温下析出碳化物），高锰可以保证固溶化处理后获得单相奥氏体。单相奥氏体的塑性、韧性很好，开始使用时硬度很低，耐磨性差，当工作中受到强烈的挤压、撞击、摩擦时，零件表面迅速产生剧烈的加工硬化（加工硬化是指金属材料发生塑性变形时，随变形度的增大而出现的金属强度和硬度显著提高，塑性和韧性明显下降的现象），并且发生马氏体转变，使硬度显著提高，心部则仍保持原来的高韧性状态。

耐磨钢主要用于运转过程中承受严重磨损和强烈冲击的零件，如车辆履带板、挖掘机铲斗等。Mn13 是较为典型的高锰钢，应用广泛。

4.2 铸铁

铸铁是一种物美价廉、应用广泛的结构材料。在一般设备中，铸铁件约占设备总质量的 40% ～ 70%，在机床和重型设备中甚至高达 80% ～ 90%。

含碳量大于 2.11% 的铁碳合金称为铸铁，工业上常用铸铁的成分范围是 $\omega_C = 2.5\% \sim 4.0\%$，$\omega_{Si} = 1.0\% \sim 3.0\%$，$\omega_{Mn} = 0.5\% \sim 1.4\%$，$\omega_P = 0.01\% \sim 0.50\%$，$\omega_S = 0.02\% \sim 0.20\%$，有时还含有其他合金元素，如 Cr、Mo、V、Cu、Al 等。在成分方面，铸铁与钢的主要区别是铸铁的含碳量和含硅量较高，杂质元素 S、P 含量较多。

虽然铸铁的机械性能（抗拉强度、塑性、韧性）较低，但是由于其生产成本低廉，具有优良的铸造性、可切削加工性、减震性及耐磨性，因此在现代工业中仍得到普遍应用，典型应用如制造机床的床身和内燃机的汽缸、汽缸套、曲轴等。铸铁的组织可以理解为在钢的组织基体上分布有不同形状、大小、数量的石墨。

一、铸铁的石墨化

在铁碳合金中，碳除了少部分固溶于铁素体和奥氏体外，以两种形式存在：碳化物状态——渗碳体（Fe_3C）及合金铸铁中的其他碳化物；游离状态——石墨（以 G 表示）。渗碳体和其他碳化物的晶体结构及性能在前面已经介绍。石墨的晶格类型为简单六方晶格，其基面中的原子间距为 0.142nm，结合力较强；而两基面间距为 0.340nm，结合力弱，故石墨的基面很容易滑动，其强度、硬度、塑性和韧性很低，常呈片状形态存在。

影响铸铁组织和性能的关键是碳在铸铁中存在的数量、形状、大小和分布。工程应用铸铁研究的中心问题是如何改变石墨的数量、形状、大小和分布。

铸铁组织中石墨的形成过程称为石墨化过程。一般认为石墨可以从液态直接析出，也可以自奥氏体中析出，还可以由渗碳体分解得到。

1. 铁碳合金的双重相图

实验表明，渗碳体是一个亚稳定相，石墨才是稳定相。通常，在铁碳合金的结晶过程中，自液体或奥氏体中析出的是渗碳体而不是石墨，是因为渗碳体的含碳量（6.69%）比石墨的含碳量（≈ 100%）更接近合金成分的含碳量（2.5% ～ 4.0%），析出渗碳体时所需的原子扩散量较小，渗碳体的晶核形成较易。但在极其缓慢冷却（即提供足够的扩散时间）的条件下，或合金中含有可促进石墨形成的元素（如 Si）时，在铁碳合金的结晶过程中，便会直接从液体或奥氏体中析出稳定的石墨相，而不再析出渗碳体。因此，对铁碳合金的结晶过程来说，实际上存在两种相图，即 Fe-Fe_3C 相图和 Fe-C 相图，如图 4－2 所示，其中实线表示 Fe-Fe_3C 相图，虚线表示 Fe-C 相图。显然，按 Fe-Fe_3C 系相图进行结晶，可得到白口铸铁；按 Fe-C 系相图进行结晶，可析出和形成石墨。

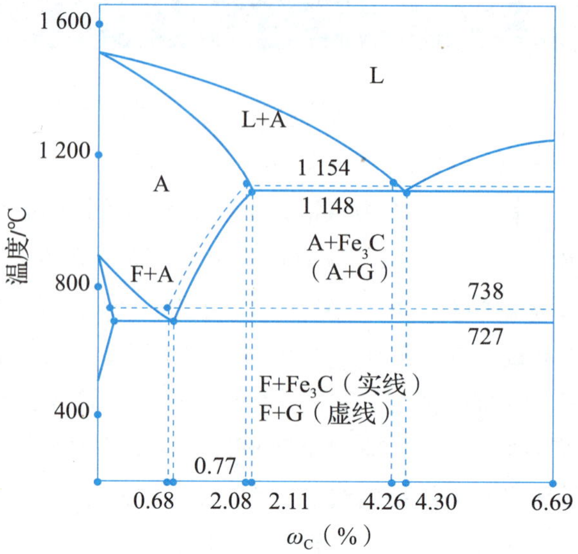

图 4－2　铁碳合金的双重相图

2. 铸铁冷却和加热时的石墨化过程

按 Fe-C 相图进行结晶，则铸铁冷却时的石墨化过程包括：从液体中析出一次石墨 $C_{Ⅰ}$；通过共晶反应产生共晶石墨 $C_{共晶}$；由奥氏体中析出二次石墨 $C_{Ⅱ}$。

铸件加热时的石墨化过程：亚稳定的渗碳体在比较高的温度下长时间加热时，会发生分解，产生石墨，即 $Fe_3C \rightarrow 3Fe+C$。加热温度越高，分解速度越快。无论是冷却还是加热时的石墨化过程，凡是发生在 *PSK* 线（Fe-C 系相图中）以上，统称为第一阶段石墨化；凡是发生在 *PSK* 线以下，统称为第二阶段石墨化。

3. 影响铸铁石墨化的因素

（1）化学成分的影响。

碳、硅、磷是促进石墨化的元素，锰和硫是阻碍石墨化的元素。碳、硅的含量过低，铸铁易出现白口组织，力学性能和铸造性能都较差；碳、硅的含量过高，铸铁中的石墨数量多且粗大，性能变差。

（2）冷却速度的影响。

冷却速度越慢，即过冷度越小，越有利于按照 Fe-C 相图进行结晶，对石墨化越有利；反之，冷却速度越快，即过冷度越大，不利于铁、碳原子的长距离扩散，越有利于按 Fe-Fe_3C 相图进行结晶，不利于石墨化的进行。

二、常用铸铁

根据碳在铸铁中存在的形式及石墨的形态，可将铸铁分为灰铸铁、球墨铸铁、可锻铸铁和蠕墨铸铁等。在灰铸铁、球墨铸铁和蠕墨铸铁中，石墨都是由液体铁水在结晶过程中获得；而在可锻铸铁中，石墨则是由白口铸铁在加热过程中石墨化获得。

1. 灰铸铁

（1）灰铸铁的组织。

灰铸铁由片状石墨和钢的基体两部分组成。因石墨化程度不同，可得到铁素体、铁素体＋珠光体、珠光体三种不同基体的灰铸铁，如图 4－3 所示。

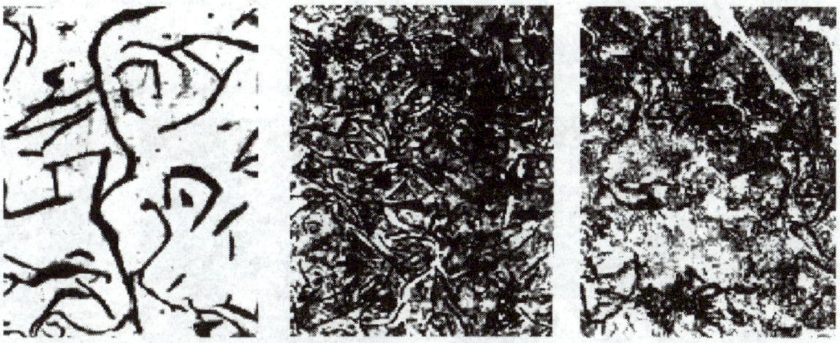

（a）F基体灰铸铁　（b）F+P 基体灰铸铁　（c）P基体灰铸铁

图 4－3　灰铸铁的显微组织

（2）灰铸铁的性能。

灰铸铁的性能主要取决于基体组织以及石墨的数量、形状、大小和分布。由于石墨的力学性能极低，在基体中起割裂作用、缩减作用，且片状石墨的尖端处易形成应力集中，因此灰铸铁的抗拉强度、塑性、韧性比钢低很多。

（3）灰铸铁的孕育处理。

在浇注前向铁水中加入少量孕育剂（常用硅铁和硅钙合金），使大量高度弥散的难熔质点成为石墨的结晶核心，灰铸铁便可得到细珠光体基体和细小均匀分布的片状石墨组织，这样的处理称为孕育处理，得到的铸铁称为孕育铸铁。孕育铸铁强度较高，且铸件各部位截面上的组织和性能比较均匀。

（4）灰铸铁的牌号和应用。

牌号由“HT”（“灰铁”两字汉语拼音首字母）及其后的一组数字组成。数字表示最低抗拉强度 σ_b 值。例如，HT300 表示抗拉强度 $\sigma_b \geqslant 300\text{MPa}$ 的灰铸铁。由于灰铸铁具有较好的性能特点且生产简便，因此灰铸铁产量占铸铁总产量的 80% 以上，应用广泛。常用的灰铸铁牌号是 HT150、HT200，前者主要用于制造承受中等应力的一般铸件，如底座、刀架、阀体、水泵壳等；后者主要用于制造一般运输机械和机床中承受较大应力或较重要的零件，如气缸体、缸盖、机座、床身等。

（5）灰铸铁的热处理。

去应力退火：铸件凝固冷却时，因壁厚不同等原因造成冷却不均，会产生内应力，或者工件要求精度较高时，都应进行去应力退火。

消除白口、降低硬度退火：铸件较薄截面处，因冷速较快会产生白口，使切削加工困难，应进行退火，使渗碳体分解，以降低硬度。

表面淬火：目的是提高铸件表面硬度和耐磨性，常用方法有火焰淬火、感应淬火等。

2. 球墨铸铁

（1）球墨铸铁的组织。

按基体组织不同，分为铁素体球墨铸铁、铁素体 + 珠光体球墨铸铁、珠光体球墨铸铁和贝氏体球墨铸铁四种，金相显微组织如图 4－4 所示。

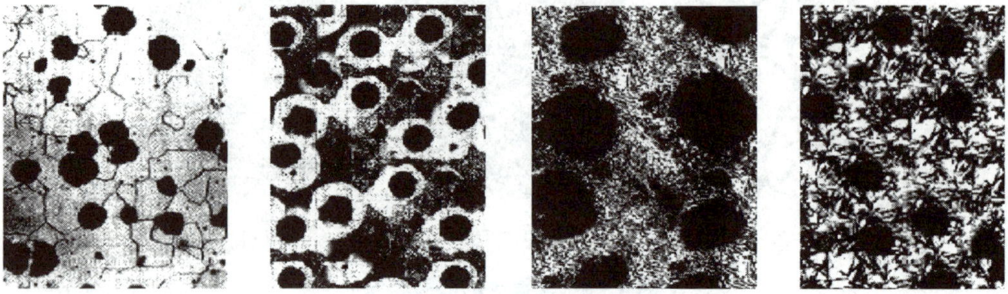

（a）F基体球墨铸铁　（b）F+P 基体球墨铸铁　（c）P基体球墨铸铁　（d）$B_{下}$基体球墨铸铁

图 4－4　球墨铸铁的显微组织

（2）球墨铸铁的性能。

由于石墨呈球状，其表面积相对小，因此大大减弱了对基体的割裂和尖口敏感作用。球墨铸铁的力学性能比灰铸铁高得多，强度与钢接近，屈强比（$\sigma_{y0.2}/\sigma_b$）比钢大，塑性、韧性虽然大为改善，但仍比钢差。此外，球墨铸铁仍有灰铸铁的一些优点，如较好的减震性、减摩性，较低的缺口敏感性，优良的铸造性和切削加工性等。

因为球墨铸铁存在收缩率较大、白口倾向大、流动性稍差等缺陷，所以它对原材料以及熔炼、铸造工艺的要求比灰铸铁高。

（3）球墨铸铁的牌号和应用。

球墨铸铁的牌号由“QT”（“球铁”两字汉语拼音首字母）和两组数字组成。第一组数字表示最低抗拉强度 σ_b；第二组数字表示最低断后伸长率 δ。例如，QT600-3 表示 $\sigma_b \geqslant 600$MPa、$\delta \geqslant 3\%$ 的球墨铸铁。

球墨铸铁的力学性能好，易于熔铸，经合金化和热处理后可代替铸钢、锻钢，制造受力复杂、性能要求高的重要零件，在机械制造中得到广泛应用。

（4）球墨铸铁的热处理。

球墨铸铁的热处理与钢相似，但由于含碳量、含硅量较高，存在石墨，热导性较差，因此球墨铸铁热处理时，加热温度要略高，保温时间要长，加热及冷却速度要相应慢。常用的热处理方法有以下几种：

1）退火。分为去应力退火、低温退火和高温退火。目的是消除铸造内应力，获得铁素体基体，提高韧性和塑性。

2）正火。分为高温正火和低温正火。目的是增加珠光体数量并提高其弥散度，提高强度和耐磨性，但正火后需回火，消除正火内应力。

3）调质处理。目的是得到回火索氏体基体，获得较高的综合力学性能。

4）等温淬火。目的是得到下贝氏体基体，获得高硬度、高强度和较好的韧性。

3. 可锻铸铁

（1）可锻铸铁的组织。

可锻铸铁组织与石墨化退火方法有关，可得到两种不同基体的铁素体可锻铸铁（又称黑心可锻铸铁）和珠光体可锻铸铁，其显微组织如图 4－5 所示。

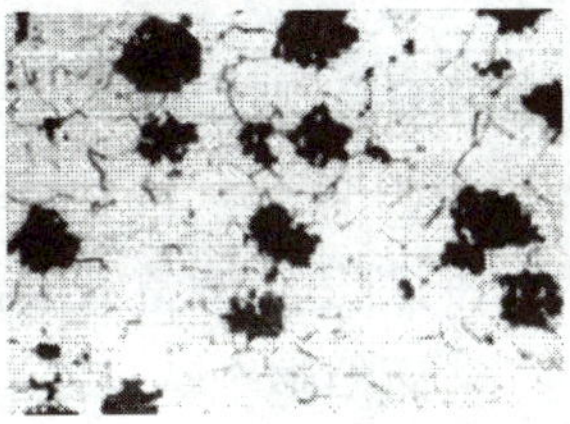

（a）F基体可锻铸铁

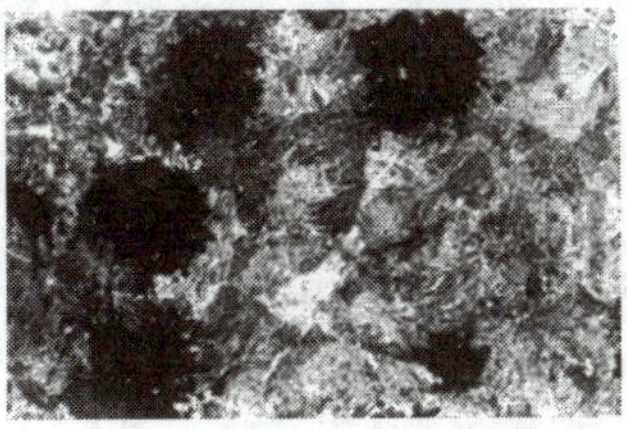

（b）P基体可锻铸铁

图 4－5　可锻铸铁的显微组织

（2）可锻铸铁的性能。

由于石墨呈团絮状，对基体的割裂和尖口作用减弱，因此可锻铸铁的强度、韧性比灰铸铁提高很多。

（3）可锻铸铁的牌号和应用。

可锻铸铁牌号由“KT”（“可铁”两字汉语拼音首字母）和代表类别的字母（H、Z）以及后面两组数字组成。其中，H 代表“黑心”，Z 代表珠光体基体，两组数字分别代表最低抗拉强度 σ_b 和最低断后伸长率 δ。例如，KTH 370-12 表示 $\sigma_b > 370\text{MPa}$、$\delta \geqslant 12\%$ 的黑心可锻铸铁（铁素体可锻铸铁）。可锻铸铁主要用于制造形状复杂、要求强度和韧性较高的薄壁铸件。

4. 蠕墨铸铁

（1）蠕墨铸铁的组织。

蠕墨铸铁的组织呈蠕虫状石墨形态，介于球状和片状之间，比片状石墨短、粗，端部呈球状，其显微组织如图 4－6 所示。蠕墨铸铁的基体组织有铁素体、铁素体＋珠光体、珠光体三种。

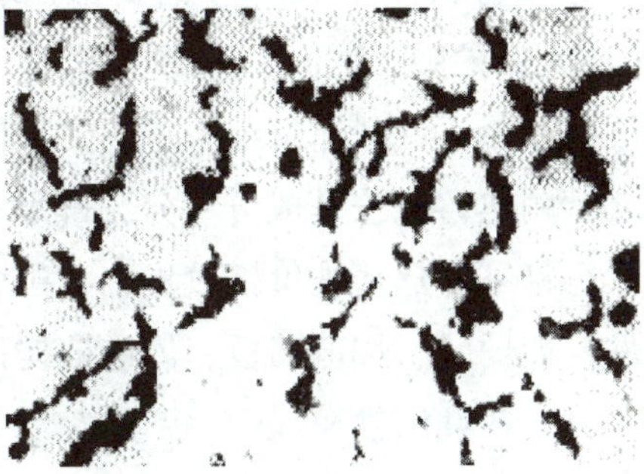

图 4－6　蠕墨铸铁的显微组织

（2）蠕墨铸铁的性能。

蠕墨铸铁的力学性能介于灰铸铁和球墨铸铁之间。与球墨铸铁相比，蠕墨铸铁有较好的铸造性、良好的热导性、较低的热膨胀系数，是近三十年来得到迅速发展的新型铸铁。

（3）蠕墨铸铁的牌号和应用。

蠕墨铸铁的牌号由“RuT”（“蠕铁”一词中“蠕”的汉语拼音和“铁”的首字母）加一组数字组成，数字表示最低抗拉强度，例如 RuT300。

三、合金铸铁

合金铸铁是指常规元素硅、锰高于普通铸铁规定含量或含有其他合金元素，具有较高力学性能或某些特殊性能的铸铁。主要有耐磨铸铁、耐热铸铁、耐蚀铸铁。

1. 耐磨铸铁

在无润滑干摩擦条件下工作的零件应具有均匀的高硬度组织。白口铸铁是较好的耐磨铸铁，但脆性大，不能承受冲击载荷。因此，生产中常采用冷硬铸铁（或称激冷铸铁），即用金属型铸铁作耐磨表面，而其他部位用砂型，同时适当调整铁液化学成分（如减少含硅量），保证白口层的深度，而心部为灰口组织，从而使整个铸件既有较高的强度和耐磨性，又能承受一定的冲击。

我国试制成功的中锰球墨铸铁，即在稀土镁球墨铸铁中控制 $\omega_{Mn} = 5.0\% \sim 9.5\%$、$\omega_{Si} = 3.3\% \sim 5.0\%$，并适当提高冷却速度，使铸铁基体获得马氏体、大量残余奥氏体和渗碳体。这种铸铁具有高耐磨性和抗冲击性，可代替高锰钢或锻钢，适用于制造农用耙片、犁铧，饲料粉碎机锤片，球磨机磨球、衬板，煤粉机锤头等。

在润滑条件下工作的耐磨铸铁，其组织应为软基体上分布有硬的组织组成物，使软基体磨损后形成沟槽，保持油膜。珠光体灰铸铁基本能满足这样的要求，其中铁素体为软基体，渗碳体层片为硬的组织组成物，同时石墨片起储油和润滑作用。为了进一步改善其耐磨性，通常将 ω_p 提高到 $0.4\% \sim 0.6\%$，做成高磷铸铁。由于普通高磷铸铁的强度和韧性较差，故常在其中加入铬、钼、钨、钛、钒等合金元素，做成合金高磷铸铁，主要用于制造机床床身、汽缸套、活塞环等。此外，还有钒钛耐磨铸铁、铬钼铜耐磨铸铁、硼耐磨铸铁等。

2. 耐热铸铁

铸铁的耐热性主要是指在高温下的抗氧化和抗热生长能力。

在铸铁中加入硅、铝、铬等合金元素，可使其表面形成一层致密的 SiO_2、Al_2O_3、Cr_2O_3 保护膜。同时，这些元素还会提高铸铁的临界点，使铸铁在使用温度范围内不发生固态相变，使基体组织为单相铁素体，从而提高了铸铁的耐热性。

耐热铸铁按其成分可分为硅系、铝系、硅铝系及铬系等。其中，铝系耐热铸铁脆性较大，铬系耐热铸铁价格较贵，我国多采用硅系和硅铝系耐热铸铁。主要用于制造加热炉附件，如炉底、烟道挡板、传递链构件等。

3. 耐蚀铸铁

耐蚀铸铁是指在腐蚀性介质中工作时具有耐腐蚀能力的铸铁。普通铸铁的耐腐蚀性差，因为组织中的石墨或渗碳体会促进铁素体腐蚀。

加入 Al、Si、Cr、Mo 等合金元素，在铸铁件表面形成保护膜或使基体电极电位升高，可以提高铸铁的耐腐蚀性能。耐蚀铸铁分为高硅耐蚀铸铁、高铬耐蚀铸铁。应用较广的是高硅耐蚀铸铁，ω_{Si} 高达 14% ～ 18%，在含氧酸（如硝酸、硫酸等）中的耐腐蚀性不亚于 1Cr18Ni9，而在碱性介质和盐酸、氢氟酸中，表面 SiO_2 保护膜遭到破坏，故耐腐蚀性降低。对此，加入 6.5% ～ 8.5% 的铜，可改善高硅耐蚀铸铁在碱性介质中的耐腐蚀性；加入 2.5% ～ 4.0% 的钼，可改善高硅耐蚀铸铁在盐酸中的耐腐蚀性。

耐蚀铸铁主要用于制造化工机械，如容器、管道、泵、阀门等。

4.3 非铁合金与粉末冶金

工业中通常将钢铁材料以外的金属或合金，统称为非铁金属及非铁合金。这类材料因具有优良的物理、化学和力学性能而成为现代工业中不可缺少的重要的工程材料。目前，应用广泛的非铁金属有铝及铝合金、铜及铜合金、轴承合金等。

一、铝及其合金

工业上使用的纯铝的纯度（质量分数）为 99.7% ～ 98.00%，呈银白色，密度为 2.7g/cm^3，熔点为 660℃，具有面心立方晶格，无同素异晶转变，具有良好的电导性、热导性。纯铝的强度低，塑性好，易塑性变形加工成材；熔点低，可铸造各种形状零件；与氧的亲和力强，在大气中表面会生成致密的 Al_2O_3 薄膜，耐腐蚀性良好。

纯铝的牌号为 1070A、1060、1050A。工业纯铝主要用于制造电线、电缆、管、棒、线、型材和配制合金。

铝合金按成分和工艺特点不同，分为变形铝合金和铸造铝合金两类。

1. 变形铝合金

不可热处理强化的变形铝合金主要有防锈铝合金；可热处理强化的变形铝合金主要有硬铝合金、超硬铝合金和锻铝合金。

（1）防锈铝合金。

防锈铝合金属于 Al-Mn 或 Al-Mg 系合金。加入锰可提高合金的耐蚀能力并起固溶强化作用，加入镁可降低密度并起固溶强化作用。

防锈铝合金的强度比纯铝高，并具有良好的耐腐蚀性、塑性和焊接性，但切削加工性较差。因此，不能进行热处理强化，只能进行冷塑性形变强化。其典型牌号有 5A05、3A21，主要用于制造构件、容器、管道以及需要拉伸、弯曲的零件和制品。

（2）硬铝合金。

硬铝合金属于 Al-Cu-Mg 系合金。加入铜和镁是为了时效过程产生强化相。

将合金加热至适当温度并保温，使过剩相充分溶解，然后快速冷却以获得过饱和固溶体的热处理工艺称为固溶处理。固溶处理后，合金的强度和硬度并不会立即升高，且塑性较好，在室温或高于室温的适当温度保持一段时间后，强度会有所提高，这种现象称为时效。在室温下进行的称为自然时效，在高于室温下进行的称为人工时效。硬铝合金的典型牌号有 2A01、2A11，主要用于航空工业。

（3）超硬铝合金。

超硬铝合金属于 Al-Cu-Mg-Zn 系合金。这类合金经淬火加人工时效后，可产生多种复杂的第二相，具有很高的强度和硬度，切削性能良好，但耐腐蚀性差。典型牌号为 7A04，主要用于航空工业。

（4）锻铝合金。

锻铝合金属于 Al-Cu-Mg-Si 系合金。这类合金的元素种类多，但含量少，因此合金的热塑性好，适于锻造，故称“锻铝”。锻铝通过固溶处理和人工时效来强化。典型牌号有 2A05、0A07，主要用于制造外形复杂的锻件和模锻件。

2. 铸造铝合金

铸造铝合金按主加元素不同，分为 Al-Si 系、Al-Cu 系、Al-Mg 系和 Al-Zn 系四类。应用最广的是 Al-Si 系，成分在共晶点附近，其铸造组织为粗大针状硅晶体与 α 固溶体组成的共晶，铸造性能良好，但强度、韧性较差。通过变质处理，可得到塑性好的初晶 α 固溶体加细粒状共晶体组织，力学性能显著提高，应用广泛。

二、铜及其合金

纯铜呈紫红色，又称紫铜。铜的密度约为 8.96g/cm^3，熔点为 1 083 ℃，具有面心立方晶格，无同素异晶转变，具有良好的电导性、热导性、耐腐蚀性和塑性。纯铜易于进行热压力和冷压力加工；但强度较低，不宜用作结构材料。工业纯铜的纯度为 99.50% ～ 99.90%，代号为“T”（“铜”字汉语拼音首字母）加序号，共有 T1、T2、T3、T4 四个代号。序号越大，纯度越低。纯铜广泛用于制造电线、电缆、电刷、铜管、铜棒及配制合金。

铜合金有黄铜、青铜和白铜之分。白铜是铜镍合金，主要用作精密机械、仪表中的耐蚀零件，由于价格高，一般机械零件很少应用。

1. 黄铜

黄铜是以锌为主要添加元素的铜合金。

（1）普通黄铜。

铜锌二元合金称为普通黄铜。其牌号由“H”（“黄”）加数字（表示铜的平均含量）组成，如 H68 表示铜含量为 68%，其余为锌。将锌加入铜中不但能提高强度，还能提高塑性。当 ω_{Zn}<39% 时，形成单相 α 固溶体，随着锌的含量增加，其强度提高、塑性改善，

适于冷热变形加工；当 $39\% \leqslant \omega_{Zn} \leqslant 45\%$ 时，组织中出现硬而脆的 β 相，使强度提高而塑性急剧下降；当 $\omega_{Zn}>45\%$ 时，全部为 β 相组织，强度急剧下降，合金已无使用价值。

（2）特殊黄铜。

在普通黄铜中加入其他合金元素制成特殊黄铜，可提高黄铜强度和其他性能。例如，加铝、锡、锰可提高耐腐蚀性和抗磨性；加铅可改善切削加工性；加硅可改善铸造性能。

特殊黄铜的牌号由“H”与主加合金元素符号、铜含量百分数、合金元素含量百分数组成。如 HPb59-1 表示 $\omega_{Cu} = 59\%$、$\omega_{Pb} = 1\%$。铸造黄铜的牌号表示方法与铸造铝合金相同。

2. 青铜

青铜原指铜锡合金，又叫锡青铜。目前已将含铝、硅、铍、锰等的铜合金都包括在青铜内，统称为无锡青铜。

（1）锡青铜。

锡青铜是指以锡为主要添加元素的铜基合金。按生产方法，锡青铜可分为压力加工锡青铜和铸造锡青铜两类。

压力加工锡青铜含锡量一般小于 10%，适于冷热压力加工。这类合金经形变强化后，强度、硬度提高，但塑性有所下降。

铸造锡青铜含锡量一般为 10% ～ 14%，在这个成分范围内的合金，结晶凝固后体积收缩很小，有利于获得尺寸接近铸型的铸件。

（2）无锡青铜。

无锡青铜是指不含锡的青铜，常用的有铝青铜、铍青铜、铅青铜、锰青铜等。

铝青铜是无锡青铜中用途最广泛的一种，其强度高、耐磨性好，且具有受冲击时不产生火花的特性。铸造时，由于流动性好，因此可获得致密的铸件。

三、轴承合金

滑动轴承中用于制造轴瓦和轴衬的合金称为轴承合金。工作时，轴的旋转使轴和轴瓦之间产生强烈的摩擦。为了减少轴承对轴颈的磨损，确保机器正常运转，轴承合金应满足以下性能要求：

（1）较高的抗压强度和疲劳强度。

（2）摩擦系数小、表面能储存润滑油，耐磨性好。

（3）良好的耐腐蚀性、热导性和较小的膨胀系数。

（4）良好的磨合性。

（5）加工性能好，原料来源广，价格便宜。

为了满足以上性能要求，轴承合金的组织应是在软基体上分布硬质点（如锡基、铅基轴承合金）或在硬基体上分布软质点（如铜基、铝基轴承合金），如图 4－7 所示。轴承工作时，硬组织起支承抗磨作用；软组织被磨损后形成小凹坑，可储存润滑油，减小摩擦和承受振动。常用的轴承合金是锡基或铅基“巴氏合金”。

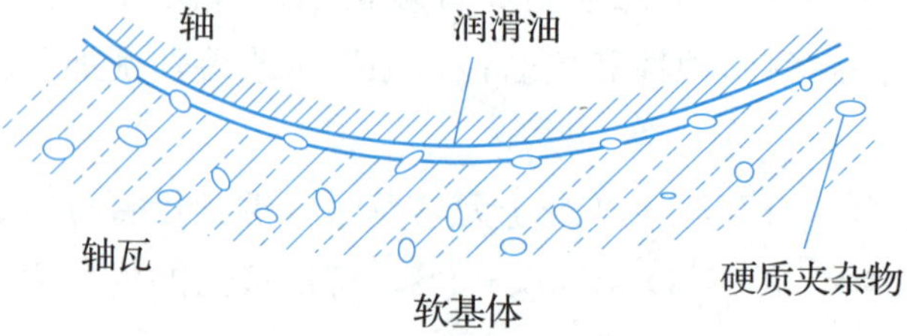

图 4－7　轴承合金的组织

四、粉末冶金与硬质合金

1. 粉末冶金

将几种金属或非金属粉末混合后压制成形，并在低于金属熔点的温度下进行烧结，从而获得材料或零件的加工方法称为粉末冶金。其生产过程包括粉末的生产、混料、压制成形、烧结及烧结后的处理等。粉末冶金能生产具有特殊性能的材料和制品，是一种少（无）切削精密加工工艺。随着科技发展对新材料的要求不断提高，粉末冶金材料在民用和国防工业领域均得到广泛应用。

2. 硬质合金

硬质合金是指以一种或几种高熔点、高硬度的碳化物（如碳化钨、碳化钛等）的粉末为主要成分，加入起粘结作用的金属钴粉末，用粉末冶金法制得的材料。硬质合金具有硬度高（69 ～ 81HRC）、热硬性好（900 ～ 1 000 ℃，保持 60HRC）、耐磨和抗压强度高等特点。硬质合金刀具比高速钢刀具的切削速度高 4 ～ 10 倍，寿命长 5 ～ 80 倍，可切削 50HRC 左右的硬质材料。硬质合金模具、量具的寿命比合金工具钢的长 20 ～ 150 倍。

但硬质合金脆性大，不能进行切削加工，难以制成形状复杂的整体刀具，因此常制成不同形状的刀片，再采用焊接、粘接、机械夹持等方法安装在刀体或模具体上使用。

职业能力训练

训练要求	请为下列常用机械零件选择适宜的材料。 零件名称：自行车架、连杆螺栓、车厢板簧、滑动轴承、变速齿轮、机床床身、柴油机曲轴。 可供选择的材料：60Si2Mn、ZQSn6-6-3、QT600-2、T12A、40Cr、HT200、16Mn、20CrMnTi。
训练目标	掌握常用材料的牌号规则、性能特点及应用场合，能够为零件安排适宜的材料。

续表

实施过程	1. 自行车架：16Mn 2. 连杆螺栓：40Cr 3. 车厢板簧：60Si2Mn 4. 滑动轴承：ZQSn6-6-3 5. 变速齿轮：20CrMnTi 6. 机床床身：HT200 7. 柴油机曲轴：QT600-2

复习思考题

一、填空题

1. 对刃具钢的性能要求主要有三个方面，即________、________和________。

2. 灰铸铁能否充分达到石墨化，主要取决于其碳当量和铸后冷却速度，通常，材料的碳当量越________，越有利于石墨化，冷却速度越________，越容易形成白口。

3. 普通钢和优质钢是以其中的________和________元素的原子含量来区分的，________含量高易使钢产生热脆性，而________含量高易使钢产生冷脆性。

4. 量具钢除要求具有高硬度外，还要求具有高________性和高________性。

5. 材料牌号 QT600-3 中，QT 表示________，600 表示________，3 表示________。

6. 轴承合金的组织特点是________或________。

7. 常用弹簧的牌号有 65Mn、60Si2Mn，其热处理工艺为________，热处理后的组织是________。

8. 合金钢按用途可分为三类，即________、________和________。

9. 常见的黄铜是指铜和________的合金，而青铜的种类较多，主要有________青铜、________青铜等，青铜在大气、海水中的耐腐蚀性________于黄铜。

10. 冷加工和热加工是以金属的________区分的。

11. 硬质合金是典型的________材料。是以一种或几种高熔点、高硬度的________（如碳化钨、碳化钛等）的粉末为主要成分，加入起粘结作用的金属________粉末，用粉末冶金法制得的材料。

12. 为了改善灰铸铁的力学性能，通常进行的是________处理，即将石墨细密化。

13. 提高铸铁中的________元素和________元素的含量，有利于其石墨化。

14. 铜合金按主加元素不同分为________、________和白铜。

二、判断题

（　　）1. 普通钢和优质钢是按其强度等级来区分的。

（　　）2. 热处理可以改变灰铸铁的基体组织，但不能改变石墨的形状、大小和分布情况。

（　　）3. 白口铸铁是指碳全部以石墨形式存在的铸铁。

（　　）4. 锻铝可以进行锻造。

（　　）5. 可锻铸铁比灰铸铁的塑性好，因此可以进行锻压加工。

（　　）6. 黄铜的主要成分是铜和锌。

（　　）7. 合金钢的淬透性比碳钢高。

（　　）8. 可锻铸铁一般只适用于制造薄壁小型铸件。

（　　）9. 白口铸铁件的硬度适中，易于进行切削加工。

（　　）10. 碳钢中的硅、锰是有益元素，而磷、硫是有害元素。

三、选择题

1. 合金渗碳钢渗碳后，必须进行（　　）后才能使用。

A. 淬火 + 低温回火　　B. 淬火 + 中温回火

C. 淬火 + 高温回火　　D. 调质

2. 灰铸铁中，石墨越多、越粗大，分布越不均匀，则其抗拉强度和塑性（　　）。

A. 越高　　B. 越低

C. 先高后低　　D. 先低后高

3. 碳素工具钢的最终热处理是（　　）。

A. 球化退火　　B. 淬火 + 低温回火

C. 调质　　D. 渗碳

4.40Cr 钢的碳含量（　　）。

A. 约为 40%　　B. 约为 4%

C. 约为 0.4%　　D. 约为 0.04%

5. 白口铸铁不具有的性能是（　　）。

A. 高强度　　B. 高硬度

C. 高耐磨性　　D. 高脆性

6. 45 钢是（　　）。

A. 碳素结构钢　　B. 优质碳素结构钢

C. 碳素工具钢　　D. 优质碳素工具钢

四、简答题

简述下列牌号的含义：

Q235A	Q345	45	60
T10A	20CrMnTi	40Cr	GCr15
9SiCr	CrWMn	5CrMnMo	W18Cr4V
HT200	QT600-3	KTH300-06	1070
2A01	ZL102	H80	HPb59-1

五、名词解释

合金钢	冷脆	热脆	沸腾钢
镇静钢	合金铸铁	孕育铸铁	白口铸铁
可锻铸铁	灰铸铁	球墨铸铁	蠕墨铸铁

项目 5 铸造加工工艺

项目导读

铸造制坯在制造业中应用十分广泛，特别是在汽车、拖拉机中，铸件重量占 60% ～ 70%，在金属切削机床中占 70% ～ 80%，在重型机械、矿山机械、水力发电设备中占 85% 以上。如图 5－1（a）所示的减速器的上、下箱体和图 5－1（b）所示的车床的床身均为典型铸件，这类形状复杂、力学性能要求不高的零件都是先通过铸造工艺制成毛坯，再经过切削加工制成的。

（a）减速器的上、下箱体

（b）车床的床身

图 5－1　典型铸件

铸造成形是一种怎样的工艺？通过怎样的过程生产铸件？需要哪些设备或工具？这种工艺具有的什么优点使得它应用广泛？铸件的质量与哪些因素有关？要获得优质的铸件需要在铸造过程中采取哪些适当的措施？让我们带着问题来学习本项目的内容。

素养园地

迈向制造强国的精神动力——传承弘扬工匠精神

劳模精神、劳动精神、工匠精神是以爱国主义为核心的民族精神和以改革创新为核心的时代精神的生动体现，是鼓舞全党全国各族人民风雨无阻、勇敢前进的强大精神动力。

制造业是国民经济的主体，是立国之本、兴国之器、强国之基。当前，我国正处在从工业大国向工业强国迈进的关键时期，弘扬执着专注、精益求精、一丝不苟、追求卓越的工匠精神，对于建设制造强国具有重要意义。

从一桥飞架三地的港珠澳大桥到时速350公里的京张高铁，从北斗卫星导航系统到空间站天和核心舱……一个个超级工程、一件件国之重器、一项项高精尖技术背后，除了科技发展的突破，也离不开工匠精神的支撑。我国有超过1.7亿技术工人活跃在各行各业，他们是支撑中国制造、中国创造的重要力量，肩负着我国从制造业大国迈向制造业强国的时代使命。

作为新时代的大学生，我们要做工匠精神的践行者。我们要“干一行，爱一行，钻一行，精一行”，我们要学习大国工匠的敬业精神、精业精神，培养吃苦耐劳、爱岗敬业、严谨细致、精益求精、守正创新、追求卓越的职业素养，为我国向“中国智造”乃至“中国创造”的转型贡献力量。

5.1 合金的铸造工艺性能

铸造成形是指将液态金属浇注到铸型型腔中，待其冷却凝固后，获得一定形状的毛坯或零件的方法。铸造工艺原理如图5－2所示。

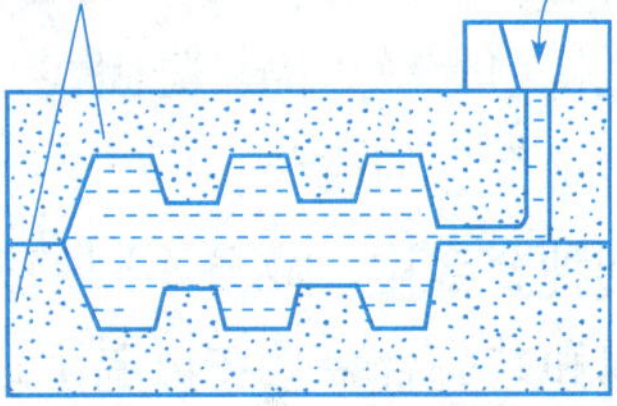

图5－2 铸造工艺原理

铸造方式之所以得到广泛应用，是因为铸造是液态成形，具有很多优点：液态金属易于成形，几乎可以铸造出任何形状的铸件，特别是内腔复杂的铸件；铸造所适用的合金范围宽广，包括钢铁材料和有色金属中的绝大多数品种，尤其是一些塑性差、焊接性差而用途又极为广泛的合金材料，如铸铁、青铜和铝合金等，铸造几乎是这些合金制品的唯一生产方法；毛坯的形状、尺寸与零件接近，不仅意味着可减少金属材料的消耗，还将大大减少切削加工的工时，具有重要的经济意义；应用精密铸造工艺所得到的铸件，可以减少切削加工环节，甚至无须切削加工就可直接使用。

但是，由于液态金属在冷却凝固的过程中，形成的晶粒较粗大，容易产生气孔、缩孔和裂纹等缺陷，因此铸件的力学性能较相同材料的锻件差。而且存在生产工序多，铸件质量不稳定，废品率高，工作条件差，劳动强度较高等问题。

铸造合金除应具备符合要求的力学性能和必要的物理、化学性能外，还必须具有良好的铸造性能。合金的铸造性能是指在铸造生产过程中，合金铸造成形的难易程度。容易获得正确的外形、内部无缺陷的铸件，其铸造性能就好。合金的铸造性能是复杂的综合性能，通常用充型能力、收缩性等来衡量。影响铸造性能的因素有很多，除合金元素的化学成分外，还有工艺因素等。因此，掌握合金的铸造性能，采取合理的工艺措施，可以防止铸造缺陷，提高铸件质量。

一、合金的充型能力

熔融合金充满型腔，形成轮廓清晰、形状完整的铸件的能力叫作液态合金的充型能力。影响液态合金的充型能力的因素有两个：一是合金的流动性，二是外界条件。

1. 合金的流动性

铸造合金流动性的好坏，通常以螺旋形流动性试样的长度来衡量。将合金液浇入螺旋形试样的铸型中，在相同的铸型及浇注条件下，得到的螺旋形试样越长，表示该合金的流动性越好。不同种类合金的流动性差别较大，铸铁和硅黄铜的流动性最好，铝硅合金次之，铸钢最差。在铸铁中，流动性随碳、硅含量的增加而提高。同类合金的结晶温度范围越小，结晶时固液两相区越窄，对内部液体的流动阻力越小，合金的流动性越好。

流动性好的合金，充型能力强，易得到形状完整、轮廓清晰、尺寸准确、薄而复杂的铸件。流动性好，还有利于合金液中的气体、非金属夹杂物的上浮与排除，有利于补充铸件凝固过程中的收缩。流动性不好，铸件容易产生气孔、夹渣以及缩孔、缩松等铸造缺陷。影响合金流动性的因素如下：

（1）合金的种类。

合金的流动性与合金的熔点、热导率、合金液的黏度等物理性能有关。如铸钢熔点高，在铸型中散热快、凝固快，其流动性差。

（2）合金的成分。

同种合金中，成分不同的铸造合金具有不同的结晶特点，对流动性的影响也不相同。纯金属和共晶合金是在恒温下进行结晶的，结晶时从表面向中心逐层凝固，凝固层的表面比较光滑，对尚未凝固的金属的流动阻力小，故流动性好。特别是共晶合金，熔点最低，因此流动性最好；亚共晶合金在一定温度范围内结晶，其结晶过程是在铸件截面上一定的宽度区域内同时进行的，结晶区域中既有形状复杂的树枝晶，又有未结晶的液体。复杂的树枝晶不仅阻碍熔融合金的流动，还会使熔融合金的冷却速度加快，所以流动性差。结晶区间越大，流动性越差。

（3）杂质。

熔融合金中的固态夹杂物会使液体的黏度增加，导致合金的流动性下降。如灰铸铁中的锰和硫多以 MnS 的形式悬浮在铁液中，阻碍铁液的流动，使其流动性下降。

（4）含气量。

熔融合金中的含气量越少，流动性越好。

2. 外界条件

影响充型能力的外界因素有浇注条件、铸型条件和铸件结构等。这些因素主要是通过影响合金与铸型之间的热交换条件来改变合金液的流动时间，或是通过影响合金液在铸型中的动力学条件来改变合金液的流动速度，进而影响合金充型能力。如果能延长合金液的流动时间，或加快其流动速度，就可以改善合金液的充型能力。

（1）浇注条件。

1）浇注温度。浇注温度对合金的充型能力有决定性影响。在一定温度范围内，浇注温度高，液态合金所含的热量越多，在同样冷却条件下，保持液态的时间就越长；同时，浇注温度越高，合金的黏度越低，传给铸型的热量越多，保持液态的时间延长，所以流动性好，充型能力强。因此，提高浇注温度是改善合金充型能力的重要措施。但浇注温度超过某一界限后，合金吸气多，氧化严重，流动性反而降低。合金吸气量和总收缩量的增大，会增加铸件出现其他缺陷的可能性（如缩孔、缩松、粘砂、晶粒大）。每种合金有一定的浇注温度范围，在保证流动性足够的条件下，浇注温度应尽可能低些。

2）充型压力。熔融合金在流动方向上所受的压力越大，充型能力越好。砂型铸造时，充型压力是由直浇道的静压力产生的，适当提高直绕道的高度，可提高充型能力。但过高的砂型浇注压力，易使铸件产生砂眼、气孔等缺陷。进行低压铸造、压力铸造和离心铸造时，因为人为加大了充型压力，所以充型能力较强。

3）浇注系统的结构。浇注系统的结构越复杂，流动的阻力就越大，流动性就越低。因此在设计浇注系统时，要合理布置内浇道在铸件上的位置，选择恰当的浇注系统结构。

（2）铸型条件。

铸型的蓄热系数、温度以及铸型中的气体等均会影响合金的流动性。例如，液态合金在金属型中的流动性比在砂型中差；预热后温度高的铸型比温度低的铸型流动性好；型砂中水分过多，则流动性差。

1）铸型的蓄热能力：铸型从熔融合金中吸收并传出热量的能力。铸型材料的比热和热导率越大，对熔融合金的冷却作用越强，合金在型腔中保持流动的时间越短，合金的充型能力越差。

2）铸型温度：浇注前将铸型预热，可减小铸型与熔融合金的温度差，从而减缓合金的冷却速度，延长合金在铸型中的流动时间，提高合金的充型能力。

3）铸型中的气体：浇注时因熔融合金在型腔中的热作用而产生的大量气体。如果铸型的排气能力差，则型腔中气体的压力增大，阻碍熔融合金充型。铸造时，除应尽量减小气体的来源外，还应增加铸型的透气性，并开设出气口，使型腔及型砂中的气体顺利排出。

（3）铸件结构。

当铸件结构存在壁厚过小、厚薄部分过渡面多、有大的水平面等情况时，会使合金液流动困难。因此，进行铸件结构设计时，铸件的形状应尽量简单，壁厚应大于规定的最小壁厚。对于形状复杂、薄壁、散热面大的铸件，应尽量选择流动性好的合金或采取其他措施。

二、合金的收缩性

铸件在凝固和冷却过程中，其体积减小的现象称为收缩。合金的收缩量通常用体收缩率和线收缩率表示。合金从液态到室温的体积改变量称为体收缩，合金在固态由高温到常温的线性尺寸改变量称为线收缩。铸件的收缩与合金成分、温度、收缩系数和相变体积改变等因素有关，除此之外，还与结晶特性、铸件结构以及铸造工艺等有关。

1. 收缩三阶段

（1）液态收缩：合金从浇注温度冷却至开始凝固（液相线）的温度之间的收缩。合金液的过热度越高，液态收缩越大。

（2）凝固收缩：合金从开始凝固至凝固结束（固相线）的温度之间的收缩。结晶温度范围越宽，凝固收缩越大。

液态收缩和凝固收缩，一般表现为铸型空腔内金属液面的下降，是铸件产生缩孔或缩松的基本原因。

（3）固态收缩：合金在固态下冷却至室温的收缩。将使铸件形状、尺寸发生变化，是产生铸造应力、导致铸件变形，甚至产生裂纹的主要原因。

常用的金属材料中，铸钢收缩最大，有色金属次之，灰铸铁最小。灰铸铁收缩小是因为析出石墨而引起体积膨胀。

2. 影响收缩的因素

合金总的收缩为液态收缩、凝固收缩和固态收缩三个阶段收缩之和，与合金本身的化学成分、温度，以及铸件结构和铸型条件等因素有关。

（1）化学成分。

不同成分合金的收缩率不同。例如，碳素钢随含碳量的增加，凝固收缩率增加，而固态收缩率略减；灰铸铁中，碳、硅含量越高，硫含量越低，收缩率越小。

（2）浇注温度。

浇注温度主要影响液态收缩。浇注温度升高，会使液态收缩率增加，则总收缩量相应增大。为减小合金液态收缩及氧化吸气，并且兼顾流动性，浇注温度一般控制在高于液相线温度 50 ～ 150℃。

（3）铸件结构与铸型条件。

铸件的收缩并非是自由收缩，而是受阻收缩。其阻力来源于两个方面：一是由于铸件壁厚不均匀，各部分冷速不同，收缩先后不一致，而相互制约，产生阻力；二是铸型和型芯对收缩的机械阻力。铸件收缩时受阻越大，实际收缩率就越小。因此，在设计和制造时，应根据合金种类和铸件的受阻情况，采用合适的收缩率。

三、合金的吸气性

1. 气体来源

铸件中的气体一般来源于合金的熔炼过程、铸型和浇注过程。熔炼过程中，气体主要来自各种炉料的锈蚀物、炉衬、工具、熔剂及周围气氛中的水分和氮、氧等气体。铸型中的气体主要来自型砂中的水分，即使是烘干的铸型，浇注前也会吸收水分，且其中的粘土在金属液的热作用下，结晶水还会分解，有机物的燃烧也会产生大量气体。浇注过程的气体主要来自浇包，未烘干的浇包接触金属液时会产生气体；铸型浇注系统设计不当会卷入气体；铸型的透气性差，会使气体进入型腔。另外，浇注速度控制不当，或型腔内气体未及时排出，当温度急剧上升、气体体积膨胀使型腔内压力增大时，也会使气体进入合金液而增加合金中的气体含量。

2. 气体种类及存在形态

铸件中存在的气体主要是氢和氧，其次是氮、一氧化碳和二氧化碳等。气体在铸件中的存在形态主要有固溶体、化合物和气态三种。气体以原子态溶解于金属中，则以固溶体形态存在；若气体与金属中某些元素的亲和力大，便会与这些元素形成化合物，以化合物形态存在。如铸钢、铸铁件中的氧主要以氧化物、硅酸盐和成分复杂的硫氧化合物等夹杂物形态存在。若气体以分子状态聚集成气泡存在于合金中，则是以气态形式存在。脱氧不完全的钢和含氧较高的钢的铸件易产生气孔，这是由于氢和氧在合金中的含量超过其溶解度，以分子状态（即气泡形态）存在于合金中，若凝固前来不及排除气泡，便会在铸件中产生气孔。

5.2 铸造工具与设备

一、常用的铸件生产用具

1. 砂箱

砂箱是长方形、方形或圆形的坚实框子，有时会根据铸件结构做成特殊形状。砂箱的作用是牢固地围紧所舂实的型砂，以便于铸型的搬运和在浇注时承受合金的压力。砂箱可以用木材、铸铁、钢、铝合金制成，一般由上箱和下箱组成，并用销子定位，如图5-3所示。

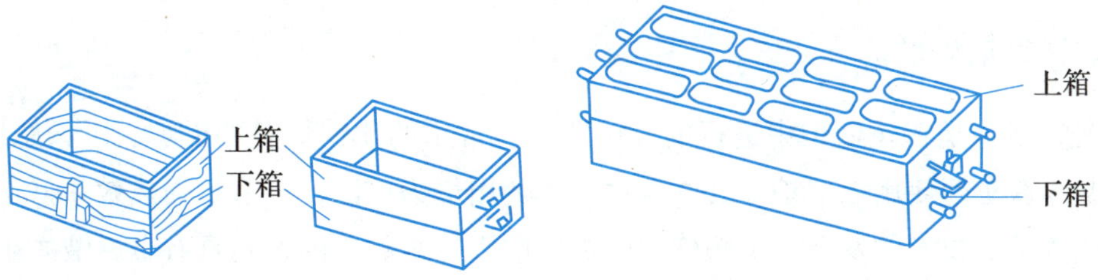

（a）可拆砂箱　（b）无挡砂箱　（c）有挡砂箱

图5-3　常用砂箱示意图

2. 铸造工具

常见的铸造工具如图5-4所示。

（a）铁铲

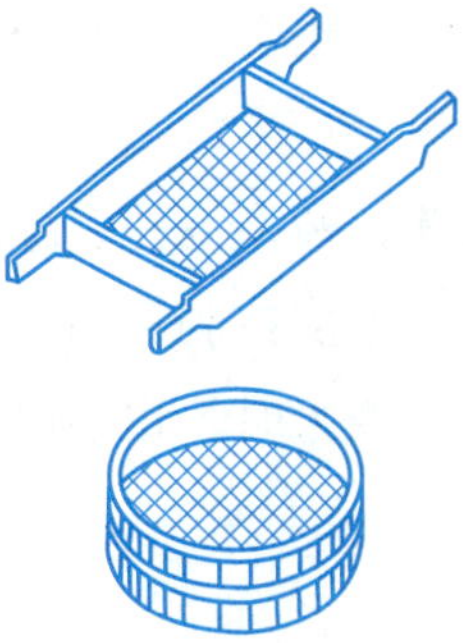

（b）筛子

（c）砂舂

（d）通气针

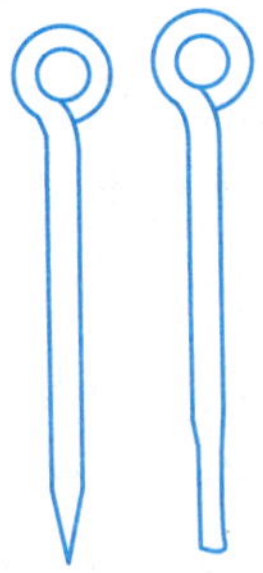

（e）起模针、起模钉

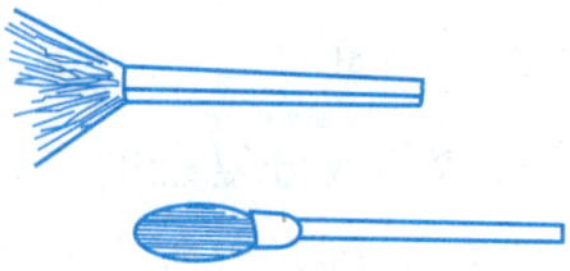

（f）掸笔

（g）排笔

（h）粉带

（i）皮老虎

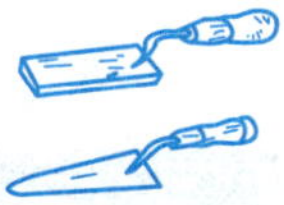

（j）镘刀

（k）提钩

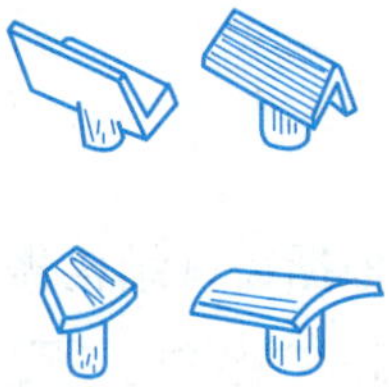

（l）成形镘刀

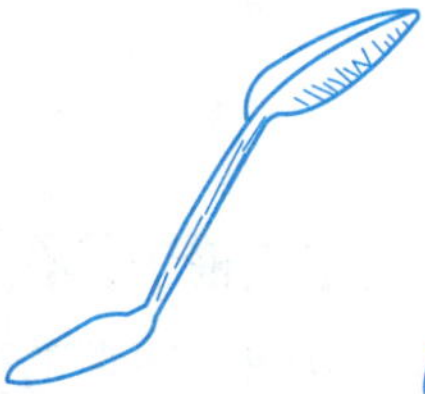

（m）压勺

（n）双头铜勺

图 5－4　常用铸造工具

二、铸铁熔炼设备

铸铁的熔炼是在化铁炉中进行的，铸造车间常用的化铁炉有冲天炉、工频感应电炉，有的小型铸造车间使用三节炉。其中，冲天炉使用最为广泛，三节炉因热效率低正逐步被淘汰。随着铸造技术的发展，工频感应电炉的应用越来越广泛，它具有金属液质量高、金属烧损小、劳动条件好等优点。此外，有的工厂使用平炉和电弧炉熔化金属。

1. 冲天炉

为了保证金属液质量和提高生产效率，铸造车间普遍采用冲天炉熔化铸铁金属液。按照炉衬材料的化学特性可将冲天炉分为酸性冲天炉和碱性冲天炉两种。酸性冲天炉是用酸性氧化物（如硅砂）作炉衬材料，具有较强的抗酸性渣侵蚀的能力。炉衬材料价格较低，来源广泛，目前大多数工厂采用酸性冲天炉。碱性冲天炉是以碱性氧化物（如镁砂）作为炉衬材料，它在高温条件下具有较强的去硫、磷能力，可以获得低硫、磷的金属液。但是，碱性炉衬价格较高，使用寿命较短，因此应用较少。冲天炉按照炉膛形状和送风方式的不同，分为直筒形三排大风口冲天炉、曲线炉膛多排小风口热风冲天炉、大排距风口冲天炉、多排交叉风口冲天炉等类型。

（1）冲天炉的结构。

冲天炉的种类较多，但基本结构大致相同，现以图 5－5 所示的直筒形三排大风口冲天炉为例进行分析。

1）炉身。炉身是冲天炉的主要部分，炉料的预热及整个熔化过程都在此进行。金属炉壳与耐火砖之间填有炉渣或废砂，起保温和使炉壁受热时有膨胀余地的作用，炉身下部钢板结构的风带上开设有三排风口通向炉门，风口为圆形孔，风口朝里稍向下倾斜，下面一排风口直径较大称为主风口，约占送风口面积的 60%。熔化时鼓风机将空气送入风带，经风口进入炉内，促使焦炭充分燃烧。

2）炉缸。风口以下直到炉底这一部分为炉缸。炉缸下部有过桥，侧面开有一个工作门，工作门的作用是传递修炉材料、封底和进行点火操作。

3）炉底及支撑。炉底及支撑由炉门、炉底板、炉门支撑、炉腿等组成。炉底下面装有两扇半圆形的炉门，用于熔炼结束后放出炉料，熔化前先将炉门合上封好底，用支撑铁柱撑好。整个炉内的炉料重量都由支撑柱承受，故要求其结实、牢固。

4）烟囱。烟囱内壁用耐火砖砌成，烟囱的作用是加强炉内气体流动，把炉内生成的气体和火花引出室外。烟囱下部与炉身相接处开有加料门，炉料由此加入炉内。

5）炉顶除尘装置。除尘装置分为湿法除尘和干法除尘两种。湿法除尘装置在工作过程中连续喷水并形成水幕，以消除烟气中的火花和灰尘，并溶解二氧化硫和氢氟酸等有害成分。干法除尘即在炉顶装上火花捕集器，它是利用废气在改变流动方向时，质量较大的粉尘因惯性和重力的作用而下沉的原理制成的，下沉的灰尘积聚到底部管道排出。

6）前炉。前炉的作用是储存金属液。它可使金属液的成分和温度更加均匀，减少金属液从焦炭中吸碳和吸硫的机会，以改善金属液质量。前炉外壳为钢板，里面砌有耐火砖并筑有耐火内衬，正面底部开有出铁口，正面上方与过桥对应处开有过桥窥视孔，炉侧中部开有出渣口，前炉顶部有金属炉盖，可以减少金属液热量的散失。

（2）冲天炉的附属设备。

主要附属设备有加料设备、鼓风机等。

1）加料设备。冲天炉常见加料设备有悬轨式中心加料起重机、倾斜式翻转加料机和倾斜式中心加料机三种。悬轨式中心加料起重机和倾斜式中心加料机所加炉料均匀度好，倾斜式翻斗加料机所加炉料常出现偏堆现象，炉料均匀性差。

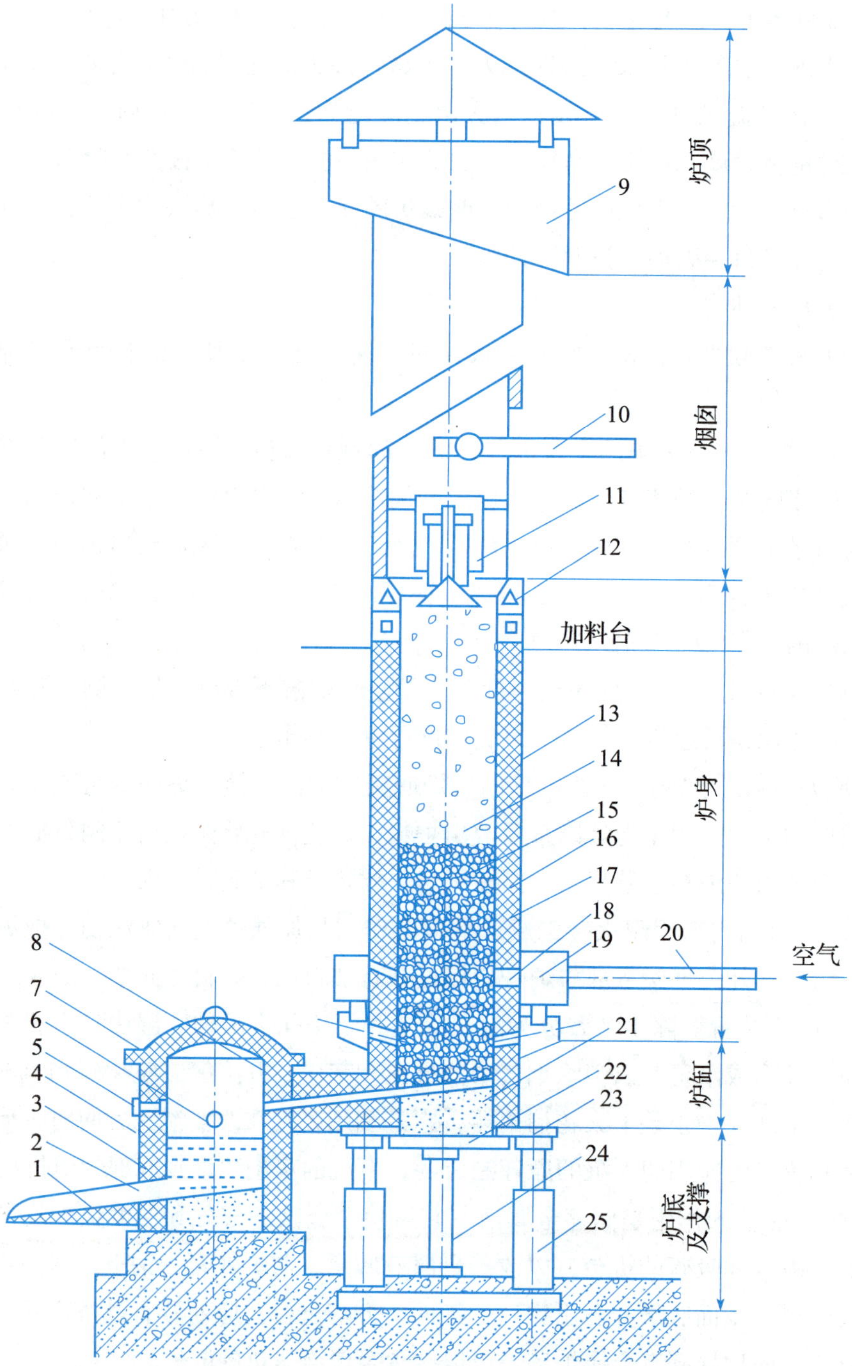

1—铁槽；2—出铁口；3—前炉炉壳；4—前炉炉衬；5—过桥窥视孔；6—出渣口；7—前炉盖；8—过桥；9—火花捕集器；10—加料机械；11—加料桶；12—铸铁砖；13—层焦；14—金属炉料；15—底焦；16—炉衬；17—炉壳；18—风口；19—风箱；20—进风口；21—炉底；22—炉门；23—炉底板；24—炉门支撑；25—炉腿

图 5-5　冲天炉的结构

2）鼓风机。炉内所需的大量空气由鼓风机供给。鼓风机有叶片式、离心式、罗茨式三种。可以一台单独供风，也可两台并联增大风量送风，或两台串联增大风压送风。输送压力风的管路上装有风压计和风量计，以及风压风量控制机构。

2. 工频感应电炉（工频炉）

采用工业频率（50Hz）的交流电进行熔化的感应炉称为工频感应电炉。在工频炉中，电流通入感应线圈，使炉膛中的炉料内部产生感应电动势，并形成电涡流，进而产生热量，使金属块料熔化。

3. 三节炉

三节炉由上、中、下三节组成。上面一节起装料、排烟及预热炉料的作用。中间为熔化部分，使金属熔化并过热。下面一节为炉缸，储存铁液，并设有出渣口和出铁口。这种炉结构简单、高度低、占地少、容易修补；但铁液质量差、温度低、热量损失大，焦炭消耗大。三节炉熔铁量一般为 1t/h。

三、铸钢熔炼设备

铸钢熔炼设备有电弧炉、钢包精炼炉、感应电炉、等离子电弧炉、平炉等。电弧炉熔炼速度快、钢液温度高，有良好的脱磷、脱硫条件，容易操作，可以熔炼出质量较高的碳素钢和合金钢，适合浇注各种类型的铸件。电弧炉是铸钢生产中使用最广泛的炼钢设备之一。感应电炉及等离子电弧炉主要用于熔炼高级合金钢及高温合金。平炉应用比较少，只在重型铸钢厂浇注大件时使用。

目前，我国铸钢件生产多使用三相电弧炉，容量（每次熔炼钢液量）有 0.5t、1.5t、3t、5t、10t、20t 等。三相电弧炉主要由炉体、炉盖、电极升降机构与夹持机构、倾炉机构、炉体开出或炉盖旋转机构、电气装置和水冷装置等构成，三相电弧炉的结构如图 5－6 所示。

1. 炉体

炉体是电弧炉的主要部分，它的外壳由钢板焊成，内部用耐火材料砌筑而成。酸性炉的炉体内部用硅砖砌成，硅砖表面的炉衬用水玻璃硅砂打结而成。碱性炉的炉体内部用镁砖和粘土砖砌成，镁砖表面的炉衬用焦油镁砂或卤水镁砂烧结而成，炉体上开有炉门、出钢口及出钢槽。

2. 炉盖

炉盖是用钢板焊成的旋转体（空心的，内部通水冷却），其内部用耐火砖砌筑。酸性炉一般用硅砖砌筑炉盖，碱性炉一般用高铝砖砌筑炉盖。炉盖上开有用于引入电极的三个电极圆孔。三相电弧炉炉盖也有用耐火水泥捣制而成的，还有通水冷却的全水冷和半水冷炉盖。

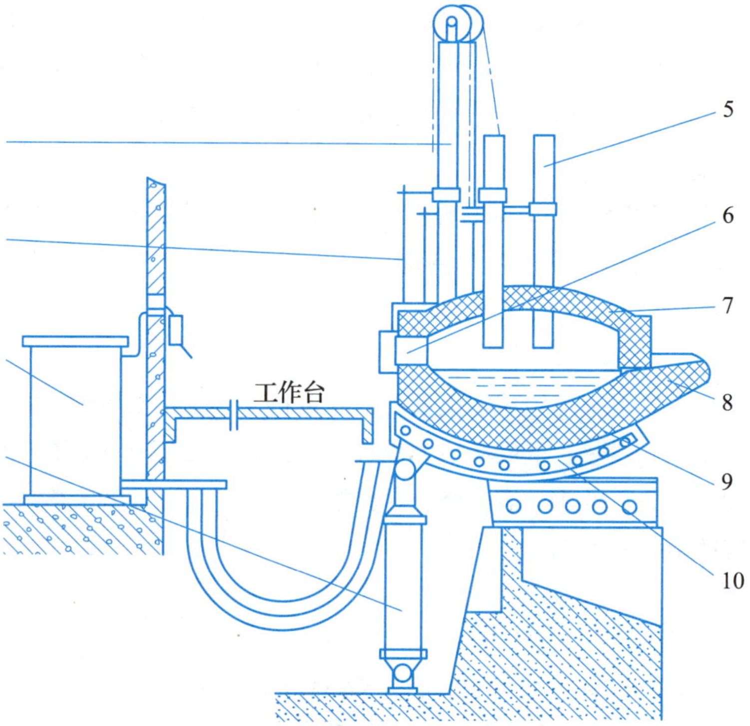

1—倾炉机构；2—配电设备；3—电缆；4—电极升降机构与夹持机构；5—石墨电极；6—操作孔；7—炉盖；8—出钢槽；9—炉体；10—炉体支撑机构

图 5-6　三相电弧炉的结构

3. 电极升降机构与夹持机构

三相电弧炉中的电极上升与下降一般是自动控制的。电极升降的自动控制系统由电气部分（自动控制线路）和电极升降机构（执行机构）两部分组成。立柱固定不动，电机驱动升降机构使横臂沿着立柱上下运动，从而带动电极升降。升降机构有液压传动式和机械传动式两种。电极夹持机构一般用弹簧压紧的夹板或螺栓压紧的夹板夹持电极。

4. 倾炉机构

熔炼过程中出渣和出钢液都要倾斜电炉，以便将炉内的熔渣和钢液出净。出渣时倾斜量小一些，出钢液时倾斜量较大。倾炉机构有液压传动式和机械传动式两种。

5. 电气装置

电气装置包括供电线路、变压器、互感器、开关等。高压电流经过空气断路器、高压开关、限流线圈、切换开关等接到变压器的原边线圈上，降压后，由变压器的二次侧线圈向各电极供低电压。电压互感器和电流互感器是三相电弧炉的功率自动调节装置，可对电弧长度进行自动控制。

6. 水冷装置

三相电弧炉有很多部位（如炉盖、电极孔、电极夹持器、变压器、炉门）需要用水冷方式降温，以保证其正常工作。

四、铸造有色合金的熔炼设备

铸造有色合金的熔炼炉根据结构和热源不同，可分为坩埚炉、感应电炉、反射炉和电弧炉等炉型。

1. 坩埚炉

如图 5-7（a）所示的坩埚炉是应用较广的有色合金熔炼炉型。热源通过坩埚的侧面和底面加热炉料，由于合金不与炉气接触，因此合金成分几乎不受炉气影响，能保证合金液的合金成分和温度的均匀性，并且可以进行多种合金的交替连续的高质量熔炼。坩埚炉的热源较广，有焦炭料和煤炭类固体燃料、重油液体燃料、天然气或煤气类气体燃料以及电能等。但是坩埚炉的热效率低，不容易获得高温，每炉的熔化量较小（一般最大熔化量为 500kg）。

2. 感应电炉

如图 5-7（b）所示为感应电炉的结构。其加热原理是由一次线圈产生的交变电磁场在被加热的炉料内感应出强大的涡流而发热，使炉料熔化。合金液因涡流的作用而搅动，使合金成分和温度均匀。感应电炉根据交流电的频率分为工频（50Hz）、中频（500～10kHz）和高频（10kHz 以上）三种，目前常用设备中，工频炉容量可达数吨，中频炉最大容量 500kg，高频炉最大容量只有 100kg。感应电炉的优点是热效率高（可达 70%～90%），操作卫生、安全，适用于多种合金的熔炼。但是设备较复杂，成本较高，电涡流搅动增大了合金液的氧化烧损和吸气等。

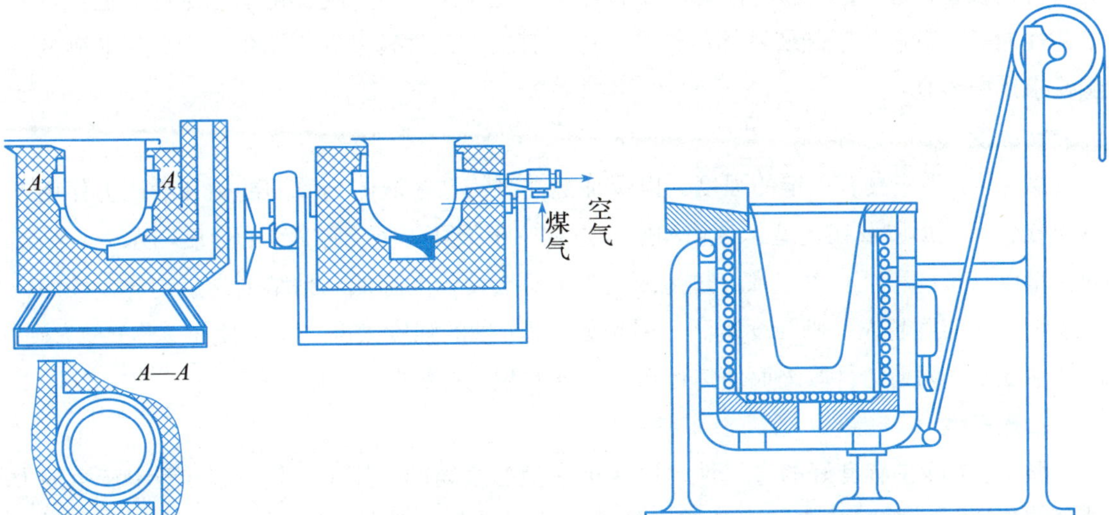

（a）坩埚炉的结构　　（b）感应电炉的结构

图 5-7　有色合金熔炼设备

5.3 砂型铸造的造型、造芯材料

一、砂型和砂芯材料的组成及特点

型（芯）砂是由原砂、粘结剂、水及其他附加物（如煤粉、重油、木屑等）按一定配比混制而成，根据粘结剂的种类不同，可分为黏土砂、水玻璃砂、有机粘结砂等。型（芯）砂的质量直接影响铸件的质量。质量差的型（芯），易使铸件产生气孔、砂眼、粘砂、夹渣和裂纹等缺陷。这是由于在砂型铸造过程中，高温液态金属浇入铸型后，将与铸型发生激烈的热交换作用、化学作用和机械作用，必然对铸件的质量产生重要影响。热交换作用会使铸型温度不断升高，铸型中的水分发生迁移，并使铸型产生较大的温度梯度和水分梯度，从而使铸型各部分的强度发生变化。若在金属表面形成具有足够强度的硬壳之前，铸型的型腔内、外层发生分离或表层掉砂，将会使铸件产生夹砂或表面缩沉等缺陷。液态金属对铸型的热作用，还会使铸型中的各种附加物和有机物发生化学反应，产生气体和氧化物，易使铸件产生气孔、氧化和夹渣等缺陷。例如，铝合金在常规浇注温度下，铝与水汽会发生化学反应，产生三氧化二铝和氢气，并放出大量热，会使铸件产生夹渣和气孔等缺陷，并使铸件进一步氧化。此外，在浇注过程中，液态金属除对铸型产生冲刷和静压力外，其与铸型间的机械作用也可能使铸件产生砂眼、裂纹和尺寸超差等缺陷。

二、型（芯）砂应具备的性能

由液态金属和铸型的相互作用可知，用于制造砂型（芯）的型砂和芯砂的性能直接影响铸件的质量。型（芯）砂的性能主要有强度、透气性、耐火度、化学稳定性、退让性和工艺性能等。砂芯处于金属液体的包围之中，其工作条件较型砂更恶劣，因此对芯砂的性能要求比型砂高。

1. 强度

型（芯）砂应具有一定的强度，以保证浇注时铸型在液体金属的冲刷和静压力作用下不掉砂、不变形以及在造型、合箱和搬运过程中不损坏。型（芯）砂的强度与水分、粘结剂含量以及紧砂程度有关。水分过多或过少，都会使强度降低。粘结剂含量越多、砂的粒度越细、紧实度越大，则强度越高。但是型（芯）砂的强度太高，又会使铸（芯）型太硬，透气性变差，阻碍铸件收缩而使铸件形成气孔和裂纹等缺陷。

2. 透气性

型（芯）砂具有良好的透气性，以保证在液态金属的作用下，铸（芯）型中产生的大量气体能通过砂粒间的空隙顺利排出型外，从而避免或减少铸件内产生气孔等缺陷。通常，砂粒大、粘结剂含量少、水分适当、混合均匀、紧实度小，均有利于改善型（芯）砂的透气性。

3. 耐火度和化学稳定性

型（芯）砂应具有一定的耐火度和化学稳定性，以保证在高温液态金属作用下不软化、不熔化、不与液态金属发生化学反应，使铸件不易粘砂且不产生过量气体。影响耐火度的因素有原砂的化学成分、形状、大小和粘结剂的种类等。通常，型砂中石英含量高而杂质少时，其耐火度好。圆形和大颗粒的砂比多角形和细小颗粒的耐火度要好。为提高型（芯）砂的耐火度，防止粘砂，常加入一些附加物或在型腔（芯）表面刷涂料。例如，在铸铁用型（芯）砂中加入适量煤粉或在铸型表面涂石墨涂料；在铸钢件铸型表面涂石英粉加粘结剂的涂料。

4. 退让性

型（芯）砂应具有良好的退让性，这是因为铸件在凝固和冷却的过程中将伴随着体积的收缩。为了不使铸件产生内应力导致变形和裂纹，要求铸型在高温下丧失部分强度，当铸件收缩时，能产生相应的变形和退让。影响退让性的主要因素是粘结剂的种类和数量。为了提高型（芯）砂的退让性，除用油、树脂等粘结剂外，还可在型（芯）砂中加入木屑、焦炭粒等。

5. 工艺性能

型（芯）砂应具有良好的工艺性能，即在造型时不粘模，具有较好的流动性和可塑性，使铸型轮廓清晰，从而保证铸件的轮廓尺寸精确。此外，在铸件落砂和清理时应具有较好的出砂性。需要指出的是，在实际生产条件下要求型（芯）砂满足上述全部要求是不可能的，也不必要，而是应根据铸造合金的种类和铸件的技术要求，在某些方面有所侧重。否则不仅会使铸造工艺过程复杂化，还会大大提高生产成本。

三、常用的型（芯）砂

根据粘结剂的种类不同，常用的型（芯）砂有黏土砂、水玻璃砂和有机粘结砂三类。

1. 黏土砂

黏土砂是用黏土（膨润土、高岭土等）作粘结剂的型砂，价格便宜，回用方便，适用于要求不高的铸件。黏土砂根据浇注时的干燥情况分为湿型、表干型及干型三种。表干型和干型通常强度较高，水分较低，适用于铸造大型复杂件；生产中小型铸件多采用湿型。

黏土砂是铸造生产中最常用的型砂之一，由原砂、黏土、附加物及水按一定比例混制而成。黏土砂的质量受原砂的矿物组成和含泥量、原砂的颗粒组成、黏土种类的影响。原砂的矿物组成和含泥量对原砂的耐火度、热化学稳定性和复用性都有很大的影响，因此直接关系铸件质量。例如，石英是原砂中的主要矿物组成成分，其耐火度和硬度都较高，故其含量越高复用性越好；而铁的氧化物和硫化物的熔点和硬度都比石英低，因此它们的存在对原砂性能有害。此外，原砂中的黏土含量对型砂的透气性和强度有很大影响。

原砂颗粒组成主要涉及颗粒大小、不同颗粒之间比例、颗粒形状和表面状况等，它们对型（芯）砂的强度、透气性、流动性和可塑性都有很大影响，是判断原砂质量的重要指标之一。黏土是型砂中应用最广的粘结剂之一，它的主要成分是颗粒细小的硅酸盐铝矿物，根据其含有的黏土矿物不同，可分为普通黏土和膨润土两种。由于膨润土的颗粒更细，表面和层间均可吸附水分，故其湿态时的粘结力比普通黏土好。但膨润土失水后体积收缩大，容易引起砂型和砂芯开裂，所以一般不单独用膨润土作为干型的粘结剂。

不同型（芯）砂的成分配比应根据合金的种类、铸件的尺寸和技术条件、造型方法及原材料的性能等进行综合考虑。对铸铁用型（芯）砂，湿型中加煤粉（或重油）是为了提高其抗夹砂能力。在湿型、干型中加 0.5% ～ 2% 木屑是为了保证砂型具有良好的透气性、退让性和较高的抗夹砂能力。由于干型所用原砂很粗，因此为保证铸件表面质量，必须使用由石墨粉、膨润土、水玻璃和水配制的涂料。对铸钢用型（芯）砂，由于其浇注温度高（在 1 500℃左右）、钢液密度和收缩大，铸件易产生氧化、粘砂、夹砂、变形和裂纹等缺陷，因此应具有较高的耐火度、较好的透气性和退让性、较低的发气性和热膨胀性。故铸钢用原砂为耐火度高的石英砂，且粒度比铸铁的粗。加纸浆或糖浆是为了提高砂型表面强度。干型均要刷涂料，以防铸件粘砂。对于铝（镁）合金用型（芯）砂，由于其密度小、浇注温度低、易氧化，因此对耐火度无严格要求，对型（芯）砂的透气性和强度要求也相应较低，但要求型（芯）砂必须干净，否则易使铸件产生气孔。此外，要求原砂粒度细小，以获得表面光洁、轮廓清晰、尺寸精确的铸件。

2. 水玻璃砂

水玻璃砂是用水玻璃作粘结剂的型（芯）砂，由原砂、水玻璃和附加物等组成。水玻璃砂铸型或型芯无须烘干，通常向铸型或型芯吹入气体便可快速硬化。其原理在于原砂是酸性氧化物，它能与水玻璃（硅酸钠水溶液）水解产物中的 NaOH 反应，从而生成硅酸溶胶，将砂粒包裹并连接起来，使型（芯）砂具有一定的强度。水玻璃砂的硬化过程主要是化学反应的结果，并可通过多种方法自行硬化，因此也称为化学硬化砂。与黏土砂相比，水玻璃砂有许多优点：型（芯）砂流动性好，易于紧实，劳动强度低；可简化造型（芯）工艺，缩短生产周期，提高生产效率；可在铸型（芯）硬化后再起模及拆除芯盒，因此能得到尺寸精度高的铸型（芯）；铸件缺陷少，内在质量高；车间的生产环境较好。但是一般水玻璃砂的湿强度低、粘模倾向大、高温溃散性差。为提高其湿强度，可在水玻璃砂中加 3% ～ 5% 的黏土。为提高型砂的流动性，减小粘模倾向和改善溃散性，可在型砂中加 0.5% ～ 1% 的重油或柴油。此外，水玻璃砂还存在易粘砂、干强度高、退让性差、出砂困难、回用性差等缺点，因此应用受到一定限制。目前主要用于铸钢件生产，在铸铁和有色合金铸造中很少使用。

3. 有机粘结砂

有机粘结砂是用植物油、合脂和树脂作粘结剂，将原砂、黏土、附加物和水混制而成的一种型砂，主要用作芯砂。

（1）植物油砂。

植物油砂一般用亚麻油、桐油、豆油等作粘结剂，主要特点是干强度高、发气量低、吸湿性小、流动性好和不易粘模。同时，植物油经高温燃烧分解可产生还原性气体，形成气体隔膜，有利于提高铸件内腔的光洁度，并使砂芯具有良好的透气性、退让性和溃散性。但植物油砂湿强度太低，不易打芯，烘干前和烘干过程中容易变形，为提高其湿强度，通常在其中加入少量黏土或纸浆废液。由于植物油来源有限，且属于重要工业原料，因此很少用作粘结剂。

（2）合脂砂。

合脂砂是用制皂生产中使用的石蜡经氧化、蒸馏提取皂用脂肪酸后剩下的残液，经煤油或汽油稀释后作粘结剂。其性能与植物油砂相近，干强度高、透气性和退让性好、发气量较低、不吸湿。单纯用合脂配制的芯砂湿强度低，砂芯易发生变形，甚至倒塌。为此，通常在合脂砂中加适量糊精、纸浆、黏土等，提高湿强度。此外，由于合脂砂比植物油砂易粘模，因此要严格控制合脂黏度、加入量和含水量。合脂是工业的副产品，来源广、价格低，且合脂砂的性能与植物油砂相近，故应用广泛。

（3）树脂砂。

树脂砂是用合成树脂作粘结剂，是一种新型的制芯或造型材料。制芯时，只要在芯盒内通入固化剂（乌洛托品）或加热，树脂便可在芯盒内迅速固化，将砂粒固结在一起。树脂砂的主要优点是发气量比植物油砂低，透气性好，固化后干强度高，且溃散性好，因此铸件质量高。此外，砂型或型芯能自行硬化或稍加热就固化，故可节约能源，节省工时费用，且工艺过程简单，易实现机械化和自动化，适合大批量生产。树脂砂的主要问题是有少量游离甲醛，成本较高，质量和生产效率受气候影响。

5.4 铸造成形方法

液态金属凝固成形主要是指铸造成形的工艺过程，即先制造一个形状、尺寸与所需零件相应的铸型型腔，然后注入液态金属，待其冷却凝固，从而获得零件（铸件）的方法。凝固成形的方法有很多，根据金属液充填进铸型的方式不同可分为重力铸造（液态金属靠自身重力充填型腔）、低压铸造、挤压铸造、压力铸造等。根据铸型材料不同，可分为一次型及永久型。对于砂型铸造，根据型（芯）砂粘结剂不同，有黏土砂、水玻璃砂等。根据造型方法不同，有手工造型和机械造型。此外，对于一些特殊的凝固成形件，还可采用连续铸造、离心铸造、实型铸造、熔模铸造等方法。

一、砂型铸造

砂型铸造是适用面最广的一种凝固成形方法，但由于砂型的导热系数较低，液态金属在砂型中的凝固速度较慢，特别是对一些壁厚较大的铸件，因此会导致铸件内部晶粒粗大，易产生组织及成分的偏析等现象，从而降低材料的力学性能。砂型铸造生产的铸件的表面粗糙度较其他凝固成形方法大。

砂型铸造生产工序流程如图 5－8 所示。主要工序有制造模样和芯盒、配置型砂和芯砂、造型、造芯、合型、浇注、落砂、清理和检验等。其中，造型（芯）是砂型铸造最基本的工序，按紧实型砂和起模方法不同，造型方法可分为手工造型和机器造型两种。

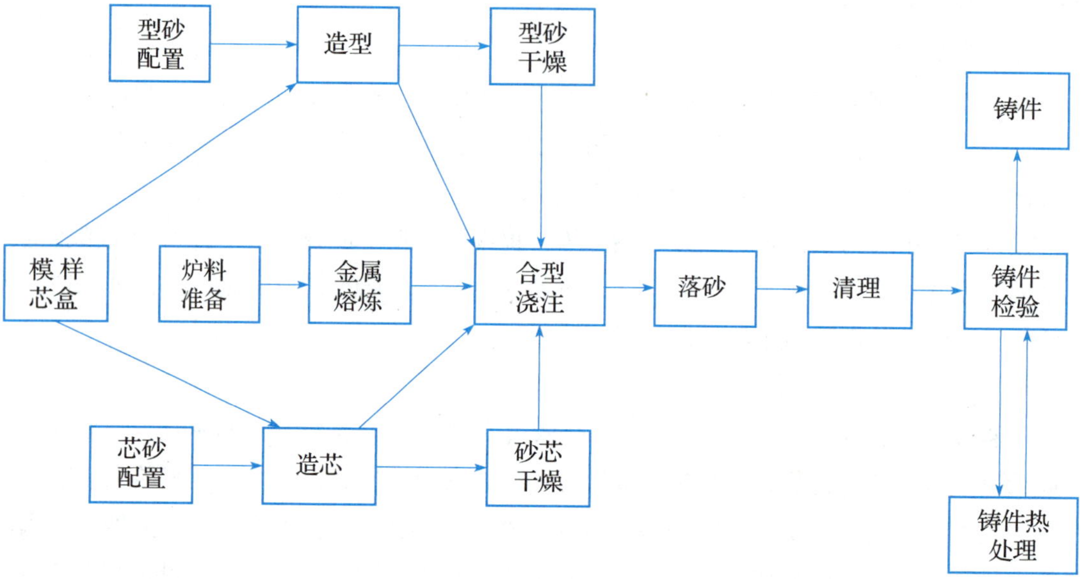

图 5－8　砂型铸造生产工序流程

1. 手工造型

紧砂与起模由手工完成。手工造型的优点是操作灵活，工艺装备简单，生产准备时间短，适应性强。可用于多种大小和形状的铸件。但是，手工造型对工人的技术水平要求较高，生产效率低，劳动强度大，铸件质量不稳定，主要用于单件 / 小批量的生产。手工造型的方法很多，具体如图 5－9 所示。

砂型铸造手工造型方法

（1）整模造型。

模样是整体的，最大截面在模样一端且呈平面，分型面多为平面。铸型型腔全部在半个铸形内，操作简单，铸件不会产生错型缺陷。适用于简单形状的铸件。如图 5－9（a）所示。

（2）分模造型。

将模样外形的最大截面分成两半，型腔位于上下两个砂箱内。适用于形状较复杂的铸件。如图 5－9（b）所示。

（3）活块造型。

模样上可拆卸或活动的部分叫作活块。为了起模方便，将模样上妨碍起模的部分做成活动的。起模时，先起出主体模样，再单独取出活块。如图 5－9（c）所示。

（4）挖砂造型。

模样是整体的，分型面为曲面，为了便于起模，造型时手工挖去阻碍起模的型砂，每造一型需挖砂一次，生产效率低，要求操作人员技术水平高。适用于形状复杂的铸件的单件生产。如图 5－9（d）所示。

（5）假箱造型。

为克服挖砂造型的缺点，在造型前做一个底胎，然后在底胎上制作下箱，因底胎不参加浇注，故称假箱。假箱造型比挖砂造型操作简单，且分型面整齐。如图 5－9（e）所示。

（6）刮板造型。

用刮板代替实体模样造型，可以降低模样成本，节约木材，缩短生产周期，但要求操作人员技术水平高。适用于等截面或回转体的铸件。如图 5－9（f）所示。

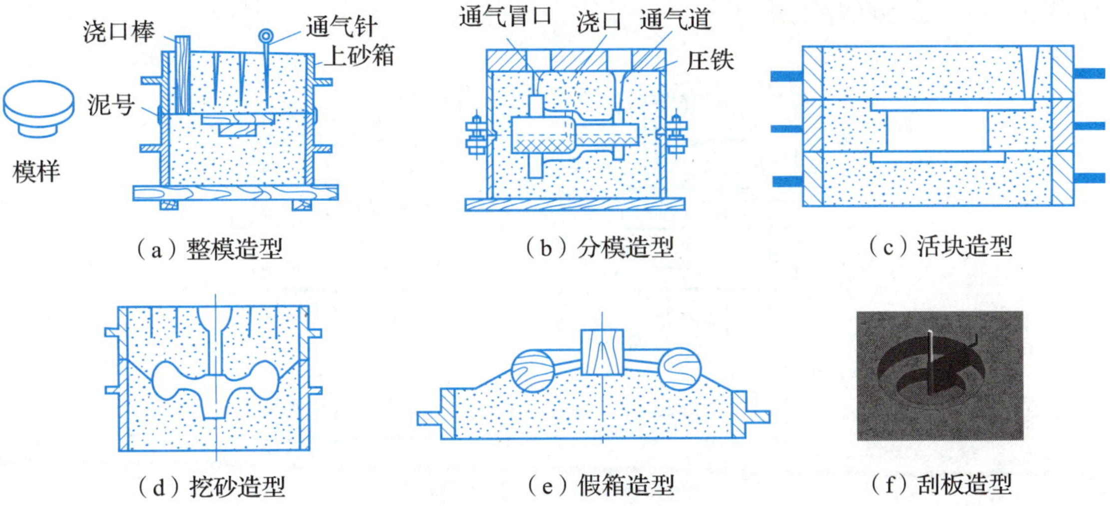

图 5－9　手工造型的常用方法

2. 机器造型

机器造型是指紧砂和起模两个重要工序采用机械完成。机器造型实现了机械化，因此生产效率高，铸件质量好。但设备投资大，适用于中小型铸件的批量生产。机器造型按紧实方式不同，分为压实造型、震击造型、抛砂造型和射砂造型四种。

（1）压实造型。

压实造型是利用压头的压力将砂箱的型砂紧实，如图 5－10 所示。先把型砂填入砂箱的辅助框内，然后压头向下将型砂紧实，辅助框用于补偿紧实过程中型砂被压缩的高度。压实造型生产效率高，但型砂沿高度方向的紧实度不够均匀，一般越接近底板，紧实度越差。因此仅适用于高度不大的砂箱。

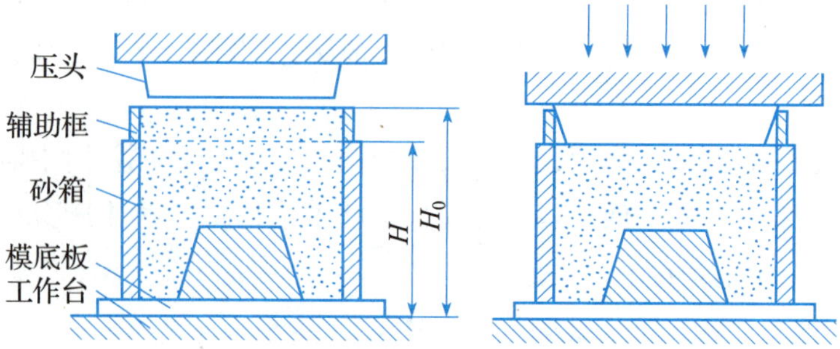

图 5－10　压实造型工作原理

（2）震击造型。

震击造型是利用震动和撞击对型砂进行紧实，如图 5－11 所示。砂箱填砂后，震击活塞将工作台连同砂箱举起一定高度，然后下落，与缸体撞击，依靠型砂下落时的冲击力产生紧实作用。型砂紧实度分布规律与压实造型相反，越接近模底板，型砂紧实度越高。因此可以与压实造型联合使用。

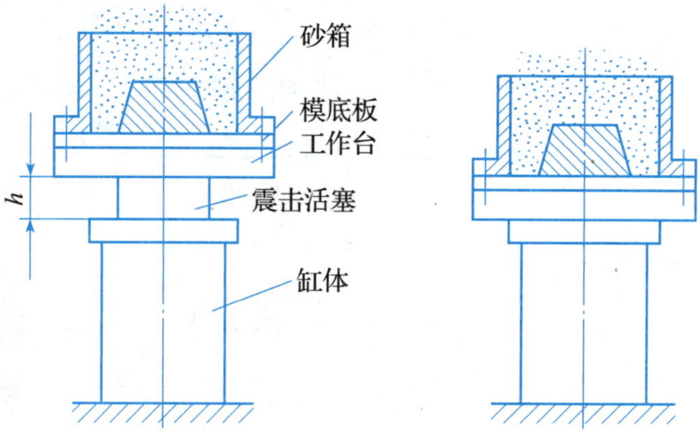

图 5－11　震击造型工作原理

（3）抛砂造型。

如图 5－12 所示为抛砂造型工作原理。抛砂头转子上装有叶片，型砂由皮带输送机连续送到叶片上，高速旋转的叶片将型砂分成一个个砂团，当砂团随叶片转到出口处时，离心力会将型砂高速抛入砂箱，同时完成填砂和紧实。

（4）射砂造型。

射砂紧实的方法除用于造型外，多用于造芯。如图 5－13 所示为射砂造型工作原理。储气筒中的压缩空气迅速进入射膛，将型砂由射砂孔射入芯盒的空腔，而压缩空气经排气孔排出，射砂过程是在较短的时间内同时完成填砂和紧实，生产效率极高。

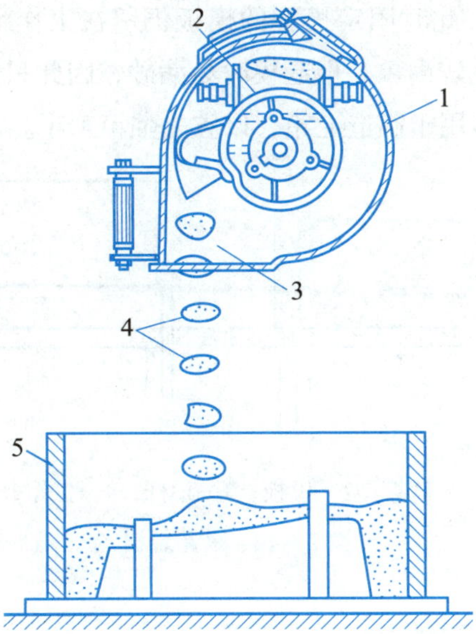

1—机头外壳；2—型砂入口；3—砂团出口；4—被紧实的砂团；5—砂箱

图 5-12　抛砂造型工作原理

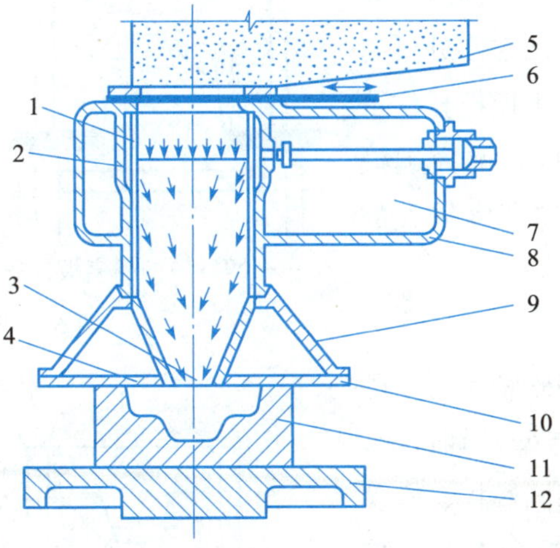

1—射砂筒；2—射膛；3—射砂孔；4—排气孔；5—砂斗；6—闸板；7—气包；8—气筒；9—射砂头；10—射砂板；11—芯盒；12—工作台

图 5-13　射砂造型工作原理

3. 起模方法

型砂紧实以后，就要从型砂中正确地把模样起出，在砂箱内留下完整的型腔。造型机大都装有起模机构，多以压缩空气为动力，目前应用广泛的起模机构有顶箱起模、漏模起模和翻转起模三种形式。

（1）顶箱起模。

如图 5-14 所示，型砂紧实后，开动顶箱机构，使四根顶杆自模板四角的孔（或缺口）中上升，将砂箱顶起，此时固定模型的模板仍留在工作台上，这样就完成了起模工序。顶箱起模的造型机构比较简单，但起模时易漏砂，因此只适用于型腔简单且高度较小的铸型。此外，顶箱起模多用于制造上箱，以省去翻箱工序。

1—砂箱；2—模板；3—顶杆；4—工作台

图 5-14　顶箱起模

（2）漏模起模。

如图 5-15 所示，将模型上难以起模的部分从漏模板的孔中漏下，即将模型分成两部分，模型本身的平面部分固定在模板上，模型上的各凸起部分可向下抽出。在起模过程中由于模板托住了型砂，因此可以避免掉砂。漏模起模机构一般用于形状复杂或高度较大的铸型。

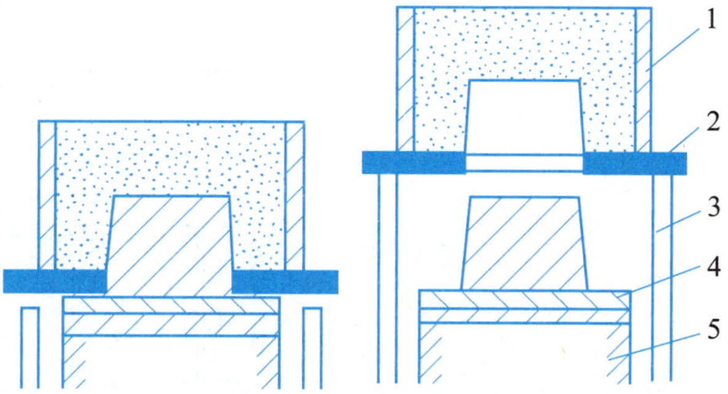

1—砂箱；2—漏模板；3—顶杆；4—模板；5—工作台

图 5-15　漏模起模

（3）翻转起模。

如图 5-16 所示，型砂紧实后，砂箱夹持器将砂箱夹持在造型机翻台上，经翻转气缸推动，砂箱随同模板、模型一起翻转 180°，然后承受台上升并接住砂箱，夹持器打开，砂箱随承受台下降，与模板脱离从而完成起模。翻转起模不易掉砂，适用于型腔较深，形状复杂的铸型。由于下箱通常比较复杂，且本身为了合箱也需翻转 180°，因此翻转起模多用于制造下箱。

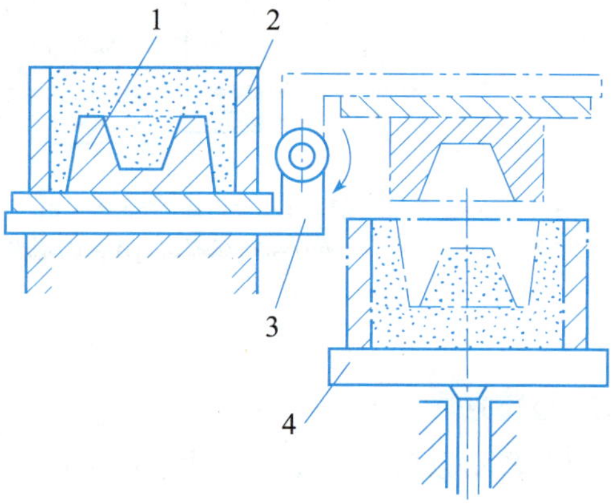

1—模板；2—砂箱；3—翻台；4—承受台

图 5-16　翻转起模

二、特种铸造

与砂型铸造方法不同的其他铸造方法统称为特种铸造。各种特种铸造方法均有各自突出的特点和一定的局限性，下面简要介绍常用的特种铸造方法。

1. 熔模铸造

用易熔材料如蜡料制成模样，在模样上包覆若干层耐火涂料制成型壳，然后经高温焙烧即可浇注的铸造方法称熔模铸造。熔模铸造可用蜡基模料，也可用松香基模料、塑料和盐基模料等，如塑料聚苯乙烯模、尿素模。熔模铸造是一种精密的铸造方法，特点如下：

（1）熔模铸造属于一次成形，无分型面，型壳内表面光洁，耐火度高，可以生产尺寸精度高和表面质量好的铸件，可实现少切削或无切削加工。

（2）适应各种铸造合金，尤其适合铸造高熔点、难切削加工和用别的加工方法难以成形的合金，如耐热合金、磁钢、不锈钢等。

（3）可生产形状复杂的薄壁铸件，最小壁厚可达 0.5mm，最小铸孔直径达 0.7mm。

（4）熔模铸造工艺过程复杂，工序多，生产周期长（4 ～ 15 天），生产成本高。

（5）由于熔模易变形，型壳强度不高，因此熔模铸件的质量一般在 25kg 以内。

综上，熔模铸造主要用于生产形状复杂、熔点高、难以切削加工的小型零件。

2. 金属型铸造

将熔融金属浇入金属铸型而获得铸件的方法称为金属型铸造。与砂型不同的是，金属型可以反复使用，故金属型铸造又称“永久型铸造”。

（1）金属型的结构类型。

按金属型的结构形式可将其分为整体式、水平分型式、垂直分型式、复合分型式等，其中，垂直分型式因便于开设内浇道、取出铸件和易实现机械化而应用较多。金属型一般用铸铁或铸钢制造，型腔采用机加工方式制成，不妨碍抽芯的铸件内腔可通过金属芯获得，复杂的内腔多采用砂芯。

（2）金属型铸造的特点。

金属型复用性好，实现了“一型多铸”，可节省大量造型材料和工时，提高了劳动生产率；金属型导热性好，散热快，使铸件结晶致密，提高了力学性能；铸件尺寸精确，切削加工余量小，节约原材料和加工费用；金属型生产成本高，周期长，铸造工艺要求严格，不适合单件 / 小批量生产；金属型的冷却速度快，不宜铸造形状复杂和大型薄壁件。

金属型铸造主要用于大批量生产的、形状简单的有色金属件。

由于金属型导热快，无退让性和透气性，因此铸件容易产生浇不足、冷隔、裂纹、气孔等缺陷。且在高温金属液的冲刷下型腔易损坏。为此，需要采取以下工艺措施：

浇注前要对金属型进行预热；在使用过程中，为防止铸型吸热升温，还必须用散热装置散热。金属型应保持合理的工作温度，铸铁件 250 ～ 300℃、有色金属件 100 ～ 250℃；喷刷涂料的目的是防止高温熔融金属直接冲击型壁，以保护型腔。可通过涂层厚度（0.1 ～ 0.5mm）调整铸件各部分冷却速度，提高铸件的表面质量。涂料一般由耐火材料（石墨粉、氧化锌、石英粉等）、水玻璃粘结剂和水制成。掌握好开型时间可防止铸件产生裂纹和白口组织，通常铸铁件出型温度为 780 ～ 950℃，开型时间为 10 ～ 20s。

3. 压力铸造

（1）压力铸造过程。

熔融金属在高压下高速充型，并在压力下凝固的铸造方法称为压力铸造，简称压铸。压铸时所用的压力高达数十兆帕，速度为 5 ～ 40m/s，熔融金属充满铸型的时间为 0.01 ～ 0.2s，高压和高速是压铸区别于一般金属型铸造的重要特征。压铸是通过压铸机完成的，如图 5－17 所示为立式压铸机的工作过程，合型后将金属液浇入压室（图 a），压射活塞向下推进，将金属液压入型腔（图 b），保压冷凝后，压射活塞退回，下活塞上移顶出余料，动型移开，利用顶杆顶出铸件（图 c）。

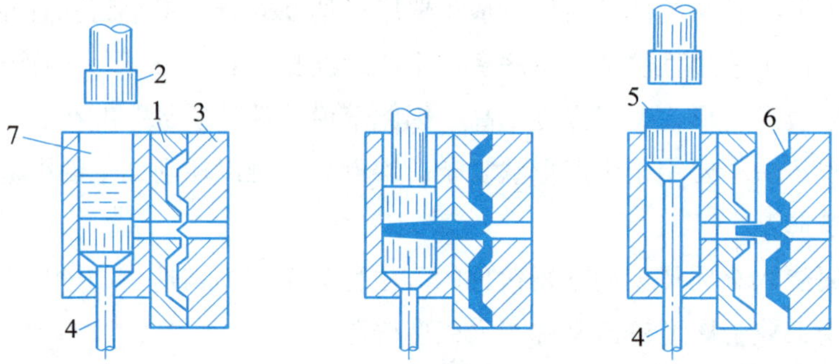

（a）金属液浇入压室　（b）金属液压入型腔　（c）压铸完成

1—定型；2—压射活塞；3—动型；4—下活塞；5—余料；6—铸件；7—压室

图 5－17　立式压铸机的工作过程

（2）压力铸造的特点和应用范围。

压铸件尺寸精度高，表面质量好，一般不需要进行机加工就能直接使用；压力铸造在快速、高压下成形，可压铸出形状复杂、轮廓清晰的薄壁精密铸件；铸件组织致密，力学性能好，其强度比砂型铸件提高 25% ～ 40%；生产效率高，劳动条件好；设备投资大，铸型制造费用高，周期长。

压力铸造适合大批量生产低熔点合金的中小型铸件，如铝、锌、铜等合金铸件。

4. 低压铸造

低压铸造是指在盛有液态金属的密封坩埚中，由进气管通入干燥的压缩空气或惰性气体，金属液受到气体压力便自下而上地沿升液导管和浇口充满铸型的型腔，保持压力直至铸件完全凝固。消除压力后，升液导管和浇口中尚未凝固的金属液因重力作用流回坩埚。打开铸型，取出铸件。低压铸造所用压力较低（一般低于 0.1MPa），设备简单，充型平稳，对铸型的冲刷力小，铸型可用金属型也可用砂型。铸件在压力下结晶，组织致密，质量较高。低压铸造广泛应用于铝合金、铜合金及镁合金铸件，如发动机的气缸盖、曲轴、叶轮、活塞等。

5. 离心铸造

离心铸造是指将熔融金属浇入绕水平、倾斜或垂直轴旋转的铸型，在离心力作用下凝固成形的铸造方法，其铸件的轴线与旋转铸型轴线重合。铸件多为简单的圆筒形，不用型芯即可形成圆筒内孔。

离心铸造使用的离心铸造机，根据铸型旋转轴空间位置不同可分为立式和卧式两大类，如图 5－18 所示。立式离心铸造机的铸型绕垂直轴旋转，在离心力和液态金属自身重力的共同作用下，铸件的内表面为一回转抛物面，导致铸件上薄下厚，而且铸件越高，壁厚差越大。适合生产高度小于直径的圆环类铸件。卧式离心铸造机的铸型绕水平轴旋转，由于铸件各部分冷却条件相近，故铸件壁厚均匀。适合生产较长的管、套类铸件。

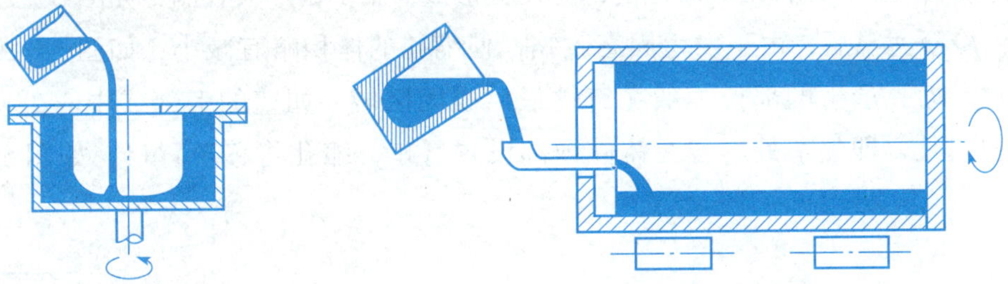

（a）立式离心铸造机　　（b）卧式离心铸造机

图 5－18　离心铸造机

离心铸造的特点：不需要型芯就可直接生产筒、套类铸件，使铸造工艺大大简化，生产效率高、成本低；在离心力的作用下，金属从外向内定向凝固，铸件组织致密，无缩孔、缩松、气孔、夹渣等缺陷，力学性能好；不需要浇口、冒口，金属利用率高；便于生产双金属铸件（如钢套镶铜轴承），其结合面牢固，节省铜料，降低成本；离心铸造的铸件易产生偏析现象，因此不宜铸造偏析倾向大的合金；内孔尺寸不精确，内表面粗糙，加工余量大；不适宜单件 / 小批量生产。离心铸造广泛用于制造铸铁管、气缸铜套、双金属轴承、特殊的无缝管坯、造纸机滚筒等。

5.5 铸造常见缺陷及控制

铸造生产工序繁多，很容易使铸件产生缺陷。为了减少铸件缺陷，应正确判断缺陷类型，找出产生缺陷的主要原因，以便采取相应的预防措施。

一、铸造常见缺陷

1. 缩孔与缩松

（1）缩孔。

缩孔通常隐藏在铸件上部或最后凝固部位。缩孔产生的基本原因是合金的液态收缩值和凝固收缩值远大于固态收缩值。缩孔形成的条件是金属在恒温或很小的温度范围内结晶时，如纯金属、共晶成分的合金，铸件壁以逐层凝固的方式进行凝固。如图 5－19 所示为缩孔形成过程示意图。液态合金注满铸型型腔后，开始进入冷却阶段，液态收缩可以从浇注系统得到补偿，如图 5－19（a）所示；随后，由于型壁传热，使得与型壁接触的合金液温度降至其凝固点以下，铸件表层凝固成一层细晶薄壳，并将内浇口堵塞，使尚未凝固的合金被封闭在薄壳内，如图 5－19（b）所示；温度继续下降，薄壳产生固态收缩，液态合金产生液态收缩和凝固收缩，而且数值远大于薄壳的固态收缩值，致使合金液面下降，并与硬壳顶面分离，形成真空孔洞，在负压及重力作用下，壳顶向内凹陷，如图 5－19（c）所示；温度再度下降，上述过程重复进行，凝固的硬壳逐层加厚，孔洞不断加大，直至整个铸件凝固完毕，铸件最后凝固的部位便会形成一个倒锥形大孔洞，如图 5－19（d）所示；铸件冷至室温后，由于发生固态收缩，使缩孔的体积略有减小，如图 5－19（e）所示。通常，缩孔产生的部位一般在铸件最后凝固区域，如壁的上部或中心处，以及铸件两壁相交处，即热节处。若在铸件顶部设置冒口，缩孔将移至冒口，如图 5－19（f）所示。

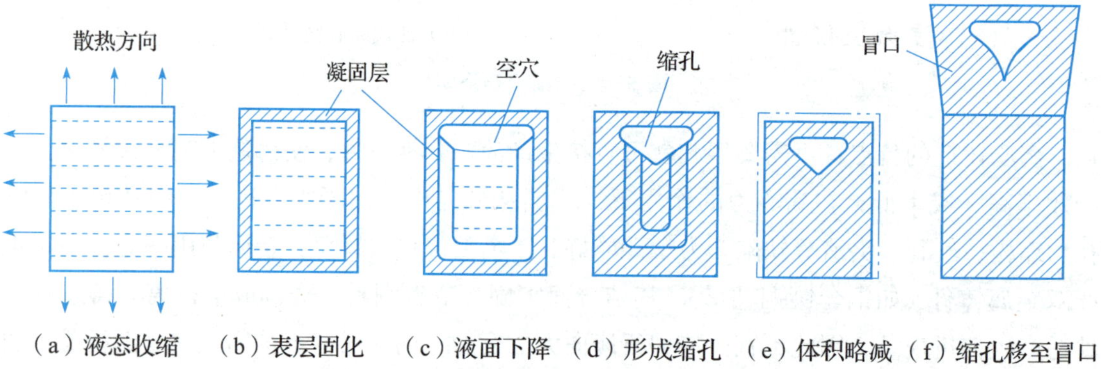

图 5－19　缩孔的形成过程

（2）缩松。

缩松实质上是将集中缩孔分散为数量极多的小缩孔。它分布在整个铸件断面上，一般出现在铸件壁的轴线区域、热节处、冒口根部和内浇口附近，也常分布在集中缩孔的下方。缩松形成的基本原因虽然和缩孔相同，但是形成的条件不同，它主要出现在结晶温度范围宽、呈糊状凝固方式的合金中。如图 5－20 所示为缩松形成过程示意图。通常，合金在凝固过程中都存在液固两相区，形成树枝状结晶。这种凝固方式称糊状凝固。凝固区和液固区交错，树枝晶交叉，将尚未凝固的液体合金分隔成许多孤立的封闭液体区域，这些区域继续凝固时也将产生收缩，这时铸件中心虽有液体存在，但由于树枝晶的阻碍使之得不到新的液体合金补充，最终在凝固后形成许多微小的孔洞，这就是缩松。

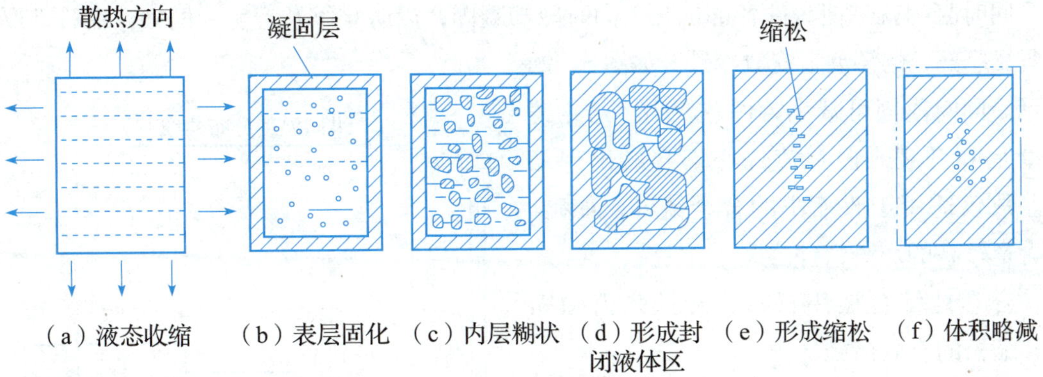

图 5－20　缩松的形成过程

（3）缩孔和缩松的防止。

不论是缩孔还是缩松，都会使铸件的力学性能、气密性和物理化学性能大大降低，以致成为废品。所以缩孔和缩松是极其有害的铸造缺陷，必须设法防止。

对此，在铸件结构设计时，应避免局部金属积聚。工艺上，应针对合金的凝固特点制定合理的铸造工艺，常采取“顺序凝固”和“同时凝固”两种措施。

顺序凝固如图 5－21 所示，就是在铸件可能出现缩孔或最后凝固的部位（多数在铸件厚壁或顶部）设置“冒口”，使铸件按照远离冒口的部位先凝固，靠近冒口的部位后凝固，最后才是冒口凝固的顺序进行。这样，先凝固部位的收缩由后凝固部位的液体金属补缩，后凝固部位的收缩由冒口中的金属液补缩，使铸件各部位的收缩均得到金属液补缩，而缩孔则移至冒口，最后将冒口切除即可。也可将冒口与冷铁配合使用，达到调节铸件的凝固顺序，扩大冒口的有效补缩距离的目的，如图 5－22 所示。顺序凝固适用于收缩较大的合金铸件，如铸钢件、可锻铸铁件、铸造黄铜件等，还适用于壁厚悬殊以及对气密性要求较高的铸件。顺序凝固的铸件温差大、热应力大、变形大，容易产生裂纹，必须妥善处理。

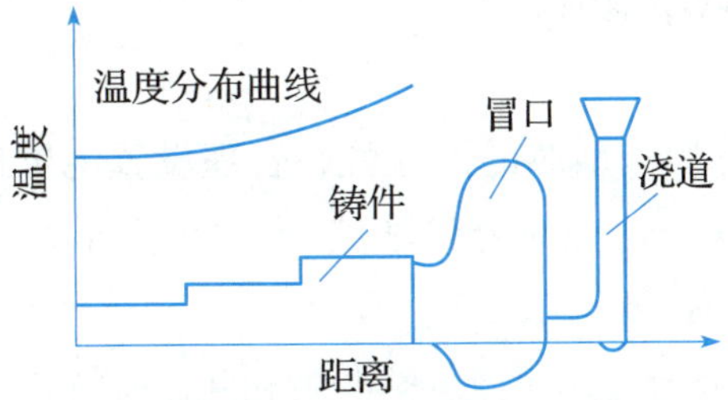

图 5－21　顺序凝固

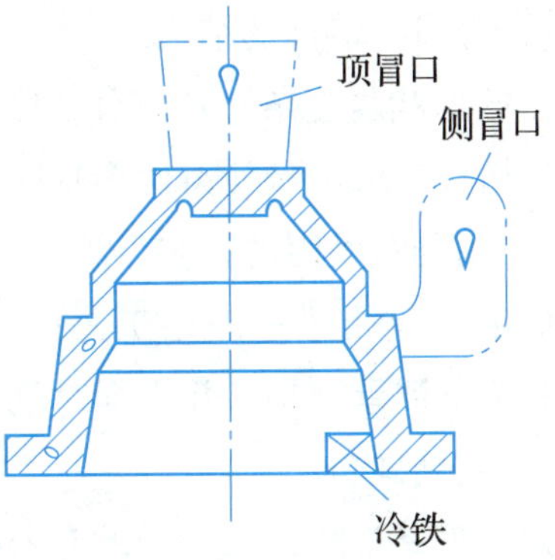

图 5－22　冒口与冷铁

同时凝固就是使铸件各部位几乎同时冷却凝固，以防止缩孔产生。例如，在铸件厚部或紧靠厚部处的铸型上安放冷铁，如图 5－23 所示。同时凝固可减小铸件热应力，防止铸件变形和开裂，但是铸件心部容易出现缩松。故仅适用于收缩小的合金铸件，如碳、硅含量较高的灰铸铁件。

合理地综合运用冒口、冷铁是消除缩孔、缩松的有效措施。

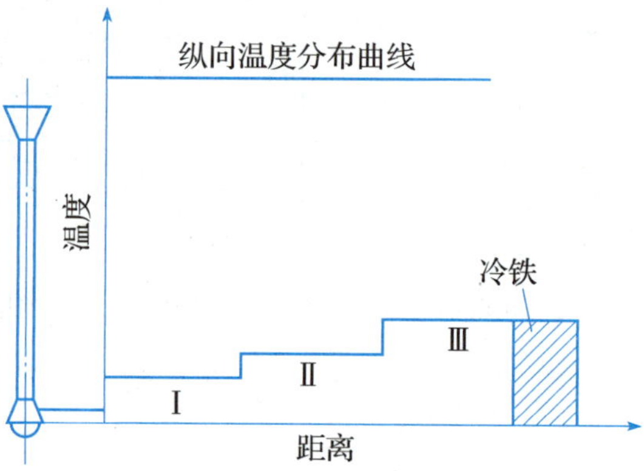

图 5－23 同时凝固

2. 铸造应力

铸件收缩时受阻会产生铸造应力，铸造应力按产生的原因不同可分为热应力、收缩应力两种。

（1）热应力。

铸件在凝固和冷却的过程中，不同部位因不均衡收缩而引起的应力称为热应力。热应力使冷却较慢的厚壁处受拉伸、冷却较快的薄壁处或表面受压缩，铸件的壁厚差别越大合金的线收缩率或弹性模量越大，热应力越大。定向凝固时，铸件各部分冷却速度不一致，产生的热应力较大，铸件易出现变形和裂纹。

（2）收缩应力。

铸件在固态收缩时，因受铸型、型芯、浇冒口等外力的阻碍而产生的应力称为收缩应力。通常，铸件冷却到弹性状态后，收缩受阻均会产生收缩应力。收缩应力常表现为拉应力。形成原因一旦消除（如铸件落砂或去除浇口后）收缩应力也随之消失，因此收缩应力是一种临时应力。但在落砂前，如果铸件的收缩应力和热应力共同作用，其瞬间应力大于铸件的抗拉强度时，铸件会产生裂纹。

（3）减小和消除铸造应力的措施。

1）合理设计铸件的结构。

铸件的形状越复杂，各部分壁厚相差越大，冷却时温度越不均匀，铸造应力越大。因此，设计铸件时应尽量使铸件形状简单、对称，壁厚均匀。

2）采用同时凝固的工艺。

同时凝固是指采取一些工艺措施（如改善铸型、型芯的退让性，合理设置浇冒口），使铸件各部分温差很小，几乎同时凝固。这样不易产生热应力和热裂，铸件变形小。

3）时效处理。

时效处理是消除铸造应力的有效措施。时效分为自然时效、热时效和共振时效等。自然时效是指将铸件置于露天场地半年以上，让其内应力消除。热时效（人工时效）又称去应力退火，是将铸件加热到 550 ～ 650℃，保温 2 ～ 4h，随炉冷却至 150 ～ 200℃，然后出炉。共振时效是让铸件在其共振频率下振动，以消除铸件中的残留应力。

3. 变形和裂纹

铸件收缩时受阻会产生铸造应力，当应力超过材料的屈服极限时，铸件发生变形；应力超过材料的抗拉强度时，铸件产生裂纹。

（1）变形。

1）铸件变形的原因。

如前所述，在热应力的作用下，铸件薄的部分受压应力，厚的部分受拉应力，但铸件总是力图通过变形来减缓其内应力。因此，铸件常发生不同程度的变形。

2）预防措施。

铸件变形是由铸造应力引起的，应设法减小和防止铸造应力。设计铸件时，应力求壁厚均匀、形状简单而对称。对于细而长、大而薄的易变形铸件，可采用“反变形法”，即在分析铸件变形规律后，预先在模型上做出相当于铸件变形量的反变形量，以抵消铸件的变形。

（2）铸件的裂纹。

1）热裂。

热裂产生的原因：热裂一般是在凝固末期，金属处于固相线附近的高温时形成的。其特征是裂缝短、缝隙宽、形状曲折、缝内呈氧化颜色。铸件结构不合理、浇注温度太高、合金收缩大、型（芯）砂退让性差以及铸造工艺不合理等均可引发热裂。钢和铁中的硫、磷降低了材料的韧性，会使热裂倾向增大。

预防措施：合理调整合金成分（严格控制钢和铁中的硫、磷含量），合理设计铸件结构，采用同时凝固的方式，改善型（芯）砂的退让性，都是防止热裂的有效措施。

2）冷裂。

冷裂产生的原因：铸件冷却到低温，处于弹性状态时产生的热应力和收缩应力的总和如果大于该温度下合金的强度，则产生冷裂。冷裂是在较低温度下形成的，其裂缝细小，呈连续直线状，缝内干净，有时呈轻微氧化色。壁厚差别大、形状复杂的铸件，尤其是大而薄的铸件易发生冷裂。

预防措施：凡是能减小铸造内应力或降低合金脆性的措施，都能防止冷裂。例如：钢和铸铁中的磷能显著降低合金的冲击韧性，增加脆性，使冷裂倾向增大，因此在金属熔炼中必须严格限制。

4. 气孔

（1）缺陷特征：在铸件内部、表面或近表面处出现的大小不等的光滑孔眼，形状有圆的、长的及不规则的，有单个的，也有聚集成片的。颜色有白色的或带一层暗色，有时覆有一层氧化皮。

（2）产生原因：熔炼工艺不合理、金属液吸收了较多的气体；铸型中的气体侵入金属液；起模时刷水过多，型芯未干；铸型透气性差；浇注温度偏低；浇包、工具未烘干。

（3）预防措施：降低熔炼时金属的吸气量；减少砂型在浇注过程中的发气量；改进铸件结构；提高砂型和型芯的透气性，使型内气体能顺利排出。

5. 渣气孔

（1）缺陷特征：铸件内部或表面出现的形状不规则的孔眼。孔眼不光滑，里面全部或部分充塞着熔渣。

（2）产生原因：浇注时挡渣效果不好；浇注温度太低，熔渣不易上浮；浇注时断流或未充满浇口，渣和液态金属一起流入型腔。

（3）预防措施：提高金属液温度，降低熔渣黏性；提高浇注系统的挡渣能力，增大铸件内圆角。

6. 砂眼

（1）缺陷特征：铸件内部或表面充塞着型砂的孔眼。

（2）产生原因：型砂、芯砂强度不够，紧实较松，合型时松落或被液态金属冲垮；型腔或浇口内的散砂未吹净；铸件结构不合理，无圆角或圆角太小。

（3）预防措施：严格控制型砂性能和造型操作；合型前注意清扫型腔。

7. 粘砂

（1）缺陷特征：铸件表面全部或部分覆盖着一层金属（或金属氧化物）与砂（或涂料）的混（化）合物或一层烧结的型砂，致使铸件表面粗糙。

（2）产生原因：浇注温度太高；型（芯）砂选用不当，耐火度差；未刷涂料或涂料太薄。

（3）预防措施：适当降低金属的浇注温度；提高型（芯）砂的耐火度；减少砂粒间隙。

8. 夹砂

（1）缺陷特征：金属瘤片和铸件之间夹有一层型砂。

（2）产生原因：型砂材料配比不合理；浇注系统设计不合理。

（3）预防措施：严格控制型（芯）砂的性能；改善浇注系统，使金属液流动平稳；大平面铸件要倾斜浇注。

9. 冷隔

（1）缺陷特征：铸件上出现未完全融合的缝隙或洼坑，边缘是圆滑的。

（2）产生原因：铸件设计不合理，铸壁较薄；合金流动性差；浇注温度太低，浇注速度太慢；浇口太小或布置不当，浇注时曾有中断。

（3）预防措施：提高浇注温度和浇注速度；改善浇注系统；浇注时不断流。

10. 浇不到

（1）缺陷特征：金属液未完全充满型腔。

（2）产生原因：铸件壁太薄，铸型散热太快；合金流动性不好或浇注温度太低；浇口太小，排气不畅；浇注速度太慢；浇包内液态金属不够。

（3）预防措施：提高浇注温度和浇注速度；不要断流并防止跑火。

二、铸件的修补

铸件的缺陷经修补后能达到技术要求时，可作合格品使用。铸件的修补方法如下：

1. 气焊或电焊修补

常用于修补裂纹、气孔、缩孔、冷隔、砂眼等。焊补的部位能达到与铸件本体相近的力学性能，可承受较大载荷。

2. 金属喷镀

在缺陷处喷镀一层金属。等离子喷镀效果较好。

3. 浸渍法修补

此法用于承受气压不高、渗漏又不严重的铸件。方法是将稀释后的酚醛清漆、水玻璃压入铸件缝隙，或将硫酸铜或氯化铁和氨的水溶液压入黑色金属空隙，硬化后即可将空隙填塞堵死。

4. 填泥修补

将泥子填入孔洞类缺陷。但只用于装饰，不能改变铸件的质量。泥子用铁粉 5%+ 水玻璃 20%+ 水泥 5% 配置。

5. 金属液熔补

大型铸件上有浇不足等尺寸缺陷或损伤较大的缺陷时，可先将缺陷处铲除，再浇入高温金属液将缺陷填满。此法适用于青铜、铸钢件的修补。

职业能力训练

训练要求	现需制造图示的零件联轴器，已确定其毛坯采用砂型铸造工艺，请选择适宜的造型方法，并绘制铸造工艺流程图。 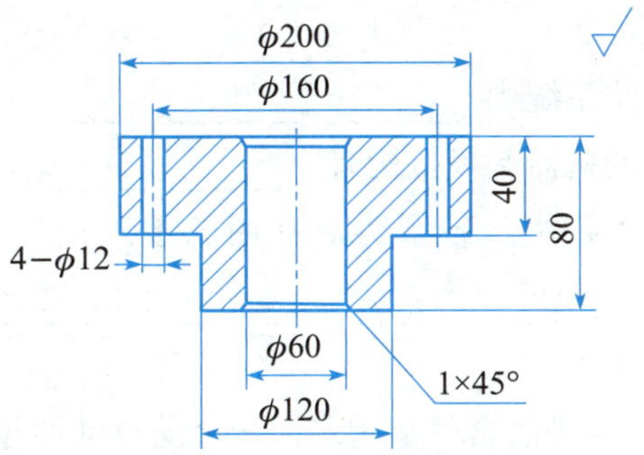
训练目标	掌握砂型铸造的常用造型方法，明确铸造工艺流程。

续表

实施过程	1. 整模造型 由于制件形状特点为一端大、一端小，因此能整模则不分模，防止错箱导致制件尺寸不合格。 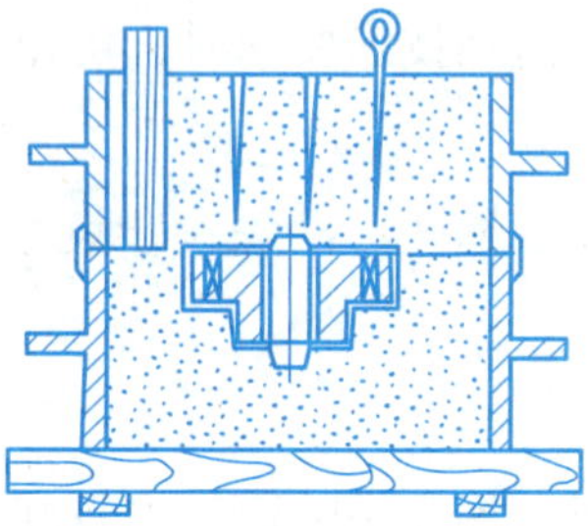 2. 具体操作 绘制零件铸造工艺图→制造模样、芯盒，制备型砂、芯砂→造型和造芯（先造下箱，反转下箱后扣上上砂箱造上箱，同时造芯）→下芯、合箱→浇注→落砂清理→质量检验。

复习思考题

一、填空题

1. 合金的铸造性能通常用________和________等来衡量。

2. 影响液态合金的充型能力的因素有两个：一是________，二是________。

3. 影响合金流动性的因素主要有________、________、________、________。

4. 合金的收缩量通常用________和________来表示。

5. 机器造型按紧实方式不同，分为________、________、________和________四种基本方式。

6. 铸造合金收缩要经历三个相互联系的收缩阶段，即________、________和________。

7. 型（芯）砂是由________、________、水及其他附加物（如煤粉、重油、木屑等）混制而成。

8. 一个完整的浇注系统由________、________、________和________四部分组成。

9. 目前应用广泛的机器起模机构有________、________和________三种。

10. 在机械生产实践中，砂型铸造常用的手工造型方法有很多种，包括________、________、________、________、________、________和________等。

二、判断题

(　　) 1. 熔融合金中的含气量越多，合金的流动性越好。

(　　) 2. 熔融合金在流动方向上所受的压力越大，充型能力越好。

(　　) 3. 液态合金在金属型中的流动性比在砂型中好。

(　　) 4. 凝固收缩是产生铸造应力，导致铸件变形，甚至产生裂纹的主要原因。
(　　) 5. 手工造型时，能整模则不分模。
(　　) 6. 收缩应力常表现为压应力。
(　　) 7. 熔模铸造不需要分型面。
(　　) 8. 纯金属的流动性总是比较好。
(　　) 9. 铸钢的机械性能和铸造性能都比铸铁好。
(　　) 10. 中间大、两端小的铸件适合分模造型。

三、选择题

1. 金属模样的尺寸比零件大一个（　　）。

A. 铸件材料的收缩量

B. 机械加工余量

C. 模样材料的收缩量加铸件材料的收缩量

D. 铸件材料的收缩量加机械加工余量

2. 铸件最小壁厚要受到限制，主要是因为薄壁件中金属流动性低，容易产生（　　）。

A. 应力和变形　　B. 缩孔和缩松

C. 冷隔和浇不足　　D. 开裂

3. 灰铸铁适合制造床身、机架、底座、导轨等结构，除了铸造性和切削性优良外，还因为（　　）。

A. 抗拉强度好　　B. 抗弯强度好

C. 耐压消震　　D. 冲击韧性高

4. 机床床身的材料一般是由（　　）材料制成的。

A. 铸钢　　B. 球铁　　C. 普通灰铸铁　　D. 可锻铸铁

5. 下列合金中，流动性最差的合金是（　　）。

A. 灰铸铁　　B. 铸钢　　C. 铜合金　　D. 铝合金

6. 在铸铁的熔炼设备中，应用最广泛的是（　　）。

A. 电弧炉　　B. 冲天炉　　C. 工频炉　　D. 反射炉

7. 将模型沿最大截面处分开，造出的铸型型腔一部分位于上箱，一部分位于下箱的造型方法称（　　）。

A. 挖沙造型　　B. 整模造型　　C. 分模造型　　D. 刮板造型

8. 各种铸造方法中，最基本的方法是（　　）。

A. 金属型铸造　　B. 熔模铸造　　C. 砂型铸造　　D. 压力铸造

9. 下列选项中，属于铸造特点的是（　　）。

A. 成本高　　B. 适应性广　　C. 精度高　　D. 铸件质量高

10. 机床的床身一般采用（　　）成形。

A. 铸造　　B. 锻造　　C. 焊接　　D. 冲压

11. 造型时，上下型的结合面称为（　　）。

A. 内腔　　B. 型芯　　C. 芯头　　D. 分型面

12. 型芯的作用是获得铸件的（　　）。

A. 外形　　B. 尺寸　　C. 内腔　　D. 表面

13. 没有分型面的造型是（　　）。

A. 整体模造型　　B. 分开模造型　　C. 三箱造型　　D. 熔模造型

14. 把熔炼后的金属液用浇包注入铸腔的过程是（　　）。

A. 合箱　　B. 落砂　　C. 清理　　D. 浇注

15. 型芯外伸部分叫作芯头，作用是（　　）。

A. 增加强度　　B. 工件需要　　C. 形成工件内腔　　D. 定位和支撑芯子

四、简答题

1. 铸件为什么会产生缩孔、缩松？如何防止或减少它们的危害？

2. 什么是铸造应力？铸造应力对铸件质量有何影响？

3. 确定铸件浇注位置时，应遵循哪几项原则?

五、名词解释

合金的流动性　　浇注系统　　砂型铸造　　压力铸造

冒口　　冷铁　　缩孔　　缩松　　金属型铸造

项目 6 压力加工工艺

项目导读

在机械生产实践中，力学性能要求高的传递运动和动力的零件（如轴、齿轮等）通常采用压力加工制坯，如图 6-1 所示的两种零件均是先通过锻造工艺制成毛坯，再进行切削加工。因为压力加工不仅能改变材料的形状和尺寸，还可以改善力学性能。塑性好的金属材料才能通过压力加工制成工件。

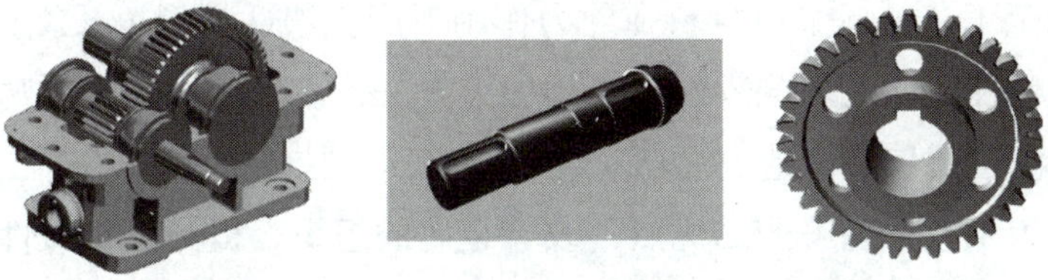

（a）减速器　　（b）减速器中的轴和齿轮

图 6-1　设备中的典型锻件

压力加工成形是一种怎样的工艺？通过怎样的过程生产制件？需要哪些设备或工具？压力加工怎样通过改变组织来改变性能？这种工艺有什么特点？压力加工制件的质量与哪些因素有关？要获得优质的制件，需要在压力加工过程中采取哪些适当的措施？让我们带着问题来学习本项目的内容。

素养园地

坚守生产一线的大国工匠——潍柴首席技师王树军

王树军，山东省潍坊市总工会兼职副主席，潍柴控股集团职工监事、首席技师，装备技术服务有限公司机修钳工。2019 年获评“大国工匠年度人物”，2020 年获评全国劳动模范。其攻克的国外某品牌加工中心光栅尺气密保护设计缺陷，填补了行业空白；独创“垂直投影逆向复原法”“机械传动微调感触法”“反铣刀”及“弹性支撑替代法”等多项操作法解决了生产难题，打破了国际技术封锁和垄断。近年来，王树军带领团队主动实施各类创新290多项，累计创造经济效益8 400多万元，创新工作获潍柴科技大会工人成果革新奖43项，其中特等奖3项，一等奖10项。

吃苦耐劳，严谨细致是王树军的真实写照。在二十几年的职业生涯里，他从不会放过工作中遇到的任何一个小问题，任何一个小细节。精密机床的维修是一项精细活，既要有脑力的支撑还要有体力的保障。有些进口机床的维修，需要钻到设备工作台底部，里面温度高、空间狭小，没有足够的体力很难支撑下来。有时为了解决一个问题，他在里面一待就是一两个小时，每次出来时浑身都是汗水和油污。

工匠精神不断激励着广大劳动者立志成为高技能人才和大国工匠。大国崛起，匠心筑梦。如今，工匠精神的时代内涵早已超越了工匠群体，延伸到更广泛的行业和群体。“三百六十行，行行出状元。”每个人不管处在什么岗位，只要大力传承和弘扬工匠精神，就能在劳动中体现价值、展现风采、感受快乐。

6.1 金属的压力加工原理

金属压力加工工艺是指金属材料在外力作用下产生塑性变形（永久变形）以获得所需形状、尺寸及机械性能的毛坯或零件的一种加工方法，简称压力加工或塑性加工。压力加工成形的基本方法主要包括锻造、冲压、轧制、挤压、拉拔。

金属压力加工工艺具有鲜明的优点：改善金属的组织，提高其机械性能；节约金属材料和切削加工工时；除自由锻造外，其他压力加工工艺均具有较高的劳动生产率。但是，压力加工工艺需要重型设备和复杂的工模具，不能加工脆性材料；而且劳动条件较差。

要掌握金属压力加工成形技术，首先必须了解金属塑性变形的基本原理。金属的塑性变形及随后的加热对金属材料组织和性能有显著的影响，掌握塑性变形的实质、塑性变形对金属组织和性能的影响以及金属的锻造性，对于发挥金属的性能潜力、正确确定加工工艺、提高产品质量以及合理使用金属材料等具有重要意义。

一、金属塑性变形的实质

金属在外力作用下产生形状和尺寸的变化称为变形，变形分为弹性变形和塑性变形。金属在外力作用下首先要产生弹性变形，当外力增大到内应力超过材料的屈服点时，就会产生塑性变形。金属的压力加工就是利用塑性变形实现的。

金属塑性变形是金属在外力作用下，金属晶体每个晶粒内部的变形，以及晶粒间的相对移动、晶粒转动的综合结果。单晶体的塑性变形主要是通过滑移的形式实现，即在切应力的作用下，晶体的一部分相对于另一部分沿着一定的晶面产生滑移，如图6－2所示。

单晶体的滑移是通过晶体内的位错运动实现的，而不是所有的原子沿滑移面同时做刚性移动的结果，只是位错中心附近的少数原子进行了微量位移，所以滑移需要的切应力比理论值低得多。如图 6－3 所示为位错运动引起塑性变形示意图。

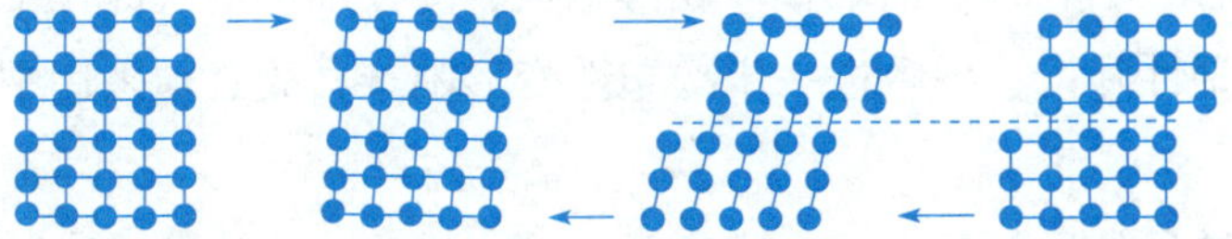

（a）未变形　（b）弹性变形　（c）弹塑性变形　（d）塑性变形

图 6－2　单晶体滑移示意图

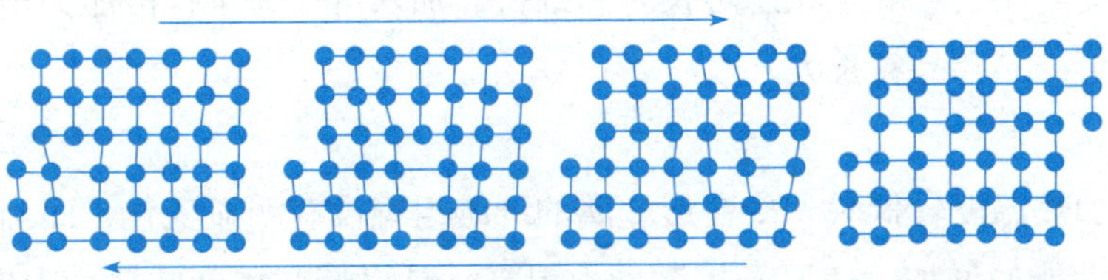

（a）未变形　（b）位错运动　（c）塑性变形

图 6－3　位错运动引起塑性变形示意图

工程上使用的金属绝大多数是多晶体。多晶体中每个晶粒内部的变形情况与单晶体的变形情况大致相似，可以看作单个晶粒的位错以及晶粒间滑动和转动的综合结果。多晶体中首先发生滑移的是那些滑移系与外力夹角等于或接近 45° 的晶粒，使位错在晶界附近塞积，当塞积位错前端的应力达到一定程度后，加上相邻晶粒的转动，使相邻晶粒中原来处于不利位向滑移系上的位错开始运动，从而使滑移由一批晶粒传递到另一批晶粒，当大量晶粒发生滑移时，金属便呈现明显的塑性变形。

二、塑性变形对金属组织和性能的影响

塑性变形的程度对金属组织和性能有较大的影响。变形程度过小，不能起到细化晶粒、提高金属力学性能的目的；变形程度过大，不仅不会使力学性能再提高，还会出现纤维组织，增加金属的各向异性，当超过金属允许的变形极限时，会发生开裂等缺陷。

1. 塑性变形后的组织变化

金属在常温下经过塑性变形后，内部组织会发生以下变化：

（1）不仅外形发生变化，而且其内部的晶粒会被相应地拉长或压扁。

（2）当变形量很大时，晶粒被拉长为纤维状，晶界变得模糊不清。

（3）晶格与晶粒均发生扭曲，产生内应力。

（4）使晶粒破碎为亚晶粒。

2. 加工硬化

随着变化程度增大，冷塑性变形在滑移面附近使晶格发生严重畸变，甚至产生碎晶，从而引起的强度和硬度提高、塑性和韧性下降的现象称为加工硬化。

生产上常利用加工硬化来强化金属，提高金属的强度、硬度及耐磨性，尤其是对难以

通过热处理强化的纯金属、某些铜合金及镍铬不锈钢等，加工硬化是唯一有效的强化方法。

加工硬化也有其不利的一面。在冷轧薄钢板、冷拔细钢丝及深拉工件时发生的加工硬化，会使金属的塑性降低，导致进一步冷塑性变形困难，故必须采用中间热处理来消除加工硬化。

3. 回复、再结晶与晶粒长大

金属经冷变形后，组织处于不稳定状态，有自发恢复到稳定状态的倾向。但在常温下，原子扩散能力小，不稳定状态可长时间维持。加热可使原子扩散能力增强，金属将依次实现回复、再结晶和晶粒长大。

（1）回复。

回复是指加热温度较低时，冷变形金属的纤维组织没有明显变化，而当温度适当提高时，由于原子动能的增加，使原子扩散能力提高，晶格畸变程度减轻，内应力大大降低，从而使加工硬化部分消除的现象。回复温度一般为金属熔点的 0.25 ～ 0.30 倍，即

$$T_{回} \approx (0.25 \sim 0.30)\,T_{熔}$$

式中，$T_{回}$——以热力学温度表示的金属回复温度；

$T_{熔}$——以热力学温度表示的金属熔点温度。

在回复阶段，金属组织变化不明显，其强度、硬度略有下降，塑性略有提高，但内应力显著下降，如图 6－4（a）所示。工业上常利用回复现象将冷变形金属低温加热，既稳定组织又保留加工硬化，这种热处理方法称为去应力退火。如碳钢弹簧在冷卷后加热到 250 ～ 300℃再缓慢冷却，以消除内应力。

（2）再结晶。

再结晶是指当温度继续升高时，由于金属原子动能不断增加，使原子扩散能力更强，能以某些碎晶或杂质为核心，重新生核并成长为新的晶粒，从而完全消除加工硬化的现象，如图 6－4（b）所示。发生再结晶的最低温度称为再结晶温度，一般为金属熔点的 0.4 倍，即

$$T_{再} \approx 0.4T_{熔}$$

式中，$T_{再}$——以热力学温度表示的金属再结晶温度；

$T_{熔}$——以热力学温度表示的金属熔点温度。

再结晶也是晶核形成和长大的过程，但不是相变过程。再结晶前后，新旧晶粒的晶格类型和成分完全相同。由于再结晶后组织复原，因此金属的强度、硬度下降，塑性、韧性提高，加工硬化消失。

在实际生产中，消除加工硬化的热处理称为再结晶退火。金属在常温下进行压力加工时，常安排中间再结晶退火工序，为缩短生产周期，再结晶退火温度一般比再结晶温度高 100 ～ 200℃。

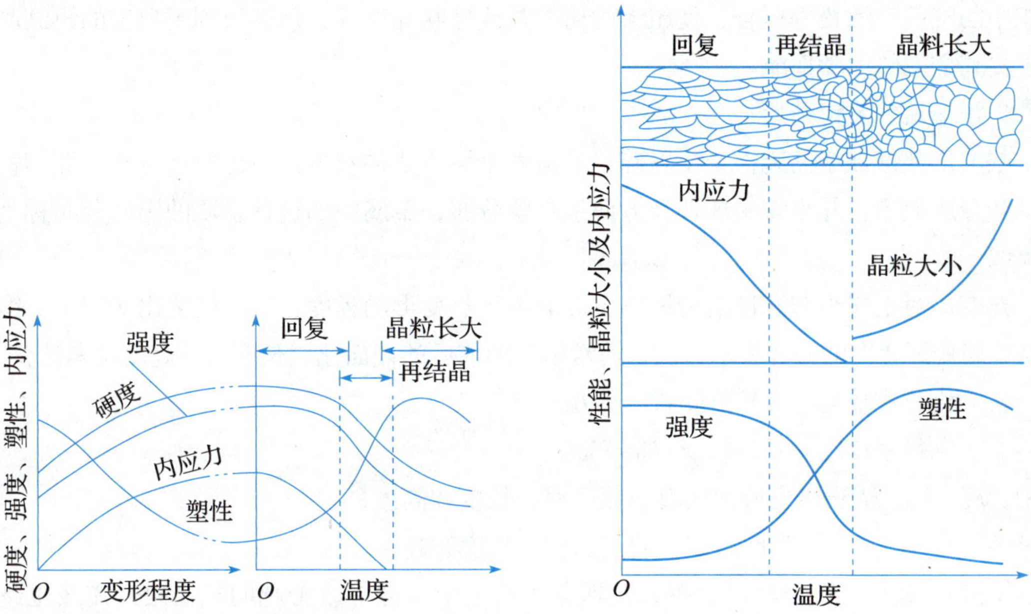

（a）冷变形与温度和性能的关系　　（b）形变组织与性能的关系

图 6－4　变形金属组织和性能的关系

（3）再结晶后的晶粒长大。

再结晶过程完成后，若继续升高加热温度或延长保温时间，则晶粒会明显长大，这是一个自发的过程。晶粒的长大是通过晶界迁移进行的，是大晶粒吞并小晶粒的过程。晶粒粗大会使金属的强度下降，尤其会使塑性和韧性下降，使锻造性能恶化。

4. 冷变形和热变形

（1）冷变形。

金属在再结晶温度以下进行的塑性变形称为冷变形。如钢在常温下进行的冷冲压、冷轧、冷挤压等。在变形过程中，有加工硬化现象而无再结晶组织。

冷变形工件没有氧化皮，可获得较高的公差等级，较小的表面粗糙度，强度和硬度较高。由于冷变形金属存在残余应力和塑性差等缺点，因此常常需要进行中间退火才能继续变形。

（2）热变形。

热变形是指变形温度在再结晶温度以上时，变形产生的加工硬化被随即发生的再结晶所抵消，变形后金属具有再结晶的等轴晶粒组织，而无任何加工硬化痕迹的现象。如热锻、热轧、热挤压等。

热变形与冷变形相比，其优点是塑性良好，变形抗力低，容易加工；缺点是高温下金属容易产生氧化皮，所以制件的尺寸精度低，表面粗糙。

金属经塑性变形及再结晶，可改善原来存在的不均匀、晶粒粗大的组织，或将锻锭组织中的气孔、缩松等压合，使粗大的树枝晶或柱状晶破碎，从而得到更致密的再结晶组织，提高金属的力学性能。

5. 锻造流线及锻造比

热变形使锻锭中的脆性杂质粉碎，并沿着金属主要伸长方向呈碎粒状分布，而塑性杂质则随金属变形，并沿着主要伸长方向呈带状分布，金属中的这种杂质的定向分布称为锻造流线。

热变形对金属组织和性能的影响主要取决于热变形的程度，可用锻造比 Y 表示。锻造比是金属变形程度的一种表示方法，通常用变形前后的截面比、长度比或高度比来计算。

拔长锻造比　　$Y_{拔} = F_0/F = L/L_0$

镦粗锻造比　　$Y_{镦} = F/F_0 = H_0/H$

式中，F_0、L_0、H_0——变形前坯料的截面积、长度和高度；

F、L、H——变形后坯料的截面积、长度和高度。

锻造比越大，热变形程度越大，则金属的组织、性能改善越明显，锻造流线也越明显。锻造流线的形成使金属的性能呈各向异性。当分别沿着流线方向和垂直流线方向拉伸时，前者有较大的抗拉强度。当分别沿着流线方向和垂直流线方向剪切时，后者有较大的抗剪强度。

在设计和制造机器零件时，必须考虑锻造流线的合理分布，使零件工作时的最大切应力与流线方向垂直，最大拉应力与流线方向平行，并尽量使锻造流线与零件的轮廓相符而不被切断。

例如，用同种材料加工螺栓，如图 6－5（a）所示为棒料直接切削加工制造的螺栓，受横向切应力时使用性能好，受纵向切应力时易损坏；若采用图 6－5（b）所示的局部镦粗方法制造的螺栓，则其受横向、纵向切应力时使用性能均好。如图 6－6 所示为轧材切削加工曲轴和锻造曲轴的流线分布，明显看出经切削加工的曲轴易沿轴肩部位发生断裂，流线分布不合理。曲轴毛坯的锻造，应采用拔长后弯曲的工序，使纤维组织沿曲轴轮廓分布，曲轴工作时不易断裂。

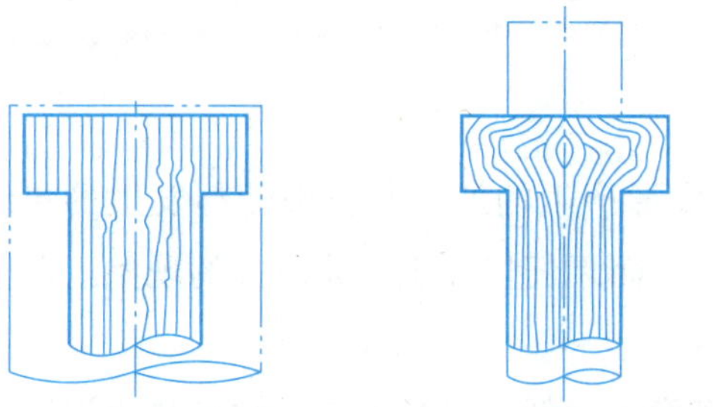

（a）切削加工的螺栓　（b）局部镦粗的螺栓

图 6－5　螺栓的显微组织与加工方法的关系

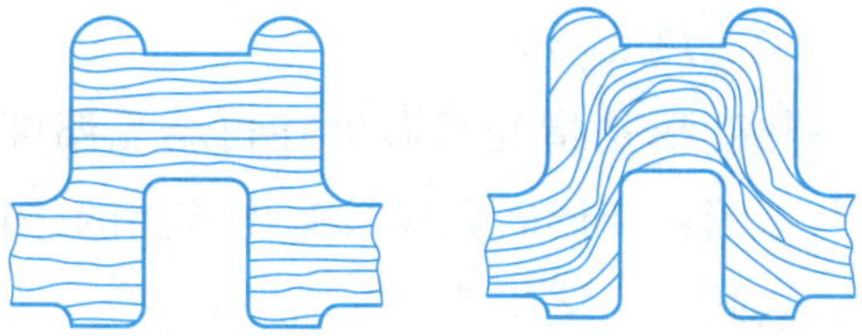

（a）切削加工的曲轴　（b）锻造的曲轴

图 6－6　轧材切削加工曲轴和锻造曲轴的流线分布

6.2 金属的锻造性能与锻造温度

锻造是最常用的压力加工工艺，锻造合金必须具有良好的锻造性能。金属的锻造性能是指材料在锻造加工时的难易程度，通常用塑性好坏和变形抗力大小这两个指标来衡量。若金属材料在锻造加工时塑性好，变形抗力小，则锻造性能好；反之，则锻造性能差。金属的锻造性能主要取决于材料的性质及其变形条件。

一、金属材料的锻造性能

1. 材料的性质

（1）化学成分。

不同化学成分的金属材料具有不同的塑性，其锻造性能也有很大的差异。通常，纯金属比合金的塑性好，变形抗力小，因此纯金属比合金的锻造性能好；合金元素的含量越高，塑性越差，变形抗力越大，因此低合金钢比高合金钢的锻造性能好；对钢来讲，含碳量低的钢比含碳量高的钢塑性好，因此低碳钢比高碳钢的锻造性能好。

（2）组织结构。

金属内部的组织结构不同，其可锻性也不同。金属的晶粒越细，塑性越好，但金属变形抗力越大。金属的组织越均匀，塑性越好，锻造性能越好。相同成分的合金，单相固溶体比多相固溶体塑性好，变形抗力小，锻造性能好。若含有多种成分而组成不同性能的组织结构，则塑性降低，锻造性能较差。

通常，面心立方结构和体心立方结构的金属比密排六方结构的金属塑性好。金属组织内部有缺陷，如铸锭内部有疏松、气孔等，会使金属的塑性下降，锻造时易出现锻裂等现象。

2. 变形条件

（1）变形温度。

温度的高低直接影响金属的锻造性能。随着变形温度的升高，金属原子的动能增大，削弱了原子间的引力，使滑移所需的应力下降，金属的塑性增加，变形抗力降低，锻造性变好。但变形温度过高，晶粒将急剧长大，从而降低了金属材料的力学性能，这种现象称为“过热”。当变形温度进一步升高到接近金属材料的熔点时，金属晶界产生氧化，锻造时金属易沿晶界产生裂纹，这种现象称为“过烧”。对于过热，可通过重新加热锻造和再结晶使金属恢复原来的力学性能，但过烧则导致金属报废。因此，必须将金属的锻造温度控制在一定的范围内，以保证锻件的质量。

（2）变形速度。

变形速度是指金属在单位时间内的变形量。它对锻造性能有两方面影响：一是由于变形速度加快，回复和再结晶不能及时克服加工硬化现象，金属的塑性减弱、变形抗力增强，导致可锻性变差，因此塑性较差的材料（如铜和高合金钢）宜采用较低的变形速度（即用液压机而不用锻锤）成形；二是金属在变形过程中，消耗于塑性变形的能量有一部分转化为热能，使金属温度升高（称为热效应现象），而且变形速度越快热效应越明显，则金属的塑性增强、变形抗力减弱（图 6－7 中 *a* 点以后），使可锻性变好，因此生产上常用高速锤锻造高强度、低塑性的难以锻造的合金。

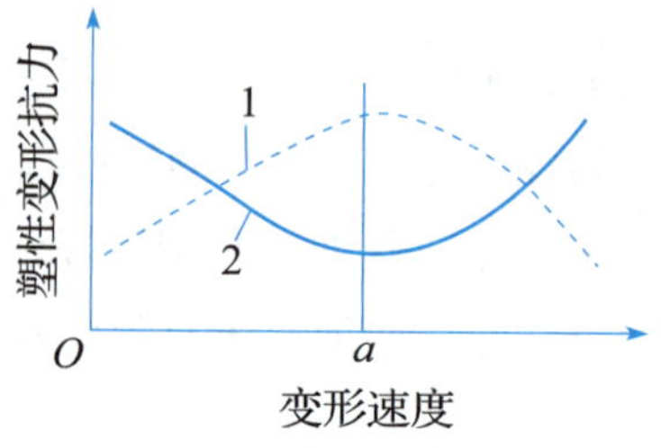

1—变形抗力曲线；2—塑性曲线

图 6－7　变形速度对塑性及变形抗力的影响

（3）变形方式（应力状态）。

金属的变形方式不同，它在变形时的内应力状态也不同。实践证明，三个方向上压应力的数量越多，则其塑性越好；拉应力的数量越多，则其塑性越差。挤压时，金属处于三向压应力状态，金属呈现良好的塑性状态，如图 6－8 所示。拉拔时，坯料沿轴向受到拉应力，其他方向为压应力，这种应力状态的金属塑性较差，如图 6－9 所示。镦粗时，坯料中心部分受到三向压应力，周边部分上下和径向受到压应力，而切向为拉应力，因此周边受拉部分塑性较差，易镦裂。

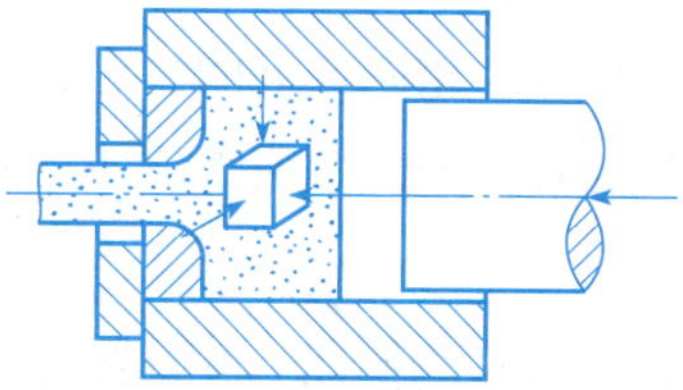

图 6－8　挤压时金属的应力状态

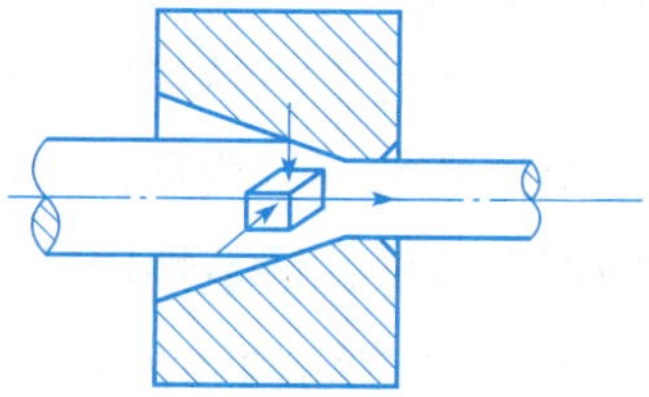

图 6－9　拉拔时金属的应力状态

二、锻造温度

1. 锻件的加热

锻造时，为了确保变形加工连续进行，需要对锻件进行加热。热变形加工时，变形产生的加工硬化被随即产生的再结晶抵消。在热变形过程中，其内部脆性夹杂物沿主变形方向分布，结晶时仍以条状或链状被保留下来，形成纤维组织。纤维组织的化学稳定性强，通过热处理是不能消除的，只能通过锻压改变其形状与分布。锻造结束后，采用不同的冷却方法，可得到不同的锻件质量。

（1）锻造温度范围：锻件由始锻温度到终锻温度的间隔。确定锻造温度范围的原则是保证金属在锻造过程中具有良好的锻造性能，即塑性好、变形抗力小以及在锻后能获得良好的内部组织；锻造温度范围要尽可能宽一些，以便有足够的时间进行锻造成形，从而减少加热次数，降低材料消耗，提高生产效率。

（2）始锻温度：材料允许的最高锻造温度。碳素钢的始锻温度一般低于其熔点温度

100 ～ 200℃。

（3）终锻温度：材料允许的最低锻造温度。锻造温度应低于终锻温度，因为若金属的温度过高，停锻后金属在冷却过程中结晶还会继续成长，导致锻件的力学性能（尤其是冲击韧度）降低。

2. 锻件的冷却

锻压后的冷却是保证锻件质量的重要环节。冷却过程中温度与时间的关系称为冷却规范。采用不同的冷却方式，可得出不同的冷却范围。冷却范围通常用冷却时间温度曲线表示。常见的冷却方式有空冷、坑冷、堆冷、炉冷和灰砂冷等。

热锻成形的锻件，通常要根据其化学成分、尺寸、形状复杂程度等确定相应的冷却方式。低、中碳钢小型锻件锻后常采用空冷或堆冷的方式进行冷却；低合金钢锻件的冷却速度要缓慢，通常随炉缓冷。冷却方式不当，会使锻件产生内应力、变形，甚至裂纹。冷却过快还会使锻件表面产生硬皮，使切削加工困难。

6.3 锻造

锻造是指借助工具或模具，在冲击或压力作用下对金属坯料施加外力，使其产生塑性变形，并改变尺寸、形状及性能，用于制造机械零件或零件毛坯的成形加工方法。锻造通常是在高温（再结晶温度以上）下成形，因此也称为金属热变形或热锻。

锻造加工过程能压密或焊合铸态金属组织中的缩孔、缩松、空隙、气泡和裂纹等缺陷，还能细化晶粒和破碎夹杂物，从而获得一定的锻造流线组织。因此，与铸造相比，锻造可极大地改善材料性能。此外，锻造还具有生产效率高、节省材料的优点。主要用于生产各种重要的、承受重载荷的机器零件或毛坯，如机床的主轴和齿轮、内燃机的连杆、起重机的吊钩等。在锻造过程中，高温下金属表面的氧化和冷却收缩等因素会导致锻件精度不高、表面质量不好，加之锻件结构工艺性的制约，通常锻件只作为机器零件的毛坯。

一、自由锻

自由锻是指利用冲击力或压力，将加热好的金属坯料，用简单的通用性工具或在锻造设备的上、下砧铁之间，使坯料产生变形而获得所需的几何形状及内部质量的锻件的加工方法。坯料在锻造过程中，除与上、下砧铁或其他辅助工具接触的部分表面外，都是自由表面，变形不受限制，故无法精确控制变形的发展。采用自由锻方法生产的锻件称为自由锻件。

自由锻可分为手工自由锻和机器自由锻。手工自由锻主要是依靠人力利用简单工具对坯料进行锻打，从而获得所需锻件。手工自由锻只能生产小型锻件，生产效率低，劳动强度大，锤击力小，在现代工业生产中已被机器锻造代替。机器自由锻主要是依靠专用的自由锻设备和专用工具对坯料进行锻打，从而获得所需锻件。

自由锻所用工具简单、通用性强、灵活性大，因此自由锻应用较为广泛，生产准备周期短；但是由于锻件的形状和尺寸主要靠人工操作来控制，因此存在锻件精度低、加工余量大、生产效率低、劳动强度大等缺陷。

自由锻件的质量可以从 1kg 的小件到 300t 的大件，适合单件 / 小批量生产、修配以及大型锻件的生产和新产品的试制等，特别是特大型锻件的生产，自由锻是唯一可行的加工方法，所以说自由锻在重型工业中具有重要意义。自由锻件有水轮机主轴、多拐曲轴、大型连杆、重要的齿轮等。

1. 自由锻工序

自由锻工序

自由锻工序分为基本工序、辅助工序、精整（或修整）工序三大类。

（1）基本工序。

基本工序是指锻造过程中，使金属材料产生一定程度的塑性变形，从而达到所需形状和尺寸的工艺过程，如镦粗、拔长、冲孔、弯曲、切割和扭转等，具体如图 6 - 10 所示。实际生产中常用的是镦粗、拔长和冲孔三个基本工序。

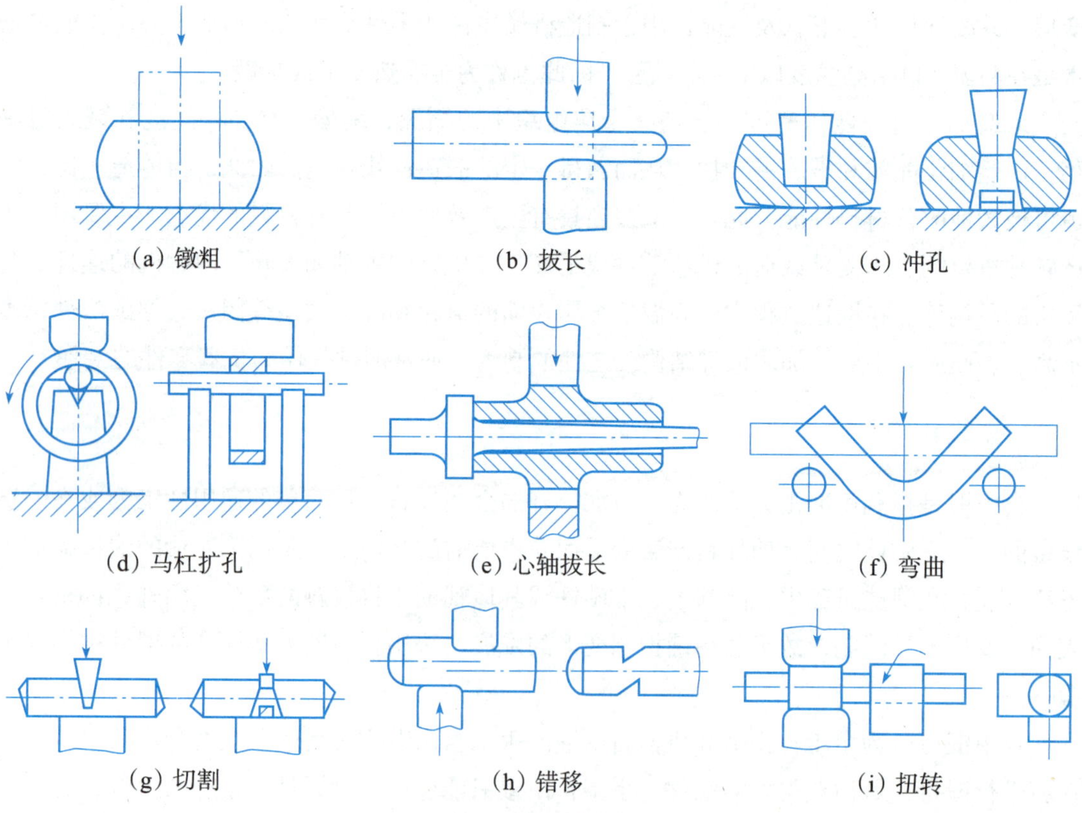

图 6 - 10　自由锻基本工序简图

1）镦粗。

镦粗是指沿工件轴向进行锻打，使其长度减小，横截面积增大的操作过程。常用来锻造齿轮坯、凸缘、圆盘等零件，也可作为锻造环、套筒等空心锻件冲孔前的预备工序。

镦粗时，坯料不能过长，高度与直径之比应小于2.5，以免镦弯，或出现细腰、夹层等现象。坯料镦粗的部位必须均匀加热，防止变形不均匀。镦粗可分为全镦粗和局部镦粗两种形式。

2）拔长。

拔长是指沿垂直于工件的轴向进行锻打，以使其横截面积减小，而长度增加的操作过程。常用来锻造轴类和杆类零件。

对于圆形坯料，一般先锻打成方形后再进行拔长，最后锻成所需形状，或使用V形砧铁进行拔长。在锻造过程中要将坯料绕轴线不断翻转。拔长主要分为在平砧上拔长和在芯棒上拔长两种形式。

3）冲孔。

冲孔是指用冲头在工件上冲出通孔或盲孔的操作过程。常用来锻造齿轮、套筒和圆环等空心锻件，对于直径小于25mm的孔一般不锻出，而是采用钻削的方法加工。冲孔的方法主要有单面冲孔法和双面冲孔法两种。

在薄坯料上冲通孔时，可用冲头一次冲出。若坯料较厚，可先在坯料的一边冲至孔深的2/3深度后，拔出冲头，翻转工件，然后从反面冲通，可避免在孔的周围冲出毛刺。

实心冲头双面冲孔时，圆柱形坯料会产生畸变。畸变程度与冲孔前坯料的直径 D_0、高度 H_0 和孔径 d_1 等有关。D_0/d_1 越小，畸变越严重。另外，冲孔高度过大时，易将孔冲偏，因此用于冲孔的坯料的直径 D_0 与孔径 d_1 之比（D_0/d_1）应大于2.5，坯料高度应小于坯料直径。

（2）辅助工序。

辅助工序是为基本工序操作方便而进行的预先变形工序，如钢锭压钳把、倒棱、压痕等，如图6－11所示。

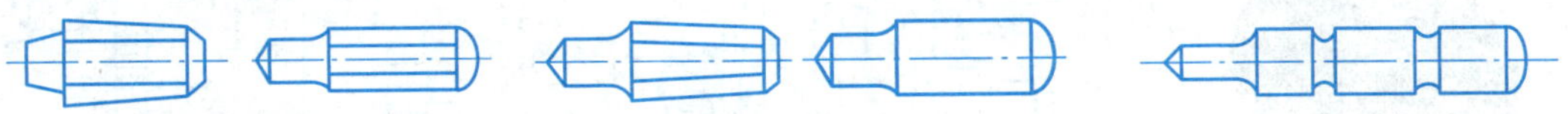

（a）压钳把　　（b）倒棱　　（c）压痕

图6－11　自由锻辅助工序简图

（3）精整工序。

精整工序是为了减少锻件表面缺陷而进行的工序，如校正、滚圆、平整等，如图6－12所示。

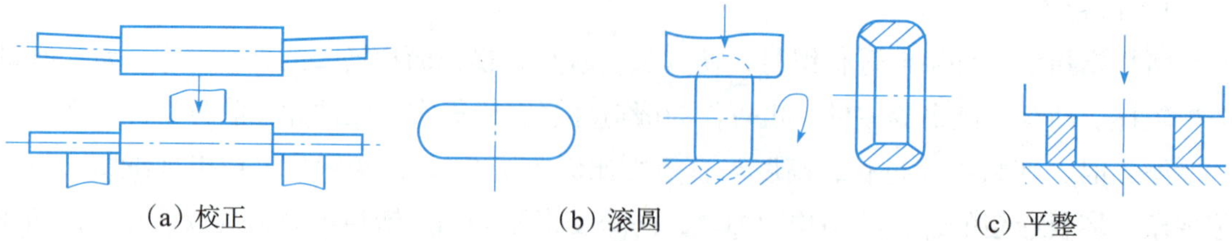

图 6-12 自由锻精整工序简图

在任何一个自由锻件的成形过程中，上述三类工序中的各工序可以按需要单独使用或组合使用。

2. 自由锻设备

根据作用在坯料上的力的性质，自由锻设备分为锻锤和液压机两大类。前者用于锻造中小型自由锻件，后者主要用于锻造大型自由锻件。自由锻设备应根据锻件大小、质量、形状和锻造基本工序等因素，结合实际生产条件来确定。

（1）锻锤。

锻锤产生冲击力使金属坯料变形，锻锤的吨位以落下部分的质量来表示。锤锻的通用设备是空气锤和蒸汽-空气锤。

空气锤：用电动机带动活塞产生压缩空气，使锤头上下往复运动以进行锤击，落下部分重量为 40～1 000kg。它的特点是结构简单，操作方便，维护容易，但吨位较小，锤击能量较小，只能锻造 100kg 以下的小型锻件。空气锤的结构和工作原理如图 6-13 所示。

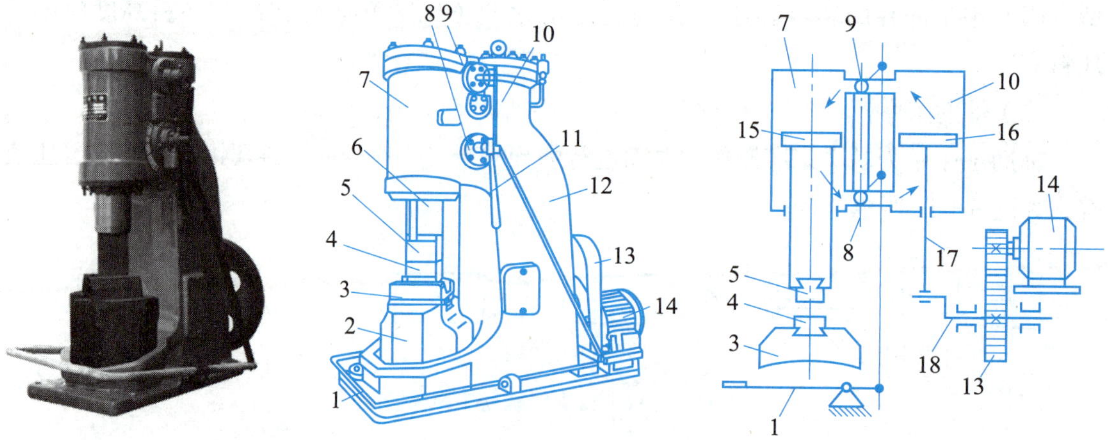

1—踏杆；2—砧座；3—砧垫；4—下砧；5—上砧；6—锤杆；7—工作缸；8—下旋阀；9—上旋阀；10—压缩缸；11—手柄；12—锤身；13—减速器；14—电动机；15—工作活塞；16—压缩活塞；17—连杆；18—曲柄

图 6-13 空气锤的结构和工作原理

1）机架部分。机架又称锤体，由工作缸 7、压缩缸 10、锤身 12 和底座等组成。

2）传动部分。由电动机 14、减速器 13、曲柄 18、连杆 17 及压缩活塞 16 等组成。

3）操纵部分。由上旋阀 9、下旋阀 8、操纵手柄（踏杆）1 等组成。

4）工作部分。由落下部分（工作活塞 15、锤杆 6、上砧 5）和锤砧（砧座 2、砧垫 3、下砧 4）等组成。

为满足锻造的稳定性要求，砧座的质量不应小于落下部分质量的 12 ～ 15 倍。砧座安装在坚固的钢筋混凝土基础上，而且在砧座与基础之间垫有垫木，以消除打击时产生的震动。

蒸汽 – 空气锤：以压力为 0.6 ～ 0.9MPa 的蒸汽或压缩空气为动力，其吨位稍大，可用来生产质量小于 1 500kg 的锻件。蒸汽或压缩空气由单独的锅炉或空气压缩机供应，投资比较大。常用的双柱式蒸汽 – 空气锤的构造如图 6 – 14 所示。

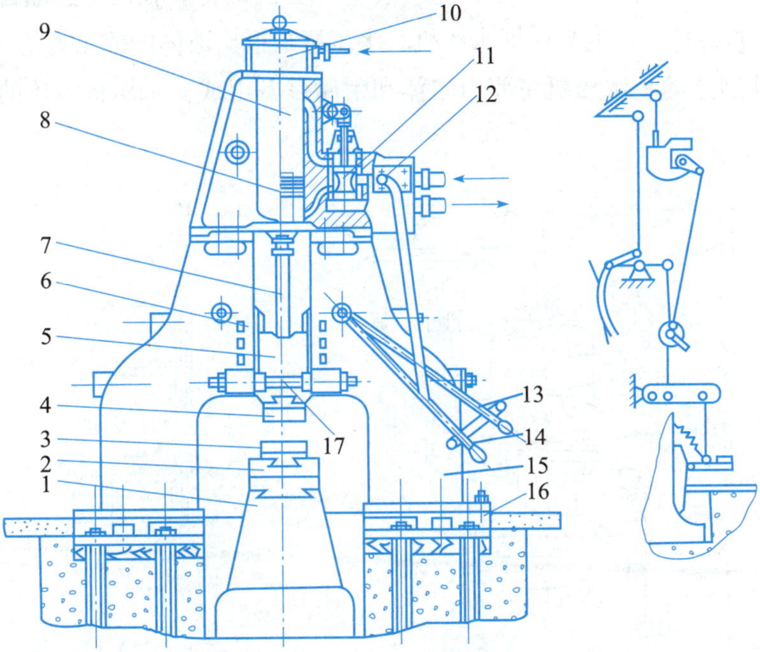

1—砧座；2—砧垫；3—下砧；4—上砧；5—锤头；6—导轨；7—锤杆；8—活塞；9—气缸；10—缓冲气缸；11—滑阀；12—节气阀；13—滑阀操纵杆；14—节气阀操纵杆；15—立柱；16—底座；17—拉杆

图 6 – 14　双柱式蒸汽 – 空气锤的构造

1）机架部分。机架又称锤身，由铸铁或铸钢铸成的左右立柱 15 组成，并由螺栓紧固在底座 16 上，再用前后拉杆将两立柱连接起来，以增强刚性。

2）气缸及缓冲机构。气缸 9 用于将蒸汽或压缩空气具有的能量转变为打击力，其上部安装有缓冲气缸 10，以防止活塞 8 冲击气缸盖。

3）落下部分。落下部分包括上砧 4、锤头 5、锤杆 7 和活塞 8 等。

4）配气 - 操纵机构。配气机构位于气缸侧面，由滑阀 11 和节气阀 12 组成。操纵机构由滑阀操纵杆 13 和节气阀操纵杆 14 等组成。操纵机构的作用是通过操纵滑阀和节气阀，使锤头完成悬空、压紧工件、单次打击和连续打击等动作。

5）砧座。砧座由砧座 1、砧垫 2 和下砧 3 组成。砧座的质量是落下部分质量的 10 ～ 15 倍，足够的质量可保证打击时不会发生弹跳和减弱打击，也不易下沉。

（2）液压机。

液压机可产生静压力使金属坯料变形。由于静压力作用时间长，容易达到较大的锻透深度，因此可获得整个断面为细晶粒组织的锻件。液压机是大型锻件的唯一成形设备，故大型先进液压机的制造和拥有量可体现一个国家工业技术水平的发展程度。液压机工作平稳，金属变形过程中无振动，噪声小，劳动条件较好；设备体积庞大，造价高。

目前，大型水压机可达万吨以上，能够锻造 300t 的锻件。我国已经能自行设计制造 125 000kN 以下的各种规格的自由锻水压机。水压机是根据液体的静压力传递原理（即帕斯卡原理）设计制造的。水压机主要由本体和附属设备组成，水压机本体的典型结构如图 6 - 15 所示。

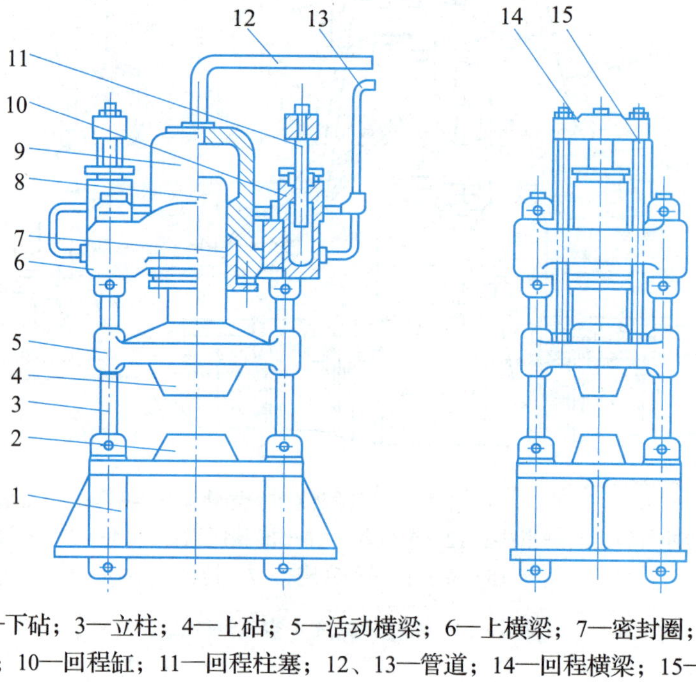

1—下横梁；2—下砧；3—立柱；4—上砧；5—活动横梁；6—上横梁；7—密封圈；8—工作柱塞；9—工作缸；10—回程缸；11—回程柱塞；12、13—管道；14—回程横梁；15—回程拉杆

图 6 - 15　水压机本体的典型结构

水压机本体由固定系统和活动系统两部分组成。

1）固定系统。主要由固定在基础上的下横梁 1、立柱 3、上横梁 6、工作缸 9 和回程缸 10 等组成。

2）活动系统。主要由活动横梁 5、工作柱塞 8、回程柱塞 11、回程横梁 14 和回程拉杆 15 等组成。

水压机的附属设备主要有水泵、蓄压器、充水罐和水箱等。

水压机工作时，以压力代替锤锻时的冲击力。大型水压机能够产生数万 kN，甚至更大的锻造压力，坯料变形量大，锻透深度大，从而改善锻件内部的质量，这对于以钢锭为坯料的大型锻件是很有必要的。

3. 自由锻工艺规程的编制

编制工艺规程、编写工艺卡是进行自由锻生产必不可少的技术准备工作，是组织生产、规范操作、控制和检查产品质量的依据。编制工艺规程时必须结合生产条件、设备能力和技术水平等实际情况，力求技术上先进、经济上合理、操作上安全，以达到正确指导生产的目的。

自由锻工艺规程主要包括绘制锻件图、计算坯料的质量与尺寸、确定锻造工序、选择锻造设备、确定坯料加热规范和填写工艺卡等。

（1）绘制锻件图。

锻件图是以零件图为基础，结合自由锻工艺特点绘制而成的图形，它是确定锻造工艺过程和进行锻件检验的依据。锻件图必须能够全面而准确地反映锻件的特殊内容（如圆角、斜度等），以及产品的技术要求（如性能、组织等）。

绘制锻件图时应主要考虑以下几个因素：

1）敷料（余块）。对于难以用自由锻方法锻出的键槽、齿槽、退刀槽以及小孔、盲孔、台阶等结构，必须临时添加一部分金属以简化锻件的形状，这部分金属称为敷料，将在切削加工时去除，如图 6－16 所示。

2）锻件余量。由于自由锻的锻件一般需要进一步切削加工，因此应在零件的加工表面上增加供切削加工用的余量，称为锻件余量，如图 6－16 所示。锻件余量的大小与零件的材料、形状、尺寸、批量大小、实际生产条件等因素有关。简言之，零件越大，形状越复杂，则余量越大。

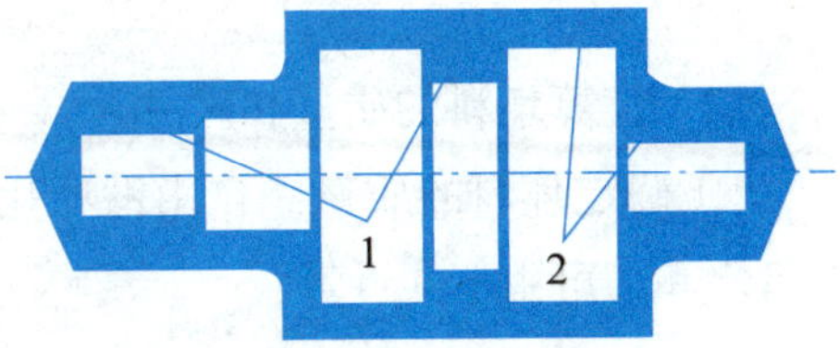

1—敷料；2—余量

图 6－16　锻件敷料及余量

3）锻件公差。锻件公差是指锻件名义尺寸的允许变动量，其大小与锻件形状、尺寸有关，并受实际生产情况影响，通常为加工余量的 1/4 ～ 1/3。

自由锻件的锻件余量和锻件公差可查阅相关手册。钢轴自由锻件的锻件余量和锻件公差见表 6－1。

表 6－1　钢轴自由锻件的锻件余量和锻件公差（双边）

（mm）

零件长度	零件直径					
	<50	50 ～ 80	80 ～ 120	120 ～ 160	160 ～ 200	200 ～ 250
	锻件余量和锻件公差					
<315	5 ± 2	6 ± 2	7 ± 2	8 ± 3	—	—
315 ～ 630	6 ± 2	7 ± 2	8 ± 3	9 ± 3	10 ± 3	11 ± 4
630 ～ 1 000	7 ± 2	8 ± 3	9 ± 3	10 ± 3	11 ± 4	12 ± 4
1 000 ～ 1 600	8 ± 3	9 ± 3	10 ± 3	11 ± 4	12 ± 4	13 ± 4

在锻件图上，锻件的外形用粗实线表示，为了方便操作者了解零件的形状和尺寸，用双点划线画出零件的主要轮廓，并在锻件尺寸线的上方标注锻件尺寸与公差，尺寸线下方用圆括号标注零件尺寸，如图 6－17 所示。对于大型锻件，还必须在同一个坯料上锻造出供性能检验用的试样，该试样的形状和尺寸也要在锻件图上表示。

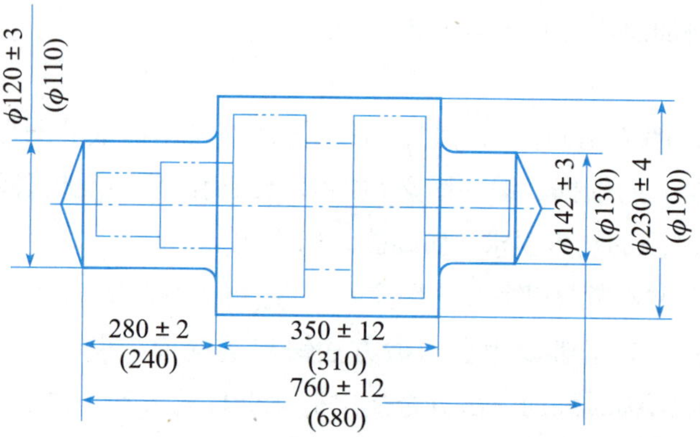

图 6－17　典型锻件图

（2）计算坯料的质量和尺寸。

1）确定坯料的质量。自由锻所用坯料的质量为锻件的质量与锻造时各种金属消耗的质量之和，可由下式计算：

$$G_{坯料} = G_{锻件} + G_{烧损} + G_{料头}$$

式中，$G_{坯料}$——坯料质量，kg；

$G_{锻件}$——锻件质量，kg；

$G_{烧损}$——坯料加热时因表面氧化而烧损的质量，kg。第一次加热取被加热金属质量分数的 2% ～ 3%，以后各次加热取 1.5% ～ 2.0%；

$G_{料头}$——锻造过程中被冲掉或切掉的金属的质量，kg。如冲孔时坯料中部的料芯，修切端部产生的料头等。

对于大型锻件，用钢锭作坯料进行锻造时，还要考虑切掉的钢锭头部和尾部的质量。

2）确定坯料的尺寸。根据塑性加工过程中体积不变原则，以及采用的基本工序类型（如镦粗、拔长等）的锻造比、高度与直径之比等计算出坯料的横截面积、直径、边长等尺寸。

典型锻件的锻造比见表 6－2。

表 6－2 典型锻件的锻造比

锻件名称	计算部位	锻造比	锻件名称	计算部位	锻造比
碳素钢轴类锻件	最大截面	2.0 ～ 2.5	锤头	最大截面	≥ 2.5
合金钢轴类锻件	最大截面	2.5 ～ 3.0	水轮机主轴	轴身	≥ 2.5
热轧辊	辊身	2.5 ～ 3.0	水轮机立柱	最大截面	≥ 3.0
冷轧辊	辊身	3.5 ～ 5.0	模块	最大截面	≥ 3.0
齿轮轴	最大截面	2.5 ～ 3.0	航空用大型锻件	最大截面	6.0 ～ 8.0

（3）确定锻造工序。

自由锻锻造工序的选取应根据工序特点和锻件形状来确定。自由锻件的分类及所需锻造工序见表 6－3。

表 6－3 自由锻件的分类及所需锻造工序

锻件类别	图例	锻造工序	实例
盘类零件	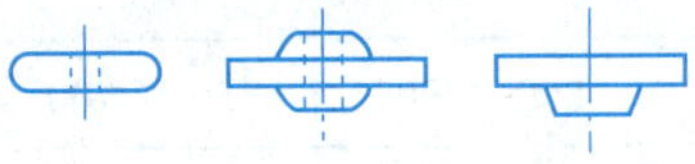	镦粗、冲孔等	齿轮、法兰等
轴类零件		拔长（或镦粗—拔长）、切肩、锻台阶等	传动轴、主轴等
筒类零件	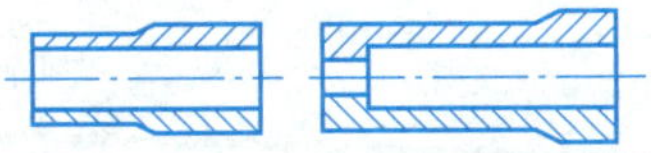	镦粗（或拔长—镦粗）、冲孔、在芯轴上拔长、滚圆等	圆筒、套筒等
杆类零件	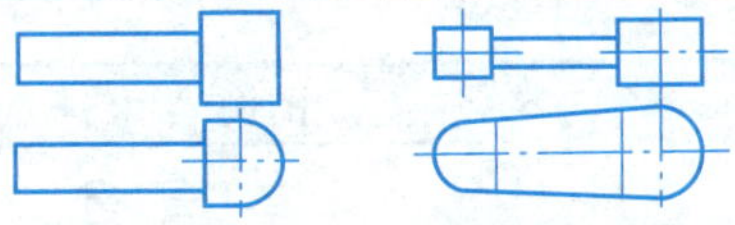	拔长、压肩、修整、冲孔等	连杆等
曲轴类零件	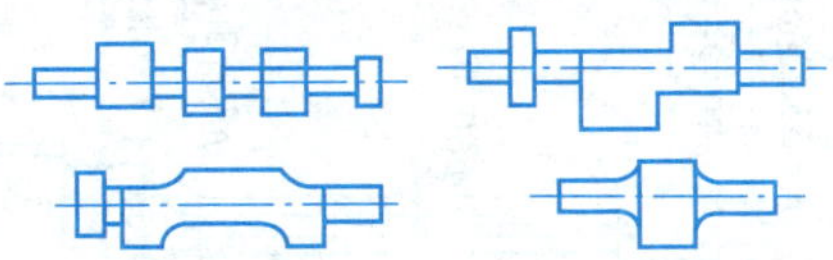	拔长、错移、压肩、扭转、滚圆等	曲轴、偏心轴等
环类零件		镦粗、冲孔、在芯轴上扩孔等	齿圈、圆环等
弯曲类零件	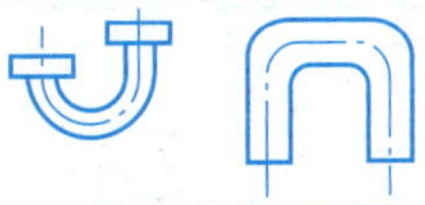	拔长、弯曲等	吊钩、弯杆等

自由锻工序的选择与整个锻造工艺过程中的火次（即坯料加热次数）和变形程度有关。所需火次与每一火次中坯料成形所经历的工序都应明确规定，并写在工艺卡上。

4. 锻造温度范围

锻造温度范围是指始锻温度至终锻温度的范围。

锻造温度范围应尽量选宽一些，以减少锻造火次，提高生产效率。加热的始锻温度一般取固相线以下 100 ～ 200℃，以保证金属不发生过热与过烧。终锻温度一般高于金属的再结晶温度 50 ～ 100℃，以保证锻后再结晶完全，锻件内部得到细晶粒组织。此外，锻件终锻温度还与变形程度有关，变形程度较小时，终锻温度可稍低于规定温度。部分金属材料的锻造温度范围见表 6 - 4。

表 6 - 4　部分金属材料的锻造温度范围

材料类型	锻造温度 /℃		保温时间 /min · mm^{-1}
	始锻	终锻	
10、15、20、25、30、35、40、45、50	1 200	800	0.25 ～ 0.7
15CrA、16Cr2MnTiA、38CrA、20MnA、20CrMnTiA	1 200	800	0.3 ～ 0.8
12CrNi3A、12CrNi4A、38CrMoAlA、25CrMnNiTiA、30CrMnSiA、50CrVA、18Cr2Ni4WA、20CrNi3A	1 180	850	0.3 ～ 0.8
40CrMnA	1 150	800	0.3 ～ 0.8
铜合金	800 ～ 900	650 ～ 700	—
铝合金	450 ～ 500	350 ～ 380	—

5. 自由锻工艺举例

半轴自由锻工艺卡见表 6 - 5。

表 6 - 5　半轴自由锻工艺卡

锻件名称	半轴	图例
坯料质量	26kg	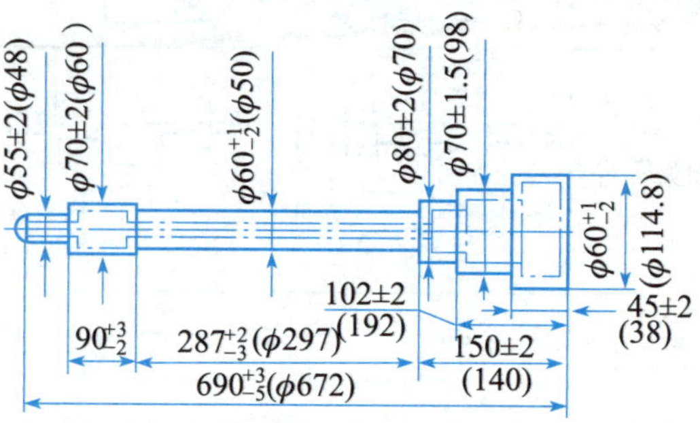
坯料尺寸	$\phi130\times240$	
材料	18CrMnTi	

续表

火次	工序	图例
1	锻出头部	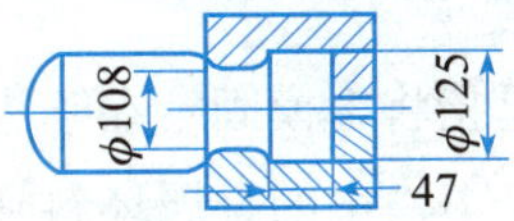
	拔长	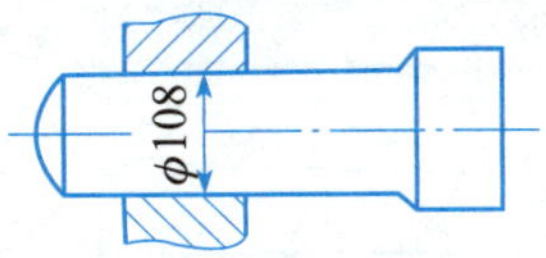
	拔长及修整台阶	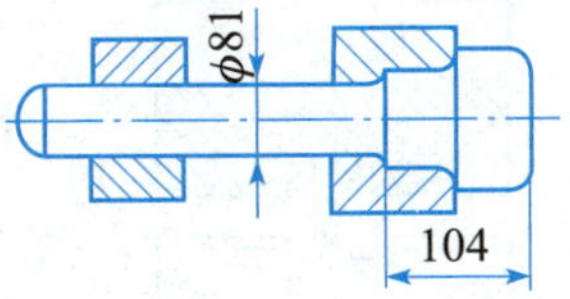
	拔长并留出台阶	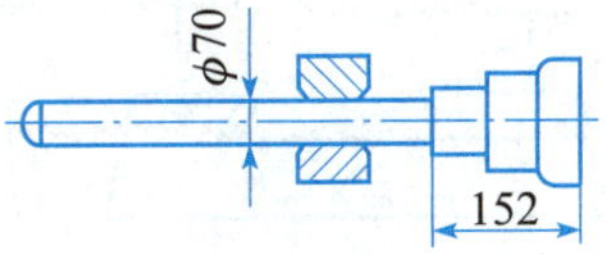
	锻出凹挡，拔长端部并修整	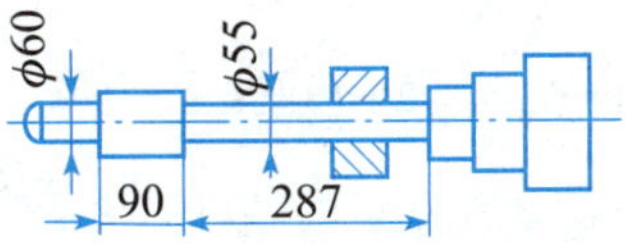

二、模型锻造

将加热后的坯料放在模锻设备上的锻模模膛内，利用高强度锻模使金属坯料在模膛内受压产生塑性变形，从而获得所需形状、尺寸以及内部质量的锻件的加工方法称为模型锻造（简称模锻）。在变形过程中，由于模膛限制了金属坯料的流动，因此锻造终了时可获得与模膛形状相符的模锻件。

与自由锻相比，模锻具有以下优点：

（1）生产效率较高。模锻时，金属的变形在模膛内进行，故能较快获得所需形状。

（2）能锻造形状复杂的锻件，并可使金属流线分布更为合理，提高零件的使用寿命。

（3）模锻件的尺寸较精确，表面质量较好，加工余量较小。

（4）节省金属材料，减少切削加工工作量。在批量足够的条件下，能降低零件成本。

（5）模锻操作简单，劳动强度低，易于实现机械化。

但是，模锻生产受模锻设备吨位限制，模锻件的质量一般在 150kg 以下。模锻设备投资较大，模具加工工艺复杂、制造周期长、费用高，工艺灵活性较差，生产准备周期较长。因此，模锻适合小型锻件的大批量生产，不适合单件 / 小批量生产以及中大型锻件的生产。随着 CAD/CAM 技术的飞速发展，锻模的制造周期将大大缩短。

模锻按使用的设备不同，可分为锤上模锻、压力机上模锻和胎模锻。

1. 锤上模锻

锤上模锻是指将上模固定在锤头上，下模紧固在模垫上，通过随锤头做上下往复运动的上模，对置于下模中的金属坯料施以直接锻击，来获取锻件的锻造方法。模锻工作示意图如图 6-18 所示。

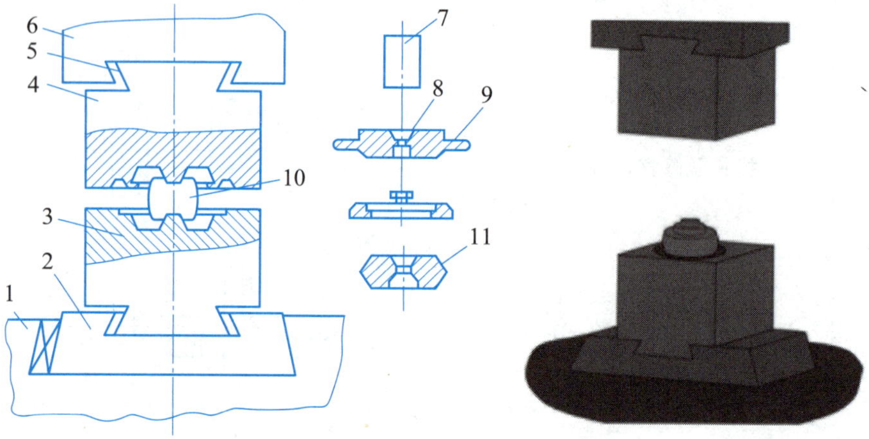

1—砧铁；2—模座；3—下模；4—上模；5—楔铁；6—锤头；7、10—坯料；8—连皮；9—毛边；11—锻件

图 6-18 模锻工作示意图

锤上模锻的工艺特点如下：

（1）金属在模膛中，是在一定速度下经过多次连续锤击而逐步成形的。

（2）锤头的行程、打击速度均可调节，实现打击的轻重缓急，因此可进行制坯工作。

（3）由于惯性作用，金属在上模模膛中具有更好的充填效果。

（4）锤上模锻的适应性广，可生产多种类型的锻件，可以单膛模锻，也可以多膛模锻。

模锻锤包括蒸汽－空气模锻锤、无砧座锤、高速锤和螺旋锤。其中，蒸汽－空气模锻锤应用广泛，其结构如图 6-19 所示。

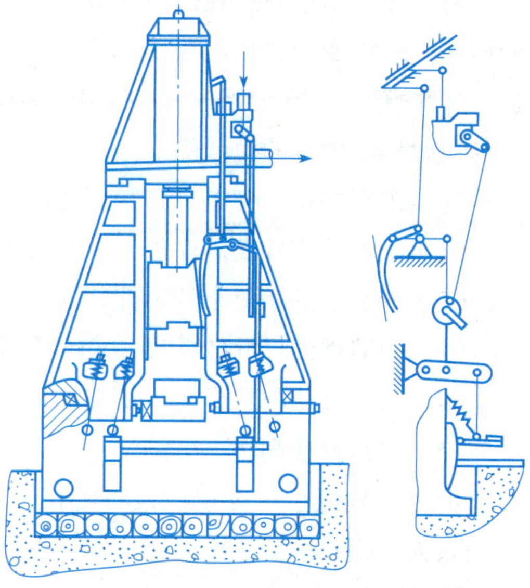

图 6-19 蒸汽－空气模锻锤的结构

锤上模锻能完成镦粗、拔长、滚挤、弯曲、成形、预锻和终锻等变形工序的操作，锤击力量和锤击频率可以自由控制，便于完成各

种轴类锻件的模锻，在各种模锻方法中具有较好的适应性。该设备结构简单、造价低、操作简单、使用灵活。目前广泛用于汽车、船舶及航空锻件的生产。其缺点是振动和噪声大，劳动条件较差，难以实现较高程度的机械化；完成一个变形工序要经过多次锤击，生产效率不高；锤上模锻打击速度较快，对变形速度较敏感的低塑性材料来说，不如在压力机上模锻的效果好。因此，在大批量生产中有逐渐被压力机上模锻取代的趋势。

（1）锻模。

根据模膛功用不同，锻模可分为模锻模膛和制坯模膛两类。

1）模锻模膛：分为预锻模膛和终锻模膛两种。

预锻模膛：其作用是使外形较为复杂的锻件坯料先变形到接近锻件的外形和尺寸，以便合理分配坯料各部分的体积，避免折叠的情况发生，并有利于金属的流动，易于充满模膛，同时可减小终锻模膛的磨损，延长锻模的使用寿命。预锻模膛和终锻模膛的主要区别是前者的圆角半径和模锻斜度较大，高度较大，一般不设飞边槽。对于形状简单或批量不大的模锻件可不设置预锻模膛。

终锻模膛：其作用是使金属坯料最终变形到所要求的形状和尺寸。因为模锻需要加热后进行，锻件冷却后尺寸会收缩，所以终锻模膛的尺寸应比实际锻件尺寸放大一个收缩量。钢锻件的收缩量可取1.5%。模膛四周设飞边槽，用以增加金属从模膛中流出的阻力，促使金属充满整个模膛，同时容纳多余的金属，另外还可以起到缓冲作用，减弱对上下模的打击，防止锻模开裂。飞边槽可在锻后利用压力机上的切边模去除。

对于有通孔的锻件，由于不可能靠上、下模的凸起部分将金属完全挤压，因此终锻后会在孔内留下一薄层金属，称为冲孔连皮，如图6－20所示。把冲孔连皮和飞边去除后，才能得到有通孔的模锻件。

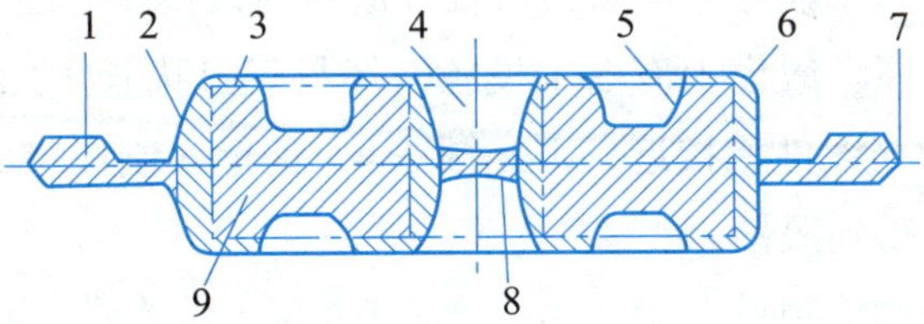

1—毛边；2—模锻斜度；3—加工余量；4—不通孔；5—凹圆角；6—凸圆角；
7—分模面；8—冲孔连皮；9—零件

图6－20　齿轮坯模锻件

2）制坯模膛。对于形状复杂的模锻件，为了使坯料基本接近模锻件的形状，以便模锻时使金属合理分布，并很好地充满模膛，必须预先在制坯模膛内制坯。制坯模膛有以下几种：

拔长模膛：减小坯料某部分的横截面积，以增加其长度。操作时一边送料一边反转。拔长模膛分为开式和闭式两种，如图6－21所示。

滚压模膛：减小坯料某部分的横截面积，以增大另一部分的横截面积，使金属坯料能够按模锻件的形状分布。操作时要不断反转坯料。滚压模膛分为开式和闭式两种，如图 6－22 所示。

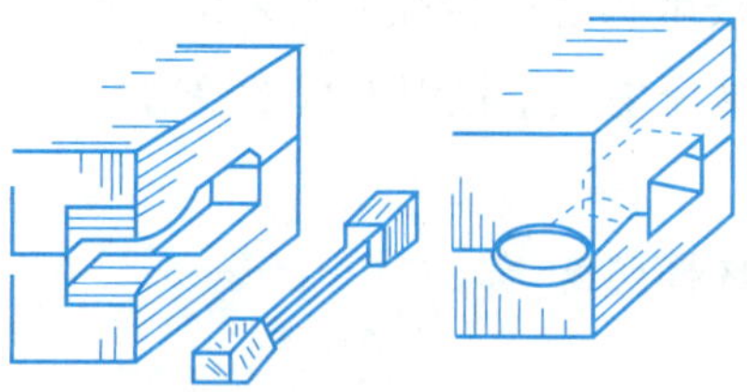

（a）开式　　（b）闭式

图 6－21　拔长模膛

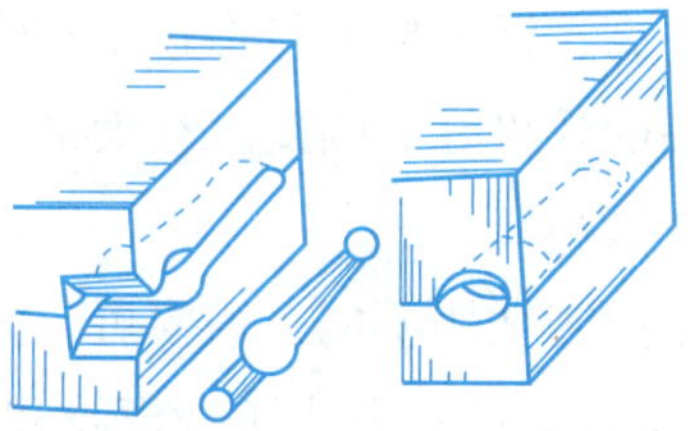

（a）开式　　（b）闭式

图 6－22　滚压模膛

弯曲模膛：使坯料弯曲，如图 6－23（a）所示。坯料可直接或经其他工序后再放入弯曲模膛进行弯曲变形。

切断模膛：上模与下模的角部组成一对刃口，用于切断金属，如图 6－23（b）所示。切断模膛可用于从坯料上切下锻件或从锻件上切下钳口，也可用于多件锻造后分离成单个锻件。

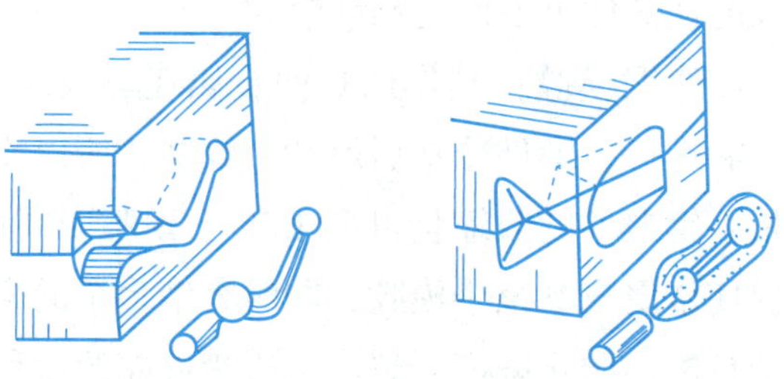

（a）弯曲模膛　　（b）切断模膛

图 6－23　弯曲模膛和切断模膛

根据锻件的复杂程度，锻模可设计成单膛锻模和多膛锻模两种。对于形状简单的锻件，在锻模上只需一个终锻模膛，即锻模可设计成单膛锻模；对于形状复杂的锻件，根据需要可在锻模上安排多个模膛，即锻模可设计成多膛锻模。如图 6－24 所示为弯曲连杆锻模（下模）与模锻工序。锻模上有 5 个模膛，坯料经过拔长 1、滚压 2、弯曲 5 三个制坯工序，使截面、轮廓与锻件相接近，再经预锻 4、终锻 3 制成带有飞边的锻件，最后在切边模 6 上切去飞边，得到锻件。

（2）模锻工艺规程的编制。

模锻工艺规程的编制主要包括绘制模锻件图、计算坯料尺寸、确定模锻工序、选择锻造设备、确定锻造温度范围及安排修整工序等。

1）绘制模锻件图。模锻件图是设计和制造锻模、计算坯料以及检验模锻件的依据，根据零件图绘制模锻件图时，应考虑以下几个问题。

分模面：上、下锻模的分界面。分模面的选择关系锻件成形、出模及材料利用率等问题。选择分模面时应保证模锻件能从模膛中顺利取出，并使锻件形状尽可能与零件形状相同，如图 6－25 所示，若选 *a-a* 面为分模面，则无法从模膛中取出锻件，所以不宜选该面作分模面；应使零件上所加的敷料最少，若选 *b-b* 面为分模面，零件中间的孔不能锻出，其敷料最多，既降低了材料的利用率，又增加了切削加工工作量，另外，模膛太深，金属不易充满模膛，所以不宜选该面作分模面；应使上、下模沿分模面的模膛轮廓一致，这样便于在安装锻模和生产中发现错模问题，若选 *c-c* 面为分模面，则不容易发现错模问题，所以不宜选该面作分模面；分模面最好为一个平面，并使上、下锻模的模膛深度基本一致，差别不宜过大，以便于均匀充型。

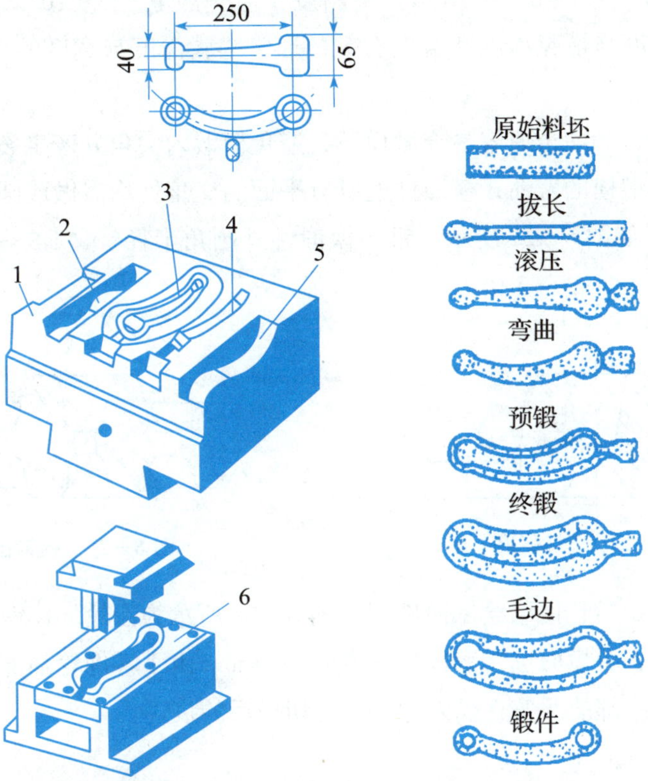

1—拔长模膛；2—滚压模膛；3—终端模膛；4—预锻模膛；5—弯曲模膛；6—切边模

图 6－24　弯曲连杆锻模（下模）与模锻工序

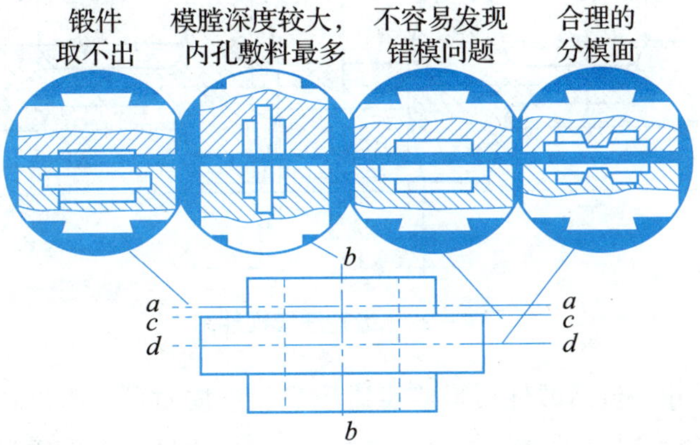

图 6－25　不同分模面效果对比

按上述原则综合分析，该模锻件的分模面应选在最大截面尺寸上。如图 6－25 所示的 *d-d* 面为合理的分模面。

加工余量和锻件公差：模锻件加工余量和公差比自由锻小得多。具体数值可查阅相关手册。

模锻斜度：为便于从模膛中取出锻件，模锻件上平行于锤击方向的表面必须具有斜度，称为模锻斜度，如图 6－26 所示。外斜度 α 值一般取 5° ～ 10°，内斜度 β 值一般取 7° ～ 15°。模锻斜度与模膛深度和宽度有关，通常模膛深度与宽度的比值（h/b）较大时，模锻斜度取较大值。

模锻圆角半径：为使金属容易充满模膛，避免模锻内尖角处产生裂纹，减缓锻模外尖角处的磨损，提高锻模的寿命，模锻件上所有平面的交角处均需做成圆角过渡，此过渡处称为锻件的圆角，如图 6－27 所示。钢的模锻件外圆角半径 r 取 1.5 ～ 12mm，内圆角半径 R 比外圆角半径 r 大 2 ～ 3 倍。

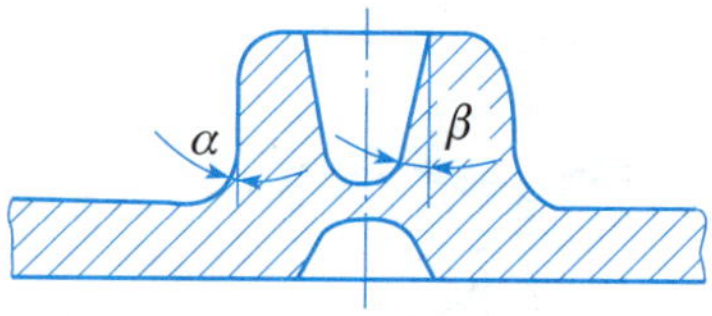

图 6－26　模锻斜度

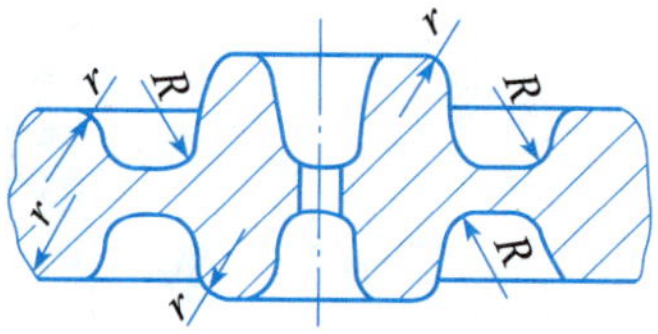

图 6－27　模锻圆角半径

上述各参数确定后，便可绘制锻件图，图 6－28 所示为齿轮坯模锻件图。图中双点划线为零件轮廓外形，分模面选在锻件高度方向的中部。由于零件轮辐部分不加工，故无加工余量。图中内孔中部的两条直线为冲孔连皮切掉后的痕迹。

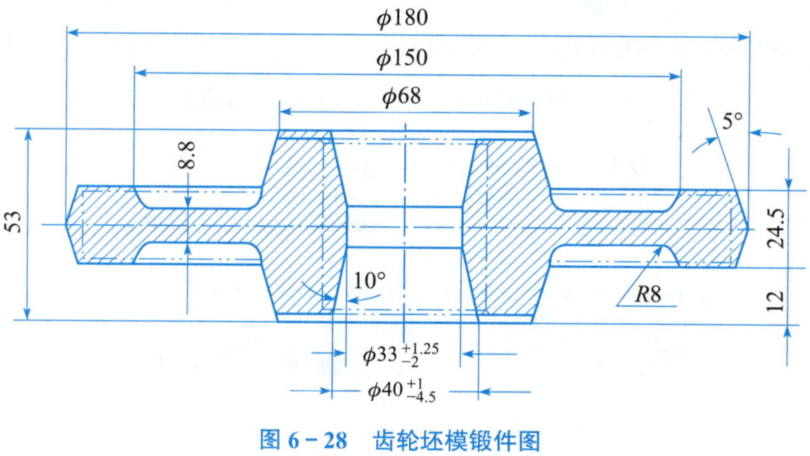

图 6－28　齿轮坯模锻件图

2）计算坯料尺寸。包括锻件质量、飞边质量、连皮质量、钳口料头质量以及烧损质量。通常，飞边质量占锻件质量的 20% ～ 25%；烧损质量占锻件质量和飞边质量总和的

2.5% ～ 4%。

3）确定模锻工序。模锻工序主要是根据锻件的形状和尺寸确定的。锻件按形状可分为长轴类模锻件（如台阶轴、曲轴、连杆、弯曲摇臂）与盘类模锻件（如齿轮、法兰盘）。

长轴类模锻件：常用的工序有拔长、滚压、弯曲、预锻和终锻等。当坯料的横截面积大于锻件最大横截面积时，可选用拔长工序；当坯料的横截面积小于锻件最大横截面积时，应采用拔长和滚压工序，拔长和滚压时，坯料沿轴线方向流动，金属体积重新分配，使坯料的各横截面积与锻件相应的横截面积近似相等；当锻件的轴线为曲线时，还应选用弯曲工序。

对于小型长轴类模锻件，为了节约钳口料和提高生产效率，常采用在一根棒料上同时锻造数个锻件的方法，因此应采用切断工序，将锻好的工件分离。对于形状复杂、终锻成形困难的锻件，还需选用预锻工序，最后在终锻模膛中模锻成形。长轴类模锻件如图 6－29 所示。

盘类模锻件：常选用镦粗、终锻等工序。锻造过程中，坯料轴线方向与锤击方向相同，金属沿高度、宽度、长度方向同时流动。

对于形状简单的盘类零件，可只选用终锻工序成形。对于形状复杂，有深孔或有高筋的锻件，则应增加镦粗、预锻等工序。盘类模锻件如图 6－30 所示。

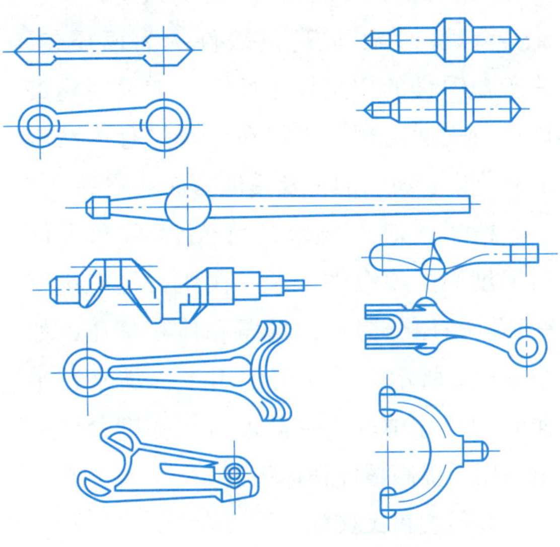

图 6－29　长轴类模锻件

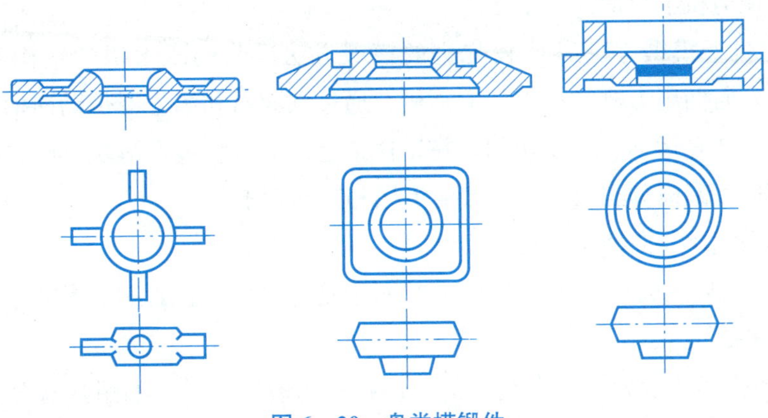

图 6－30　盘类模锻件

4）修整工序。坯料在锻模内制成模锻件后，还须经过一系列修整工序，以保证和提高模锻件质量。修整工序包括以下内容：

切边与冲孔：模锻件大多带有飞边及连皮，应在压力机上切除。

切边模由活动凸模和固定凹模组成，如图 6-31（a）所示。凸模工作面的形状与锻件上部外形相符，凹模的通孔形状与模锻件在分模面上的轮廓一样。

冲孔模的凹模作为锻件的支座，冲孔连皮从凹模孔中落下，如图 6-31（b）所示。

校正：切边及其他工序都可能引起模锻件的变形，因此，对于大多数锻件特别是形状复杂的锻件，在切边及冲孔后还应进行校正。校正可在终锻模膛（热校正）或专门的校正模（冷校正）内进行。

热处理：目的是消除模锻件的过热组织或加工硬化组织，使模锻件具有所需的力学性能。常用的热处理方式为正火或退火。

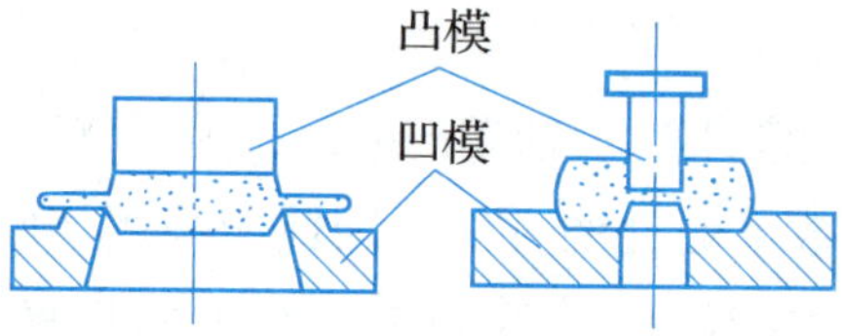

（a）切边模　　（b）冲孔模

图 6-31　切边模与冲孔模

清理：为了提高模锻件的表面质量，改善模锻件的切削加工性能，需要对模锻件进行表面清理，去除在生产过程中产生的氧化皮、所沾油污及其他表面缺陷等。

精压：对于要求尺寸精度高和表面粗糙度小的模锻件，还应在压力机上进行精压。精压分为平面精压和体积精压，如图 6-32 所示。平面精压用于提高平行平面间的尺寸精度，降低表面粗糙度；体积精压用于提高锻件整体精度。

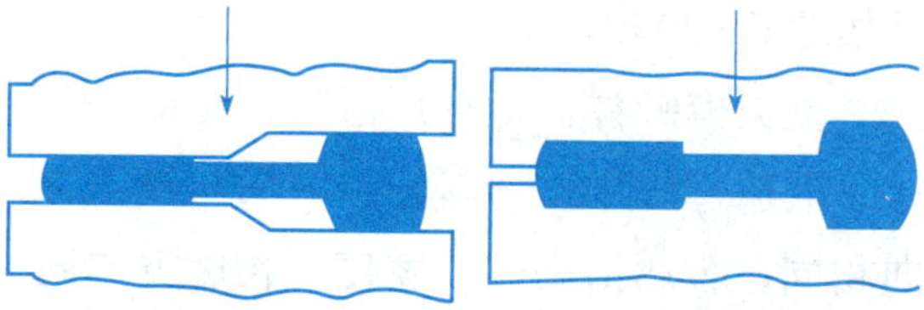

（a）平面精压　　（b）体积精压

图 6-32　精压

2. 压力机上模锻

用于模锻生产的压力机有曲柄压力机、平锻机和摩擦压力机等。

（1）曲柄压力机上模锻。

曲柄压力机上模锻是一种比较先进的模锻方法。曲柄压力机的结构和工作原理如图 6-33 所示。曲柄压力机的动力是电动机，通过减速器和离合器带动曲柄连杆机构，使滑块沿导轨上下往复运动。下模块固定在工作台上，上模块装在滑块下端，随着滑块的上下运动进行锻造。锻模分别安装在滑块的下端和工作台上。

与锤上模锻相比，曲柄压力机上模锻具有以下优点：

1）作用于坯料上的锻造力是静压力，而不是冲击力，因此，工作时振动和噪声小，劳动条件好。

2）坯料的变形速度较慢，有利于低塑性材料的锻造，对于如耐热合金、镁合金等不适于在锤上锻造的材料，可在压力机上锻造。

3）锻造时滑块的行程不变，每个变形工序在滑块的一次行程中即可完成，便于实现机械化和自动化，具有很高的生产效率。

4）滑块运动精度高，并有锻件顶出装置，使锻件的模锻斜度、加工余量和锻造公差小，锻件精度高。

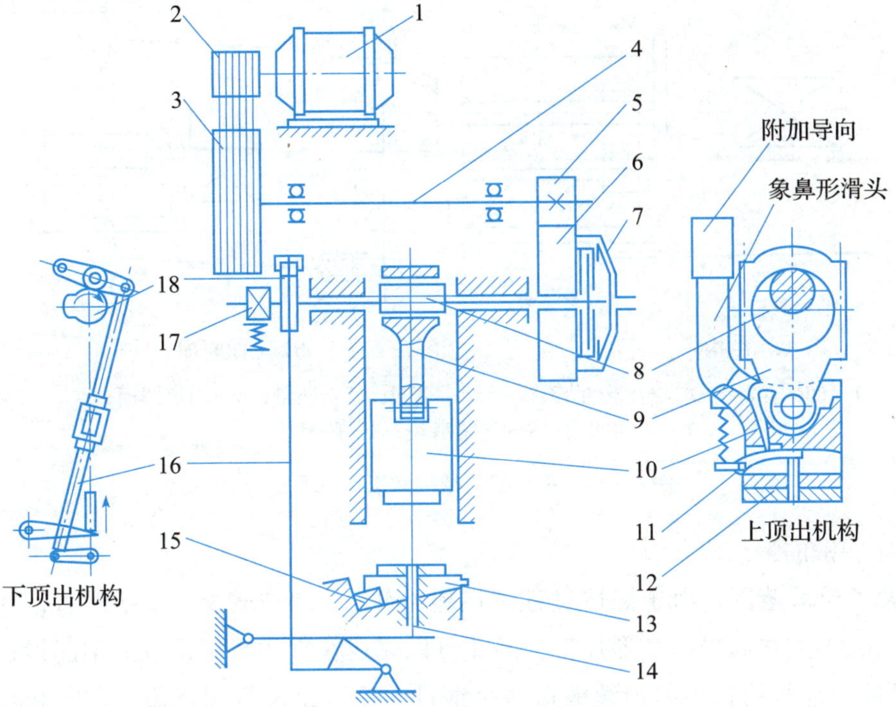

1—电动机；2—小皮带轮；3—飞轮；4—传动轴；5—小齿轮；6—大齿轮；7—圆盘摩擦离合器；8—曲柄；9—连杆；10—滑块；11—上顶出机构；12—上顶杆；13—楔形工作台；14—下顶杆；15—斜楔；16—下顶出机构；17—带式制动器；18—凸轮

图 6－33　曲柄压力机的结构和工作原理

曲柄压力机上模锻的主要缺点是设备费用高，仅适合大批量生产；对坯料的加热质量要求高，不允许有过多的氧化皮；由于锻造过程中滑块的行程不变，因此不能进行拔长、滚压等操作。

（2）平锻机上模锻。

平锻机又称卧式锻造机，它沿水平方向对坯料施加锻造压力。如图 6－34 所示为平锻机的结构和工作原理。平锻机启动前，将棒料放在固定凹模 6 的型槽中，并由前挡料板 4 定位，以确定棒料的变形部分长度 l_0。在锻压过程中，由平锻机的曲柄凸轮机构实现下列顺序工作：在主滑块前进的过程中，活动凹模 7 迅速进入夹紧状态，在 l_p 部分将棒料夹紧；前挡料板 4 退去；凸模（冲头）3 与热毛坯接触，并使其产生塑性变形直至充满型槽为止。机器回程时，各部分的运动顺序是冲头从凹模中退出、活动凹模回复原位、冲头回复原位，然后即可从凹模中取出锻件。

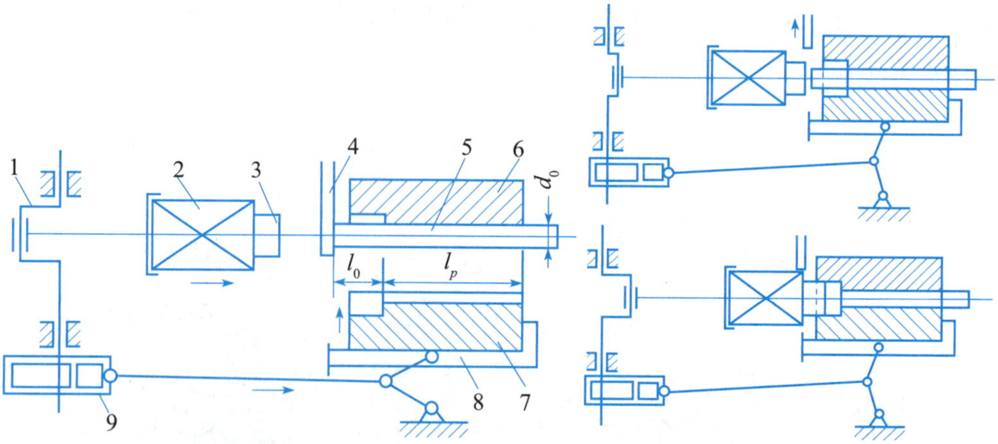

（a）结构　　（b）工作原理

1—曲柄；2—主滑块；3—凸模；4—前挡料板；5—坯料；6—固定凹模；7—活动凹模；8—加紧滑块；9—侧滑块

图 6－34　平锻机的结构和工作原理

平锻机上模锻的工艺特点如下：

1）扩大了模锻范围。由于锻造过程中坯料（均为棒料或管材）水平放置，并且只进行局部（一端）加热和局部变形加工，因此可以完成在立式锻压设备上不能锻造的某些长杆类锻件，也可用长棒料连续锻造多个锻件，还可以进行切飞边、切断和弯曲等工序。

2）锻模有两个分模面，锻件出模方便，可以锻出其他设备难以完成的在不同方向上有凸台或凹槽的锻件。

3）锻件尺寸精确，表面粗糙度小。

4）节省金属，材料利用率高。

5）效率高，容易实现机械化，劳动条件较好。

6）对非回转体及中心不对称的锻件较难锻造。

7）需配备对棒料局部加热的专用加热炉。

8）设备结构复杂、价格高、投资大，仅适合锻件的大批量生产。

目前，平锻机已广泛应用于汽门、汽车半轴、环类锻件等产品的大批量生产。

（3）摩擦压力机上模锻。

摩擦压力机是靠飞轮旋转、滑块向下运动所积蓄的能量使坯料变形而实现锻造的，如图 6－35 所示。摩擦压力机属于锻锤锻压设备，有一定的冲击作用，滑块行程和冲击能量都可自由调节，可实现轻打、重打，坯料在一个模膛内可以受到多次锻击。摩擦压力机不仅能满足模锻各种主要成形工序的要求，还可以进行弯曲、热压、切飞边、冲连皮及精压、校正等工序。必要时，还可用作板料冲压设备。

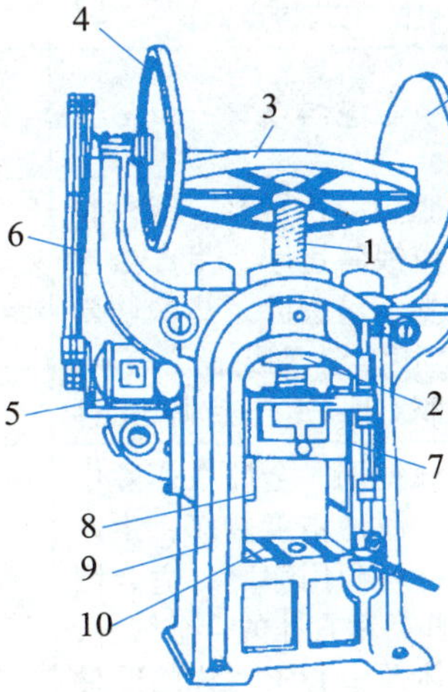

（a）结构

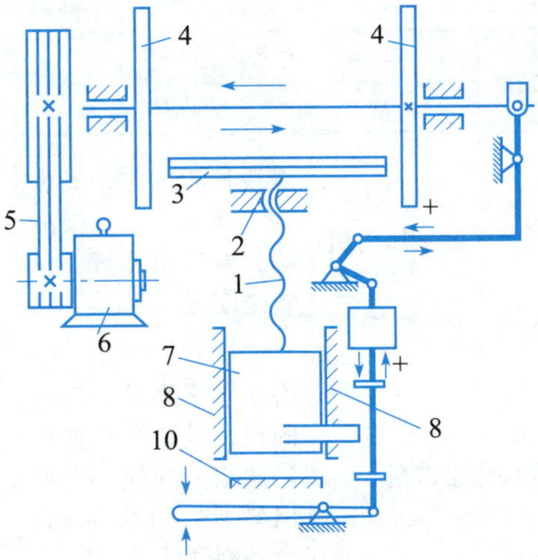

（b）工作原理

1—螺杆；2—螺母；3—飞轮；4—圆轮；5—传动带；6—电动机；7—滑块；
8—导轨；9—机架；10—机座

图 6－35 摩擦压力机的结构和工作原理

摩擦压力机的飞轮惯性大，单位时间内的滑块运行速度慢，锻击频率低，金属变形过程中的再结晶可以充分进行。但也因此导致生产效率较低。适合再结晶速度慢的低塑性合金钢和有色金属的模锻。由于采用摩擦传动，传动效率低，因此设备吨位的发展受到限制。

摩擦压力机结构简单、性能广泛、造价低、使用维护方便，适用于小型锻件（如图 6－36）的批量生产，是中小型工厂普遍采用的锻造设备。一些工厂将摩擦压力机与自由锻锤、辊锻机、电镦机等组成流水线，承担模锻锤、平锻机的部分模锻工作，有效地扩大了它的使用范围。

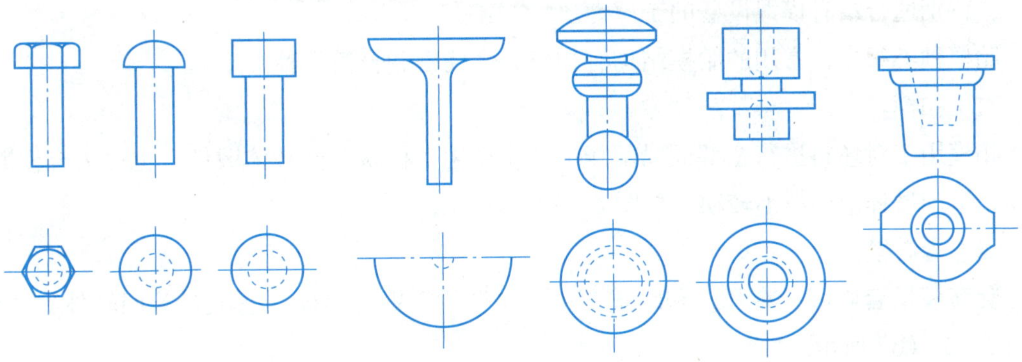

图 6－36 小型锻件

曲柄压力机、平锻机和摩擦压力机的工艺特点对比见表 6－6。

表 6－6　曲柄压力机、平锻机和摩擦压力机的工艺特点对比

锻造方法	设备类型		工艺特点	应用
	名称	构造特点		
曲柄压力机上模锻	曲柄压力机	滑块行程固定，无振动，噪声小，合模准确，有顶出装置，设备刚度好	金属在模膛中一次成形，锻件精度较高，模锻斜度小，生产效率高；氧化皮不易去除，终锻前常采用预锻工序，不宜拔长、滚压，可进行局部镦粗；适合短轴类锻件	大批量生产
平锻机上模锻	平锻机	滑块水平运动，行程固定，具有互相垂直的两组分模面，无顶出装置，合模准确，设备刚度好	扩大了模锻范围，金属在模膛中一次成形，锻件精度较高，生产效率高，材料利用率高；适合锻造带头的杆类和有孔的合金锻件，对非回转体及中心不对称的锻件较难锻造	大批量生产
摩擦压力机上模锻	摩擦压力机	滑块行程可控，带有顶料装置，机架受冲击力，每分钟行程次数少，传动效率低	特别适合锻造低塑性合金钢和非铁金属；简化了模具的设计与制造，可锻造更复杂的锻件；承受偏心载荷能力差；可实现轻打、重打，能进行多次锻打，还可进行弯曲、精压、切飞边、冲连皮、校正等工序，生产效率低	中小型锻件的小批量和中批量生产

3. 胎模锻

胎模是一种不固定在锻造设备上的模具，结构较简单，制造容易。胎模锻是在自由锻设备上用胎模生产模锻件的工艺方法，因此胎模锻兼有自由锻和模锻的特点。

胎模锻与自由锻相比，具有生产效率高，锻件尺寸精度高，表面粗糙度小，敷料少，节约金属等优点。胎模锻与模锻相比，具有成本低、使用方便等优点。但胎模锻的锻件精度和生产效率不如锤上模锻高，且胎模寿命短。胎模锻适合中小批量生产、小型多品种的锻件，特别适合没有模锻设备的工厂。

胎模种类很多，常用的胎模结构有扣模、套筒模和合模三种类型。

（1）扣模。

扣模用于对坯料进行全部或局部扣形，主要生产杆状非回转体锻件，也可为合模锻造制坯，生产过程中坯料不转动，如图 6－37（a）所示。

（2）套筒模。

套筒模呈套筒形，有开式和闭式两种。主要用于锻造齿轮、法兰盘等回转体类锻件，如图 6－37（b）所示。

（3）合模。

合模通常由上模和下模两部分组成，如图 6－37（c）所示。合模成形时的多余金属流入飞边槽，为了使上模和下模吻合及不使锻件产生错模，经常用导柱等定位。合模多用于

生产形状较复杂的非回转体锻件，如连杆、叉形件等。

胎模锻的工艺过程主要包括工艺规程的编制，胎模的制造、备料、加热、锻制，以及后续工序等。在编制工艺规程的过程中，可灵活选取分模面，分模面数量不限于一个，而且在不同工序中可以选取不同的分模面，以便于制造胎模和使锻件成形。

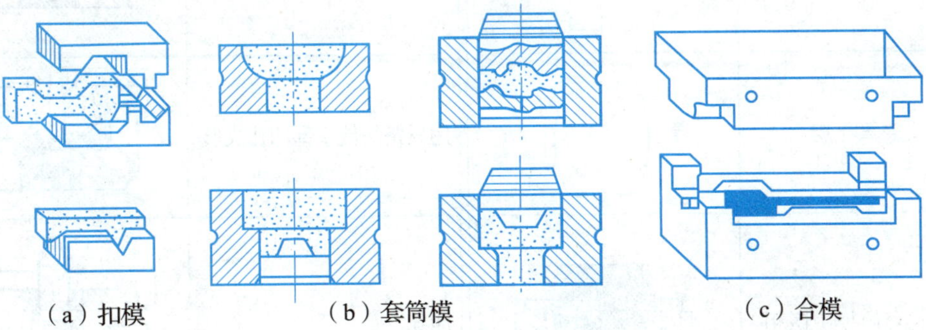

（a）扣模　（b）套筒模　（c）合模

图 6－37　胎模的结构

如图 6－38 所示为法兰盘胎模锻造过程。胎模选用套筒模，由模筒、模垫和冲头组成。原始坯料加热后，先通过自由锻镦粗，再将模垫和模筒放在下砧铁上，然后将镦粗的坯料平放在模筒中，压上冲头后终锻成形，最后将连皮冲掉，得到锻件。

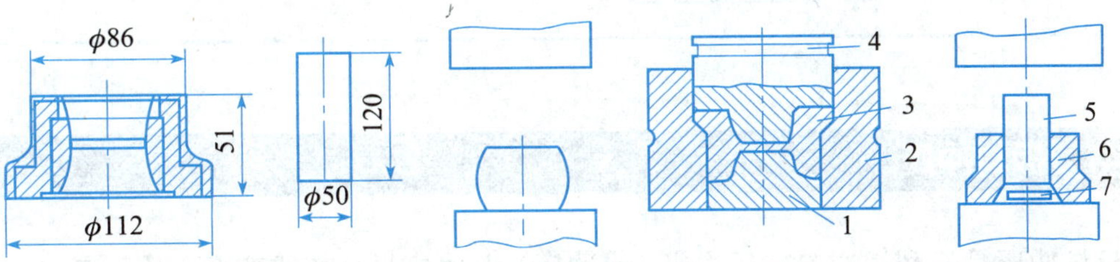

（a）锻件图　（b）下料、加热　（c）镦粗　（d）终锻成形　（e）冲掉连皮

1—模垫；2—模筒；3、6—锻件；4—冲头；5—冲子；7—连皮

图 6－38　法兰盘胎模锻造过程

表 6－7 所列为阀体的胎模锻工艺卡，坯料加热后先镦粗，然后放入胎模中成形及冲孔。

表 6－7　阀体的胎模锻工艺卡

锻件名称	阀体	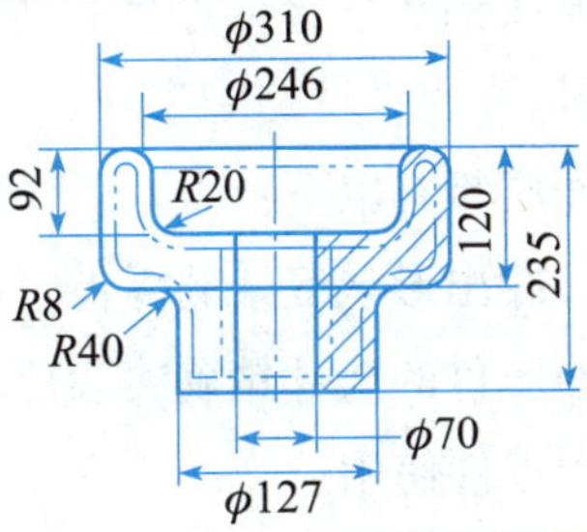
毛坯质量	60kg	
锻造设备	30kN 自由锻锤	

续表

工序说明	简图	工序说明	简图
下料加热		用球面压凹孔	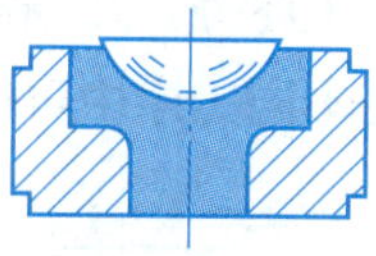
预镦粗及去氧化皮	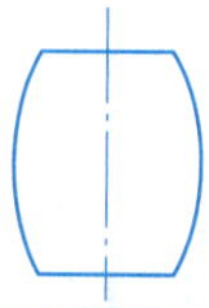	用反挤法使中部凹孔成形	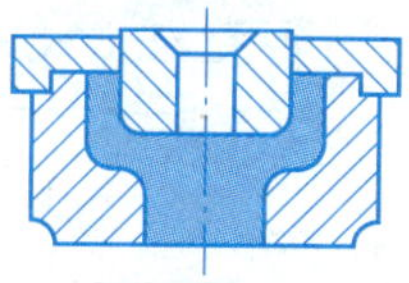
放入开式套筒模中镦粗	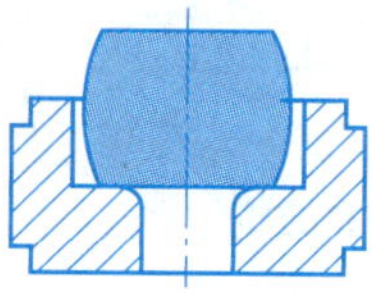	冲孔	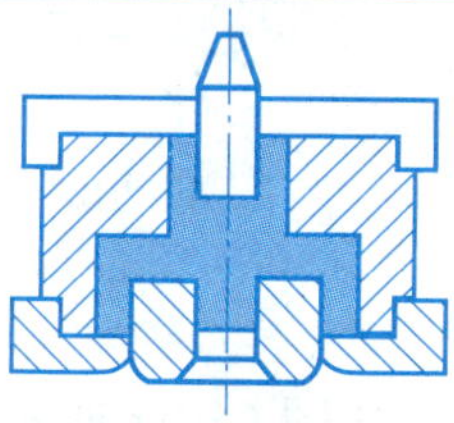
用垫铁镦平顶部	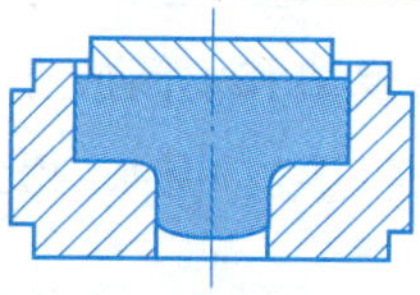		

6.4 板料冲压

板料冲压是指利用冲模在压力机（或冲床）上使板料分离或变形，从而获得一定形状、尺寸和性能的零件的加工工艺。板料冲压的坯料厚度一般小于 4mm，通常在常温下进行，故又称为冷冲压，简称冲压。板料厚度超过 8mm 时，需用热冲压。

一、板料冲压的特点

冲压所用的材料，不仅要满足产品设计的技术要求，还应当满足冲压工艺的要求和冲压后续工序的加工要求（如切削加工、焊接、电镀）。冲压常用原材料有低碳钢、奥氏体不锈钢、铜或铝及其合金等具有塑性的金属材料，也可以是胶木、云母、纤维板、皮革等非金属材料。

板料冲压具有以下特点：

（1）可冲出形状复杂的零件，废料较少，材料利用率高。

（2）冲压件的尺寸精确，表面粗糙度小，质量稳定，互换性好，一般无须进行机械加工即可作为零件使用。

（3）金属薄板经过冲压塑性变形，产生冷形变强化，使冲压件具有质量轻、强度高和刚性好的优点。

（4）冲压生产操作简单，生产效率高，工艺过程易于实现机械化和自动化。

（5）冲模是冲压生产的主要工艺装备，其结构复杂，精度要求高，制造费用相对较高，故冲压在大批量生产中采用才能降低成本。

板料冲压是机械制造中的重要加工方法之一，冲压不仅能够制造尺寸很小的精密仪表零件，还能够制造如汽车大梁、压力容器封头等大型零件和形状复杂的零件。占全世界钢产量60%以上的板材、管材及其他型材，其中大部分通过冲压制成成品。冲压在装备制造的多个领域应用广泛。冲压件如图6－39所示。

图6－39 冲压件

二、冲压设备

冲压设备主要有剪床和冲床两大类。

1. 剪床

剪床是指完成剪切工序，把板料切成所需宽度的条料以供冲压工序使用的主要设备。剪床的结构和工作原理如图6－40所示。电动机1通过带轮使轴2转动，再通过齿轮传动机构及离合器3使曲轴4转动，于是带有刀片的滑块5便上下运动，进行剪切工作。

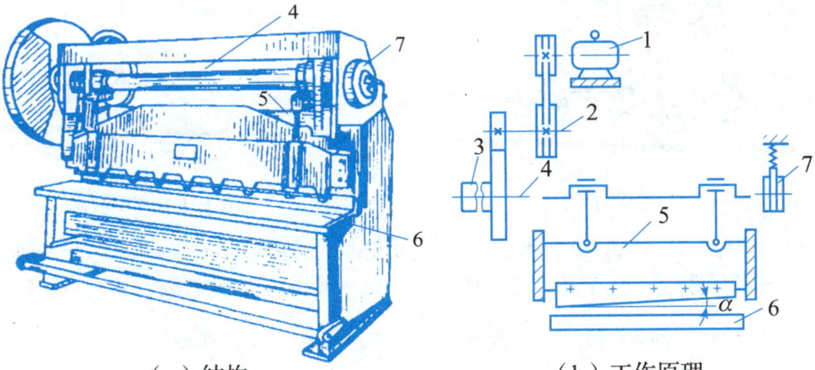

（a）结构　　（b）工作原理

1—电动机；2—轴；3—离合器；4—曲轴；5—滑块；6—工作台；7—滑块制动器

图6－40 剪床的结构和工作原理

剪床通常有平口剪床、斜口剪床和圆盘剪床三种类型。

（1）平口剪床。上刀刃与下刀刃平行，所需剪力较大，板料剪切后平整度高，常用于窄板材料的剪切。

（2）斜口剪床。上刀刃相对于平行的下刀刃倾斜 6° ～ 8°，所需剪力较小，板料剪切后易弯曲，常用于宽板材料的剪切。

（3）圆盘剪床。剪切时，坯料被缓慢送入反向转动的两刀片之间，板料剪切后易弯曲，常用于长带料的剪切。

2. 冲床

冲床是进行冲压加工的主要设备，按其床身结构不同，有开式和闭式两种类型；按其传动方式不同，有机械式冲床与液压压力机两大类。冲床的主要技术参数是以公称压力来表示的，公称压力是指冲床滑块在下止点前工作位置所能承受的最大工作压力。我国常用的开式冲床的规格为 63 ～ 2 000kN，闭式冲床的规格为 1 000 ～ 5 000kN。如图 6－41 所示为小型开式机械式冲床的结构和工作原理。

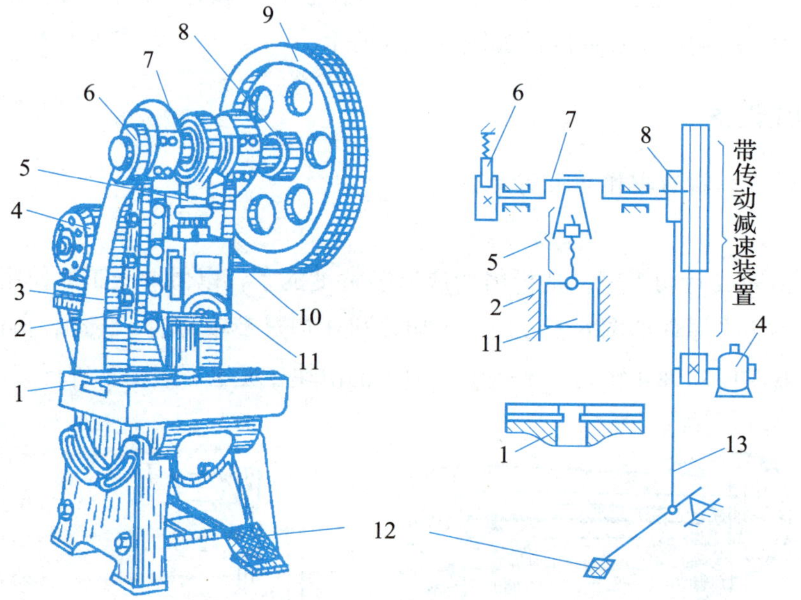

（a）结构　　　　（b）工作原理

1—工作台；2—导轨；3—床身；4—电动机；5—连杆；6—制动器；7—曲轴；8—离合器；9—皮带轮；10—传动带；11—滑块；12—脚踏板；13—拉杆

图 6－41　小型开式机械式冲床的结构和工作原理

电动机 4 带动带传动减速装置，经离合器 8 将旋转运动传给曲轴 7，曲轴 7 和连杆 5 则把传来的旋转运动变成直线往复运动，带动固定上模的滑块 11 沿床身导轨 2 做上下往复运动，完成冲压动作。

冲床启动后，在未踩下脚踏板 12 时，离合器 8 处于分离位置，此时皮带轮 9 空转，曲轴 7 不动。踩下脚踏板 12 后，离合器 8 处于结合位置，把皮带轮 9 和曲轴 7 连接起来，使曲轴 7 跟着旋转，带动滑块 11 做上下往复动作。松开脚踏板 12 后，滑块 11 便在制动器 6 的作用下，自动停止在最高位置。

3. 冲模

冲模是冲压加工中的主要工艺装备。冲模按组合方式可分为单工序模（简单冲模）、级进模（连续冲模）、组合模（复合冲模）三种。

（1）单工序模。在一个冲压行程中只完成一道工序的冲模，如图 6－42 所示。此种模具结构简单，容易制造，适用于小批量生产。

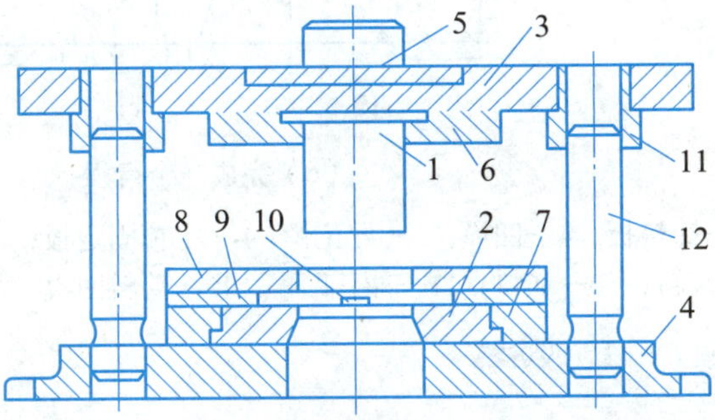

1—凸模；2—凹模；3—上模板；4—下模板；5—模柄；6—凸模固定板；7—凹模固定板；8—卸料板；9—导料板；10—挡料销；11—导套；12—导柱

图 6－42 单工序模

（2）级进模。将两个（或多个）单工序模联在模板上可构成级进模，如图 6－43 所示，级进模可在一个冲压行程中同时完成多道工序。级进模的生产效率较高，加工零件精度高，适用于大批量生产。

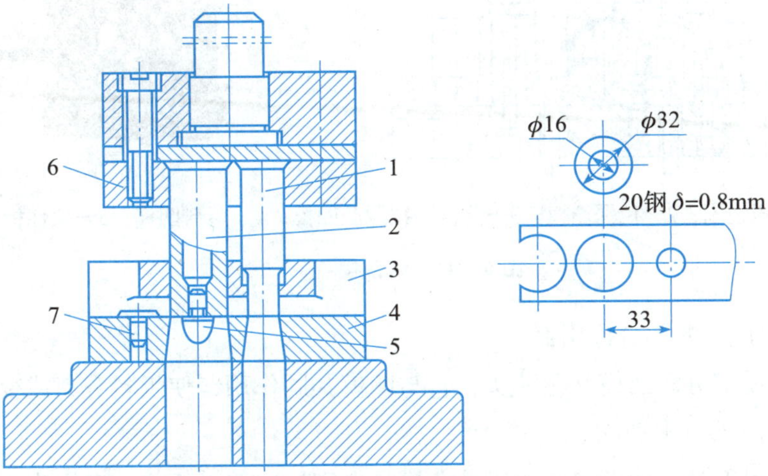

（a）垫圈连续冲裁模

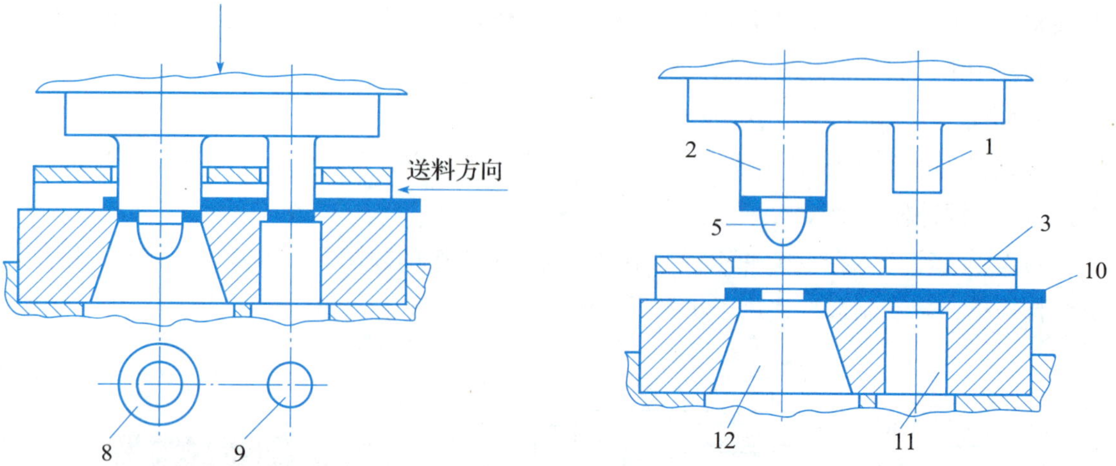

（b）准备工作　　（c）完成一个行程

1—冲孔凸模；2—落料凸模；3—卸料板；4—凹模；5—导正销；6—上模固定板；
7—固定挡料销；8—工件；9—废料；10—坯料；11—冲孔凹模；12—落料凹模

图 6－43　级进模

（3）组合模。在一次行程中，坯料在冲模中只经过一次定位，可同时完成两个以上冲压工序的冲模，如图 6－44 所示。组合模的生产效率高，加工零件精度高，适用于大批量生产。

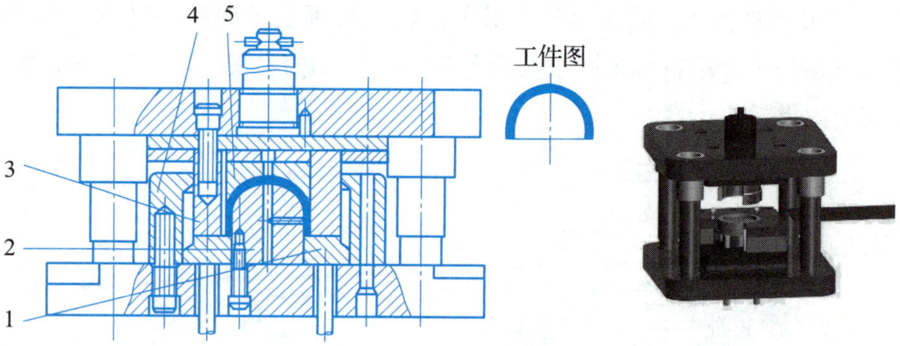

1—弹性压边圈；2—拉深凸模；3—落料、拉深凸凹模；4—落料凹模；5—顶件板

图 6－44　组合模

冲压模具的组成及各部分作用：

1）凹模、凸模部分。凸模又称冲头，它与凹模共同作用，使板料分离或变形完成冲压过程，是冲模的主要工作部分。

2）定位、送料部分。使条料或半成品在模具上定位，并沿工作方向送进。主要有挡料销、导正销、导料销、导料板等。

3）卸料、压料部分。防止工件变形，压住模具上的板料并将工件或废料从模具上卸下或推出。主要有卸料板、顶件板、压边圈、推板、推杆等。

4）模架部分。由上下模板、导套和导柱组成。上模板用于固定凸模、模柄等零件，下模板用于固定凹模、送料构件和卸料构件等。导套和导柱分别固定在上、下模板上，用于保证上、下模对准。

三、板料冲压的基本工序

板料冲压的基本工序可分为分离工序和变形工序两大类。

1. 分离工序

分离工序是指冲压过程中，使板料的一部分沿一定的轮廓与另一部分分离的加工工序，如落料、冲孔、剪切、切口、切边、剖切、修整等。

（1）冲裁。落料和冲孔统称为冲裁。

落料是指从板料上冲出一定外形的零件或坯料，冲下部分是成品，周边部分是废料。而冲孔是在板料上冲出孔，冲下部分是废料，带孔的周边部分是成品。

冲裁可分为普通冲裁和精密冲裁两种。

1）普通冲裁。普通冲裁的刃口必须锋利，凸模和凹模之间留有间隙，板料的冲裁过程可分为三个阶段：弹性变形阶段、塑性变形阶段和分离阶段。如图6-45所示，凸模和凹模的边缘都带有锋利的刃口。当凸模向下运动压住板料时，板料受到挤压产生弹性变形，进而产生塑性变形，当上、下刃口附近材料内的应力超过一定限度后，即开始出现微裂纹。随着凸模继续下压，上、下微裂纹逐渐向板料内部扩展直至相遇重合，板料即被分离。

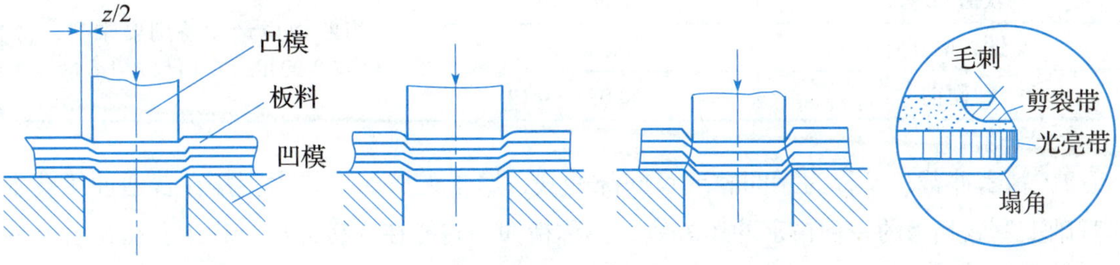

（a）弹性变形阶段　（b）塑性变形阶段　（c）分离阶段　（d）落下部分的放大图

图6-45　冲裁时金属板料的分离过程

当模具间隙正常时，板料分离后，冲裁件的断面由塌角、光亮带、剪裂带和毛刺四部分组成，如图6-45（d）所示。如果间隙过大，会使塌角和毛刺加大，板料的翘曲也会加大；如果间隙过小，会使冲裁力加大，不仅会降低模具寿命，还会使冲裁件的断面形成二次光亮带，在两个光面间夹有裂纹，这些都会影响冲裁件的断面质量。因此，选择合理的冲裁间隙对保证冲裁件质量，提高模具寿命，降低冲裁力都是十分重要的。

冲裁模的合理间隙值可按表 6－8 选取，对于断面质量要求较高的冲裁件，可将表中数据减小 1/3。

表 6－8　冲裁模的合理间隙值　（单位：mm）

材料种类	间隙				
	材料厚度 δ 0.1 ～ 0.4	材料厚度 δ 0.4 ～ 1.2	材料厚度 δ 1.2 ～ 2.5	材料厚度 δ 2.5 ～ 4.0	材料厚度 δ 4.0 ～ 6.0
黄铜、低碳钢	0.01 ～ 0.02	（7 ～ 10）%δ	（9 ～ 12）%δ	（12 ～ 14）%δ	（15 ～ 18）%δ
中、高碳钢	0.01 ～ 0.05	（10 ～ 17）%δ	（18 ～ 25）%δ	（25 ～ 27）%δ	（27 ～ 29）%δ
磷青铜	0.01 ～ 0.04	（8 ～ 12）%δ	（11 ～ 14）%δ	（14 ～ 17）%δ	（18 ～ 20）%δ
铝及铝合金（软）	0.01 ～ 0.03	（8 ～ 12）%δ	（11 ～ 12）%δ	（11 ～ 12）%δ	（11 ～ 12）%δ
铝及铝合金（硬）	0.01 ～ 0.03	（10 ～ 14）%δ	（13 ～ 14）%δ	（13 ～ 14）%δ	（13 ～ 14）%δ

设计冲裁模时，也可利用下列经验公式选择合理的间隙值。

$$Z=2Ct$$

式中，Z——凸模与凹模间的双面间隙，mm；

C——与材料厚度、性能有关的系数，见表 6－9；

t——板料厚度，mm。

表 6－9　冲裁间隙系数 C 值　（单位：mm）

材料	板厚	
	$t \leqslant 3$	$t \geqslant 3$
软钢、纯铁	0.06 ～ 0.09	当断面质量无特别要求时，将 $t \leqslant 3$ 的相应 C 值放大 1.5 倍
铜、铝合金	0.06 ～ 0.10	
硬钢	0.08 ～ 0.12	

2）精密冲裁。又称为无间隙或负间隙冲裁，属于无屑加工技术，是在普通冲压技术的基础上发展起来的一种精密冲压方法，简称精冲。它能在一次冲压行程中获得比普通冲裁零件尺寸精度高、冲裁面光洁、翘曲小且互换性好的优质冲压零件，并以较低的成本实现产品质量的改善。精密冲裁与普通冲裁对比如图 6－46 所示。

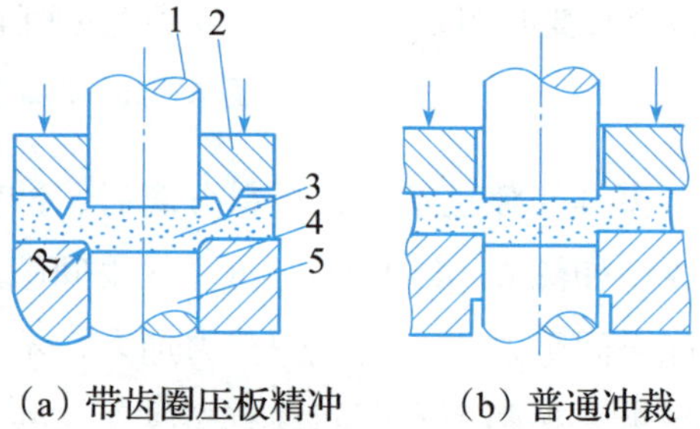

（a）带齿圈压板精冲　（b）普通冲裁

1—凸模；2—齿圈压板；3—坯料；4—凹模；5—顶板

图 6－46　精密冲裁与普通冲裁对比

（2）修整。修整是指在模具上利用切削方式，将冲裁件的边缘或内孔切去一小层金属，从而提高冲裁件断面质量与精度的加工方法。

修整冲裁件的外形称为外缘修整；修整冲裁件的内孔称为内孔修整，如图 6－47 所示。修整可去除普通冲裁时在断面上留下的塌角、毛刺与剪裂带等。修整余量为 0.1 ～ 0.4mm，工件尺寸精度可达 IT7 ～ IT6，表面粗糙度 *Ra* 可达 1.6 ～ 0.8μm。

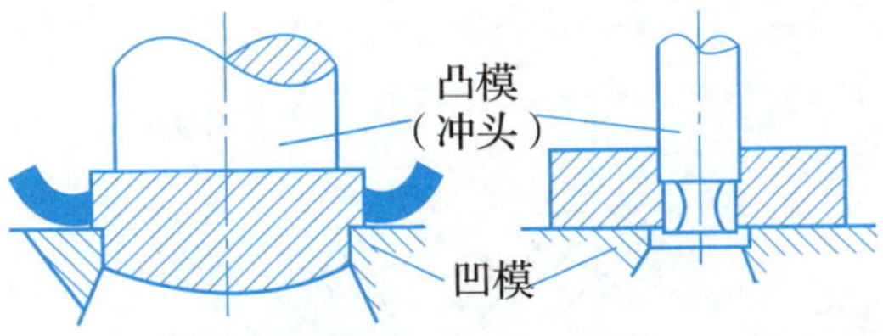

图 6－47　修整工序

（3）切口。用切口模将部分材料切开，但并不使它完全分离，切开部分材料发生弯曲，如图 6－48 所示。

（4）剪切。用剪刃或模具使板料按不封闭轮廓线分离的工序。

（5）切边。用切边模将坯件边缘的多余材料冲切下来。

（6）剖切。用剖切模将坯件（弯曲件或拉深件）剖成两部分或几部分，如图 6－49 所示。

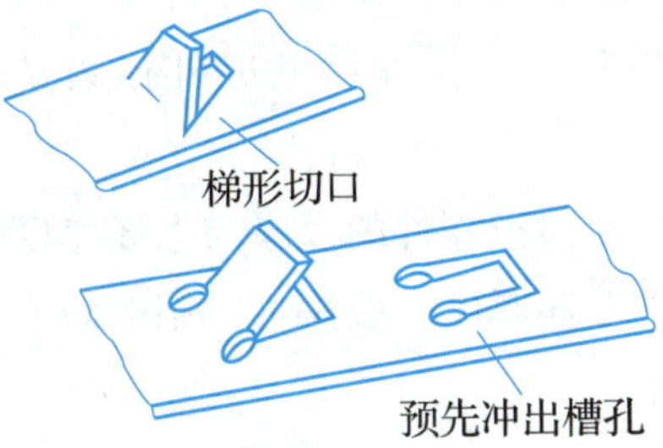

图 6－48　切口

图 6－49　剖切

2. 变形工序

变形工序是指使坯料的一部分相对于另一部分产生塑性变形而不被破坏的工序，如弯曲、拉深和成形等。

（1）弯曲。将金属材料弯曲成具有一定角度和形状的工艺称为弯曲，弯曲方法可分为压弯、拉弯、折弯、滚弯等，最常见的是在压力机上压弯。

弯曲时材料内侧受压应力，产生压缩变形，而外侧受拉应力，产生伸长变形，如图 6－50 所示。当外侧拉应力超过坯料的抗拉强度时，就会造成弯裂。坯料越厚，内弯曲半径 r 越小，应力越大，越易弯裂。为防止弯裂，弯曲模的弯曲半径 r 要大于限定的最小弯曲半径 r_{min}，通常取 $r_{min}=(0.25 \sim 1)\delta$（$\delta$ 为板厚）。材料塑性好，则最小弯曲半径 r_{min} 可小一些。此外，弯曲时，应尽量使弯曲线和坯料纤维方向垂直，不仅能防止弯裂，还有利于提高零件的使用性能。

在外加载荷的作用下，板料产生的变形由弹性变形和塑性变形两部分组成。当弯曲结束，外载荷去除后，被弯曲材料的形状和尺寸发生与加载时变形方向相反的变化，从而抵消一部分弯曲变形的效果，这种现象称为回弹，如图 6－51 所示。为了克服弹复现象对弯曲零件尺寸的影响，常用措施是利用回弹规律增大凸模压下量，或在设计弯曲模具时，使模具角度比成品角度小一个回弹角（0 ~ 10°）即适当改变模具尺寸，确保回弹后达到零件要求的尺寸。

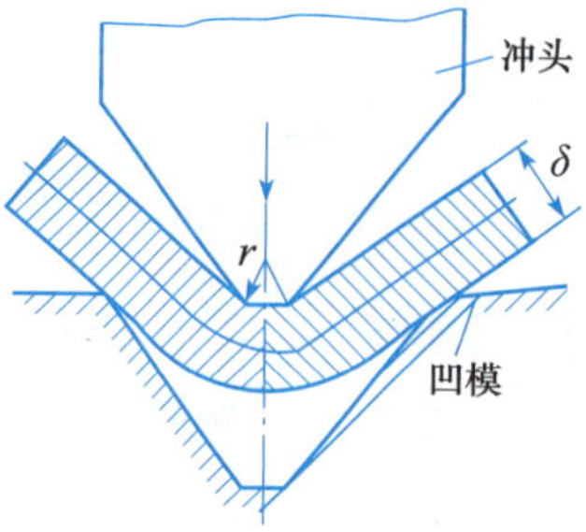

图 6－50　弯曲过程

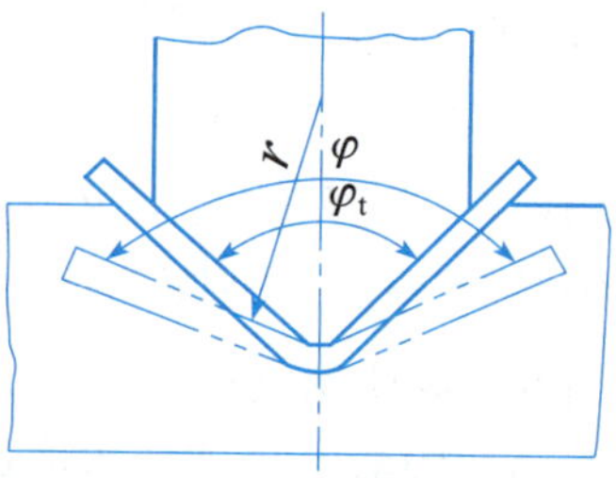

图 6－51　弯曲件的回弹

（2）拉深。拉深是指将一定形状的平板毛坯通过拉深模冲压成各种形状的开口空心件；或以开口空心件为毛坯通过拉深，进一步改变空心件的形状和尺寸的冷冲压加工方法。拉深过程如图 6－52 所示，原始直径为 D 的板料，经拉深后变成外径为 d 的杯形零件。

拉深工艺可分为不变薄拉深和变薄拉深两种，不变薄拉深件的壁厚与毛坯厚度基本相同，工业上应用较多；变薄拉深件的壁厚则明显小于毛坯厚度。拉深可以制造筒形、阶梯形、球形及其他形状复杂的薄壁零件。

拉深件最容易产生的缺陷是拉裂和起皱，如图 6－53 所示。拉裂产生的最危险的部位是侧壁与底部的过渡圆角。起皱是拉深时坯料的法兰部分受到切向压应力的作用，使整个法兰产生波浪形的连续弯曲现象。

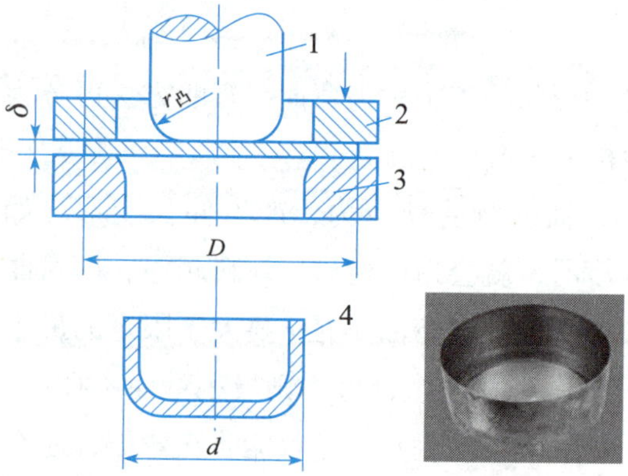

1—冲头；2—压板；3—凹模；4—工件

图 6－52　拉深过程

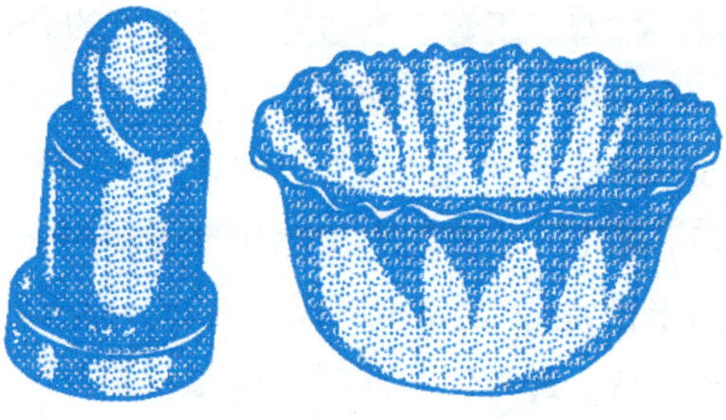

（a）拉裂　　（b）起皱

图 6－53　拉深废品

为防止出现废品，必须采取以下措施：

1）拉深模具的工作部分加工成圆角，$r_{凹}=10\delta$，$r_{凸}=(0.6 \sim 1)\,r_{凹}$，$\delta$ 为材料厚度。

2）合理控制凸、凹模的间隙，$Z=(1.1 \sim 1.5)\,\delta$。

3）正确选择拉深系数。拉深系数一般不小于0.8，塑性好的材料可取下限值。

4）拉深前在工件上涂润滑剂。

5）用压边圈将工件压住，以防止起皱。

（3）成形。通过板料的局部变形来改变毛坯的形状和尺寸的工序，如翻边、胀形、缩口等。

1）翻边。将工件上的孔或边缘翻出竖立或呈一定角度的直边成形方法，如图6－54所示。按变形的性质，翻边可分为伸长翻边和压缩翻边。当翻边在平面上进行时，称为平面翻边；当翻边在曲面上进行时，称为曲面翻边。

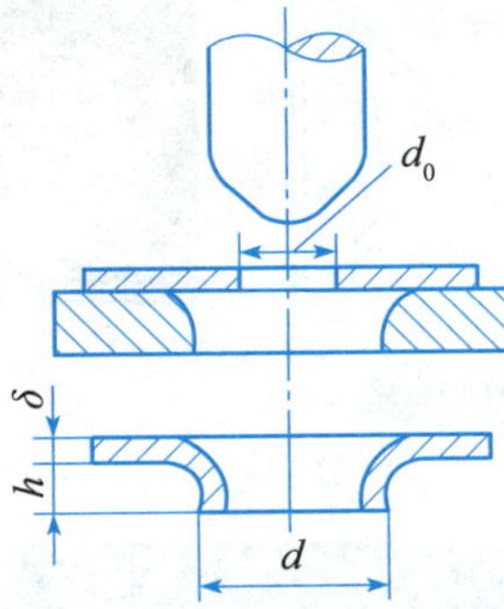

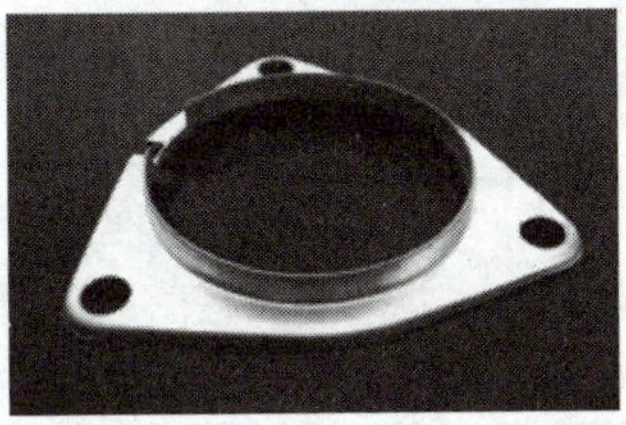

图6－54　翻边

2）胀形。利用模具使空心件或管状件由内向外扩张，获得所需形状和尺寸的零件的成形方法，如图6－55所示。

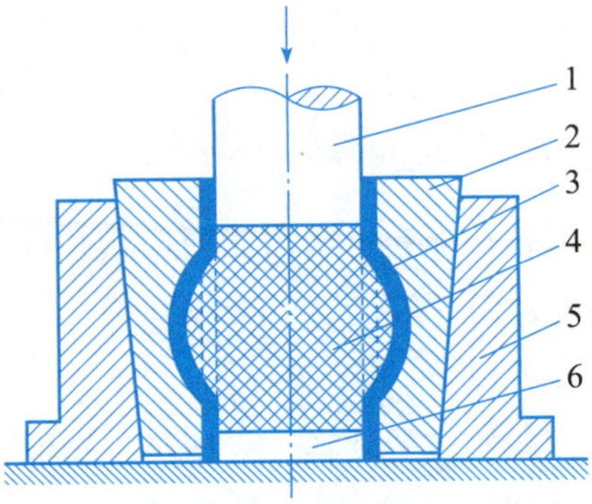

1—凸模；2—凹模；3—工件；4—橡胶；5—外套；6—垫块

图6－55　胀形

3）缩口。利用模具将预先拉深好的空心件或管状件的口部直径缩小的局部成形方法，如图6－56所示。

4）起伏成形。平板毛坯或制件在模具的作用下，产生局部凸起（或凹下）的成形方法，如图6－57所示。

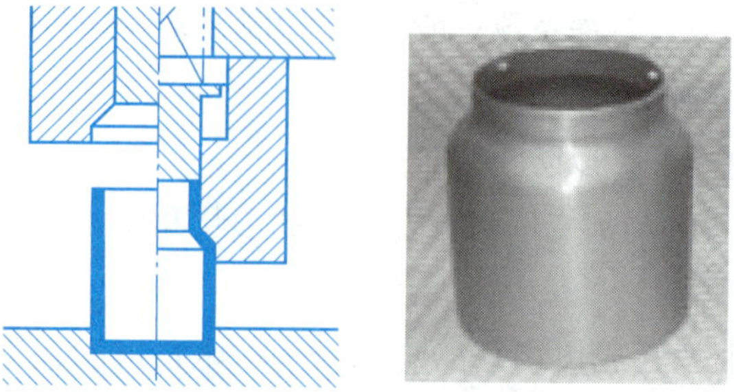

图 6-56　缩口

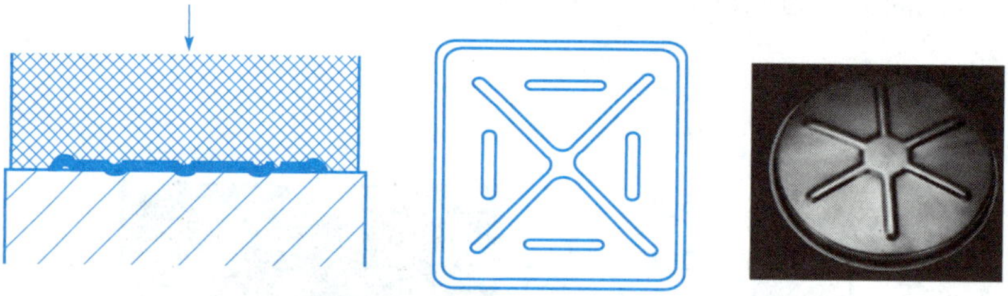

图 6-57　起伏成形

6.5 其他常用压力加工工艺

随着压力加工工艺的不断发展，人们对金属塑性成形加工提出了越来越高的要求，不仅要求能够生产各种毛坯，而且要求能够直接生产出多种具有较高精度与质量的成品零件。对此，其他压力加工方法在生产实践中得到了迅速发展和广泛应用，如轧制、挤压和拉拔等。

一、轧制

坯料在旋转轧辊的作用下产生连续塑性变形，从而获得所需截面形状并改变性能的加工方法称为轧制。常用的轧制工艺有辊轧、横轧及斜轧等。

1. 辊轧

辊轧是指使坯料通过装有扇形模具的一对相向旋转的轧辊，受压产生塑性变形，从而获得所需形状的锻件或锻坯的锻造工艺方法。如图 6-58 所示，当坯料通过一对旋转的辊锻模时，将按照辊锻模的形状变形。辊轧既可作为模锻前的制坯工序，也可以直接辊锻锻件。目前，成形辊锻适合生产以下三种类型的锻件：连杆；扁断面的长杆锻件，如扳手、链环等；带有头部且沿长度方向横截面面积递减的锻件，如叶片等。

2. 横轧

横轧是指轧辊轴线与轧件轴线互相平行，且轧辊与轧件做相对转动的轧制方法。如图 6-59 所示的齿轮横轧是一种少、无屑的加工齿轮的新工艺。直齿轮和斜齿轮均可用横轧方法制造。在轧制时，齿轮坯料外缘被高频感应加热，带有齿形的轧辊做径向进给，迫使轧辊与齿轮坯料对辗。对辗过程中，坯料的一部分金属受轧辊齿顶挤压形成齿槽，相邻的部分被轧辊齿根“反挤”而上升，形成齿顶。

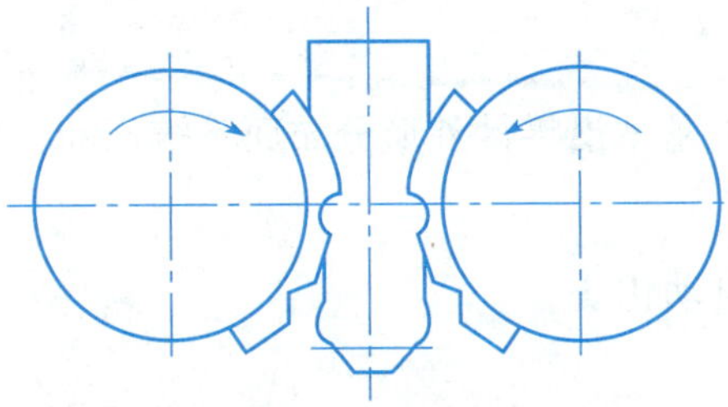

图 6-58　辊轧示意图

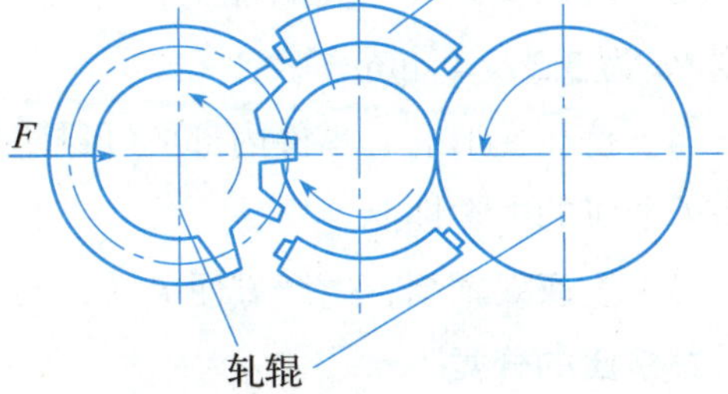

图 6-59　齿轮横轧示意图

3. 斜轧

斜轧是指两个带有螺旋槽的轧辊相互倾斜配置，轧辊轴线与坯料轴线相交成一定角度，以相同方向旋转；坯料在轧辊的作用下反向旋转，同时做轴向运动，即螺旋运动，坯料受压后产生塑性变形，最终得到所需锻件的轧制方法，斜轧又称为螺旋斜轧。例如，钢球轧制、周期轧制均采用斜轧。如图 6-60（a）所示为钢球轧制，轧辊每转一周，即可轧制出一个钢球，轧制过程是连续的。斜轧还可直接热轧出带有螺旋线的高速钢滚刀和麻花钻等。

（a）钢球轧制　（b）周期轧制

图 6-60　斜轧示意图

二、挤压

挤压是在强大压力作用下，将坯料从模具的出口或缝隙挤出，使横截面积减少、长度增加，从而获得所需形状与尺寸的制品的塑性成形方法。挤压在专用挤压机上进行，也可在油压机及经过改进的曲柄压力机或摩擦压力机上进行。

1. 挤压的特点

（1）三向压应力状态，能充分提高金属坯料的塑性，不仅铜、铝等塑性好的金属，工业纯铁、碳钢、合金结构钢及不锈钢等也可采用挤压工艺成形。在一定变形量下，某些高碳钢、轴承钢甚至高速钢也可以进行挤压成形。还可以采用挤压法改善钨和钼等塑性较差的锭坯的组织和性能。

（2）挤压可以生产出断面复杂的或具有深孔、薄壁以及变断面的零件。

（3）可以实现少、无屑加工，材料利用率高。通常，尺寸精度达 IT9 ~ IT8，表面粗糙度 *Ra* 为 3.2 ~ 0.4μm。

（4）挤压变形后，零件内部的纤维组织连续，基本沿零件外形分布而不被切断，从而提高了金属的力学性能。

（5）生产效率高，生产方便灵活，易于实现自动化。

2. 挤压的分类

（1）按照挤压时金属坯料的温度不同，挤压可分为以下几种：

1）热挤压。挤压时金属坯料的变形温度高于它的再结晶温度，金属坯料变形抗力较小，塑性较好，允许每次变形程度较大，但产品表面粗糙，尺寸精度较低。广泛用于生产铜、铝、镁及其合金的型材和管材，也可挤压强度较高、尺寸较大的中、高碳钢、合金结构钢、不锈钢等零件。目前，热挤压越来越多地用于机器零件和毛坯的生产。

2）温挤压。将坯料加热到再结晶温度以下的某个合适温度（100 ~ 800℃）完成的挤压工艺。与热挤压相比，产品的表面粗糙度较小，尺寸精度较高；与冷挤压相比，降低了变形抗力，增加了每个工序的变形程度，提高了模具的使用寿命。温挤压材料一般不需要进行预先软化退火、表面处理和工序间退火。温挤压零件的精度和力学性能略低于冷挤压零件。表面粗糙度 *Ra* 为 6.5 ~ 3.2μm。温挤压不仅适合挤压中碳钢，也适合挤压合金钢。

3）冷挤压。坯料的变形温度在其再结晶温度以下（通常是室温）完成的挤压工艺。冷挤压时金属的变形抗力比热挤压大得多，但产品尺寸精度较高，可达 IT9 ~ IT8，表面光洁，表面粗糙度 *Ra* 为 3.2 ~ 0.4μm，而且产品内部组织为加工硬化组织，提高了产品的强度。目前可以对非铁金属及中、低碳钢的小型零件进行冷挤压成形。冷挤压时，为了降低挤压力，防止模具损坏，提高零件表面质量，必须对坯料进行退火处理并采取润滑措施。冷挤压生产效率高，材料消耗少，广泛应用于汽车、拖拉机、仪表、轻工、军工等行业。

（2）根据金属流动方向和凸模运动方向不同，挤压可分为以下几种：

1）正挤压。金属流动方向与凸模运动方向相同，如图 6－61（a）所示。

2）反挤压。金属流动方向与凸模运动方向相反，如图 6－61（b）所示。

3）复合挤压。金属的一部分流动方向与凸模运动方向相同，另一部分流动方向与凸模运动方向相反，如图 6－62（a）所示。

4）径向挤压。金属流动方向与凸模运动方向垂直，如图 6－62（b）所示。

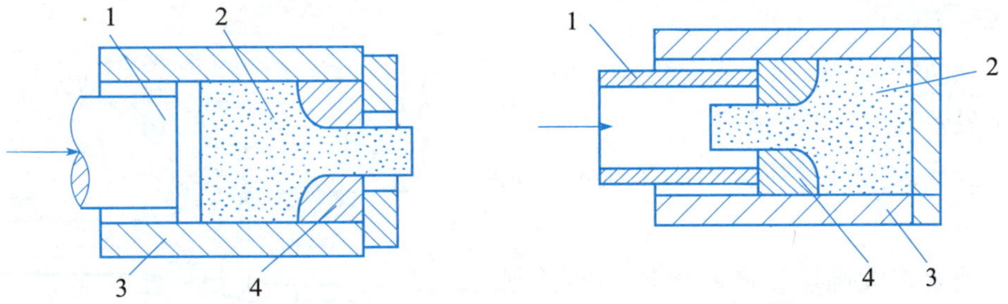

（a）正挤压　　（b）反挤压

1—凸模；2—坯料；3—挤压筒；4—挤压模

图 6-61　正挤压与反挤压

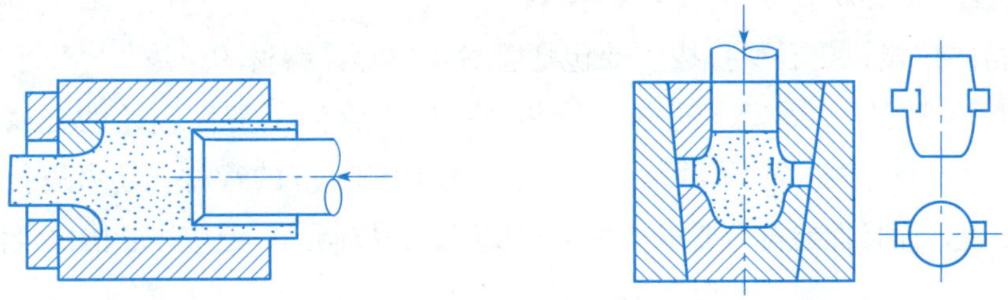

（a）复合挤压　　（b）径向挤压

图 6-62　复合挤压与径向挤压

3. 坯料的软化处理和润滑

由于挤压成形时，单位压力和摩擦阻力都很大，因此对坯料进行软化处理和润滑在挤压成形中具有非常重要的作用。

对需要进行多次挤压的工件，为达到软化的目的，毛坯必须进行退火处理，一般要在各道挤压工序之间进行中间退火。对于铝合金和黄铜等有色金属，要求将退火软化后的硬度控制在 70HBS 以下，低碳钢则以 110 ～ 130HBS 为宜。

在挤压成形中，良好的润滑可以降低模具与坯料之间的摩擦和压力、减少模具的磨损、延长模具的使用寿命。从变形的角度来看，合理的润滑有利于金属的流动，使变形相对均匀，减少因不均匀变形产生的附加应力和残余应力，从而提高产品的质量。

由于冷挤压时单位压力大，润滑剂易被挤掉而失去润滑效果，因此对钢质零件必须采用磷化处理，使坯料表面呈多孔结构，以存储润滑剂，在高压下起到润滑作用。常用的润滑剂有矿物油、豆油、皂液等。

三、拉拔

拉拔是指在拉力作用下，迫使金属坯料通过拉拔模孔，从而获得所需形状与尺寸的制品的塑性成形方法，如图 6-63 所示。拉拔是管材、棒材、异型材以及线材的主要生产方法之一。

1. 拉拔的特点

（1）制品的尺寸精确，表面粗糙度小。

（2）设备简单、维护方便。

（3）金属的塑性受拉应力的影响不能充分发挥。

（4）适合连续高速生产断面较小的长制品，如丝材、线材。

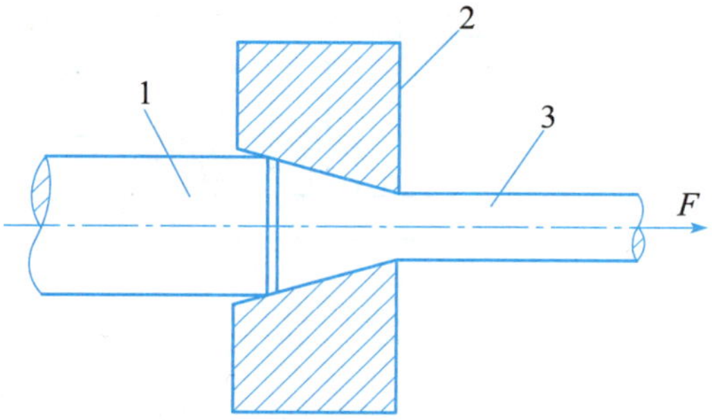

1—坯料；2—拉拔模；3—制品

图 6 - 63　拉拔示意图

2. 拉拔的分类

拉拔按制品截面形状可分为实心材拉拔与空心材拉拔。实心材拉拔主要包括棒材、异型材及线材的拉拔，空心材拉拔主要包括管材及空心异型材的拉拔。

拉拔一般在常温下（冷态）进行，但是对一些在常温下塑性较差的金属材料则可以加热后温拔。采用拉拔技术不仅可以生产直径大于 500mm 的管材，还可以拉制出直径仅 0.002mm 的细丝，而且性能符合要求，表面质量好。拉拔制品广泛应用于国民经济各个领域。

6.6 锻压新工艺

制造业的发展对锻压加工技术提出了越来越高的要求，为此，人们研发出了许多先进的锻压工艺，如精密模锻、高速锤锻造、精密冲裁、旋压、高能成形、超塑性成形等，这些新工艺的主要特点是：尽量使锻压件的形状接近零件的形状，以便达到少切削或无切削的目的；提高尺寸精度和表面质量；提高锻压件的力学性能；节省金属材料，降低生产成本；改善劳动条件，大大提高生产效率并能满足一些特殊工作的要求。

一、精密模锻

1. 精密模锻工艺

精密模锻是指在模锻设备上锻造出形状复杂、高精度锻件的模锻工艺。如精密模锻直齿圆锥齿轮，其齿形部分可直接锻出而不必再经切削加工，如图 6 - 64 所示。模锻件尺寸精度可达 IT15 ～ IT12，表面粗糙度 Ra 为 3.2 ～ 1.6μm。

2. 精密模锻的工艺过程

一般精密模锻的工艺过程：先用普通模锻法将原始坯料锻成中间坯料；再对中间坯料进行严格清理，除去氧化皮或缺陷；最后经无氧化或少氧化加热后精锻。为了最大限度地减少氧化，提高精锻件的质量，精锻的加热温度不能太高。对碳钢而言，锻造温度应控制在 900 ～ 450℃之间，称为温模锻。精锻时需在中间坯料上涂润滑剂以减小摩擦、延长锻模寿命和降低设备的功率消耗。

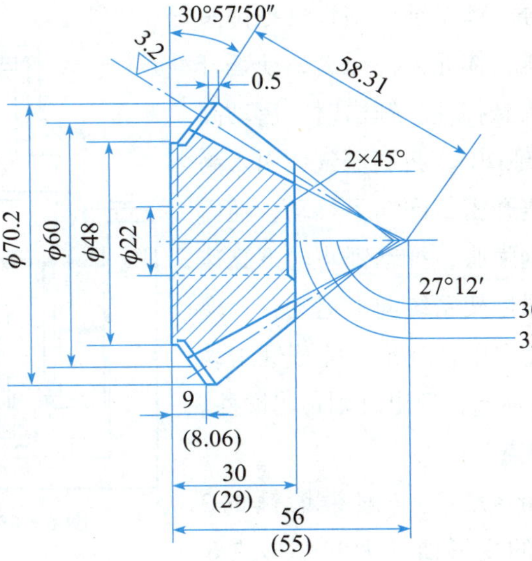

图 6-64　直齿圆锥齿轮模锻件

3. 精密模锻的工艺要求

（1）精确计算原始坯料的尺寸，严格按坯料质量下料；否则会增大锻件尺寸公差，降低精度。

（2）仔细清理坯料表面，除净坯料表面的脱碳层、氧化皮及其他缺陷。

（3）为提高锻件的尺寸精度并降低表面粗糙度，应采用无氧化或少氧化加热法，以减少坯料表面形成的氧化皮。

（4）精密模锻的锻件精度在很大程度上取决于锻模的加工精度，因此，精锻模膛的精度必须很高，一般要比锻件精度高两级。为保证合模准确，精锻模一定要有导柱和导套。为排除模膛中的气体，减小金属流动阻力，使金属更好地充满模膛，应在凹模上开排气小孔。

（5）模锻时要确保良好的润滑和冷却。

（6）精密模锻通常在刚度大、精度高的模锻设备上进行，如曲柄压力机、摩擦压力机或高速锤等。

二、高速锤锻造

1. 高速锤锻造工艺

高速锤锻造是指以高压气体（空气或氮气）为介质，借助一种触发机构，使高压气体突然释放能量以推动锤头系统和框架系统做高速相对运动而锤击工件，使金属塑性成形的锻造方法。高速锤锻造是一种高能率成形方法，主要用于精密模锻和热挤压。

2. 高速锤的结构与工作过程

高速锤的结构如图 6-65 所示。锤杆、锤头和凸模组成向下锤击部分；高压缸、机座、凹模组成向上锤击部分。锤击前，回程缸把锤头顶起，然后将一定量的高压气体充入高压缸，使锤杆顶紧上面的密封圈，将锤头悬挂住。锤击时，启动高压缸顶部的启动阀（图中未画出），将高压气体引入高压缸上部，这时锤头开始离开密封圈向下移动，随后高压气体在高压缸上部急剧膨胀，推动锤头向下高速运动，同时推动高压缸连同框架系统向上运动，上模与下模在空中对击工件，使之塑性变形，完成锤击动作。锤击后，回程缸将锤头顶起，顶出缸则顶出锻件。

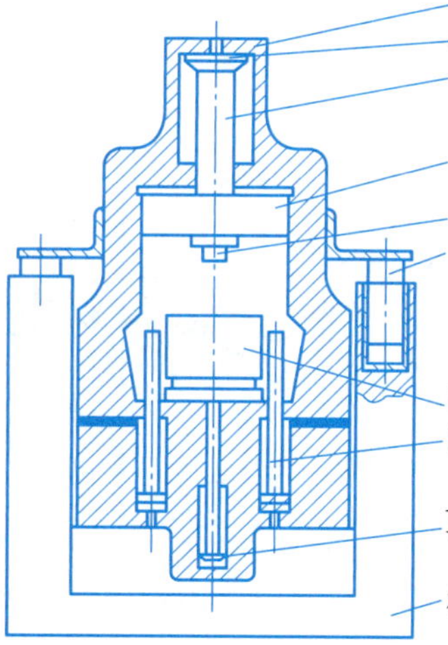

图 6－65　高速锤的结构

3. 高速锤锻造的主要特点

锤击速度高（9 ～ 24m/s），是一般模锻锤的 3 倍。高速锤锻造存在明显的变形惯性力和变形热效应，控制得当可以提高金属的塑性，改善金属在模具中的流动充填性能；锤击速度快，变形较均匀，有利于低塑性材料的锻造，如高强度钢、耐热钢以及钼、钨等高熔点难变形合金；另外，当采用少氧化或无氧化加热方式并正确选用锻模润滑剂时，锻件的精度可达 IT9 ～ IT8，表面粗糙度 *Ra* 可达 3.2 ～ 0.8μm。

高速锤结构简单，质量轻，能量大，可一次成形，但高速锤的模具寿命较低，工作时噪声较大。利用模锻可成形薄壁、高筋等形状复杂的锻件，适用于叶片和齿轮的挤压、模锻、整形，以及高速钢刀具的锻造等。

三、旋压

1. 旋压成形工艺

旋压成形是指利用旋压机使毛坯和模具以一定的速度共同旋转，并在滚轮的作用下，使毛坯与滚轮接触的部位产生局部塑性变形，通过滚轮的进给运动和毛坯的旋转运动，使局部塑性变形逐步扩展到毛坯的全部所需表面，从而获得所需形状与尺寸的零件的塑性加工方法。旋压成形又称回转成形，是一种无切削压力加工工艺，能够容易地制作无缝环状制件。如图 6－66 所示为旋压空心零件的过程。

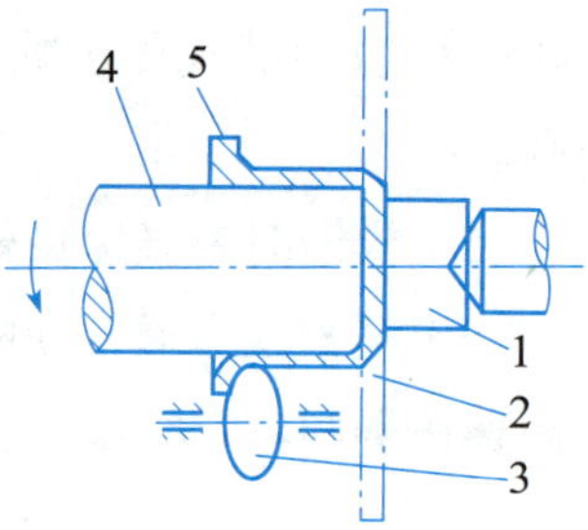

1—顶杆；2—毛坯；3—滚轮；4—模具；5—加工中的毛坯

图 6－66　旋压示意图

2. 旋压成形的分类

（1）普通旋压。在旋压过程中，只减小圆板坯料外径，不减小壁厚。普通旋压局限于加工塑性较好和较薄的材料，尺寸精度不易控制，要求操作者具有较高的技术水平。

（2）强力旋压。在旋压过程中，不改变圆板坯料外径，只减小壁厚。强力旋压与普通旋压相比，坯料凸缘部在加工时不产生收缩变形，因此不会发生起皱现象。旋压机床功率较大，能加工厚度大的材料，同时制件的厚度沿母线有规律地变薄，较易控制。

旋压工艺还可以根据工件和旋轮的运动方式加以分类，通常分为拉深旋压、剪切旋压（锥形变薄旋压）、筒形变薄旋压、收颈旋压、胀形旋压、切边旋压、卷边翻边旋压、压纹或压筋旋压、表面光整旋压和强化旋压等。

3. 旋压技术的特点

（1）金属变形条件好。由于旋轮与金属接触近乎线或点接触，故变形区很小，所需成形力小。旋压是一种省力，且效果明显的压力加工方法，可以用功率和吨位都非常小的旋压机加工大型工件。加工同样大小的工件，旋压机的吨位只是压力机的 1/20。

（2）制品范围广。可以加工厚度在 20mm 以下的各种金属板材，工件直径可达 3 000mm。根据旋压机的能力可以制作大直径薄壁管材、特殊管材及变断面管材，以及球形、半球形、椭圆形、曲母线形和带有阶梯的、壁厚变化的几乎所有回转体制件。

（3）材料利用率高。旋压与机加工相比，可节约材料 20% ～ 50%，最高可达 80%，使成本降低 30% ～ 70%。工具简单、费用低，而且旋压设备的调整、控制简便灵活，具有很大的柔性，非常适合多品种、小批量生产。

（4）制品性能显著提高。在旋压之后材料的组织结构与机械性能均发生变化，强度、屈服强度和硬度都有所提高，而延伸率降低。

（5）制品尺寸精度高，表面粗糙度小，甚至可与切削加工相媲美。旋压加工制品的表面粗糙度 *Ra* 可达 3.2 ～ 1.6μm，最好的可达 0.4 ～ 0.2μm。旋压产品能达到较小的壁厚公差，直径小于 300mm 的公差为 0.05mm，直径 300 ～ 1 600mm 的公差为 0.012mm。

（6）只适用于轴对称的回转体零件。对于大量生产的零件，旋压不如冲压高效、经济。材料经旋压后塑性指标下降，并存在残余应力。

4. 旋压件的应用

旋压件的应用范围十分广泛，其中大部分为机械零件，如各种形状的管件、汽车轮辋和轮辐、发动机壳体等。此外，照明器具、家用器皿、电器产品和仪器仪表的壳体多为旋压件。

四、高能成形

1. 高能成形工艺

高能成形是指一种在极短时间内释放高能量而使金属变形的成形方法，又称为高能率成形或高能高速成形。

高能成形的历史可追溯到 100 多年前，但由于成本太高及当时工业发展的局限，该工艺并未得到应用。随着高新技术的发展及某些重要零部件的特殊需求，近年来高能成形工艺得以飞速发展。

2. 高能成形的分类

（1）爆炸成形。利用火药爆炸产生的化学能使坯料成形的方法。金属板料被置于凹模上，在板料上布放炸药，利用炸药在爆炸时释放的巨大能量使板料快速成形。爆炸成形用于小批量生产或单件大型工件生产，也可用于多层复合材料的生产。

（2）电磁冲压成形。利用磁场力使坯料成形的方法。金属毛坯被置于凹模和电磁线圈之间，借助瞬间产生的电磁冲击力使坯料靠向凹模而成形，也可用于管材扩口成形。

（3）高速成形。利用高压气体使活塞高速运动来产生动能使坯料成形的方法。

（4）电液成形。利用电能使坯料成形的方法。

3. 高能成形的特点

高能成形工艺不仅赋予了成形后的材料特殊的性能，而且与常规成形方法相比还有以下特点：

（1）几乎不需模具、工装以及冲压设备，仅用凹模就可以实现成形。

（2）零件精度高，表面质量好。

（3）因为是在瞬间成形，所以材料的塑性变形能力提高，对于塑性差的用普通方法难以成形的材料，采用高能成形可得到理想的成形产品。

（4）对于复合材料的制造具有独特的优越性，例如在制造钢 – 钛复合金属板时，采用爆炸成形可瞬间完成。

（5）属于特殊的成形工艺，成本高，专业技术性强。

五、超塑性成形

1. 金属超塑性工艺

超塑性是指在特定条件下，即应变速率低（$\varepsilon=10^{-2}\sim10^{-4}/s$）、变形温度一定（约为热力学熔化温度的一半）、晶粒度稳定而细小（0.2 ～ 5μm），某些金属或合金呈现低强度和大伸长率的一种特性。其伸长率可超过 100%，如钢的伸长率超过 500%、纯钛超过 300%、铝锌合金超过 1 000%。

2. 超塑性成形的特点

（1）金属塑性大为提高，扩大了加工范围。过去只能采用铸造成形而不能锻造成形的镍基合金，也可进行超塑性模锻成形，因而扩大了可锻金属的种类。

（2）金属的变形抗力很小。通常，超塑性模锻的总压力只相当于普通模锻的几分之一到几十分之一，因此可在吨位小的设备上模锻出较大的制件。

（3）加工精度高，材料利用率高。超塑性成形加工可获得尺寸精密、形状复杂、晶粒组织均匀细小的薄壁制件，其力学性能均匀一致，机械加工余量小，甚至不需切削加工即可使用。因此，超塑性成形是实现少或无切削加工和精密成形的新途径。

3. 超塑性成形的应用

（1）板料成形。

有凹模法和凸模法两种形式。将超塑性板料放在模具中，再把板料和模具都加热到预定温度，然后向模具内吹入压缩空气或将模具内的空气抽出形成负压，使板料贴紧凹模或凸模，即可获得所需形状的制件。对制件的外形和尺寸精度要求较高时，或浅腔件成形时，用凹模法；对制件的内侧尺寸精度要求较高时，或深腔件成形时，用凸模法。板料成形如图 6－67 所示。

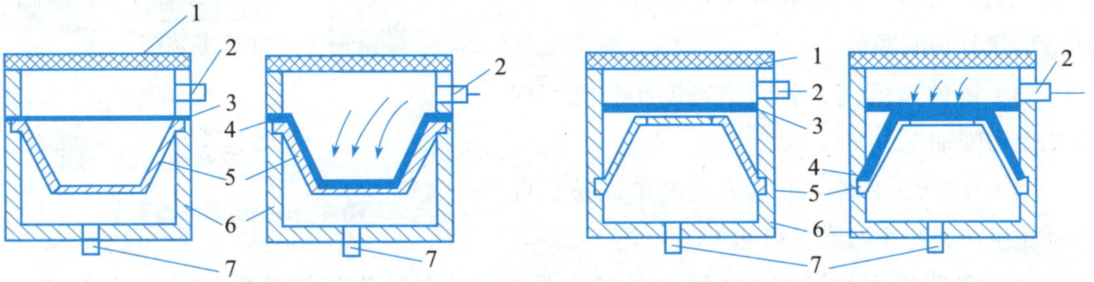

（a）凹模内成形　　（b）凸模上成形

1—电热元件；2—进气孔；3—板料；4—工件；5—凹（凸）模；6—模框；7—抽气孔

图 6－67　板料成形

（2）板料深冲。

在超塑性板料的法兰部分加热，并在外围加油压，一次能拉出非常深的容器。深冲比可为普通拉深的 15 倍左右。采用锌铝合金等超塑性材料，可以一次拉深较大变形量的杯形件，而且质量很好，无制耳产生。

（3）挤压和模锻。

高温合金及钛合金在常态下塑性很差，变形抗力大，不均匀变形引起的各向异性的敏感性强，常规方法难以成形，材料损耗大。如采用普通热模锻毛坯，再进行机械加工，金属消耗达 80% 左右，导致产品成本升高。但在超塑性状态下进行模锻或挤压，就可克服上述缺点，不仅节约材料，降低成本，而且大幅度提高成品率。所以，超塑性模锻对于可锻性非常差的合金的锻造加工来说，是一种很有前途的工艺。

因为超塑性状态下的金属在拉伸变形过程中不产生缩颈现象，变形应力比常态下金属的变形应力低几倍至几十倍，所以极易变形，可采用多种工艺方法制出复杂零件。目前常用的超塑性成形的材料有铝合金、镁合金、低碳钢、不锈钢及高温合金等。

六、粉末锻造

1. 粉末锻造工艺

粉末锻造是指粉末冶金成形和锻造相结合的一种金属加工方法。它是将粉末烧结的预成形坯经加热后，在充满保护气体的炉子中烧结制坯，再将坯料加热至锻造温度后模锻而成的成形工艺。其工序如图 6－68 所示。

2. 粉末锻造的特点

（1）材料利用率高。可达 90% 以上，而模锻的材料利用率只有 50% 左右。

（2）机械性能高。材质均匀，无各向异性，耐磨性好，强度、塑性和冲击韧性都较高，可锻造形状复杂的锻件。

（3）锻件精度高，表面粗糙度小。可实现少或无切削加工。

（4）生产效率高。工艺流程简单，易实现自动化生产，每小时产量可达 1 000 件。

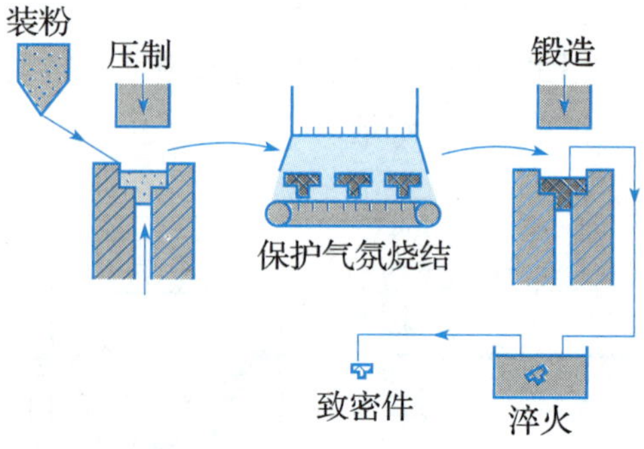

图 6－68　粉末锻造工序

（5）锻造压力小。如 130 型汽车差速器行星齿轮，钢坯锻造需用总力为 2 500 ～ 3 000kN 的压力机，粉末锻造只需用总力为 800kN 的压力机。

（6）可以加工热塑性差的材料。如难以变形的高温铸造合金，可用粉末锻造方法锻出形状复杂的零件。

3. 粉末锻造的应用

粉末锻造在许多领域得到广泛应用，特别是在汽车、拖拉机制造业应用更为突出，可制造发动机连杆、衬套、离合器、万向轴、链轮、各种齿轮等。

职业能力训练

训练要求	半轴的锻件图如下，其毛坯为棒料，请选择适宜的锻造工序。 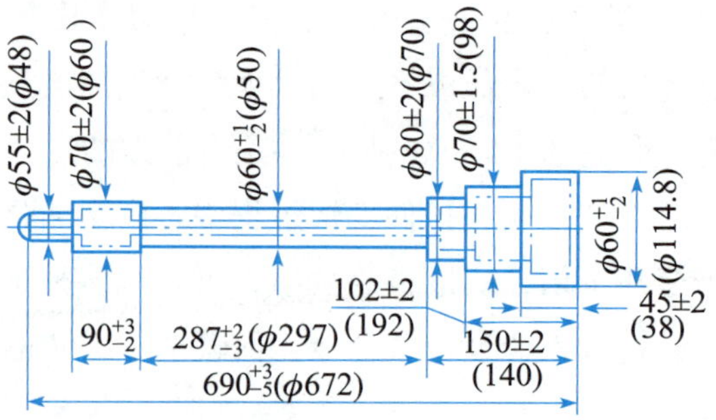
训练目标	掌握自由锻造常用工序的特点和应用场合，能根据零件的结构特点选择适宜的工序，并对工序进行合理安排。
实施过程	1. 锻出头部 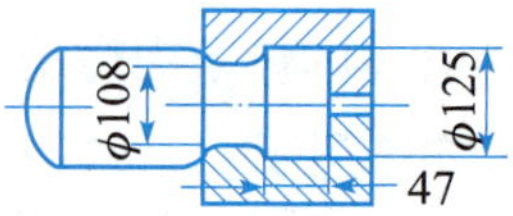

续表

实施过程	2. 拔长 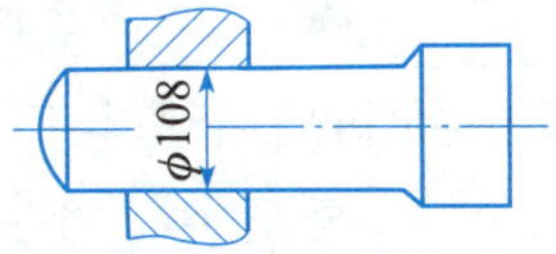 3. 拔长及修正台阶 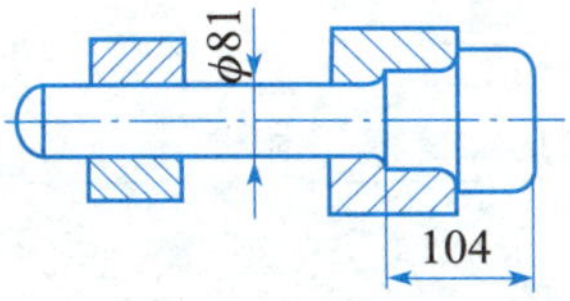 4. 拔长并留出台阶 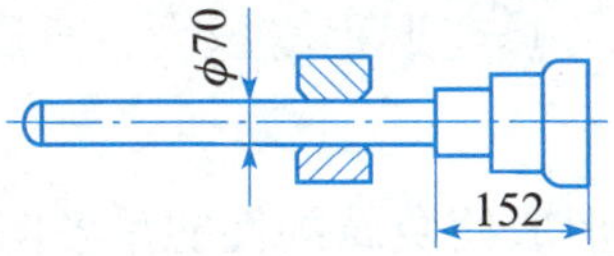 5. 锻出凹挡，拔长端部并修正 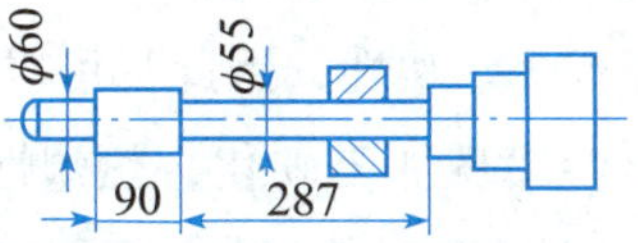

复习思考题

一、填空题

1. 金属压力加工是指使金属材料在外力作用下产生________以获得所需形状、尺寸及机械性能的毛坯或零件的加工方法，适用于________好的金属材料。

2. 冷变形后金属的________、________升高，________、________降低，这种现象叫________。

3. 金属在变形过程中承受的________应力越多，其塑性越________，变形抗力也越________。

4. 为了能从锤锻模中取出锻件，分模面应取在锻件的________截面上。

5. 金属在________以下进行的塑性变形称为冷变形，热变形是指变形温度在________以上。

6. 热变形的大小可用________来表示。锻造比越大，热变形程度________，锻造流线也越明显。锻造流线的形成使金属的性能呈各向________。当沿着流线方向拉伸时，有较高的________；当沿着垂直流线的方向剪切时，有较高的________。

7. 金属的锻造性能通常用________和________两个指标来衡量。

8. 金属在变形过程中承受的________应力越多，其塑性越________，变形抗力也越

________。

9. 自由锻按照动力不同，通常可分为________和________。

10. 自由锻工序分为________工序、________工序、________工序三大类。

11. 实际生产中，自由锻最常用的三个基本工序是________、________和________。

12. 锻造温度范围是指________至________这一温度范围。

13. 锻模根据模膛功用不同，可分为________和________两类。

14. 常用的胎模结构主要有________、________和________三种类型。

15. 冲压基本工序可分为________和________；冲裁分为________和________。

二、判断题

(　　) 1. 在冷变形过程中，既有加工硬化现象又有再结晶组织。

(　　) 2. 锻造比越大，热变形程度越大，金属的组织、性能改善越明显，锻造流线也越明显。

(　　) 3. 锻造流线的形成使金属的性能呈各向同性。

(　　) 4. 自由锻只能生产中小型锻件。

(　　) 5. 凡是金属都有一定塑性，因此都可以进行压力加工。

(　　) 6. 冷塑性变形会出现加工硬化，热塑性变形实际上也会出现加工硬化，只是因为温度较高，很快发生了再结晶，使得加工硬化现象不明显。

(　　) 7. 金属的再结晶温度就是金属的凝固温度。

(　　) 8. 区分冷、热加工的标志是金属在加工变形时是否产生加工硬化。

(　　) 9. 脆性材料不能进行锻造加工。

(　　) 10. 钢的含碳量越低，锻造性能越好。

三、选择题

1. 金属在压力加工时，承受的压应力数目越多，则其(　　)。

A. 塑性越好，变形抗力越小　　B. 塑性越差，变形抗力越小

C. 塑性越好，变形抗力越大　　D. 塑性越差，变形抗力越大

2. 金属的冷变形产生加工硬化现象，使强度、硬度增加，而(　　)。

A. 塑性、脆性下降　　B. 韧性、脆性下降

C. 塑性、韧性下降　　D. 弹性、韧性下降

3. 综合评定金属可锻性的指标是(　　)。

A. 强度及硬度　　B. 韧性及塑性

C. 塑性及变形抗力　　D. 韧性及硬度

4. 锤上模锻时，决定锻件最后形状的是(　　)。

A. 制坯模膛　　B. 切边模膛　　C. 终锻模膛　　D. 预锻模膛

5. 锻造前，坯样加热的目的是(　　)。

A. 提高塑性，降低变形抗力　　B. 提高强度，降低韧性
C. 提高塑性，增加韧性　　D. 提高塑性，降低韧性

6. 模锻件上必须有模锻斜度，这是为了（　　）。
A. 便于充填模膛　　B. 减少工序
C. 节约能量　　D. 便于取出锻件

7. 对于模锻件的模锻斜度，内斜度应比外斜度大，是因为（　　）。
A. 截面各处的收缩率不同　　B. 截面各处的温度不同
C. 内壁冷却收缩时与模壁夹紧　　D. 外壁冷却收缩时与模壁夹紧

8. 下列选项中，属于自由锻造特点的是（　　）。
A. 精度高　　B. 精度低　　C. 生产效率高　　D. 大批量生产

9. 下列选项中，属于锻造特点的是（　　）。
A. 省料　　B. 生产效率低　　C. 降低力学性能　　D. 适应性差

10. 下列选项中，属于模锻特点的是（　　）。
A. 成本低　　B. 效率低　　C. 操作复杂　　D. 尺寸精度高

11. 利用模具使坯料变形而获得锻件的方法是（　　）。
A. 机锻　　B. 手工自由锻　　C. 模锻　　D. 胚模锻

12. 冲孔时，在坯料上冲下的部分是（　　）。
A. 成品　　B. 废料　　C. 工件　　D. 以上都不正确

13. 使坯料高度缩小，横截面积增大的锻造工序是（　　）。
A. 冲孔　　B. 镦粗　　C. 拔长　　D. 弯曲

14. 板料冲压时，一般（　　）。
A. 需加热　　B. 不需加热　　C. 需预热　　D. 以上都不正确

15. 落料时，冲下来的部分是（　　）。
A. 废料　　B. 制件　　C. 废料或制件　　D. 以上都不正确

16. 拉深属于（　　）。
A. 自由锻造工序　　B. 成形工序　　C. 分离工序　　D. 模锻

四、简答题

1. 单晶体和多晶体塑性变形的实质分别是什么？
2. 冷形变强化对金属组织性能有何影响？
3. 再结晶对金属组织性能有何影响？
4. 锻造流线的存在对金属机械性能有何影响？
5. 自由锻有哪些主要工序？
6. 设计自由锻零件时应注意哪些问题？
7. 简述胎模的种类及用途。

8. 生活用品中，有哪些产品是板料冲压制成的？举例说明其冲压工序。

9. 弯曲时，工件受力和变形的过程如何？易产生什么缺陷，如何防止？

10. 拉深时，工件受力和变形的情况如何？拉深时常见的废品有哪些，如何防止？

五、名词解释

金属压力加工	加工硬化	冷变形	热变形
回复	再结晶	自由锻	冲压

项目7 焊接加工工艺

项目导读

在机械生产实践中，焊接既是一种加工工艺，又是一种连接方式，能在焊件之间实现原子间结合。焊接的主要应用：金属结构件的制造，如锅炉、船舶、桥梁、管道、车辆、起重机、冶金设备；对于一些单件生产的特大型零件（或毛坯），可通过焊接以小拼大，简化工艺；修补铸、锻件的缺陷和局部损坏的零件。如图7-1所示为典型焊接结构。世界主要工业国家每年生产的焊件结构约占钢产量的45%。

（a）锅炉

（b）船舶

图7-1 设备中的典型焊接结构

焊接加工是一种怎样的工艺？怎样实现原子之间的结合？通过怎样的过程生产制件？需要哪些设备或工具？这种工艺与其他工艺比较有哪些鲜明的特点？焊接加工制件的质量与哪些因素有关？要获得优质的制件，需要在焊接加工过程中采取哪些措施？让我们带着问题来学习本项目的内容。

素养园地

火箭"心脏"焊接人——高凤林

高凤林是首都航天机械有限公司班组组长，他40多年扎根一线，攻克了一系列火箭发动机焊接技术世界级难关，曾获全国劳动模范、全国五一劳动奖章、2018年大国工匠年度人物等多项荣誉奖励，为航天事业做出了巨大贡献。

发动机是火箭的心脏，一小点焊接瑕疵都可能导致一场灾难。为保证一条细窄而“漫长”的焊缝在技术指标上首尾一致，整个操作过程中高凤林必须发力精准，心平手稳，保持住焊条与母件的恰当角度，这样才能让焊液在焊缝里均匀分布，不出现气孔、砂眼。而做到这一切的前提就是眼睛必须盯住！高凤林说：“如果这段焊接需要十分钟不眨眼，那就十分钟不眨眼！”

像高凤林这样的技能专家有很多，他们不断钻研新兴技术，为了能够在研究项目中有所突破，付出了很多，我们必须以他们为榜样。

“执着专注、精益求精、一丝不苟、追求卓越”，这16个字生动概括了工匠精神的深刻内涵，激励广大劳动者走技能成才、技能报国之路，立志成为高技能人才和大国工匠。匠心聚，百业兴。当今世界，综合国力的竞争归根到底是人才的竞争、劳动者素质的竞争。

习近平总书记强调：“无论从事什么劳动，都要干一行、爱一行、钻一行。在工厂车间，就要弘扬‘工匠精神’，精心打磨每一个零部件，生产优质的产品。在田间地头，就要精心耕作，努力赢得丰收。在商场店铺，就要笑迎天下客，童叟无欺，提供优质的服务。”

7.1 焊接基本原理

焊接是指通过加热或加压（或两者并用），使用（或不用）填充材料，使焊件实现原子间结合的一种加工工艺。被结合的两个焊件可以是同类或不同类的金属、非金属（石墨、陶瓷、塑料等），也可以是一种金属与一种非金属。目前工业中应用最普遍的还是金属之间的焊接。

焊接与铆接、螺纹连接等连接方法相比，具有连接性能好、省工省料、重量轻、成本低、可简化工艺、焊缝密封性好等优点，同时焊接过程也易于实现机械化和自动化。目前一些行业已用机器人进行焊接。焊接也存在一些不足之处：如结构不可拆，更换维修不方便；焊接接头组织性能变坏；存在焊接应力，容易产生焊接变形；容易出现焊接缺陷；若焊接质量把握不好，焊接接头往往是压力容器等重要设备的薄弱环节。

焊接方法有很多，而且新的方法仍在不断涌现，目前应用的已有数十种。按焊接工艺特征可将其分为熔焊、压焊、钎焊三大类。如图7-2所示为常用焊接方法。

一、焊接电弧

焊接电弧是指由焊接电源供给，具有一定电压的两极间或电极与母材间的气体介质中产生的强烈而持久的放电现象。电弧是所有电弧焊接方式的能源。将两电极（一极为工件，另一极为填充金属丝或焊条）接通电源，然后短暂接触并迅速分离，两极接触时发生短路，形成电弧，这种方式称为接触引弧。电弧形成后，只要保持电源两极之间具有一定的电位差，即可维持电弧的燃烧。

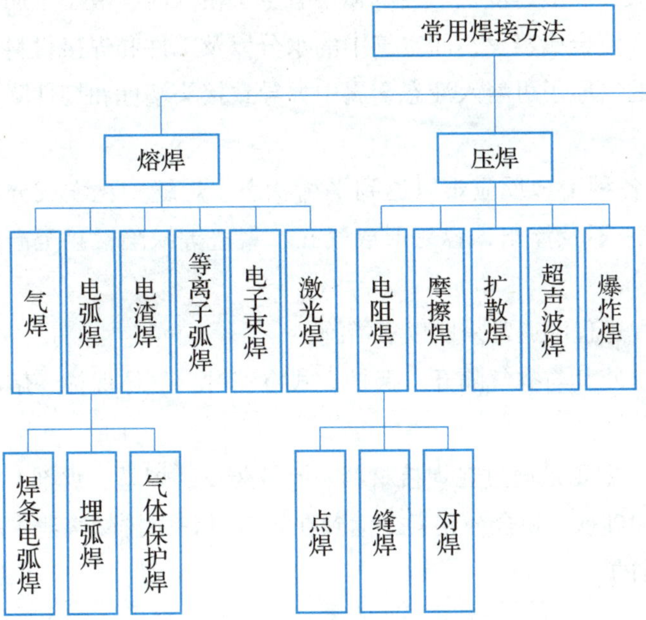

图 7－2　常用焊接方法

焊接电弧由阴极区、阳极区和弧柱区三部分组成，如图 7－3 所示。阴极区是紧靠负电极的一个很窄的区域，为 10^{-5}～10^{-6}cm，温度约为 2 400K。阳极区是电弧紧靠正电极的区域，较阴极区宽，为 10^{-3}～10^{-4}cm，温度约为 2 600K。电弧阳极区和阴极区之间的部分为弧柱，弧柱区温度最高，可达 6 000～8 000K。焊接电弧两端（电极端部到熔池表面）的最短距离称为弧长。

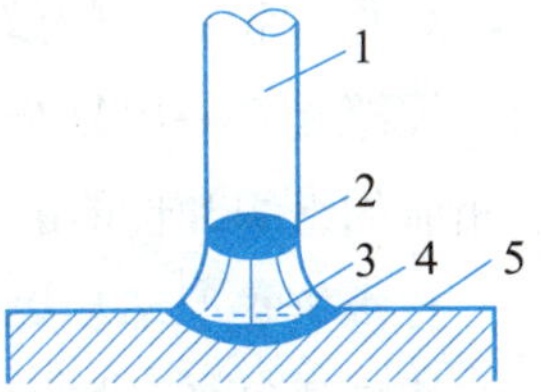

1—焊条；2—阴极区；
3—弧柱区；4—阳极区；
5—焊件

图 7－3　焊接电弧

焊接电弧的热量与焊接电流的平方和电压的乘积成正比，电流越大，电弧产生的总热量就越大。电弧是导体，直流焊接时，带电粒子定向运动，使得电弧两端产生的热量有所不同，在电子流出的阴极，电子带走热量使得阴极的产热量（36%）低于阳极（43%），这在生产实践中意义重大。产生的热量多意味着可熔化更多的金属，在焊接厚板时，可将工件接在阳极（称为正接），使工件有足够的熔深；而焊接薄板时，应将工件接在阴极（称为反接），可防止因熔深过大而烧穿。交流电源焊接时，由于电流正负极交替变化，故无正反接之分。

二、焊接过程

熔焊，按其所用的焊接热源不同可分为电弧焊（如焊条电弧焊、埋弧焊、气体保护焊）、电渣焊、气焊、等离子弧焊、电子束焊、激光焊等。其冶金过程、结晶过程和接头组织的变化规律是相似的。

首先，焊接冶金温度高，相界大，反应速度快。当电弧中有空气侵入时，液态金属会发生强烈的氧化、氮化反应，还有大量金属蒸发，而空气中的水分以及工件和焊接材料中的油、锈、水在电弧高温下分解出的氢原子可溶入液态金属中，导致接头塑性和韧性降低（氢脆），甚至产生裂纹。

其次，焊接熔池小，冷却快。各种冶金反应难以达到平衡状态，焊缝中化学成分不均匀，且熔池中的气体、氧化物等来不及浮出，容易形成气孔、夹渣等缺陷，甚至产生裂纹。

为了保证焊缝的质量，在电弧焊过程中通常采取以下措施：

（1）对熔化金属进行机械保护，使其与空气隔开。保护方式有三种：气体保护、熔渣保护和气－渣联合保护。

（2）对焊接熔池进行冶金处理，主要是通过在焊接材料（焊条药皮、焊丝、焊剂）中加入一定量的脱氧剂（主要是锰铁和硅铁）和合金元素，达到在焊接过程中排除熔池中的FeO，同时补偿烧损的合金元素的目的。

三、焊接接头的组织和性能

熔焊过程中，焊缝及其附近的母材经历了加热和冷却的热过程，由于温度分布不均匀，焊缝受到一次复杂的冶金过程，焊缝附近区受到一次不同规范的热处理，因此必然引起相应的组织和性能的变化，直接影响焊接质量。

1. 焊接热循环和焊接接头的组成

焊接热循环是指在焊接热源作用下，焊接接头上某点的温度随时间变化的过程。焊接时，焊接接头不同位置上的点所经历的焊接热循环是不同的，如图 7－4 所示。

离焊缝越近的点，被加热的温度越高；反之，越远的点，被加热的温度越低。

在焊接热循环中，影响焊接质量的主要参数是加热速度、最高加热温度、高温（1 100℃以上）停留时间和冷却速度等。起关键作用的冷却速度是从 800℃冷却到 500℃的速度。焊接热循环的主要特点是加热速度和冷却速度都很快（每秒 100℃以上，甚至更高）。因此，对于淬硬倾向较大的钢材，焊后会产生马氏体组织，引

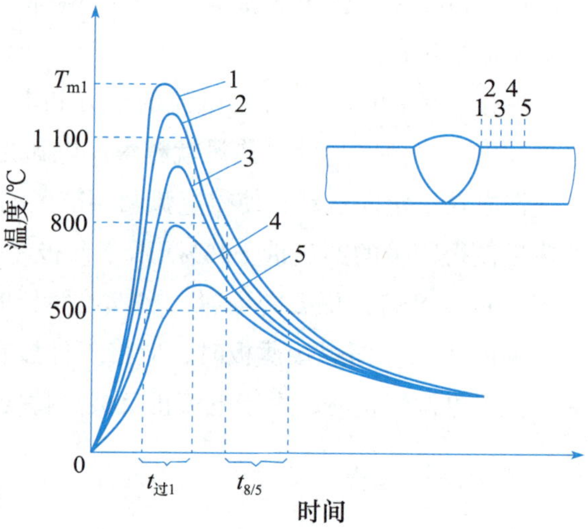

图 7－4　焊接热循环曲线

起焊接裂纹。

受热循环的影响，焊缝附近的母材组织和性能发生变化的区域称为焊接热影响区。熔焊焊缝和母材的交界线叫作熔合线，熔合线两侧有一个很窄的焊缝与热影响区的过渡区，叫作熔合区，该区域的母材金属部分熔化，故也叫半熔化区。因此，焊接接头由焊缝、熔合区和热影响区组成。

2. 焊缝的组织和性能

焊缝金属是由母材和焊条（丝）熔化形成的熔池冷却结晶而成的。焊缝金属在结晶时，是以熔池和母材金属的交界处的半熔化金属晶粒为晶核，沿着垂直于散热面的方向反向生长为柱状晶，最后这些柱状晶在焊缝中心接触而停止生长，如图 7－5 所示。由于焊缝组织是铸态组织，故晶粒粗大，成分偏析，组织不致密。但由于焊丝本身的杂质含量低及合金化作用，使焊缝化学成分优于母材，因此焊缝金属的力学性能一般不低于母材。

3. 熔合区及热影响区的组织和性能

现以低碳钢为例，根据焊接接头的温度分布曲线，讨论熔合区与热影响区的组织性能变化。其中，热影响区按加热温度的不同，可划分为过热区、正火区、部分相变区（不完全重结晶区）等区域，如图 7－6 所示。

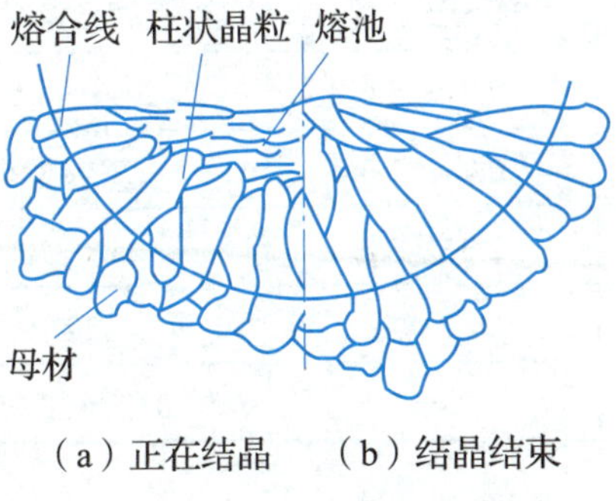

图 7－5　焊缝金属结晶示意图

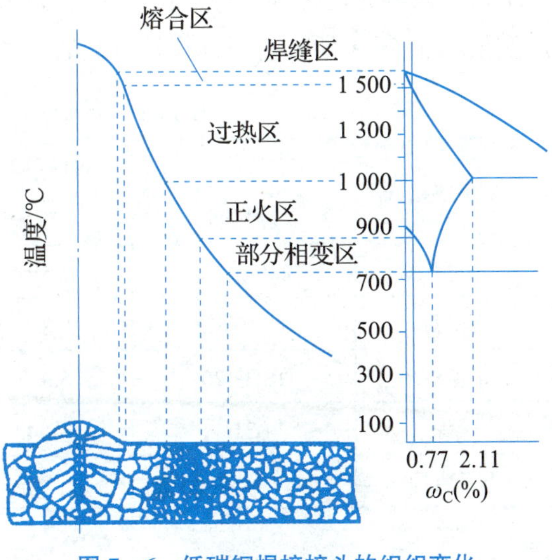

图 7－6　低碳钢焊接接头的组织变化

（1）熔合区。温度处于液相线与固相线之间，是焊缝金属到母材金属的过渡区域，宽度只有 0.1 ～ 0.4mm。焊接时，该区内液态金属与未熔化的母材金属共存，冷却后，其组织为部分铸态组织和部分过热组织，化学成分和组织极不均匀，是焊接接头中力学性能最差的部位。

（2）过热区。焊接时加热到 1 100℃以上至固相线温度的区域。由于加热温度高，奥氏体晶粒明显长大，冷却后产生晶粒粗大的过热组织。过热区是热影响区中力学性能最差的部位。因此，焊接刚度大的结构时，易在此区产生裂纹。

（3）正火区。最高加热温度从 Ac_3 至 1 100℃的区域。相当于加热后空冷，焊后冷却得到均匀而细小的铁素体和珠光体组织。正火区的力学性能优于母材。

（4）部分相变区。加热到 Ac_1 至 Ac_3 温度的区域。因为只有部分组织发生转变，部分铁素体来不及转变，故称为部分相变区。冷却后晶粒大小不匀，因此力学性能比母材稍差。

综上所述，熔合区和过热区是焊接接头中的薄弱部分，对焊接质量有严重影响，应尽可能减小这两个区域的范围。

影响焊接接头组织和性能的因素有焊接材料、焊接方法和焊接工艺。焊接工艺参数主要有焊接电流、电弧电压、焊接速度、线能量等。

4. 改善焊接热影响区组织性能的措施

熔焊过程中总会产生一定尺寸的热影响区。通常，对于低碳钢焊接结构，用焊条电弧焊或埋弧自动焊时，热影响区尺寸较小，对焊接产品质量影响较小，焊后可不进行热处理；对于低合金钢焊接结构或用电渣焊焊接的结构，热影响区较大，焊后必须进行处理，可通过正火来细化晶粒、均匀组织、改善焊接接头的质量；对于焊后不能进行热处理的焊接结构，只能通过正确选择焊接方法，合理制定焊接工艺来减小焊接热影响区，以保证焊接质量。表 7－1 所列为不同焊接方法的热影响区的大小。

表 7－1　不同焊接方法的热影响区的大小

焊接方法	各区平均尺寸			热影响区总宽度
	过热区	正火区	部分正火区	
焊条电弧焊	2.2 ～ 3.0	1.5 ～ 2.5	2.2 ～ 3.0	5.9 ～ 8.5
埋弧焊	0.8 ～ 1.2	0.8 ～ 1.7	0.7 ～ 1.0	2.3 ～ 3.9
电渣焊	18 ～ 20	5.0 ～ 7.0	2.0 ～ 3.0	25 ～ 30
气焊	21	4.0	2.0	27
电子束焊	—	—	—	0.05 ～ 0.75

四、焊接应力与变形

焊接应力与变形

焊接时，焊件的加热和冷却是不均匀的局部加热和冷却，造成焊件的热胀冷缩速度和组织变化先后不一致，从而导致焊接应力和变形的产生，影响焊件的质量。焊件因焊接而产生的内应力称为焊接应力；焊后残留在焊件内的焊接应力称为焊接残余应力。焊件因焊接而产生的变形称为焊接变形；焊后焊件残留的变形称为焊接残余变形。

1. 焊接应力与变形的产生

下面以平板对接焊为例来分析应力和变形的形成过程，如图 7－7 所示。焊件在加热时，焊缝区金属的热膨胀量较大，受两侧金属制约，导致应受热膨胀的金属产生压缩塑性变形；冷却时同样会受两侧金属制约而不能自由收缩，尤其当焊缝区金属温度降至弹性变形阶段以后，焊件各部分收缩不一致，必然导致焊缝区乃至整个焊件产生应力和变形。

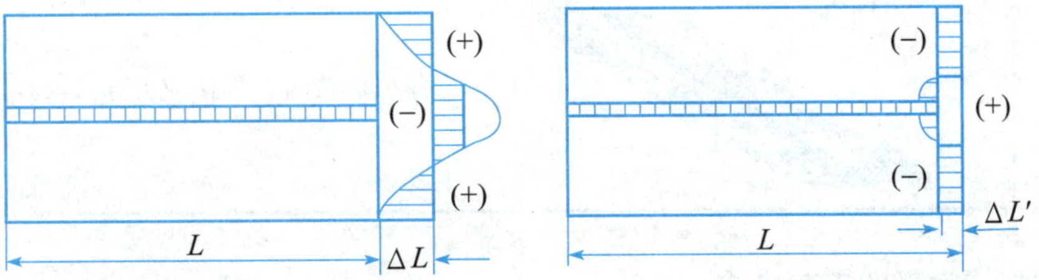

（a）加热时的应力和变形　　（b）冷却时的应力和变形

图 7－7　平板对接焊时应力和变形的形成过程

平板对接焊后的应力：焊缝区产生拉应力，两侧产生压应力，平板整体缩短了 $\Delta L'$。这种室温下保留在结构中的焊接应力和变形，称为焊接残余应力和变形。

焊接应力和变形是同时存在的，当母材塑性较好且结构刚度较小时，焊接结构在焊接应力的作用下会产生较大的变形而残余应力较小；反之则变形较小而残余应力较大。

2. 焊接变形的基本形式

焊接变形的本质是焊缝区的压缩塑性变形，而焊件因焊接接头形式、焊接位置、钢板厚度、装配焊接顺序等因素，会产生不同形式的变形。焊接变形的基本形式见表 7－2。

表 7－2　焊接变形的基本形式

变形形式	示意图	产生原因
收缩变形		焊接后焊缝的纵向（沿焊缝长度方向）和横向（沿焊缝宽度方向）收缩
角变形	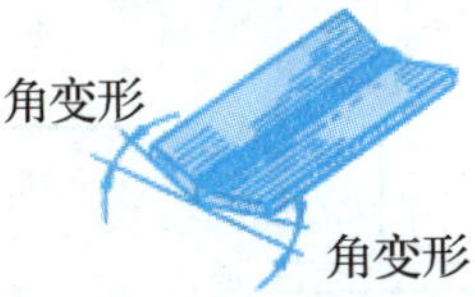	焊缝横截面形状上下不对称导致的焊缝横向收缩不均
弯曲变形	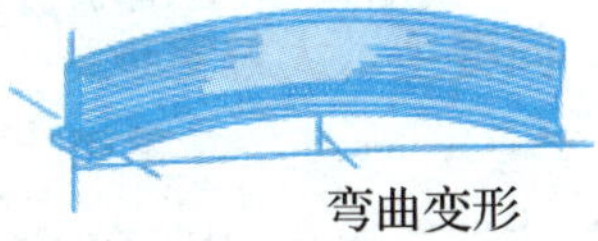	T 形梁焊接时，焊缝布置不对称导致的焊缝纵向收缩

续表

变形形式	示意图	产生原因
扭曲变形	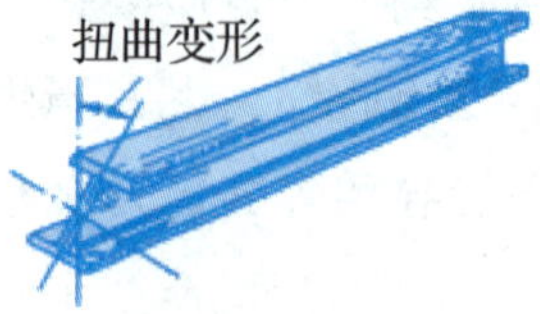	工字梁焊接时，焊接顺序和焊接方向不合理
波浪变形		薄板焊接时，焊接应力导致薄板局部失稳

3. 预防焊接变形的工艺措施

焊接变形不但影响结构、尺寸和外观，严重时还可能降低构件的承载能力，甚至造成事故。所以在焊接过程中要加以控制。

（1）焊前预热，焊后处理。

预热可以减小焊件各部分温差，降低焊后冷却速度，减小残余应力。在允许的条件下，焊后进行去应力退火或用锤子均匀地敲击焊缝，使之得到延伸，均可有效地减小残余应力，从而减小焊接变形。

（2）选择合理的焊接顺序。

1）尽量确保焊缝能够自由收缩，这样产生的残余应力较小。如图 7－8 所示为一大型容器底板的焊接顺序，若先焊横向焊缝 3，再焊纵向焊缝 1 和 2，则焊缝 1 和 2 在横向和纵向的收缩都会受到阻碍，焊接应力增大，焊缝交叉处和焊缝上都极易产生裂纹。

2）采用分散对称焊工艺，长焊缝尽可能采用分段退焊或跳焊的方法进行焊接，这样加热时间短、温度低且分布均匀，可减小焊接应力和变形，如图 7－9 所示。

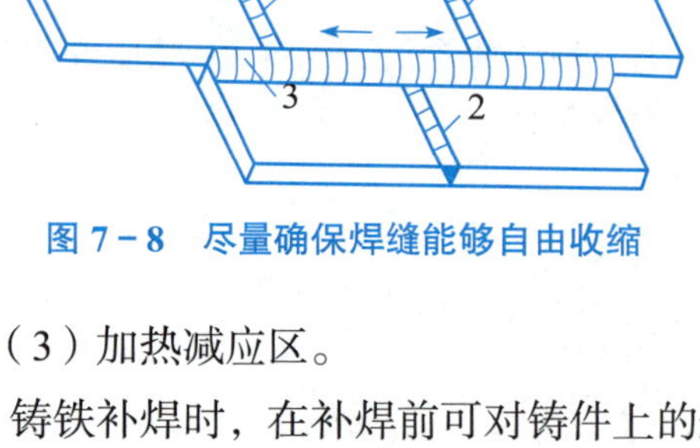

图 7－8　尽量确保焊缝能够自由收缩

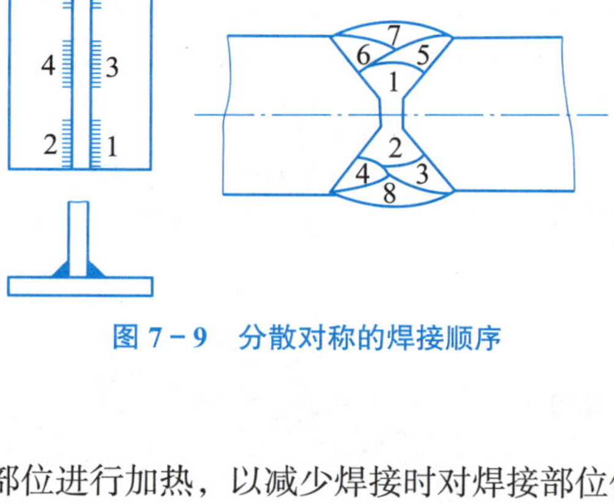

图 7－9　分散对称的焊接顺序

（3）加热减应区。

铸铁补焊时，在补焊前可对铸件上的适当部位进行加热，以减少焊接时对焊接部位伸长的约束，焊后冷却时，加热部位与焊接处一起收缩，从而减小焊接应力。被加热的部位称为减应区，这种方法叫作加热减应区法，利用此原理可以焊接刚度比较大的焊缝。

（4）反变形法。

通过试验或计算，预先确定焊件焊后可能发生的变形的大小和方向，然后将焊件安装在相反方向的位置上，或预先使焊件向相反方向变形，以抵消焊后所发生的变形，如图 7－10 所示。

（5）刚性固定法。

当焊件刚性较小时，可通过外加刚性固定的方法减小焊接变形，如图 7－11 所示。这种方法能有效地减小焊接变形，但会产生较大的焊接应力。

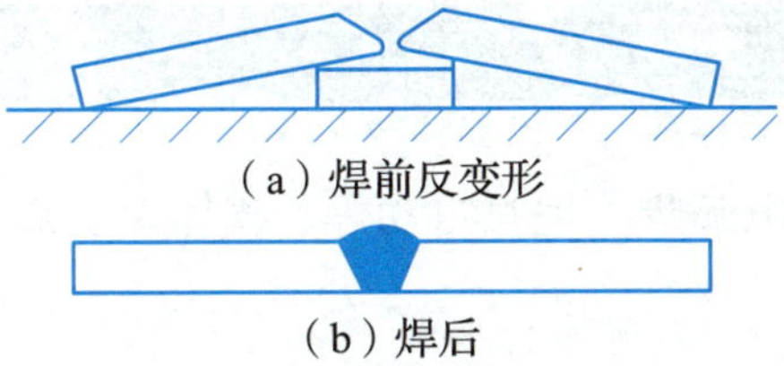

图 7－10　平板焊接的反变形法

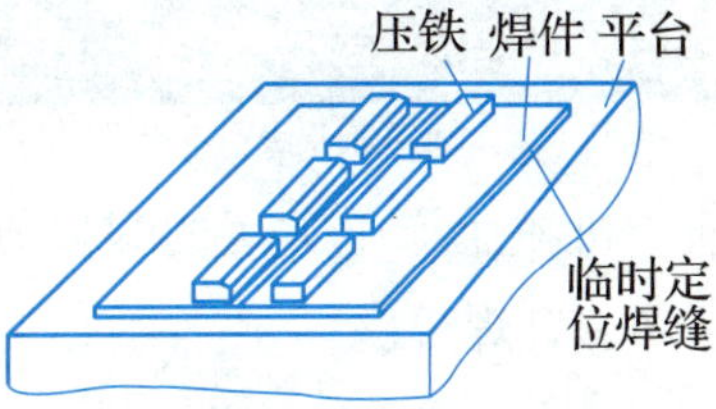

图 7－11　刚性固定法

4. 消除焊接应力和矫正焊接变形的方法

（1）消除焊接应力的方法。

1）锤击焊缝。焊后用圆头小锤对红热状态下的焊缝进行锤击，可以延展焊缝，从而使焊接应力得到一定的释放。

2）焊后热处理。焊后对焊件进行去应力退火，对于消除焊接应力具有良好效果。碳钢或低合金结构钢焊件整体加热到 580 ～ 680℃，保温一定时间后，空冷或随炉冷却，一般可消除 80% ～ 90% 的残余应力。对于大型焊件，可采用局部高温退火的方法来降低应力峰值。

3）机械拉伸法。对焊件进行加载，使焊缝区产生微量塑性拉伸，可以使残余应力降低。例如，压力容器在进行水压试验时，将试验压力加到工作压力的 1.2 ～ 1.5 倍，焊缝区会发生微量塑性变形，应力被释放。

（2）矫正焊接变形的方法。

焊接过程中，即使采用了上述工艺措施，有时也会产生超过允许值的焊接变形，因此需要对变形进行矫正。

1）机械矫正法。在机械力的作用下矫正焊接变形，使焊件恢复至要求的形状和尺寸，如图 7－12 所示。可采用辊床、压力机、矫直机进行矫正，也可手工锤击。机械矫正法适用于低碳钢和普通低合金钢等塑性好的材料。

2）火焰矫正法。利用氧－乙炔焰对焊件相应部分加热，通过加热时的压缩塑性变形和冷却时的收缩变形来矫正，如图 7-13 所示。火焰矫正法适用于低碳钢和没有淬硬倾向的普通低合金钢。

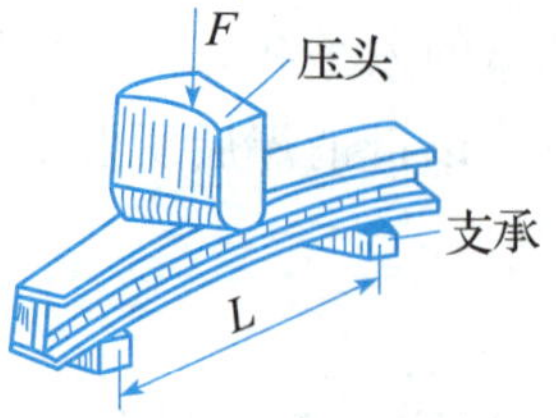

图 7-12　机械矫正法

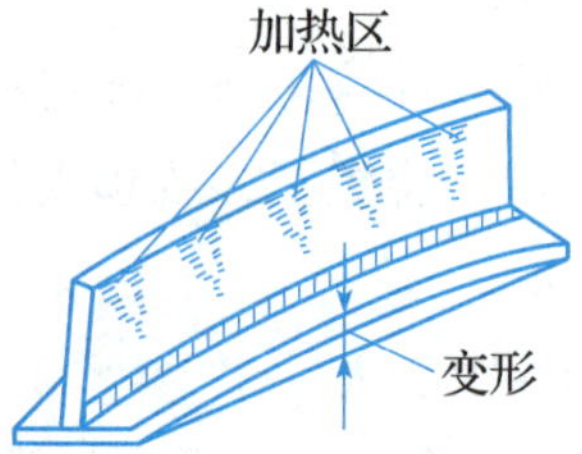

图 7-13　火焰矫正法

7.2 电弧焊的常用方法

目前，机械生产中常用的焊接方法有焊条电弧焊、埋弧自动焊、气体保护焊、电渣焊、电阻焊、钎焊等。

一、焊条电弧焊

焊条电弧焊

焊条电弧焊是手工操纵焊条进行焊接的电弧焊方法，又称手工电弧焊，利用焊条与焊件之间建立的稳定燃烧的电弧，使焊条和焊件熔化，从而获得牢固的焊接接头。焊接过程中，药皮不断分解、熔化而生成气体及熔渣，保护焊条端部、电弧、熔池及附近区域，防止大气污染熔化金属。焊条芯也在电弧热作用下不断熔化，进入熔池，成为焊缝的填充金属。焊条电弧焊的过程如图 7-14 所示。焊条电弧焊具有设备简单，应用灵活，成本低等优点，对焊接接头的装配尺寸要求不高，可在各种条件下进行各种位置的焊接，是目前生产中应用最广泛的焊接方法。焊条电弧焊的缺点是焊接时会产生强烈的弧光和烟尘，劳动条件差，生产效率低，对工人的技术水平要求较高，焊接质量也不稳定。一般用于单件 / 小批量生产中焊接碳素钢、低合金结构钢、不锈钢，以及进行铸铁的补焊。

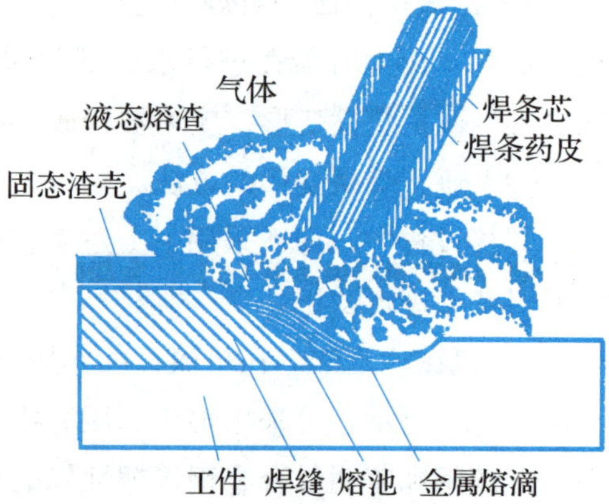

图 7-14　焊条电弧焊的过程

1. 焊条电弧焊的电源种类

常用的焊条电弧焊电源有交流弧焊机、直流弧焊机和逆变焊机。

（1）交流弧焊机。

交流弧焊机是一种特殊的降压变压器，具有结构简单、噪声小、成本低等优点，但电弧稳定性较差。该焊机既适用于酸性焊条焊接，又适用于碱性焊条焊接。

（2）直流弧焊机。

直流弧焊机分为焊接发电机（旋转式）与弧焊整流器（整流式）两种。

（3）逆变焊机。

逆变焊机是新一代焊接电源，它从电网获取三相380V交流电，经整流滤波成直流，然后经逆变器变成频率为2 000～30 000Hz的交流电，再进行单相全波整流和滤波输出。它具有体积小、重量轻、节约材料、高效节能、适应性强等优点。

2. 焊条

（1）焊条的组成和作用。

焊条是电弧焊使用的焊接材料，由金属焊芯和药皮涂层组成。焊芯在焊接过程中是导电的电极，同时本身熔化作为填充金属，与熔化的母材共同形成焊缝金属。焊芯的质量直接影响焊缝的质量。焊条中硫、磷等杂质的质量分数很低。药皮是压涂在焊芯表面的涂料层，主要作用是在焊接过程中造气、造渣以起到保护作用，防止空气进入焊缝，防止焊缝高温金属被空气氧化，脱氧、脱硫、脱磷和渗合金等，稳弧、脱渣，总之是确保焊条具有良好的工艺性能，并形成美观的焊缝。

（2）焊条的分类和用途。

1）焊条按熔渣的化学性质分为两大类：酸性焊条和碱性焊条。

酸性焊条：熔渣以酸性氧化物为主，氧化性强，合金元素烧损大，故焊缝的塑性和韧性不高，且焊缝中氢含量高，抗裂性差。但酸性焊条具有良好的工艺性能，对油、水、锈不敏感，交直流电源均可用，广泛应用于一般结构件的焊接。

碱性焊条（又称低氢焊条）：药皮中以碱性氧化物（萤石）为主，并含有较多铁合金，脱氧、除氢、渗金属作用强，与酸性焊条相比，其焊缝金属的含氢量较低，有益元素较多，有害元素较少，因此焊缝力学性能与抗裂性好。但碱性焊条工艺性能较差，电弧稳定性差，对油、水、锈较敏感，抗气孔性能差，一般要求采用直流焊接电源，主要用于焊接重要的钢结构或合金钢结构。

2）焊条按用途可分为十一大类：碳钢焊条、低合金钢焊条、钼和铬钼耐热钢焊条、低温钢焊条、不锈钢焊条、堆焊焊条、铸铁焊条、镍及镍合金焊条、铜及铜合金焊条、铝及铝合金焊条、特殊用途焊条。其分类方法及型号编制方法可参考有关国家标准。

（3）焊条的选用。

焊条的种类很多，应根据其性能特点，并考虑焊件的结构特点、工作条件、生产批量、施工条件及经济性等因素合理地选用焊条。

如按强度等级和化学成分选用焊条：

1）焊接一般结构，如低碳钢、低合金钢结构件时，一般选用与焊件强度等级相同的焊条，而不考虑化学成分是否相同或相近。

2）焊接异种结构钢时，按强度等级低的钢种选用焊条。

3）焊接特殊性能钢种，如不锈钢、耐热钢时，应选用与焊件化学成分相同或相近的特种焊条。

4）焊件的碳、硫、磷质量分数较大时，应选用碱性焊条。

5）焊接铸造碳钢或合金钢时，因为碳和合金元素的质量分数较高，而且多数铸件厚度、刚度较大，形状复杂，所以选用碱性焊条。

如按焊件的工作条件选用焊条：

1）焊接承受动载、交变载荷及冲击载荷的结构件时，应选用碱性焊条。

2）焊接承受静载的结构件时，可选用酸性焊条。

3）焊接表面带有油、锈、污的结构件时，应选用酸性焊条。

4）焊接在特殊条件（如腐蚀介质、高温）下工作的结构件时，应选用特殊用途焊条。

如按焊件的形状、刚度及焊接位置选用焊条：

1）焊接厚度、刚度大，形状复杂的结构件，应选用碱性焊条。

2）焊接厚度、刚度不大，形状一般，尤其是均可采用平焊的结构件，应选用适当的酸性焊条。

3）除平焊外，需要进行立焊、横焊、仰焊的结构件，应选用全位置焊条。

此外，还应根据现场条件选用适当的焊条。例如，需用低氢型焊条，又缺少直流弧焊电源时，应选用加入稳弧剂的低氢型交直流两用的焊条。

3. 焊条电弧焊的焊接工艺规范

焊接工艺规范涉及焊条型号（牌号）、焊条直径、焊接电流、坡口形状、焊接层数等参数。下面介绍焊条直径、焊接电流和焊接层数的选择方法。

（1）焊条直径的选择。

焊条直径的选择主要取决于焊件厚度、接头形式、焊缝位置、焊层（道）数等因素。选用直径较大的焊条能提高生产效率。但若直径过大，则会导致未焊透和焊缝成形不良等问题。

（2）焊接电流的选择。

焊接电流主要由焊条直径和焊缝位置确定。

$$I = K \cdot d$$

式中，I——焊接电流，A；

K——经验系数，一般为 25 ～ 60；

d——焊条直径，mm。

平焊时 K 取较大值，立、横、仰焊时取较小值，使用碱性焊条时焊接电流要比使用酸性焊条时略小。

增大焊接电流能提高生产效率，但焊接电流过大，易造成焊缝咬边和烧穿等缺陷；焊接电流过小，会降低生产效率，并易造成夹渣、未焊透等缺陷。

（3）焊接层数。

厚度大、易过热的材料焊接时，常采用开坡口、多层多道焊的方法，每层焊缝的厚度以 3 ～ 4mm 为宜。

二、埋弧自动焊

埋弧自动焊是指将焊条电弧焊的引弧、焊条送进、电弧移动等动作改由机械自动完成，焊丝作为填充金属，焊剂对焊接区起保护和合金化作用，电弧在焊剂层下燃烧，故称为埋弧自动焊，简称埋弧焊。如果部分动作由机械完成，其他动作仍由焊工辅助完成，则称为半自动焊。

1. 埋弧自动焊的焊接过程

埋弧自动焊机由焊接电源、焊车和控制箱三部分组成。埋弧自动焊时，焊剂从焊剂漏斗中流出，均匀堆敷在焊件表面，焊丝由送丝机构自动送进，经导电嘴进入电弧区，焊接电源分别接在导电嘴和焊件上以产生电弧，焊剂漏斗、送丝机构及控制盘等通常装在一台电动小车上，可以按调定的速度沿着焊缝自动行走。埋弧自动焊过程纵断面如图 7－15 所示。

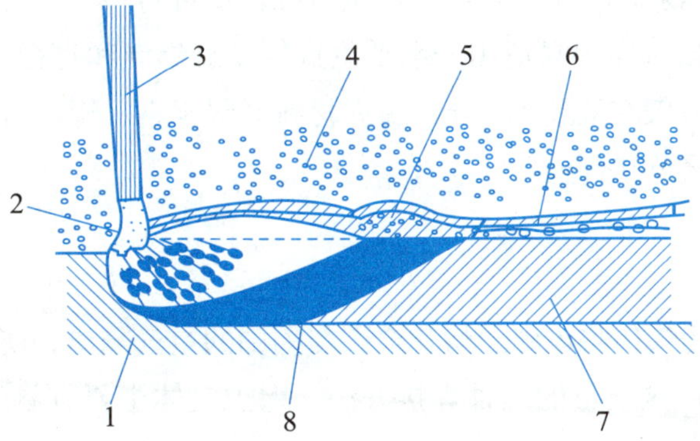

1—母材金属；2—电弧；3—焊丝；4—焊剂；5—熔化的焊剂；6—渣壳；7—焊缝；8—熔池

图 7－15 埋弧自动焊过程纵断面

2. 焊接材料

埋弧自动焊的焊接材料有焊丝和焊剂。焊丝除了作为电极和填充材料外，还可以起到渗合金、脱氧、去硫等冶金作用。焊剂的作用相当于焊条药皮，分为熔炼焊剂和非熔炼焊剂两类。非熔炼焊剂又可分为烧结焊剂和粘结焊剂两种。熔炼焊剂主要起保护作用，非熔炼焊剂除了起保护作用外，还起冶金处理作用。焊剂容易吸潮，使用前要按要求烘干。

3. 埋弧自动焊工艺

埋弧自动焊对下料、坡口准备和装配的要求均较高。装配时要求用优质焊条点固。由于埋弧自动焊的焊接电流大、熔深大，因此对于板厚 10mm 以上的工件可开坡口进行单面焊或双面焊，常用 V 形坡口、X 形坡口、U 形坡口和组合形坡口。能采用双面焊的均采用双面焊，以便焊透，减少焊接变形。

焊接前，应清除坡口及两侧 50 ～ 60mm 内的一切油垢和铁锈，避免产生气孔。

埋弧自动焊一般在平焊位置焊接。由于引弧处和断弧处的焊缝质量不易保证，因此焊前可在接缝两端焊上引弧板和引出板，焊后再去掉。为保证焊缝成形和防止烧穿，生产中常用焊剂垫、垫板辅助或用焊条电弧焊封底。

4. 埋弧自动焊的特点

埋弧自动焊与焊条电弧焊相比，具有以下特点：

（1）生产效率高。

焊接电流比焊条电弧焊时大得多，可达 1 000A，一次熔深大，焊接速度快，且焊接过程可连续进行，无须频繁更换焊条，因此生产效率比焊条电弧焊高 10 倍左右。

（2）焊接质量好。

熔渣对熔化金属的保护严密，冶金反应较彻底，且焊接工艺参数稳定，焊缝成形美观，焊接质量稳定。

（3）劳动条件好。

焊接时没有弧光辐射，焊接烟尘小，焊接过程自动进行。

缺点：通常，埋弧自动焊只适用于水平位置的长直焊缝和直径 250mm 以上的环形焊缝，焊接的钢板厚度一般在 6 ～ 60mm，施焊材料局限于钢、镍基合金、铜合金等，不能焊接铝、钛等活泼金属及其合金。

三、气体保护焊

气体保护焊是指用气体将电弧、熔化金属与周围的空气隔离，防止空气与熔化金属发生冶金反应，以保证焊接质量的一种焊接方法。保护气体主要有氩气（Ar）、氦气（He）、CO_2、N_2 等。

按电极材料不同，气体保护焊可分为两大类：一类是非熔化极气体保护焊，通常用钨棒或钨合金棒作电极，以惰性气体（氩气或氦气）作保护气体，焊缝填充金属（即焊丝）根据情况另外添加，其中应用较广的是以氩气为保护气体的钨极氩弧焊；另一类是熔化极气体保护焊，用焊丝作电极，根据采用的保护气体不同，可分为熔化极惰性气体保护焊、熔化极活性气体保护焊和 CO_2 气体保护焊，其中熔化极活性气体保护焊泛指将惰性气体与适量 CO_2 等组成的混合气作为保护气体的气体保护焊。

1. 钨极氩弧焊

用高熔点的钍钨棒或铈钨棒作电极，由于钨的熔点高达 3 410℃，焊接时钨棒基本不熔化，只是作为电极起导电作用，填充金属需另外添加。在焊接过程中，氩气通过喷嘴进入电弧区将电极、焊件、焊丝端部与空气隔绝。

按所用电极不同，氩弧焊分为熔化极（金属极）氩弧焊和钨极（非熔化极）氩弧焊，如图 7－16 所示。

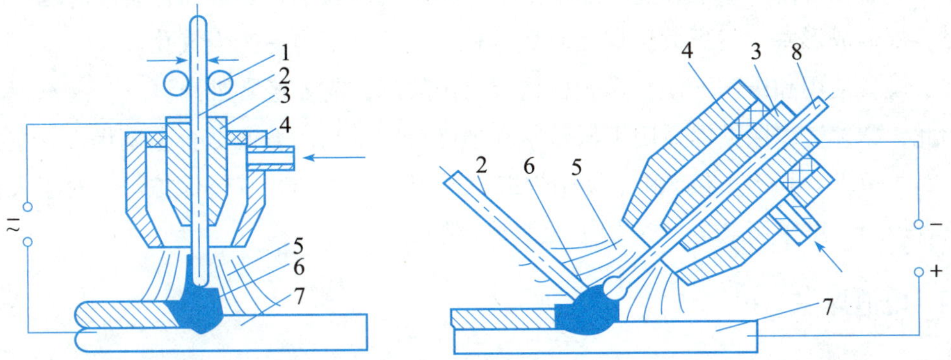

（a）熔化极（金属极）氩弧焊　（b）钨极（非熔化极）氩弧焊

1—送丝轮；2—焊丝；3—导电嘴；4—喷嘴；5—保护气体；6—电弧；7—母材；8—钨极

图 7－16　氩弧焊

氩弧焊的特点如下：

（1）机械保护效果特别好，焊缝金属纯净，成形美观，质量优良。

（2）电弧稳定，特别是小电流时也很稳定。因此，熔池温度容易控制，可做到单面焊双面成形。尤其目前普遍采用的脉冲氩弧焊，更容易保证焊透和焊缝成形。

（3）采用气体保护，电弧可见（称为明弧），易于实现全位置自动焊接。

（4）电弧在气流压缩下燃烧，热量集中，熔池小，焊速快，热影响区小，焊接变形小。

（5）氩气价格较高，因此成本较高。

氩弧焊适用于焊接易氧化的有色金属和合金钢，如铝、钛、不锈钢等；适用于单面焊双面成形，如打底焊和管子焊接。钨极氩弧焊尤其是脉冲钨极氩弧焊还适用于薄板焊接。

2. CO_2 气体保护焊

CO_2 气体保护焊是指将 CO_2 作为保护气体的熔化极电弧焊方法。以焊丝作电极，以自动或半自动方式进行焊接。目前常用的是半自动焊，即焊丝送进是靠机械自动进行并保持弧长，由操作人员手持焊枪进行焊接。

CO_2 在 1 000℃以上的高温下分解成 CO 与 O_2，具有一定的氧化作用。因此，焊接钢材时，必须用含 Si、Mn 量较高的焊丝补充被烧损的元素，以保证焊缝的力学性能。

CO_2 气体保护焊的特点如下：

（1）成本低。CO_2 气体比较便宜，焊接成本仅是埋弧自动焊和焊条电弧焊的 40% 左右。

（2）生产效率高。焊丝送进自动化，电流密度大，电弧热量集中，所以焊接速度快。焊后没有熔渣，不需清渣。CO_2 气体保护焊的效率是焊条电弧焊的 3 倍左右。

（3）操作性能好。CO_2 气体保护焊的电弧是明弧，可清楚观察焊接过程。操作如同焊条电弧焊一样灵活，适合全位置焊接。

（4）焊接质量比较好。CO_2 气体保护焊的焊缝含氢量低，采用合金钢焊丝易于保证焊缝性能。电弧在气流压缩下燃烧，热量集中，热影响区较小，变形和开裂倾向也小。

（5）焊缝成形差，飞溅大。焊接时烟雾较大，控制不当易产生气孔。

（6）设备使用和维修不便，送丝机构容易出故障，需要经常维修。

因此，CO_2 气体保护焊适用于低碳钢和强度级别不高的普通低合金钢焊接，主要焊接薄板。对于单件 / 小批量生产和不规则焊缝，采用半自动 CO_2 气体保护焊；对于大批量生产和长直焊缝，可采用 $CO_2 + O_2$ 等混合气体保护焊。

四、电渣焊

电渣焊将电流通过熔渣时产生的电阻热作为热源，将填充金属和母材熔化，凝固后实现金属原子间的牢固连接。开始焊接时，使焊丝与起焊槽短路起弧，然后不断加入少量固体焊剂，利用电弧的热量使之熔化，形成液态熔渣，待熔渣达到一定深度时，增加焊丝的送进速度，并降低电压，使焊丝插入渣池，电弧熄灭，从而转入电渣焊焊接过程。

电渣焊主要分为熔嘴电渣焊、非熔嘴电渣焊、丝极电渣焊、板极电渣焊等。

电渣焊的缺点是输入的热量大，接头在高温下停留时间长，焊缝附近容易过热，焊缝金属呈粗大结晶的铸态组织，冲击韧性低，焊件在焊后一般需要进行正火和回火热处理。

五、电阻焊

电阻焊是一种压焊工艺，将焊件组合后通过电极施加压力，利用电流通过接触处及焊件附近产生的电阻热，将焊件加热到塑性或局部熔化状态，再施加压力形成焊接接头的焊接方法。

电阻焊生产效率高，焊缝致密，焊接变形小，劳动条件好，操作方便，易于实现自动化，适合大批量生产，主要用于薄件搭接，以及杆件和管件的对接等。但电阻焊设备复杂，投资大，耗电量大，接头形式和工件厚度受到一定限制。目前广泛应用于航空、航天、汽车、家用电器等领域。

电阻焊通常分为点焊、缝焊、对焊三种，如图 7－17 所示。

1. 点焊

点焊是指利用柱状电极通电加压，在搭接的两焊件间产生电阻热，使焊件局部熔化形成一个熔核（周围为塑性状态），将接触面焊成一个焊点的电阻焊方法。

焊接第二个焊点时，一部分电流会流经已焊好的焊点，称为点焊分流现象。分流将使焊接处电流减小，影响焊接质量，因此两焊点之间应保持一定的距离以减小分流。工件厚度越大，材料导电性能越好，分流现象越严重，所以应加大焊点间距。

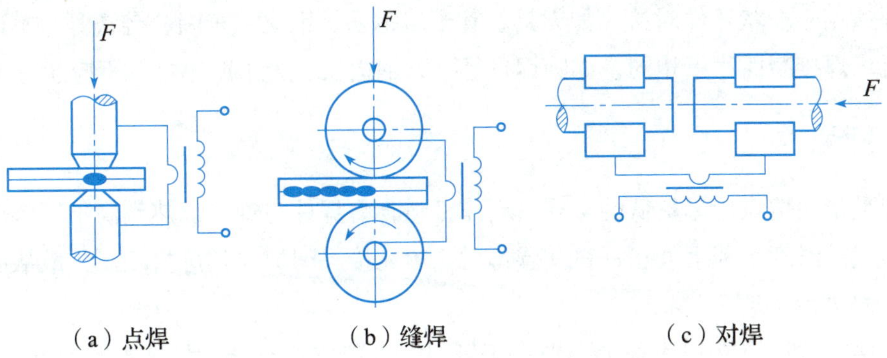

图 7－17　电阻焊

影响点焊质量的因素除了焊接电流、通电时间、电极压力等工艺参数外，还有焊件表面状态，因此点焊前必须清理焊件表面的氧化物和油污等。

点焊主要用于厚度在 4mm 以下的薄板冲压壳体结构及钢筋焊接，主要领域是汽车和飞机制造。目前，点焊厚度可从 10μm（精密电子器件）至 30mm（钢梁框架）。可以每次焊一个点或一次焊多个点。

2. 缝焊

缝焊与点焊相似，都属于搭接电阻焊。缝焊实际上是点焊的延伸，使用两个可以旋转的圆盘状电极代替点焊时的柱状电极，边焊边滚，相邻两个焊点部分重叠，形成焊点前后搭接的连续焊缝。缝焊一般用于有气密性要求的构件的焊接，如汽车油箱、消声器等。由于缝焊分流现象严重，因此适合焊接 3mm 以下的薄板结构。

3. 对焊

对焊即对接电阻焊。按焊接工艺不同分为电阻对焊和闪光对焊。

（1）电阻对焊。将两个工件装夹在对焊机电极钳口内，先加预压使两焊件端面紧密接触，再通电加热，利用电阻热将焊件端面加热到塑性状态后断电并迅速加压顶锻，使高温端面产生一定塑性变形从而完成焊接。

电阻对焊操作简单，接头比较光滑，但对焊件端面的加工和清理要求较高，否则端面加热不均匀，容易产生氧化物夹杂，质量不易保证。电阻对焊适用于断面简单、直径（或边长）小于 20mm 且强度要求不高的工件。

（2）闪光对焊。将工件装配对正后，接通电源，再移动焊件使之接触。由于工件表面不平，接触点少，因此电流密度很大，接触点金属迅速熔化、蒸发、爆破，火花从接触处飞溅出来形成“闪光”；经过多次闪光加热后，端部在一定深度范围内达到预热温度，然后断电并迅速对焊件加压顶锻，形成焊接接头。

闪光对焊对端面的加工要求较低，而且“闪光”后端面被清理，因此接头夹渣少，质量较高，常用于焊接重要零件。可以焊接相同的金属材料，也可以焊接异种金属材料。焊件可以是直径小到 0.01mm 的金属丝，也可以是截面积为 2 000mm^2 的金属型材或钢坯。

对焊适用于杆状零件对接，如刀具、管子、钢筋、钢轨、车圈、链条等。不论哪种对焊，均要求焊接断面尽量相同，如圆钢直径、方钢边长、管子壁厚之差不应超过 15%。

六、钎焊

钎焊是指用熔点比母材低的金属材料作钎料，将焊件与钎料加热到高于钎料熔点、低于母材熔点的温度，利用液态钎料润湿母材，填充接头间隙并与母材相互扩散从而实现连接的焊接方法。

钎焊接头的质量在很大程度上取决于钎料。钎料应具有合适的熔点和良好的润湿性。钎剂应能去除氧化膜和油污等杂质，保护接触面，并改善钎料的润湿性和毛细流动性。钎焊根据钎料熔点的不同分为软钎焊和硬钎焊两大类。

1. 软钎焊

钎料熔点在 450℃以下的钎焊叫作软钎焊。常用的软钎料为锡、铅钎料。常用的钎剂是松香、氯化锌溶液等。软钎焊接头强度低，工作温度低，主要用于电子线路的焊接。

2. 硬钎焊

钎料熔点在 450℃以上的钎焊叫作硬钎焊。常用的硬钎料有铜基、银基和镍基钎料等。常用的钎剂有硼砂、硼酸、氯化物、氟化物等。硬钎焊接头强度较高，都在 200MPa 以上，主要用于受力较大的钢铁和铜合金构件的焊接，如自行车车架、刀具等。

为了使钎接部分连接牢固，增强钎料的附着作用，钎焊时要用钎剂，以便清除钎料和焊件表面的氧化物。

钎焊构件的接头形式均为搭接或套件镶接，如图 7－18 所示。

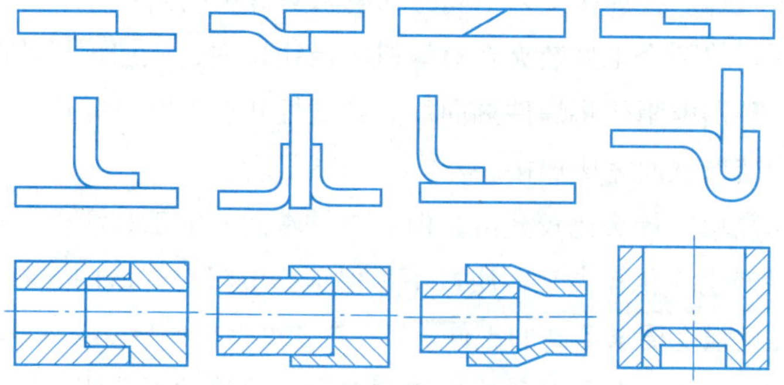

图 7－18　钎焊构件的接头形式

各种钎焊接头都要求具有良好的配合和适当的间隙。间隙太小，会影响钎料的渗入和润湿，不能全部焊合；间隙太大，浪费钎料，而且降低接头强度。通常，间隙取 0.05 ～ 0.2mm。设计钎焊接头时，还要考虑钎焊件的装配定位和钎料的安置等问题。

钎焊焊接变形小，焊件尺寸精确，可以焊接异种材料和采用其他方法难以焊接的特殊结构（如蜂窝结构等）。钎焊可以整体加热，一次焊成整个结构的全部焊缝，因此生产效率高，并且易于实现机械化和自动化。钎焊设备简单，投资费用少。但钎焊的接头强度低，尤其是动载强度低，允许的工作温度不高，焊前清理要求严格，而且钎料价格较贵。因此，钎焊不适合一般钢结构件和重载、动载零件的焊接；适合精密仪表、电气元件、异种金属构件、复杂薄壁结构及硬质合金刀具的焊接。

7.3 常用金属材料的焊接

一、金属材料的焊接性

1. 金属焊接性的概念

金属焊接性即金属材料对焊接加工的适应性，是指金属在一定的焊接方法、焊接材料、工艺参数及结构形式条件下，获得优质焊接接头的难易程度。它包括两方面内容：一是工艺性能，即在一定工艺条件下，焊接接头产生工艺缺陷的倾向，尤其是出现裂纹的可能性；二是使用性能，即焊接接头在使用中的可靠性，包括力学性能及耐热、耐蚀等特殊性能。

金属焊接性是金属的一种加工性能，决定于金属材料的本身性质和加工条件。以目前的焊接技术水平，工业上应用的绝大多数金属材料都是可以焊接的，只是焊接的难易程度不同而已。

随着焊接技术的发展，金属的焊接性也在改变。例如，铝在气焊和焊条电弧焊条件下，难以达到较高的焊接质量。而氩弧焊出现以后，使铝的焊接质量大幅度提高。化学活泼性极强的钛的焊接也是如此。此外，等离子弧、真空电子束、激光等新能源在焊接领域的应用，使钨、钼、铌、钽等高熔点金属及其合金的焊接成为可能。

2. 金属焊接性的评定

金属的焊接性可以通过估算或试验的方法来评定。

（1）用碳当量法评定钢材焊接性。

钢中的碳和合金元素对钢的焊接性的影响程度是不同的。其中，碳的影响最大，其他合金元素的影响可以折合成碳的影响来估算被焊材料的焊接性。把其他合金元素的质量分数对焊接性的影响折合成碳的相当质量分数，碳的质量分数和碳的相当质量分数之和称为碳当量，作为评定钢材焊接件的参数指标，这种方法称为碳当量法。

碳当量有不同的计算公式。其中以国际焊接学会推荐的公式应用较为广泛。

$$C_E = C + Mn/6 + (Ni + Cu)/15 + (Cr + Mo + V)/5\ (\%)$$

实践证明，碳当量越大，焊接性越差。当 $C_E<0.4\%$ 时，焊接性良好；当 $C_E = 0.4\% \sim 0.6\%$ 时，焊接性较差，冷裂倾向明显，焊接时需要预热并采取其他工艺措施防止裂纹；当 $C_E>0.6\%$ 时，焊接性差，冷裂倾向严重，焊接时需要较高的预热温度和严格的工艺措施。

碳当量公式仅用于对材料焊接性的粗略估算。在实际生产中，应通过直接试验，模拟实际情况下的结构、应力状况和施焊条件，在试件上焊接，观察试件的开裂情况，并配合必要的接头使用性能试验进行评定。

（2）焊接性试验。

焊接性试验是评价金属焊接性最为准确的方法，包括焊接裂纹试验、接头力学性能试验、接头腐蚀性试验等。

二、碳素结构钢和低合金高强度结构钢的焊接

1. 低碳钢的焊接

低碳钢中碳的质量分数 ω_C<0.25%，碳当量小，塑性好，没有淬硬倾向，冷裂倾向小，焊接性良好。焊接时，任何焊接方法和最普通的焊接工艺均可获得优质的焊接接头。但由于施焊条件、结构形式不同，焊接时还需注意以下问题：

（1）在低温环境下焊接厚度大、刚性大的结构时，应该进行预热，否则容易产生裂纹。

（2）重要结构焊后要进行去应力退火，以消除焊接应力。

低碳钢对焊接方法几乎没有限制，应用最多的是焊条电弧焊、埋弧焊、气体保护电弧焊和电阻焊。

2. 中碳钢的焊接

中碳钢中 ω_C= 0.25% ～ 0.6%，有一定的淬硬倾向，冷裂倾向较大，焊缝金属热裂倾向较大，焊接性较差。

中碳钢的焊接结构多为锻件和铸钢件。焊接方法为焊条电弧焊，常用抗裂性好的低氢型焊条（如 J426、J427、J506、J507 等）。焊缝有等强度要求时，选择相当强度级别的焊条。对于补焊或不要求等强度的接头，可选择强度级别低、塑性好的焊条，以防止裂纹的产生。焊接时，应采取焊前预热、焊后缓冷等措施以减小淬硬倾向，减小焊接应力。接头处开坡口进行多层焊时，采用细焊条、小电流，可以减少母材金属的熔入量，降低裂纹倾向。

3. 高碳钢的焊接

高碳钢的含碳量大于 0.6%，其焊接特点与中碳钢基本相同，但淬硬和裂纹倾向更大，焊接性更差。通常，这类钢不用于制造焊接结构，大多是用焊条电弧焊或气焊来补焊修理一些损坏件。焊接时，应注意焊前预热和焊后缓冷。

4. 低合金高强度结构钢的焊接

低合金高强度结构钢按其屈服强度可以分为九级：300MPa、350MPa、400MPa、450MPa、500MPa、550MPa、600MPa、700MPa、800MPa。强度级别 ≤ 400MPa 的低合金高强度结构钢，C_E<0.4%，焊接性良好，其焊接工艺和焊接材料的选择与低碳钢基本相

同，一般不需采取特殊的工艺措施。只有在焊件较厚、结构刚度较大和环境温度较低时，才进行焊前预热，以免产生裂纹。强度级别≥ 450MPa 的低合金高强度结构钢，C_E>0.4%，存在淬硬和冷裂问题，其焊接性与中碳钢相当，焊接时需要采取一些工艺措施，如焊前预热（预热温度 150℃左右）可以降低冷却速度，避免出现淬硬组织；适当调节焊接工艺参数，可以控制热影响区的冷却速度，使焊接接头获得优良性能；焊后热处理能消除残余应力，避免冷裂。

低合金高强度结构钢含碳量较低，对硫、磷控制较严，焊条电弧焊、埋弧焊、气体保护焊和电渣焊均可用于此类钢的焊接，以焊条电弧焊和埋弧焊较常用。选择焊接材料时，通常从等强度原则出发，为了提高抗裂性，尽量选用碱性焊条和碱性焊剂，对于不要求焊缝和母材等强度的焊件，亦可选择强度级别略低的焊接材料，以提高塑性，避免冷裂。

三、不锈钢的焊接

不锈钢中都含有不少于 12% 的铬，还含有镍、锰、钼等合金元素，以保证其耐热性和耐腐蚀性。按组织状态，不锈钢可分为奥氏体不锈钢、铁素体不锈钢和马氏体不锈钢等，其中以奥氏体不锈钢的焊接性最好，广泛应用于石油、化工、动力、航空、仪表等领域的焊接结构中，常见牌号有 1Cr18Ni9、1Cr18Ni9Ti、0Cr18Ni9 等。

奥氏体不锈钢焊接性良好，适用于焊条电弧焊、氩弧焊和埋弧自动焊。焊条电弧焊选用化学成分相同的奥氏体不锈钢焊条；氩弧焊和埋弧自动焊所用的焊丝的化学成分应与母材相同，如焊 1Crl8Ni19Ti 时选用 H0Cr20Ni10Nb 焊丝，埋弧焊用 HJ260 焊剂。

奥氏体不锈钢焊接的主要问题是，焊接工艺参数不合理时，容易产生晶间腐蚀和热裂纹。晶间腐蚀的主要原因是碳与铬化合成 $Cr_{23}C_6$ 在晶界造成贫铬区，使耐蚀能力下降。焊条电弧焊时，应采用细焊条，小线能量（主要用于小电流）快速不摆动焊，最后焊接腐蚀介质的表面焊缝等工艺措施。产生热裂纹的主要原因是焊缝中的树枝晶方向性强，有利于硫、磷等元素的低熔点共晶产物的形成和聚集。另外，此类钢的导热系数小（约为低碳钢的 1/3），线膨胀系数大（比低碳钢大 50%），所以焊接应力也大。防止的办法是选用含碳量很低的母材和焊接材料，焊接材料应含适量 Mo、Si 等铁素体形成元素，使焊缝形成奥氏体加铁素体的双相组织，减少偏析。

工程上有时需要把不锈钢与低碳钢或低合金钢焊接在一起，如 1Crl8Ni9Ti 与 Q235 焊接在一起，通常采用焊条电弧焊。既不能用奥氏体不锈钢焊条，也不能用低碳钢焊条（如 E4303），而应选用 E309-16 或 E309-15 不锈钢焊条，使焊缝金属组织是奥氏体加少量铁素体，防止产生焊接裂纹。

四、铸铁的焊补

铸铁含碳量高，硫、磷杂质含量高，因此焊接性差，容易出现白口组织、焊接裂纹、气孔等焊接缺陷。对铸铁缺陷进行焊接修补具有很大的经济意义。铸铁一般采用焊条电弧焊、气焊来焊补，按焊前是否预热分为热焊和冷焊两类。

1. 热焊

热焊是在焊前将工件整体或局部预热到 600 ～ 700℃，焊后缓慢冷却。热焊可防止出现白口组织和裂纹，焊补质量较好，焊后可以进行机械加工。但热焊生产效率低，成本较高，劳动条件较差，一般用于焊补形状复杂、焊后需要进行加工的重要铸件，如床头箱、汽缸体。

2. 冷焊

冷焊一般不预热或较低温度预热（400℃以下）。常用焊条电弧焊，主要依靠焊条调整化学成分，防止出现白口和裂纹。焊接时，应尽量采用小电流、短弧、短焊道（每段不大于 50mm），并在焊后及时锤击焊缝以松弛应力，防止开裂。

冷焊方便灵活、生产效率高、成本低、劳动条件好，可用于焊补机床导轨、球墨铸铁件及一些非加工面。

五、非铁金属的焊接

1. 铝及铝合金的焊接

铝具有密度小、耐腐蚀性好、塑性强、导电性好、导热性好以及焊接性好等优点。铝及铝合金在航空、汽车、机械、电气及化工领域应用广泛。

铝及铝合金在焊接时的主要问题如下：

（1）铝及铝合金表面极易生成一层致密的氧化膜（Al_2O_3），其熔点（2 050℃）远远高于纯铝的熔点（657℃），在焊接时阻碍金属的熔合，而且其密度大，容易形成夹杂。

（2）液态铝可以大量溶解氢，铝的高导热性又会使金属迅速凝固，因此液态时吸收的氢气来不及析出，极易在焊缝中形成气孔。

（3）铝及铝合金的线膨胀系数和结晶收缩率很大，导热性很好，因此焊接应力很大，对于厚度大或刚性较大的结构，焊接接头容易产生裂纹。

（4）高温时，铝及铝合金的强度和塑性极低，很容易产生变形，且高温液态无显著的颜色变化，操作时难以掌握加热温度，容易出现烧穿、焊瘤等缺陷。

焊接方法：氩弧焊、电阻焊、气焊。其中氩弧焊应用最广，电阻焊次之，气焊多用于薄壁件焊接。

电阻焊焊接铝合金时，应采用大电流、短时通电模式，焊前必须清除焊件表面的氧化膜。

如果对焊接质量要求不高，薄壁件可采用气焊，焊前必须清除表面氧化膜，焊接时使用焊剂，并用焊丝不断破坏熔池表面的氧化膜，焊后应立即将焊剂清理干净，防止焊剂腐蚀焊件。

为了保证焊接质量，焊接铝及铝合金时应采取以下措施：

（1）焊前清除焊件表面的氧化膜、油污、水分，有助于焊接时的熔合，并防止气孔、夹渣等缺陷。清理方法包括化学清理和物理清理。

（2）对厚度超过 5mm 的焊件，预热至 100 ～ 300℃，以减小焊接应力，避免裂纹，且有利于氢的逸出，防止气孔的产生。

（3）焊后清理残留在接头处的焊剂和焊渣，防止其与空气、水分反应而腐蚀焊件。可用 10% 的硝酸溶液浸洗，然后用清水冲洗、烘干。

2. 铜及铜合金的焊接

铜及铜合金的焊接难度比低碳钢大得多，主要问题如下：

（1）难熔合。铜的导热系数大，焊接时散热快，要求焊接热源集中，且焊前必须预热，否则易产生未焊透或未熔合等缺陷。

（2）裂纹倾向大。铜在高温下易氧化，形成的氧化亚铜（Cu_2O）与铜形成低熔共晶体（$Cu_2O + Cu$）分布在晶界上，容易产生热裂纹。

（3）焊接应力和变形较大。这是因为铜的线膨胀系数大、收缩率大、焊接热影响区宽。

（4）容易产生气孔。液态铜能够溶解大量的氢，冷却凝固时，溶解度急剧下降，来不及逸出的氢气即在焊缝中形成氢气孔。

此外，焊接黄铜时，会发生锌蒸发（锌的沸点仅 907℃）。一方面，会使合金元素损失，造成焊缝的强度、耐腐蚀性降低；另一方面，锌蒸气有毒，会对焊工的身体造成伤害。

可采用的焊接方法有氩弧焊、气焊和焊条电弧焊。其中氩弧焊是焊接紫铜和青铜最理想的方法，黄铜焊接常采用气焊，因为气焊时可采用微氧化焰加热，使熔池表面生成高熔点的氧化锌薄膜，防止锌的进一步蒸发；或选用含硅焊丝，可在熔池表面形成致密的氧化硅薄膜，既可以阻止锌的蒸发，又能对焊缝起到保护作用。

为了保证焊接质量，焊接铜及铜合金时应采取以下措施：

（1）为了防止 Cu_2O 的产生，可在焊接材料中加入脱氧剂，如采用磷青铜焊丝时可利用磷进行脱氧。

（2）清除焊件、焊丝上的油、锈、水分，减少氢的来源，避免气孔的形成。

（3）厚板焊接时，应通过焊前预热来弥补热量的损失，改善应力的分布状况。焊后锤击焊缝，减小残余应力。焊后进行再结晶退火，以细化晶粒，破坏低熔共晶。

3. 钛及钛合金的焊接

钛及钛合金的比强度（强度与密度之比）高，在 300 ～ 500℃高温下仍具有足够的强度；在海水及大多数酸碱盐介质中均有良好的耐腐蚀性；具有良好的低温冲击韧性。

钛及钛合金的焊接难度较大，主要问题是易发生氧化和脆化开裂，气孔也较明显。普通的焊条电弧焊、气焊等均不适合钛及钛合金的焊接。目前采用的主要方法是钨极氩弧焊、等离子焊和真空电子束焊。由于钛及钛合金的化学性能非常活泼，不但极易氧化，而且在 250℃开始吸氢，从 400℃开始吸氧，从 600℃开始吸氮，因此要注意焊枪的结构，加强保护，并使用拖罩保护高温的焊缝金属。保护效果的好坏可通过接头颜色初步鉴别：银白色表示保护效果最好，无氧化现象；黄色为 TiO，表示轻微氧化；蓝色为 Ti_2O_3，表示氧化较严重；灰白色为 TiO_2，表示氧化很严重。

7.4 焊接结构工艺性

焊接结构的设计，除考虑结构的使用性能、环境要求和国家技术标准与规范外，还应考虑结构的工艺性和现场的实际情况，以满足经济性要求并提高生产效率。

焊接结构工艺性是指焊接结构在设计阶段体现出的制造适应性，核心在于在确保质量的前提下实现高效、低成本生产。所以说，焊接件的结构工艺性是焊接结构设计和生产环节应重点关注的问题，是经济原则在生产中的具体体现。

一、焊接结构材料的选择

随着焊接技术的发展，工业上常用的金属材料均可焊接。但材料的焊接性不同，焊后接头质量的差别会很大。因此，应尽可能选择焊接性良好的焊接材料来制造焊接构件，如优先选用低碳钢和普通低合金钢等材料。

重要焊接结构材料的选择在相应标准中已规定，可自行查阅。

二、焊接方法的选择

焊接方法选择的主要依据是材料的焊接性、工件的结构形式和厚度、各种焊接方法的适用范围、生产效率等。

三、焊接接头结构设计

1. 接头形式设计

碳钢和低合金钢的基本焊接接头形式有对接、搭接、角接和 T 形接头四种。接头形式的选择取决于结构的形状、强度要求、工件厚度、焊接材料消耗量和焊接工艺。

对接接头受力比较均匀，节省材料，但对下料尺寸精度要求高。搭接接头因被焊工件不在同一平面上，故受力时接头易产生附加弯曲应力，但对下料尺寸精度要求低。锅炉、压力容器等结构的受力焊缝常用对接接头，厂房屋架、桥梁、起重机吊臂等桁架结构多采用搭接接头。

角接接头和 T 形接头的受力都比对接接头复杂，但接头以一定角度或直角连接时，必须采用这类接头形式。

此外，对于薄板气焊或钨极氩弧焊，为了避免烧穿或省去填充焊丝，常采用卷边接头。

2. 焊缝布置

焊缝布置的一般工艺设计原则如下：

（1）焊缝布置应尽可能分散，避免过分集中和交叉。

焊缝密集或交叉会加大热影响区，使组织恶化，性能下降。通常，焊缝间距应大于3倍板厚且不小于100mm，如图7－19所示。

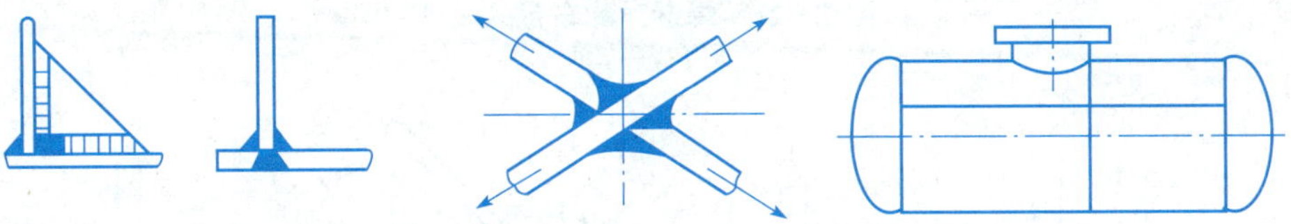

（a）不合理

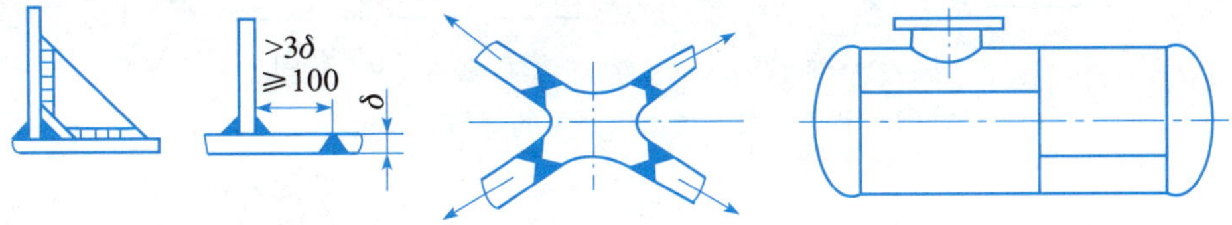

（b）合理

图7－19　焊缝分散布置的设计

（2）焊缝应避开应力集中部位。

焊接接头往往是焊接结构的薄弱环节，存在残余应力和焊接缺陷。因此，焊缝应避开应力较大部位，尤其是应力集中部位。例如，压力容器一般不用平板封头、无折边封头，如图7－20（a）、（b）所示，而应采用碟形封头（或球形封头），如图7－20（c）所示；焊接钢梁的焊缝不应在梁的中间，应按图7－20（d）所示均匀分布。

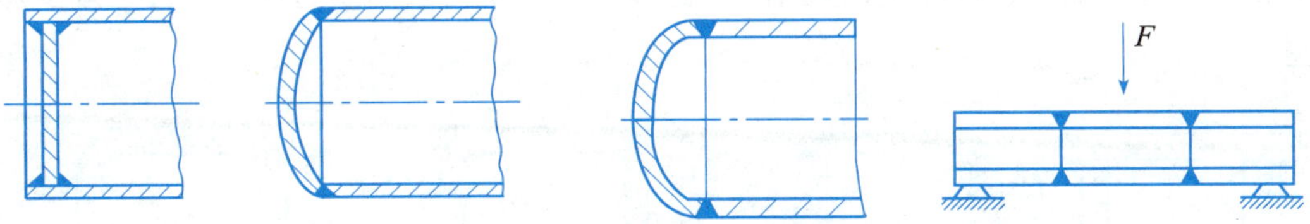

（a）平板封头　（b）无折边封头　（c）碟形封头　（d）焊接钢梁

图7－20　焊缝应避开应力集中部位

（3）焊缝应尽可能对称布置。

焊缝对称布置可使焊接变形相互抵消。如图7－21（a）所示的焊缝偏于截面重心一侧，焊后会产生较大的弯曲变形；而图7－21（b）所示的焊缝对称，焊后不会产生明显变形。

（4）焊缝布置应便于焊接操作。

焊条电弧焊时，要确保焊条能到达待焊部位。点焊和缝焊时，应确保电极能方便地进入待焊位置。如图7－22、图7－23所示。

（a）焊缝偏于截面重心一侧　　（b）焊缝对称

图 7-21　焊缝对称布置的设计

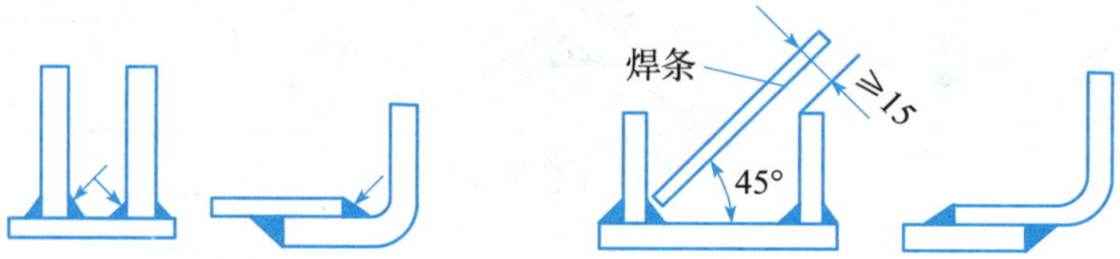

（a）不合理　　（b）合理

图 7-22　焊条电弧焊的焊缝布置

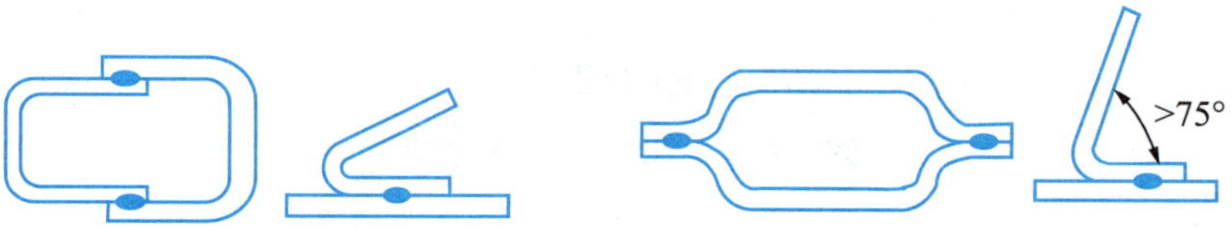

（a）不合理　　（b）合理

图 7-23　点焊或缝焊的焊缝布置

（5）尽量减小焊缝长度和数量。

减小焊缝长度和数量，可减少焊接加热量，减小焊接应力和变形，进而减少焊接材料消耗，降低成本，提高生产效率。如图 7-24 所示为采用型材和冲压件来减少焊缝数量。

（a）用四块钢板焊成　　（b）用两根槽钢焊成　　（c）用两块钢板弯曲后焊成

图 7-24　合理选材减少焊缝数量

（6）焊接应尽量避开机械加工表面。

有些焊接结构需要进行机械加工，为确保加工表面精度不受影响，焊缝应避开这些加工表面，如图 7-25 所示。

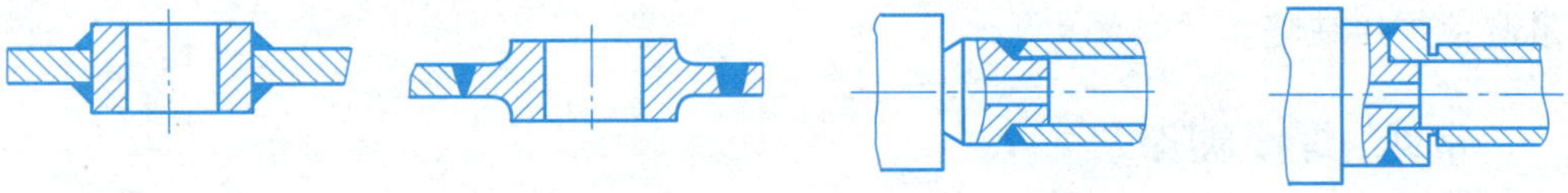

图 7-25　焊缝远离机械加工表面的设计

3. 坡口形式设计

焊条电弧焊常用的基本坡口形式有I形坡口、V形坡口、X形坡口、U形坡口，如图7-26所示。坡口形式的选择主要取决于板厚和焊接方法，同时兼顾焊接工作量、焊接材料消耗量、坡口加工成本和焊接施工条件等，目的是提高生产效率和降低成本。不同厚度钢板的坡口对接方式如图7-27所示。坡口的加工方法包括气割、切削加工（刨削和切削等）、碳弧气刨等。

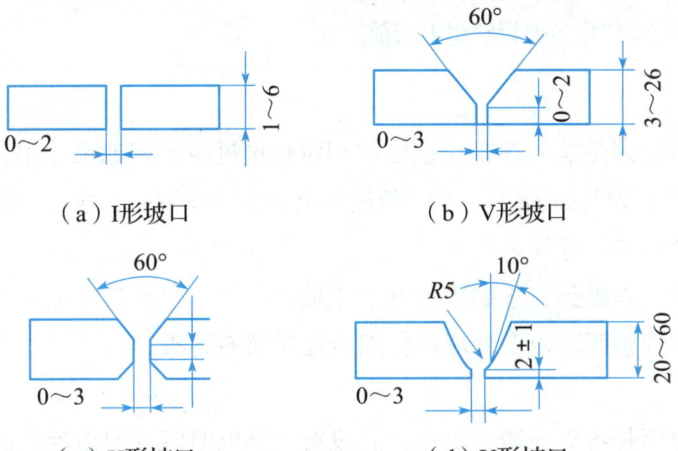

图 7-26　常见的坡口形式

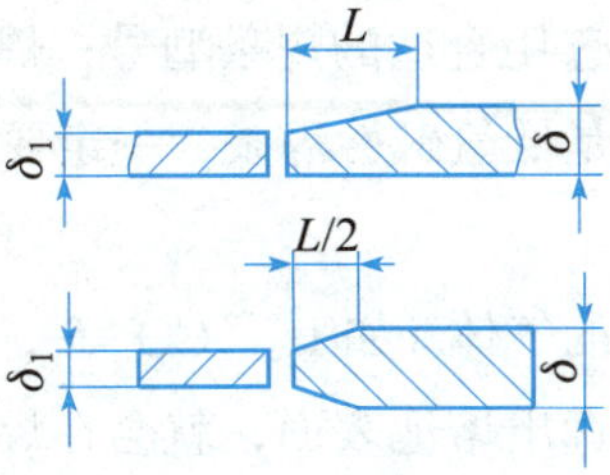

图 7-27　不同厚度钢板的坡口对接方式

7.5 焊接质量检验

在焊接生产过程中，焊接结构设计、焊接工艺参数设置、焊前准备和操作方法等环节存在瑕疵，都有可能导致焊接缺陷的产生。焊接缺陷会影响焊接结构的可靠性，要采取措施尽量避免焊接缺陷。

一、常见的焊接缺陷

（1）焊缝形状缺陷。指焊缝尺寸不符合要求，以及咬边、烧穿、焊瘤及弧坑等缺陷。

（2）气孔。指焊缝熔池中的气体在凝固时未能析出而残留下来形成的空穴。

（3）夹渣和夹杂。指焊后残留在焊缝中的熔渣，以及经冶金反应产生的焊后残留在焊缝中的非金属夹杂。

（4）未焊透、未熔合。指焊缝金属和母材之间或焊道金属之间未完全熔化结合，以及焊缝的根部未完全熔透。

（5）裂纹。包括热裂纹、冷裂纹、再热裂纹和层状撕裂等。

（6）其他缺陷。包括电弧擦伤、飞溅、磨痕、凿痕等。

二、焊接缺陷的产生原因及预防措施

1. 未焊透

未焊透的根本原因是输入焊缝焊接区的相对热量过少，熔池尺寸小，熔深不够。生产中的具体原因有坡口设计或加工不当（角度、间隙过小），钝边过大，焊接电流太小，焊条操作不当或焊速过快，等等。

为避免未焊透，应做到：正确设计和加工坡口尺寸，保证良好的装配间隙；选择合适的焊接参数；确保焊条摆动角度合理；仔细清理层间的熔渣。

2. 夹渣

产生夹渣的原因是各类残渣的量多，且没有足够的时间浮出熔池表面。生产中的具体原因有多层焊时前一层焊渣没清除干净，焊条操作不当，焊条熔渣黏度太大，脱渣性差，线能量小导致熔池存在时间短，坡口角度太小，等等。

为避免产生夹渣，应注意：选用合适的焊条型号；焊条摆动方式正确；适当增大线能量；注意层间焊渣的清理，特别是低氢碱性焊条，一定要彻底清除层间焊渣。

3. 气孔

高温时液态金属能溶解较多的气体（如 H_2、CO 等），而固态时又几乎不溶解气体，因此，若气体在熔池凝固前来不及逸出熔池表面，就会在焊缝中产生气孔。生产中的具体原因有工件和焊接材料有油、锈等污物，焊条药皮或焊剂潮湿，焊条或焊剂变质失效，操作不当导致保护效果不好，线能量过小使得熔池存在时间过短。

为防止气孔，应注意：清除焊件焊接区附近及焊丝上的油污、铁锈、油漆等污物；焊条、焊剂在使用前应严格按规定烘干；适当提高线能量，以提高熔池的高温停留时间；不采用过大的焊接电流，避免焊条药皮发红失效；不使用偏心焊条；尽量采用短弧焊。

4. 裂纹

裂纹分为两类：焊缝冷却凝固过程中形成的热裂纹；焊缝冷却结晶以后生成的冷裂纹。裂纹的产生与焊缝及母材成分，组织状态及其相变特性，焊接结构和条件，焊接时采用的夹装方法产生的应力、应变状态有关。例如，不锈钢易出现热裂纹，低合金高强度钢易出现冷裂纹。

热裂纹的产生与硫、磷等杂质太多有关。硫、磷在钢中生成的低熔点脆性共晶物会聚集在最后凝固的树枝状晶界间和焊缝中心区。在焊接应力的作用下，焊缝中心线、弧坑、焊缝终点都容易形成热裂纹。为防止热裂纹，应注意：严格控制焊缝中硫、磷杂质的含量；填满弧坑；减慢焊接速度，以减小最后冷却结晶区域的应力和变形；改善焊缝形状，避免出现熔深过大的梨形焊缝。

冷裂纹的产生原因较为复杂，一般认为涉及含氢量、拘束度、淬硬组织三个因素。最主要的因素是含氢量，故常称其为氢致裂纹。为防止冷裂纹，应从控制产生冷裂纹的三个因素着手：选用低氢焊条并烘干；清除焊缝附近的油污、铁锈、油漆等污物；用短弧焊，以增强保护效果；尽可能设计成刚性小的结构；采用焊前预热、焊后缓冷或焊后热处理措施，以减小淬硬倾向和焊后残余应力。

采用的焊接方法不同，焊接缺陷的产生原因也会不同。在生产过程中要具体分析缺陷的产生原因，再确定预防或消除措施。

需要指出的是：焊接裂纹是危害最大的焊接缺陷。它不仅会导致应力集中，降低焊接接头的静载强度，更严重的是它是导致疲劳和脆性破坏的重要诱因。

三、焊接检验的过程与方法

1. 焊接检验的过程

焊接检验包括从图纸设计到产品加工完成，整个生产过程中所使用的材料、工具、设备、工艺，以及成品质量的检验。主要分为三个阶段：焊前检验、焊接过程中的检验和焊后成品的检验。检验方法根据对产品是否造成损伤，可分为破坏性检验和非破坏性检验两类。

（1）焊前检验。

焊前检验包括原材料（如母材、焊条、焊剂等）的检验、焊接结构设计的检验等。

（2）焊接过程中的检验。

焊接过程中的检验包括焊接工艺规范的检验、焊缝尺寸的检验、夹具情况和结构装配质量的检验等。

（3）焊后成品的检验。

焊后成品检验是检验的关键，是焊接质量的最后评定。通常包括三个方面：无损检验，如X射线检验、超声波检验等；成品强度试验，如水压试验，气压试验等；致密性检验，如煤油试验。

2. 焊接检验的方法

焊接检验的主要目的是检查焊接缺陷。针对不同类型的缺陷通常采用破坏性检验和非破坏性检验（无损检验）。

（1）外观检验。

焊接接头的外观检验是一种手续简便且应用广泛的检验方法，是成品检验的一个重要环节，主要目的是发现焊缝表面的缺陷和尺寸上的偏差。一般通过肉眼观察，或借助标准样板、量规和放大镜等工具进行检验。若焊缝表面出现缺陷，焊缝内部便有存在缺陷的可能。

（2）致密性检验。

贮存液体或气体的焊接容器，可通过致密性检验发现焊缝的不致密缺陷，如贯穿性的裂纹、气孔、夹渣、未焊透和疏松组织等。致密性检验的方法有煤油试验、载水试验、水冲试验等。

（3）受压容器的强度检验。

对于受压容器，除了要进行致密性检验外，还要进行强度检验，包括水压试验和气压试验两种。它们都能检验在压力下工作的容器和管道的焊缝致密性。气压试验比水压试验更为灵敏和迅速，且试验后的产品不用排水处理，对于排水困难的产品尤为适用。但气压试验的危险性比水压试验大。试验时必须遵守相应的安全技术规范，以防试验过程中发生事故。

（4）物理方式检验。

物理方式检验是指利用物理现象进行测定或检验。对于材料或工件内部，通常采用无损探伤的方法检验，包括超声波探伤、射线探伤、渗透探伤、磁力探伤等。

7.6 其他焊接技术简介

随着科学技术的发展，焊接技术也在向高质量、高生产效率、低能耗的方向不断发展。等离子弧焊接、真空电子束焊接、激光焊接等焊接技术应用越来越广泛。

一、等离子弧焊接与切割

1. 等离子弧焊接

等离子弧焊接是一种用压缩电弧作热源的钨极气体保护焊接法。电弧经过水冷喷嘴孔道，受到机械压缩、热收缩和磁收缩效应的作用，弧柱截面减小，电流密度增大，弧内电离度提高，形成压缩电弧，即等离子弧。等离子弧焊透母材的方式有熔透焊和穿透焊两种。熔透焊主要靠熔池的热传导实现焊透，多用于板厚3mm以下的焊接。穿透焊又称“小孔法焊”，主要靠强劲的等离子弧穿透母材实现焊透，多用于板厚3～12mm的焊接。

（1）由于等离子弧的温度高、能量密度大，因此等离子弧焊熔透能力强，可用比钨极氩弧焊快得多的焊接速度施焊。这不仅提高了焊接生产效率，而且可以减小熔宽、增大熔深，进而减小热影响区的宽度和焊接变形程度。

（2）由于等离子弧的形态近似于圆柱形，挺度好，因此当弧长发生波动时熔池表面的加热面积变化不大，对焊缝成形的影响较小，容易得到均匀的焊缝。

（3）由于等离子弧的稳定性好，使用很小的焊接电流也能保证等离子弧的稳定，因此可以焊接超薄件。

（4）由于钨极内缩在喷嘴里面，焊接时钨极与焊件不接触，因此可以减少钨极烧损、防止焊缝金属夹钨。

2. 等离子弧切割

等离子弧切割是指利用等离子弧的热能实现切割。等离子弧切割的原理与氧气切割的原理具有本质不同。氧气切割主要是靠氧与部分金属的化合燃烧和氧气流的吹力，使燃烧的金属氧化物熔渣脱离基体而形成切口，因此氧气切割不能切割熔点高、导热性好、氧化物熔点高和黏滞性大的材料。等离子弧的切割过程依靠的不是氧化反应，而是靠熔化来切割工件。

等离子弧切割的特点如下：

（1）切割速度快，生产效率高。它是目前常用的切割方法中切割速度最快的。

（2）切口质量好。切口窄而平整，产生的热影响区和变形都比较小，特别是切割不锈钢时能很快通过敏化温度区间，故不会降低切口处金属的耐腐蚀性能；切割淬火倾向较大的钢材时，虽然切口处金属的硬度也会升高，甚至会出现裂纹，但由于淬硬层的深度非常小，可以通过焊接过程消除，因此切割边可直接用于装配焊接。

（3）应用面广。由于等离子弧的温度高（可达 50 000K）、能量集中，因此几乎能切割各种金属材料，如不锈钢、铸铁、铝、镁、铜等。使用非转移性等离子弧时，还能切割非金属材料，如石块、耐火砖、水泥块等。

二、真空电子束焊接

利用高速、聚焦的电子流轰击金属工件表面，使其在瞬间熔化并形成焊缝的方法称为电子束焊接。在真空中从炽热阴极发射的电子，被高压静电场加速和聚焦后，又进一步由电磁场汇聚成高能密度的电子束（束径 0.25 ～ 100mm，能量密度 5×10^6W/cm^2）。当电子束轰击工件表面时，由于受到金属原子的阻挡，电子的动能在瞬间变成热能，使金属加热、熔化、蒸发，并在工件表面下部产生深熔空腔，电子束和工件相对移动时，使熔化金属向前转移，形成窄而深的大深宽比焊缝。

真空电子束焊接的特点如下：

（1）热源能量密度高，焊接速度快，焊缝线能量小，焊缝深宽比大（20∶1 ～ 50∶1）。焊接热影响区小，工件变形小。

（2）电子束可控性好，焊接规范，调节范围宽且稳定。

（3）真空保护好，无金属电极污染，保证了焊缝金属的高纯度。

（4）节能、节材，在大批量或厚板产品生产中，焊接成本是电弧焊的 50% 左右。

（5）焊接设备复杂，造价高，焊接尺寸受真空室限制，使用和维护技术要求高，须注意防护 X 射线。

三、激光焊接与切割

1. 激光焊接

激光焊接是指将具有高功率密度（10^6 ～ 10^{13}W/cm^2）的聚焦激光束投射在被焊金属材料上，通过光束和被焊材料的相互作用，光能被材料吸收最终转变为热能，从而使金属材料熔化的特种焊接方法。

激光焊接属于高能量密度束流焊接，焊接速度快，线能量小，因此具有焊点小或焊缝窄、热影响区小、焊接变形小、焊缝平整光滑等特点。加之聚焦激光束的指向性十分稳定，不受电场、磁场及气流的影响，且光束的焦斑位置可预先精确定位，故激光焊接特别符合精密结构件及热敏感器件的装配焊接要求。

造价高、能量置换率低是激光焊接设备的不足之处，但激光焊接的高生产效率及易于实现自动化生产的优点，在大规模生产中仍有可能使每件产品的焊接成本相对降低。在激光焊接与传统焊接的生产成本相等或略高的场合，如果激光焊产品能获得更好的技术性能，如更长的使用寿命、良好的产品外观、较少的焊后表面处理时间等，则采用激光焊接仍然是合适的。对于那些必须采用激光焊接的热敏感器件及要求焊接变形极小的精密结构件，焊接成本将不再是选择焊接方法的决定性因素。

2. 激光切割

激光切割与其他切割相比，具有以下优点：

（1）切割质量好。激光切割的切缝几何形状好，切口两边平行，切缝几乎与表面垂直，底面完全不粘附熔渣，切缝窄，热影响区小，有些零件切后不需加工即可直接使用。

表 7－3 是对厚度为 6.2mm 的低碳钢板采用激光切割、气切割及等离子切割时，切缝宽度等情况的比较。

表 7－3　几种切割方法的比较

切割方法	切缝宽度 /mm	热影响区宽度 /mm	切缝形态	切割速度	设备费用
激光切割	0.2 ～ 0.3	0.04 ～ 0.06	平行	快	高
气切割	0.9 ～ 1.2	0.6 ～ 1.2	比较平行	慢	低
等离子弧切割	3.0 ～ 4.0	0.5 ～ 1.0	楔形且倾斜	快	中高

（2）切割材料的种类多。通常，气割只限于切割含铬量少的低碳钢、中碳钢及合金钢。对于等离子弧切割，使用非转移弧虽能切割金属和非金属，但容易损伤喷嘴；常用的是转移弧，故只能切割金属。激光能切割金属、金属基和非金属基复合材料、皮革、木材及纤维等。

（3）切割效率高。激光的光斑极小，切缝狭窄，比其他切割方法节省材料。另外，激光切割机上一般配有数控工作台，改写数控程序即可适应不同的需要。

（4）非接触式加工。不存在工具磨损的问题，也不存在更换刃具的问题。

（5）噪声低。

（6）污染小。

激光切割的不足之处是设备费用高，一次性投资大，目前主要用于切割中小厚度的板材和管材。

四、扩散焊接

扩散焊接分为真空和非真空两大类，非真空扩散焊接需用溶剂或气体保护，应用较广且效果较好的是真空扩散焊接。

扩散焊接借助温度、压力、时间及真空等条件实现金属键结合。其过程首先是界面局部接触，发生塑性变形，促使氧化膜破碎分解，当达到净面接触时，为原子间扩散创造了条件，同时界面上的氧化物被溶解吸收，继而再结晶组织生长，晶界移动，有时出现共晶及金属间化合物，最终构成牢固一体的焊接接头。

真空扩散焊接的特点如下：

（1）不需填充材料和溶剂（有时对于某些难以互溶的材料要加中间过渡层）。

（2）接头中无重熔的铸态组织，很少改变原材料的物理化学特性。

（3）能焊非金属和异种金属材料，可制造多层复合材料。

（4）可进行结构复杂的面与面、多点多线、薄壁件和大厚度结构的焊接。

（5）焊件只有界面微观变形，残余应力小，焊后不需加工、整形和清理，是理想的精密件焊接方法。

（6）可实现自动化焊接，劳动条件很好。

（7）表面制备要求高，焊接和辅助时间长。

五、摩擦焊

摩擦焊是利用工件相互摩擦产生的热量，同时施加压力而进行焊接。先将两焊件夹在焊机上，加压使焊件紧密接触，然后使一焊件旋转与另一焊件摩擦产生热量，待端面加热到塑性状态时停止旋转，并立即从另一焊件的端面施加压力，使两焊件焊接起来。

摩擦焊的特点如下：

（1）接头质量好而且稳定。因为在摩擦过程中接触面氧化膜及杂质被清除，所以不易产生气孔、夹渣等缺陷。

（2）焊接生产效率高。例如，蛇形管接头摩擦焊每小时可完成约 120 件，而闪光焊每小时只能完成约 20 件。另外，摩擦焊不需要焊接材料，容易实现自动控制。

（3）可焊接的金属范围广。适合焊接异种金属，如碳钢、不锈钢、高速工具钢、镍基合金间的焊接，铜与不锈钢焊接，铝与钢焊接等。

（4）设备简单（可用车床改装），电能消耗少（只有闪光焊的 1/15 ～ 1/10）。但对刹车和加压装置要求灵敏。

摩擦焊主要用于等截面的杆状工件焊接，也可用于不等截面的工件焊接，但要有一个焊件为圆形或管状。目前，摩擦焊主要用于石油化工、汽车、飞机等领域重要零部件的焊接。

职业能力训练

训练要求	探索在焊接过程中采取哪些措施可以防止焊接变形。
训练目标	熟悉防止焊接变形的方法，以保证焊接质量。
实施过程	1. 反变形法 预估变形的大小和方向，使焊件向相反方向变形，以抵消焊后发生的变形。 2. 刚性固定法 对于刚性较小的焊件，焊前固定好，以限制变形。 3. 合理安排焊接次序 尽可能确保焊件自由收缩，对称截面梁的焊接要交替进行。长焊缝可采用退焊法、跳焊法、分中对称焊法等。 4. 焊前预热，焊后处理 焊前预热可减小焊件各部分温差，减小残余应力和变形。焊后进行去应力退火或锤击焊缝，可减小残余应力，从而减小焊接变形程度。

复习思考题

一、填空题

1. 焊接的种类很多，按焊接过程特点可分为三大类：________、________、________。

2. 焊接电弧由________、________和________三部分组成。

3. 直流焊接在焊接厚板时，需要________，使工件有足够的熔深；而焊接薄板时，需要________，可防止因熔深过大而烧穿。

4. 焊接接头由________、________和________组成。

5. 焊条按熔渣的化学性质分为两大类：________和________。

6. 焊缝的主要接头形式有________、________、________、________四种。

7. 矫正焊接变形的方法有________和________等。

8. 电焊条由________和________两部分组成。

9. 焊条电弧焊常用的坡口形式有________坡口、________坡口、________坡口、________坡口四种。

10. 常用的电阻焊包括________、________和________。

二、判断题

(　　) 1. 直流正接时，适合焊接厚板。

(　　) 2. 压焊时肯定需要加压，可以加热，也可以不加热。

(　　) 3. 酸性焊条因氧化性较强，故对油、水、锈导致气孔产生的敏感性较小。

(　　) 4. 焊接结构的密封性好。

(　　) 5. 碳当量越高，钢的焊接性能越好。

(　　) 6. 软钎焊强度低，工作温度低，主要用于电子线路的焊接。

(　　) 7. 由于缝焊分流现象严重，因此适合焊接 3mm 以下的薄板结构。

(　　) 8. 氩弧焊的电极既有熔化极也有非熔化极。

(　　) 9. 若被焊的两块金属的厚度差别较大，接头两边受热不均匀，容易产生焊不透等缺陷，应对较厚板进行单面或双面削薄。

(　　) 10. 直流电源焊接时，焊极有正接法和反接法；交流电源焊接时也应注意焊件与焊条所接正负极，否则会影响两极的温度。

三、选择题

1. 手工电弧焊焊接薄板时，为防止烧穿，常用的工艺措施是（　　）。

A. 氩气保护　　B. CO_2 保护　　C. 直流正接　　D. 直流反接

2. 焊条药皮的作用是（　　）。

A. 防止焊芯生锈　　B. 稳定电弧燃烧　　C. 增加焊接电流　　D. 降低焊接温度

3. 钎焊时（　　）。

A. 焊件与钎料同时熔化

B. 焊件熔化，钎料不熔化

C. 焊件与钎料都不熔化，靠两焊件原子间热扩散而结合

D. 焊件不熔化，钎料熔化

4. 钢的碳当量（　　）时，钢材的淬硬倾向不大，焊接性良好。

A. $C_E > 0.6\%$　　B. $C_E < 0.6\%$　　C. $C_E > 0.4\%$　　D. $C_E < 0.4\%$

5. 金属的焊接性是指金属材料对（　　）的适应性。

A. 焊接加工　　B. 工艺因素　　C. 使用性能　　D. 化学成分

6. 焊件焊前预热的目的是（　　）。

A. 减缓加热速度　　B. 减少温差，降低冷却速度
C. 降低最高温度　　D. 减少在高温的停留时间

7. 对于埋弧自动焊，焊剂与（　　）的作用基本一样。
A. 焊条药皮　　B. 焊条焊芯　　C. 焊丝　　D. 钎料

8. 能消除焊接应力的方法是（　　）。
A. 锤击焊缝　　B. 机械矫正　　C. 焊后热处理　　D. 火焰矫正

9. 焊接接头组成中，力学性能较好的是（　　）。
A. 焊缝　　B. 熔合区　　C. 热影响区　　D. 过热区

10.（　　）钎焊主要用于受力较大的焊接结构。
A. 软　　B. 硬　　C. 热　　D. 冷

四、简答题

1. 简述焊条的组成，焊芯的作用，焊条化学成分的特点，焊条药皮的作用。
2. 什么是焊接电弧？焊接电弧各部分的温度分布如何？
3. 常见的焊接接头类型有哪些？常用的坡口形式有哪些？
4. 什么是焊接热影响区？
5. 如何防止焊接变形？矫正焊接变形的方法有哪几种？
6. 熔焊时，常见的焊接缺陷有哪些？焊接缺陷有何危害？

五、名词解释

熔焊　　压焊　　钎焊　　酸性焊条
碱性焊条　　金属焊接性　　碳当量

项目 8

切削加工工艺

项目导读

金属零件的加工工艺路线一般为先通过铸、锻、焊制成毛坯（即半成品），然后通过切削加工制成零件。如项目五的图 5－1 所示的减速器上、下箱体，项目六的图 6－1 所示的轴和齿轮，在铸造或者锻造之后，某些表面还要进行切削加工才能制成零件。金属切削加工能获得较高的精度和表面质量，对被加工材料、工件几何形状及生产批量具有广泛的适应性，在机械制造业中占有十分重要的地位。

常用的金属切削加工工艺有车削、铣削、刨削、磨削、钻削和镗削等，它们在切削运动、切削刀具和用量选择及切削过程中遵循共同的规律。在遵循共同规律的基础上，不同的切削加工工艺又各具特点。

不同的金属切削加工工艺遵循哪些共同的规律？各自具有什么特点？分别应用于什么场合？在切削加工过程中，切削加工的零件的质量与哪些因素有关？要获得优质的制件需要在切削加工过程中采取哪些适当的措施？让我们带着问题来学习本项目的内容。

素养园地

我国制造业总体规模连续 14 年保持全球第一

2023 年，全年规模以上工业增加值同比增长 4.6%，较 2022 年提升 1 个百分点，其中制造业规模以上工业增加值同比增长 5.0%，我国制造业总体规模连续 14 年保持全球第一。

工业是大国根基，稳住工业，是稳住经济大盘的关键之举。2023 年，我国推出一系列稳增长政策，出台十个重点工业行业稳增长方案，着力稳工业，激发工业发展内生动力。

数据显示，41 个工业大类行业中，28 个保持增长。十大重点行业平均增速超过 5%。多数省份工业经济稳定恢复，绝大部分省份工业增加值同比增长，省份增长面较 2022 年增长了近 20%。

工业投资稳中有进。工业固定资产投资同比增长 9%，其中，制造业投资增速自 2023 年 8 月份以来呈加快态势，汽车、电气机械器材、化工、有色金属等行业投资实现两位数增长。

8.1 金属切削加工基础

金属切削加工是指使用切削工具（包括刀具、磨具和磨料），通过工具和工件的相对运动将工件上多余的材料层切除，获得规定的几何参数（尺寸、形状、位置）和表面质量的工件的方法。

一、切削运动和切削要素

金属切削过程的实质是产生切屑和形成已加工表面的过程。这个过程中始终存在刀具与工件（金属材料）之间的相对运动，产生切屑，并发生刀具磨损等现象。

1. 切削运动

为了切除工件上多余的金属，刀具与工件必须做一定的相对运动，即切削运动。切削运动分为主运动和进给运动。

（1）主运动。

主运动是切削加工时最基本、最主要的运动。刀具和工件产生相对运动，刀具的前刀面接触工件并从工件上直接切除金属。主运动具有切削速度快、功率消耗大的特点。切削过程中必须有一个主运动，且只能有一个主运动。主运动可以是旋转运动，也可以是直线运动；可以由工件完成，也可以由刀具完成。例如，车削时工件的旋转运动，刨削时工件或刀具的往复运动，铣削时铣刀的旋转运动等均为主运动。切削运动如图 8－1 所示。

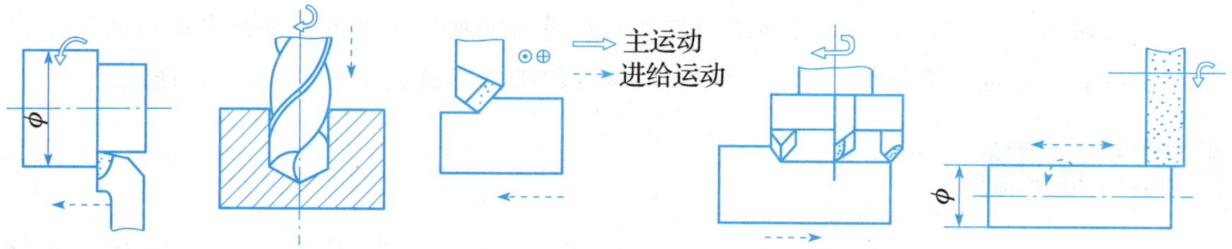

（a）车削　（b）钻削　（c）刨削　（d）铣削　（e）磨削

图 8－1　切削运动

（2）进给运动。

进给运动与主运动配合，使刀具和工件之间产生附加的相对运动，保证切削能够连续进行。进给运动可以是连续的，如车削外圆时车刀平行于工件轴线的纵向运动；也可以是步进的，如刨削时工件或刀具的横向移动。在切削过程中可以有一个或多个进给运动。

2. 工件上的加工表面

在整个切削加工过程中，随着切削运动的进行，工件上有三个不断变化的表面，如图 8－2 所示。待加工表面是指工件上有待切除的表面，已加工表面是指工件上经刀具切削后产生的表面，切削表面是指工件上由刀具切削刃造成的正在切削的那一部分表面，它在刀具或工件的下一转里被切除，或由下一切削刃切除。

3. 切削用量要素

切削形式、工件材料、机床和刀具、工艺要求、经济性等因素使得在切削加工时要选择不同的切削参数，即切削用量要素。主要有切削速度 v_c、进给量 f（或进给速度 v_f）、背吃刀量 a_p（也称为切削用量），如图 8－3 所示。

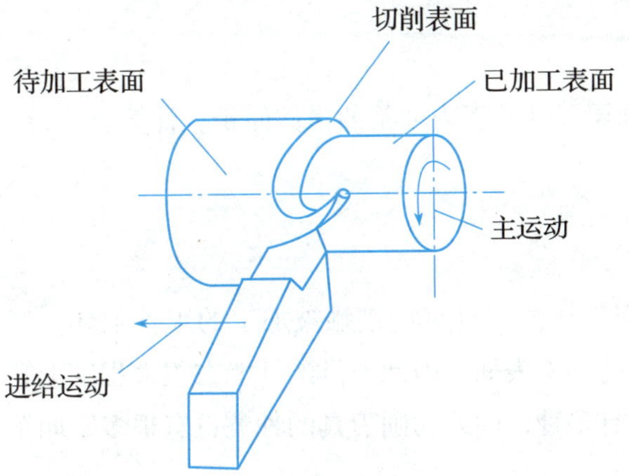

图 8－2　车削时工件上三个不断变化的表面

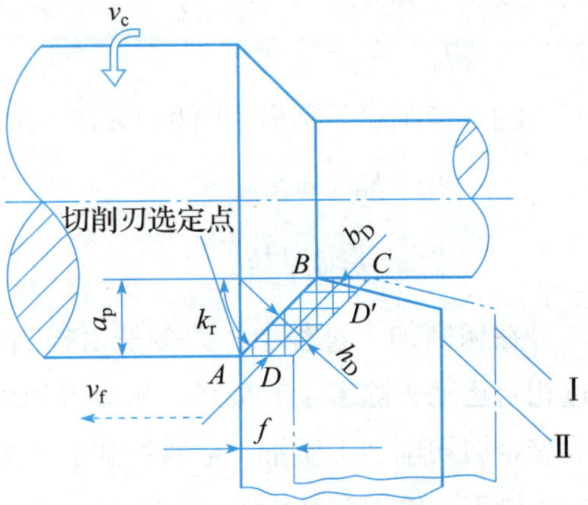

图 8－3　切削用量要素

（1）切削速度（v_c）。切削刃上选定点相对于工件主运动的瞬时速度。计算公式为

$$v_c=(\pi d_w n)/1\ 000$$

式中，d_w——工件或刀具的最大直径，mm；

n——工件转速，r/s。

（2）进给量（f）。工件或刀具每转一周时，刀具（或工件）在进给运动方向上的相对位移量，单位为 mm/r 或 mm/ 行程（如刨削等）。车削时的进给速度 v_f 是指切削刃上选定点相对于工件进给运动的瞬时速度。计算公式为

$$v_f=fn$$

式中，n——主轴转速，r/s；

f——进给量，mm。

（3）背吃刀量（a_p）。已加工表面与待加工表面之间的法向距离。在纵向车外圆时，背吃刀量是指工件上待加工表面和已加工表面的垂直距离。计算公式为

$$a_p=(d_w-d_m)/2$$

式中，d_w——工件待加工表面直径，mm；

d_m——工件已加工表面直径，mm。

4. 切削层尺寸表面要素

切削层是刀具切削部分切过工件的一个单程时所切除的工件材料层。切削层的形状和

尺寸将直接影响刀具切削部分所承受的负荷和切屑的尺寸。

（1）切削层厚度（h_D）。垂直于过渡表面度量的切削层尺寸。其值反映了切削刃单位长度上的工作负荷。计算公式为

$$h_D = f\sin k_r$$

（2）切削层宽度（b_D）。沿过渡表面度量的切削层尺寸。其值反映了切削刃参加切削的长度。计算公式为

$$b_D = a_p/\sin k_r$$

（3）切削层公称横截面积（A_D）。在切削层尺寸平面内度量的横截面积。计算公式为

$$A_D = h_D b_D = f a_p$$

二、金属切削刀具

在切削加工过程中，大多是由担当切削工作的刀具直接接触被加工的工件毛坯，通过相对运动去除多余的金属，从而得到理想的加工表面，因此刀具的性能在很大程度上影响着金属切削加工质量。金属切削加工方法有多种，因此切削刀具的种类也有很多，如车刀、刨刀、铣刀和钻头等。

刀具通常由切削部分和刀柄两部分组成。

刀柄部分起支撑作用，是被夹持和定位的部位，一般选用优质碳素钢或合金钢制造。切削部分也称刀头部分，切削时主要靠其与工件毛坯接触并完成切削工作，刀具切削性能取决于切削部分的材料、几何参数以及刀具结构。

1. 刀具的分类

根据用途和加工方法不同，通常把刀具分为以下类型：

（1）切刀。包括各种车刀、刨刀、插刀、镗刀、成形车刀等。

（2）孔加工刀具。包括各种钻头、扩孔钻、铰刀、复合孔加工刀具（如钻－铰复合刀具）等。

（3）拉刀。包括圆拉刀、平面拉刀、成形拉刀（如花键拉刀）等。

（4）铣刀。包括加工平面的圆柱铣刀、端铣刀等；加工沟槽的立铣刀、键槽铣刀、三面刃铣刀、锯片铣刀等；加工特殊形面的模数铣刀、凸（凹）圆弧铣刀、成形铣刀等。

（5）螺纹刀具。包括螺纹车刀、丝锥、板牙、螺纹切刀、搓丝板等。

（6）齿轮刀具。包括齿轮滚刀、蜗轮滚刀、插齿刀、剃齿刀、花键滚刀等。

（7）磨具。包括砂轮、砂带、油石和抛光轮等。

（8）其他刀具。包括数控机床专用刀具、自动线专用刀具等。

部分切削刀具如图 8－4 所示。

2. 刀具材料

切削加工过程中，生产效率、刀具消耗、加工精度和表面质量等，很大程度上取决于

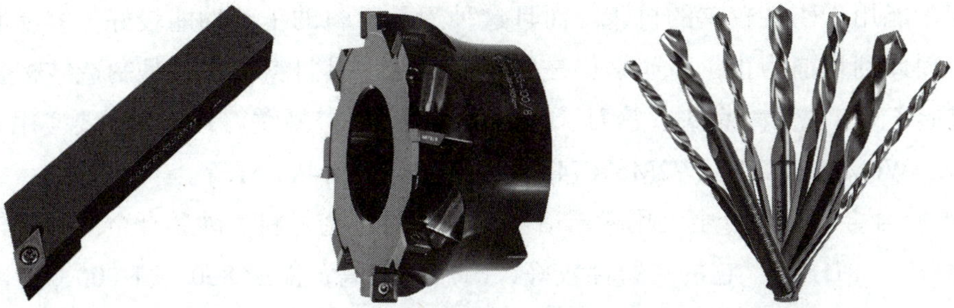

（a）车刀　　（b）铣刀　　（c）钻头

图 8－4　切削刀具

刀具材料的选择。

（1）刀具材料的性能。

刀具在高温下进行切削的同时，还承受着切削力、冲击和振动，因此要求刀具切削部分的材料具备以下性能：

1）硬度。刀具材料必须具有高于工件材料的硬度，常温硬度应在 HRC60 以上。

2）耐磨性。耐磨性表示刀具抵抗磨损的能力，通常刀具材料硬度越高，耐磨性越好。

3）强度和韧性。为了承受切削力、冲击和振动，刀具材料应具有足够的强度和韧性。一般用抗弯强度和冲击韧性表示。

4）耐热性。刀具材料应在高温下保持较高的硬度、耐磨性、强度和韧性，并有良好的抗扩散、抗氧化的能力。它是衡量刀具材料综合切削性能的主要指标。

5）工艺性。为了便于刀具制造，要求刀具材料具有较好的可加工性，包括锻、轧、焊接、切削、磨削和热处理等。

6）经济性。经济性差的刀具材料难以推广使用。

通常，当材料硬度高时，耐磨性也高；抗弯强度高时，冲击韧性也高。但材料硬度越高，其抗弯强度和冲击韧性就越低。因此在确定制造刀具的材料时必须综合考虑以上性能。

（2）刀具材料的种类。

刀具材料的种类很多，常用的有碳素工具钢、合金工具钢、高速钢、硬质合金、陶瓷、金刚石（天然和人造）和立方氮化硼等。

碳素工具钢（如 Tl0A、T12A）和合金工具钢（9SiCr、CrWMn），因耐热性较差，仅用于手工工具。陶瓷、金刚石和立方氮化硼则由于性质脆、工艺性差及价格昂贵等，只在较小的范围内使用。目前应用广泛的刀具材料是高速钢和硬质合金。

1）高速钢。高速钢是一种加入了钨（W）、钼（Mo）、铬（Cr）、钒（V）等合金元素的高合金工具钢。它的耐热性较碳素工具钢和一般合金工具钢显著提高，允许的切削速度比碳素工具钢和合金工具钢高两倍以上。高速钢具有较高的强度、韧性和耐磨性，能耐 540 ～ 600℃高温。用这种材料制作的刀具的刃口强度和韧性比较高，能承受较大的冲击载荷，能用于刚性较差的机床。而且这种刀具材料的工艺性能较好，容易磨出锋利的刃口，因此到目前为止，高速钢仍是应用广泛的刀具材料，尤其是制造结构复杂的刀具，如成形车刀、铣刀、钻头、铰刀、拉刀、齿轮刀具、螺纹刀具等。主要应用的牌号有W18Cr4V、W6Mo5Cr4V2、W2Mo9Cr4VCo8、W6Mo5Cr4V2Al 等。

2）硬质合金。硬质合金是用粉末冶金法制造的合金材料。硬质合金的硬度较高，常温下可达 74 ～ 81HRC，它的耐磨性较好，耐热性较高，能耐 800 ～ 1 000℃的高温，因此能承受比高速钢高几倍甚至十几倍的切削速度。它的不足之处是抗弯强度和冲击韧性较高速钢低，刃口不能磨得像高速钢刀具那样锋利，一般制成各种形状的刀片，焊接或夹固在刀体上。常用的硬质合金按化学成分和使用特性可分为四类：钨钴类（YG）、钨钛钴类（YT）、钨钛钽钴类（YW）、碳化钛基类（YN）。

随着科学技术的发展，新的工程材料不断出现，对刀具材料的要求也会不断提高。进行切削加工时，我们必须根据具体情况综合考虑，合理选择刀具材料，既要充分发挥刀具材料的特性，又要考虑经济性。

3. 车刀切削部分的几何参数

不同刀具的几何形状各异，复杂程度不等，但它们切削部分的结构和几何角度具有许多共同的特征。其中车刀是最常用、最简单且最基本的切削工具，因此最具代表性。其他刀具可以看作车刀的组合或变形。研究金属切削工具时，通常以外圆车刀为例。

（1）车刀的组成。

车刀由切削部分、刀柄两部分组成。切削部分承担切削加工任务，刀柄的作用是使车刀能够装夹在机床刀架上。常用的外圆车刀由三面、两刃、一尖组成，如图 8－5 所示。

1）刀面。

前刀面 A_γ：刀具上切屑流过的表面。

主后刀面 A_α：与工件上切削表面相对的刀面。

副后刀面 A_α'：与已加工表面相对的刀面。

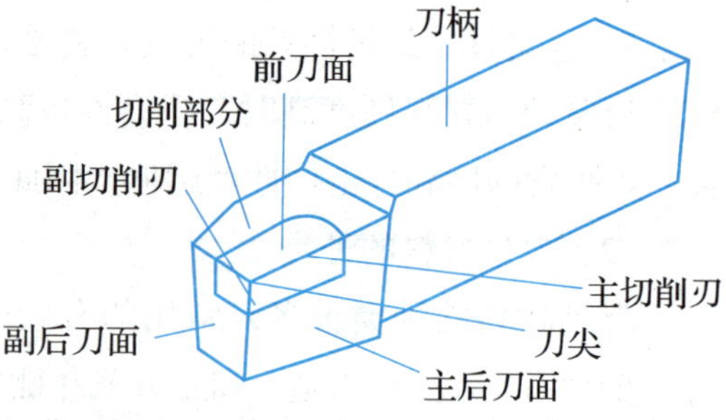

图 8－5　车刀的组成

2）切削刃。

主切削刃 S：前刀面与主后刀面的交线，承担主要切削工作。

副切削刃 S'：前刀面与副后刀面的交线，承担少量切削工作。

3）刀尖。

刀尖是主、副切削刃相交的点。实际上该点不可能磨得很尖，而是呈一段折线或微小圆弧，微小圆弧的半径称为刀尖圆弧半径。

（2）刀具标注角度参考系。

为了便于确定车刀上的几何角度，常选择某一参考系作为基准，通过测量刀面或切削刃相对于参考系坐标平面的角度值来确定它们的空间方位。

刀具角度的参考系有两种：静止参考系和工作参考系，前者用于刀具的设计、制造以及刃磨时定义几何角度，后者主要用于规定刀具切削时的几何角度。下面主要介绍车刀的静止参考系中常用的正交平面参考系，它由基面、主切削平面和正交平面组成。

1）基面 P_r：通过切削刃某选定点，平行或垂直于刀具在制造、刃磨及测量时适合于安装或定位的平面，一般来说要垂直于假定的主运动方向。

2）主切削平面 P_s：通过切削刃某选定点，与主切削刃相切并垂直于基面的平面。

3）正交平面 P_o：通过切削刃某选定点，并垂直于基面和切削平面的平面。

（3）车刀的标注角度。

如图 8－6 所示，外圆车刀在正交平面参考系内标注的角度如下：

1）前角 γ_o：前刀面与基面间的夹角。当前刀面与基面平行时前角为零；基面在前刀面以内，前角为负；基面在前刀面以外，前角为正。在正交平面内测量。

2）后角 α_o：后刀面与切削平面间的夹角，后角的作用是减小后刀面与过渡表面之间的摩擦。在正交平面内测量。

3）主偏角 k_r：主切削刃与进给运动方向之间的夹角，在基面内测量。

4）副偏角 k_r'：副切削刃与进给运动反方向之间的夹角，在基面内测量。

5）刃倾角 λ_s：主切削刃与基面间的夹角。刃倾角正负的规定如图 8－6 所示，刀尖处于最高点时，刃倾角为正；刀尖处于最低点时，刃倾角为负；切削刃平行于底面时，刃倾角为零。在切削平面内（A 向）测量。

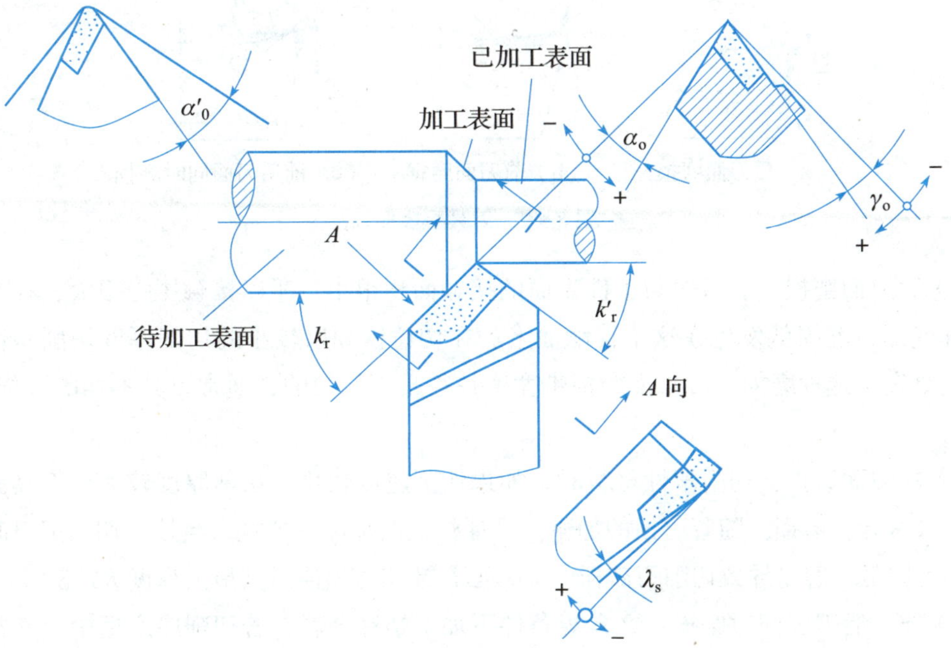

图 8－6　车刀的标注角度

前角（γ_o）、后角（α_o）、主偏角（k_r）、副偏角（k_r'）、刃倾角（λ_s）为基本角度，能完整表达车刀切削部分的几何形状，反映刀具的切削特点。

刀具切削部分的几何参数对切削效率和加工质量有很大影响。增大前角，可减小前刀面挤压切削层时的塑性变形，减小切屑流经前刀面的摩擦阻力，从而减小切削力和切削热。但增大前角，同时会降低切削刃的强度，减小刀头的散热面积。

在选择刀具的角度时，需要考虑多种因素，如工件材料、刀具材料、加工性质（粗、精加工）等，必须根据具体情况合理选择。通常所说的刀具角度是指制造和测量用的标注角度。在实际工作时，由于刀具的安装位置不同且切削运动方向改变，实际工作的角度和标注的角度有所不同，但通常相差很小。

4. 刀具磨损和刀具寿命

刀具在切削加工的过程中与工件发生剧烈的挤压、摩擦，自身也会磨损。刀具的正常磨损是连续的、逐渐的过程；在加工过程中，冲击、振动、热效应等造成刀具崩刃、碎裂属于非正常磨损，是随机的、突发的破坏。这里仅分析刀具的正常磨损。

（1）刀具的磨损形式。

常见的刀具磨损形式有三种，如图 8－7 所示。

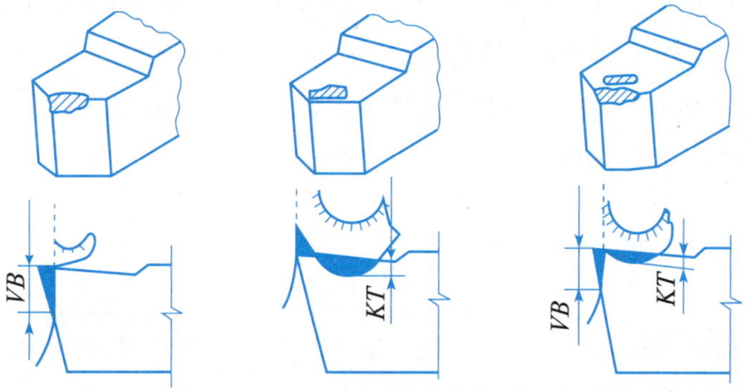

（a）后刀面磨损　（b）前刀面磨损　（c）前后刀面同时磨损

图 8－7　刀具磨损形式

1）后刀面磨损：后刀面与工件表面的接触面积很小，所以接触压力很大，存在弹性和塑性变形，磨损就发生在这个接触面上。在切铸铁和以较小的切削厚度切削塑性材料时，主要发生这种磨损。后刀面磨损带宽度往往是不均匀的，通常以其平均的磨损量 VB 表示。

2）前刀面磨损：切削塑性材料时，如果切削速度较快、切削厚度较大，刀具前刀面上会形成月牙洼磨损。随着磨损的加剧，月牙洼逐渐加深、加宽，当接近切削刃口时，切削刃强度降低，容易导致切削刃破损。前刀面月牙洼磨损值以其最大深度 KT 表示。

3）前、后刀面同时磨损：在常规条件下加工塑性金属，若切削厚度适中，常常出现前、后刀面同时磨损的情况。

（2）刀具的磨损过程及磨钝标准。

1）刀具的磨损过程可分为初期磨损、正常磨损、剧烈磨损三个阶段，如图 8－8 所示。

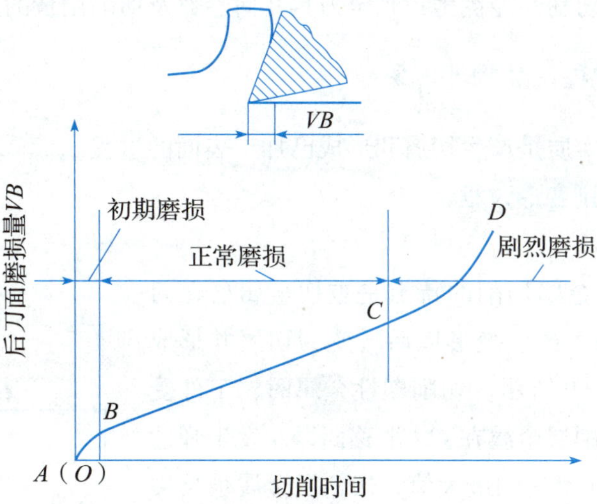

图 8－8　刀具的磨损过程

初期磨损阶段（*AB* 段）：这一阶段的磨损速度较快，因为新刃磨的刀具表面较粗糙，且切削刃较锋利，所以比较容易磨损。

正常磨损阶段（*BC* 段）：经过初期磨损后，刀具粗糙表面已经磨平，进入比较缓慢的正常磨损阶段。后刀面的磨损量与切削时间均匀增加。这个阶段时间较长，是刀具的有效工作时期。

剧烈磨损阶段（*CD* 段）：当刀具的磨损量达到一定程度后，切削刃变钝，刀面与工件摩擦过大，导致切削力与切削温度迅速增高，磨损速度急剧增加。生产中为了合理使用刀具，保证加工质量，应该在发生剧烈磨损之前就换刀。

2）刀具的磨钝标准：刀具磨损到一定限度后就不能继续使用了。这个磨损限度称为磨钝标准。由于多数切削情况下会发生后刀面的均匀磨损，且 *VB* 值比较容易测量和控制，因此常借助 *VB* 值来研究磨损过程，作为衡量刀具的磨钝标准。现行标准统一规定以 1/2 背吃刀量处的后刀面上测定的磨损量（磨损带宽度）*VB* 为刀具的磨钝标准。对于自动化生产中的精加工刀具，常以沿工件径向的刀具磨损尺寸为刀具的磨钝标准，称为径向磨损量 *NB*。

（3）刀具寿命。

在生产中，为了更加快速准确地判断刀具的磨损情况，一般以刀具寿命来间接地反映刀具的磨钝标准。刀具寿命 *T* 是指刀具由刃磨后开始切削，一直到磨损量达到刀具的磨钝标准所经过的总切削时间（单位 min）。

刀具寿命反映了刀具磨损的快慢程度。影响刀具寿命的因素有很多，如工件材料、刀具材料、刀具几何角度、切削用量、切削液的使用情况等。切削用量对刀具寿命的影响较为明显，其中切削速度对刀具寿命影响最大，进给量次之，背吃刀量最小。

刀具寿命是一个具有多个用途的重要参数，可以用来确定换刀时间；衡量工件材料切削加工性和刀具材料切削性能优劣；判定刀具几何参数及切削用量的选择是否合理等。

三、金属切削过程及其物理现象

金属切削过程的实质是产生切屑和形成已加工表面的过程。

1. 切屑形成及切削变形过程

（1）切屑形成。

实验研究表明，金属切削的特点是被切金属层在刀具的挤压、摩擦作用下产生变形以后转变为切屑并形成已加工表面，如图 8－9 所示。切削塑性金属时，工件受到刀具的挤压后，切削层金属在 *OA* 滑移面以左发生弹性变形，在 *AOM* 滑移面上达到最大值，切削层金属被挤裂而破坏越过 *OM* 面，切削层金属被切离并沿刀具前刀面流出而形成切屑。随着刀具前行，切屑不断流出，切削层金属连续经历弹性变形、塑性变形、挤裂和切离四个阶段，直至完成切削。

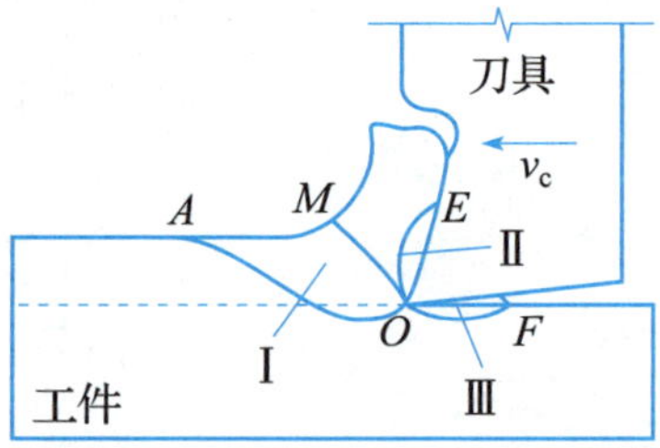

图 8－9　变形过程及变形区域

金属切削时，工件材料、刀具几何形状和切削用量不同，会形成带状切屑、节状切屑、粒状切屑、崩碎切屑等不同形态的切屑。

（2）变形区域。

切削过程中，金属变形大致可分为三个区域：

第Ⅰ变形区：切屑形成的主要区域。工件材料在刀具前刀面的挤压作用下，逐渐发生塑性变形。从 *OA* 线开始，到 *OM* 线结束。当切削层金属离开 *OM* 面时已经转变为切屑，并沿着刀具前刀面流动。切削过程中，切削力、切削热主要来自该区域。

第Ⅱ变形区：切屑与前刀面间的摩擦变形区。前刀面与切屑底层之间产生剧烈摩擦，使切屑底层的金属晶粒纤维化。该区域与积屑瘤的形成和前刀面的磨损有直接关系。

第Ⅲ变形区：工件已加工表面与后刀面的摩擦区。该区域对工件已加工表面的形变强化和残余应力，以及后刀面的磨损有很大影响。

2. 积屑瘤

在某切削速度范围内，切削塑性金属时切削刃附近的前刀面上会出现一小块很硬的金属堆积物，代替切削刃工作，称为积屑瘤。

（1）积屑瘤的形成。

积屑瘤是因切屑与前刀面剧烈摩擦、粘结而形成的，如图 8－10 所示。积屑瘤与前刀面粘结牢固，需要一定的

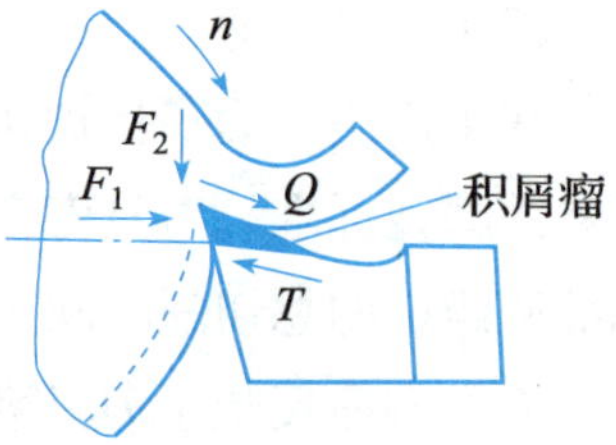

图 8－10　积屑瘤的形成

临界切削温度才能消失或脱落；积屑瘤不稳定，成长、脱落反复进行。根据实验，积屑瘤的化学性质与工件材料相同；硬度增加约为母体材料的 2 ～ 4 倍。

积屑瘤的产生受工件材料和切削速度的影响。工件材料塑性越好，越易生成积屑瘤；实践证明，切削速度很快或很慢时，很少生成积屑瘤。

（2）积屑瘤对切削加工的影响。

积屑瘤代替切削刃工作，能起到保护切削刃的作用，并使刀具实际前角增大，可减小切屑变形和切削力，这是其有利方面；但积屑瘤是不稳定的，对已加工表面的质量有很大影响。因此，粗加工时可采用中等速度，利用积屑瘤保护刀尖；精加工时，一定要避免产生积屑瘤以保证表面质量。

3. 切削力

金属切削时，刀具切入工件，使被切金属层发生变形成为切屑所需要的力称为切削力。切削力是设计刀具、机床、夹具的重要依据。

（1）切削力的来源，及其分力和合力。

金属切削时，力来源于两个方面：一是在切屑形成的过程中，工件材料对弹性变形和塑性变形产生的变形抗力；二是切屑与前刀面和后刀面间的摩擦阻力。变形抗力和摩擦阻力构成了作用在刀具上的合力 F，该力是一个空间力，大小与方向都不易确定，为了方便刀具设计和工艺分析，常将合力 F 分解为互相垂直的 F_c、F_f 和 F_p 三个分力，如图 8－11 所示。

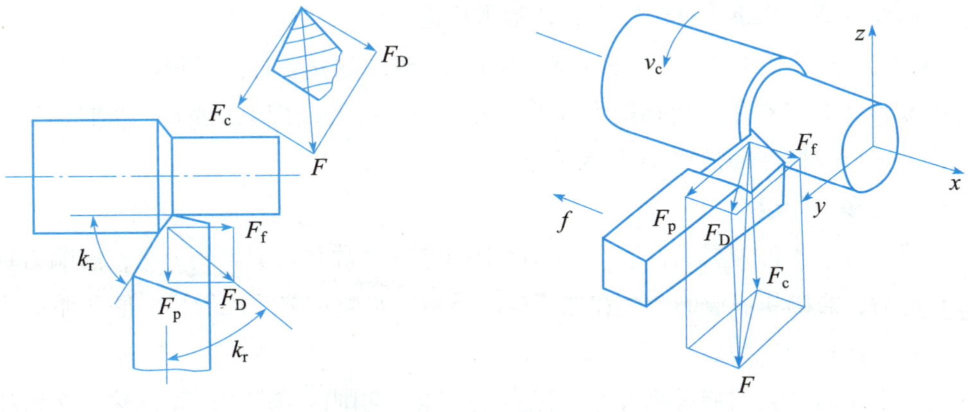

图 8－11　切削合力及其分力

切削力 F_c：在主运动方向上的分力，也叫切向力，是消耗功率最大的力。

进给力 F_f：在进给运动方向上的分力，也叫轴向力，一般只消耗功率的 3% 左右。

背向力 F_p：在垂直于工作平面上的分力，也叫径向力，它是使工件在切削过程中产生振动的力，影响加工精度。

由图 8－11 可以看出，进给力 F_f 和背向力 F_p 的合力 F_D 作用在基面上且垂直于主切削刃。

F、F_D、F_c、F_f、F_p 之间的关系：

$$F=\sqrt{F_c^2+F_p^2}=\sqrt{F_c^2+F_f^2+F_p^2}$$

$$F_f=F_D\sin k_r$$

$$F_p=F_D\cos k_r$$

（2）影响切削力的主要因素。

1）工件材料。工件材料的强度、硬度越高，切削时产生的切削力越大。工件材料的塑性、冲击韧度越高，切削变形越大，则切削力越大。加工脆性材料时，塑性变形小，切屑与刀具间摩擦小，则切削力较小。例如，加工 60 钢的切削力 F_c 比 45 钢增大 4%，加工 35 钢的切削力 F_c 比 45 钢减小 13%。

2）刀具几何参数。前角 γ_0 增大，切削变形减小，故切削力减小。主偏角对切削力 F_c 的影响较小，而对进给力 F_f 和背向力 F_p 影响较大。

3）切削用量。切削用量对切削力的影响较大，背吃刀量和进给量增加时，使切削面积 A_D 成正比增加，变形抗力和摩擦力加大，切削力随之增大；当背吃刀量增大一倍时，切削力近似增加一倍。进给量增大一倍时，切削力只增大 70% ～ 80%。

切削塑性材料时，切削速度对切削力的影响分为有积屑瘤阶段和无积屑瘤阶段两种情况。在低速范围内，随着切削速度的增加，积屑瘤逐渐长大，刀具实际前角增大，使切削力逐渐减小；在中速范围内，积屑瘤逐渐减小并消失，使切削力逐渐增至最大；在高速阶段，切削温度升高，摩擦力逐渐减小，切削力稳定降低。

4）其他因素。刀具材料与工件材料之间的摩擦系数 μ 会直接影响切削力的大小。另外，切削液具有润滑作用，使切削力降低。刀具后刀面磨损带 VB 越大，摩擦越强烈，切削力也越大，VB 对背向力的影响最为显著。

4. 切削热和切削温度

切削温度影响工件材料的性能、前刀面上的摩擦系数和切削力的大小；影响刀具磨损量和刀具寿命；影响积屑瘤的产生和加工表面质量；影响工艺系统的热变形和加工精度。

（1）切削热的产生和传出。

切削过程中所消耗的能量绝大部分转换为热能，切削区域产生的切削热，在切削过程中分别由切屑、工件、刀具和周围介质向外传导出去。例如，在空气冷却条件下车削时，切削热的 50% ～ 86% 由切屑带走，40% ～ 10% 传入工件，9% ～ 3% 传入刀具，1% 左右通过辐射传入空气。

（2）影响切削温度的主要因素。

切削温度是指前刀面与切屑接触区内的平均温度，它是由切削热的产生与传出的平衡条件所决定的。产生的切削热越多，传出越慢，切削温度越高。凡是增大切削力和切削功率的因素都会使切削温度上升，而有利于切削热传出的因素都会使切削温度降低。

1）工件材料。工件材料的强度、硬度越高，切削时消耗的功就越多，产生的切削热越多，切削温度就越高。工件材料的热导率越大，通过切屑和工件传出的热量越多，切削温度下降越快。

2）刀具几何参数。前角增大，切削层变形小，产生的热量少，切削温度降低；但过大的前角会减少散热面积，当前角大于20°时，前角对切削温度的影响减少。主偏角减小，使切削宽度增大，散热面积增加，切削温度下降。

3）切削用量。对切削温度影响最大的切削用量是切削速度，其次是进给量，而背吃刀量的影响最小。这是因为当切削速度 v_c 增加时，单位时间内参与变形的金属量增加而使消耗的功率增大，提高了切削温度；当 f 增加时，切屑变厚，由切屑带走的热量增多，故切削温度上升不甚明显；当 a_p 增加时，产生的热量和散热面积同时增大，故对切削温度的影响也小。

4）其他因素。刀具后刀面磨损量增大时，刀具与工件间的摩擦加剧，切削温度升高。浇注切削液对降低切削温度、减少刀具磨损和提高已加工表面的质量有明显的效果。切削液的润滑作用可以减少摩擦，减少切削热的产生。

5. 工件材料的切削加工性

工件材料的切削加工性是指将其加工成合格零件的难易程度。某种材料切削加工的难易，不仅取决于材料本身，还取决于具体的加工要求和生产条件。加工要求和生产条件不同，评定材料切削加工性的指标也不相同。常用的评定指标如下：

（1）刀具寿命指标。在相同的切削条件下，令刀具使用寿命长的工件材料，其切削加工性好。或者在一定刀具寿命下，所允许的最大切削速度快的工件材料，其切削加工性就好。

（2）已加工表面质量指标。以常用材料是否容易得到所要求的已加工表面质量，作为评定材料切削加工性的指标。一般精加工的零件可用表面粗糙度来评定材料的切削加工性。对某些有特殊要求的零件，在评定材料切削加工性时，不仅要用表面粗糙度指标，还要用表面层材质的变化指标来全面评定。

（3）切削力或切削温度指标。在相同的切削条件下，凡使切削力加大、切削温度升高的工件材料，其切削加工性就差；反之，其切削加工性就好。在粗加工或机床动力不足时，常以此指标来评定材料的切削加工性。

（4）切屑控制性能指标。在自动机床或自动生产线上，常用控制切屑的难易程度来评定材料的切削加工性。凡切屑容易被控制或折断的材料，其切削加工性就好；反之，则差。

一种工件材料很难在各方面同时获得较好的切削加工性指标，只能根据需要选择一项或几项作为衡量其切削加工性的指标。在一般性生产中，常以保证一定的刀具寿命所允许的切削速度作为评定材料切削加工性的指标。

6. 金属切削条件的选择

金属切削加工过程的效率、质量和经济性等问题，除了与机床设备的工作能力、操作者的技术水平、工件的形状、生产批量、刀具材料及工件材料的切削加工性有关，还受到切削条件的影响和制约。这些切削条件包括刀具的角度、切削用量及切削过程的冷却润滑等。

（1）刀具角度的选择。

刀具的角度对切削过程中的金属切削变形、切削力、切削温度、工件的加工质量及刀具的磨损都有显著影响。选择合理的刀具角度，可使刀具潜在的切削能力得到充分发挥，降低生产成本，提高切削效率。

1）前角的选择。前角的大小将影响切削过程中的切削变形和切削力，同时也会影响工件表面粗糙度和刀具的强度与寿命。增大刀具前角，可以减小前刀面挤压被切削层的塑性变形，减小了切削力和表面粗糙度；但刀具前角增大，会降低切削刃和刀头的强度，刀头散热条件变差，切削时刀头容易崩刃。因此，选择前角时，既要确保切削刃锋利，又要确保一定的强度和散热面积。

2）后角的选择。后角的大小将影响刀具后刀面与已加工表面之间的摩擦。增大后角可减小后刀面与加工表面之间的摩擦，后角越大，切削刃越锋利；但是切削刃和刀头的强度削弱，散热面积减小。对于粗加工、强力切削及承受冲击载荷的刀具，为增加刀具强度，后角应取小些；精加工时，增大后角可提高刀具寿命和加工表面的质量。工件材料的硬度与强度高时，取较小的后角，以保证刀头强度；工件材料的硬度与强度低时，塑性大，易产生加工硬化，为了防止刀具后刀面磨损，后角应适当加大。加工脆性材料时，切削力集中在刃口附近，宜取较小的后角。

3）主偏角、副偏角的选择。主偏角和副偏角较小时，刀头的强度高，散热面积大，刀具寿命长。此外，主偏角和副偏角小时，加工所得工件的表面粗糙度小。但是，减小主偏角和副偏角时，会加大切削过程中的背向力，容易引起工艺系统的弹性变形和振动。

4）刃倾角的选择。刃倾角的正负主要影响切屑的排出方向。精车和半精车时，刃倾角宜选用正值，使切屑流向待加工表面，防止划伤已加工表面。

（2）切削用量的选择。

合理选择切削用量，能够保证工件的加工质量，提高切削效率，延长刀具使用寿命，降低加工成本。

1）背吃刀量的选择。粗加工的背吃刀量应根据工件的加工余量确定，应尽量用一次走刀就切除全部加工余量。当加工余量过大、刀具强度不够，以及断续切削或冲击振动较大时，可分几次走刀。对切削表面有硬皮层的铸、锻件，应尽量使背吃刀量大于硬皮层的厚度，以保护刀尖。半精加工和精加工的加工余量一般较小，可一次切除。有时为了保证工件的加工质量，也可多次走刀。多次走刀时，第一次走刀的背吃刀量取值比较大，一般为总加工余量的 2/3 ～ 3/4。

2）进给量的选择。粗加工时，进给量的选择主要受切削力的限制。在工艺系统的刚度和强度良好的情况下，可选用较大的进给量。半精加工和精加工时，由于进给量对工件的已加工表面粗糙度影响很大，因此进给量一般取得较小。通常按照工件加工表面粗糙度的要求，根据工件材料、刀尖圆弧半径、切削速度等条件来选择进给量。当切削速度加快，刀尖圆弧半径增大，或刀具磨有修光刃时，可以选择较大的进给量，以提高生产效率。进给量的参考值可以在切削用量手册中查到。

3）切削速度的选择。背吃刀量和进给量选定后，可在保证刀具合理寿命的前提下，确定合适的切削速度。粗加工时，背吃刀量和进给量都较大，切削速度受刀具寿命和机床功率的限制，一般较低。精加工时，背吃刀量和进给量都较小，切削速度受工件加工质量和刀具寿命的限制，一般较高。此外，还应考虑工件材料的切削加工性等因素对切削速度的影响。切削速度的参考值可以在切削用量手册中查到。

根据不同加工性质对切削加工的要求，切削用量选择时的侧重点会有所不同。粗加工时，应尽量保证较高的金属切除率和必要的刀具寿命，一般优先选择较大的背吃刀量，其次选择较大的进给量，最后根据刀具寿命，确定合适的切削速度。精加工时，应保证工件的加工质量，一般选用较小的进给量和背吃刀量，尽可能选用较高的切削速度。

（3）切削液的选择。

金属切削液在金属切削、磨削加工过程中具有相当重要的作用。切削液能从切削区域带走大量切削热，从而降低切削温度。并能渗入刀具与切屑和加工表面之间，形成一层润滑膜或化学吸附膜，减小它们之间的摩擦。同时，流动的切削液可以冲走切削区域和机床上的细碎切屑和脱落的磨粒。在切削液中加入防锈剂，可在金属表面形成一层保护膜，对工件、机床、刀具和夹具等起到防锈作用。因此应合理选择切削液的种类，常用的切削液有以下几种：

1）水溶液。它的主要成分是水，其中加入了少量具有防锈和润滑作用的添加剂。水溶液的冷却效果良好，多用于普通磨削和精加工。

2）乳化液。它是乳化油（由矿物油、表面活性剂和其他添加剂配成）经水稀释而成，用途广泛。低浓度的乳化液冷却效果较好，主要用于磨削、粗车、钻孔加工等。高浓度的乳化液润滑效果较好，主要用于精车、攻螺纹、铰孔、插齿加工等。

3）切削油。它主要是矿物油（如机械油、轻柴油、煤油等），少数采用动植物油或复合油。普通车削、攻螺纹时，可选用机械油。精加工有色金属或铸铁时，可选用煤油。加工螺纹时，可选用植物油。在矿物油中加入一定量的油性添加剂和极压添加剂，能提高其高温、高压下的润滑性能，可用于精铣、铰孔及齿轮加工等。

8.2 常用的切削加工方法

根据所用机床与刀具不同，切削加工方法可分为车削、铣削、刨削、磨削、钻削、镗削、成形表面加工及特种加工等。金属切削加工通常在金属切削机床上完成。

一、机床的分类和编号

1. 机床的分类

机床的传统分类方法，主要是按加工性质和所用刀具进行分类。按照国标 GB/T 15375—2008，机床可分为 11 类：车床、钻床、镗床、磨床、齿轮加工机床，螺纹加工机床、铣床、刨插床、拉床、锯床和其他机床等。在每一类机床中，又按工艺特点、布局型式、结构性能等不同，分为若干组。每一组中，又细分为若干系。

在同一类机床中，按加工精度，分为普通机床、精密机床和高精度机床三个等级；按使用范围，分为通用机床和专用机床；按自动化程度，分为手动机床、机动机床、半自动机床和自动机床；按尺寸和质量，分为一般机床和重型机床等。

通常，机床根据加工性质进行分类，再根据某些特点进行描述，如半自动车床、高精度外圆磨床等。

2. 机床的编号

机床型号是用来表示机床类别、主要参数和主要特性的代号，GB/T 15375—2008 是现行机床型号编制标准。机床型号的编制采用英文字母和阿拉伯数字按一定规律组合的方式。如 CM6140 精密卧式车床，其型号中的代号及数字的含义如下：

C——机床类型代号（车床类）

M——机床通用特性代号（精密机床）

6——机床组别代号（落地及卧式车床组）

1——机床系别代号（卧式车床系）

40——主参数代号（床身上最大回转直径 400mm）

二、车削加工

车削加工是指在车床上利用工件相对于刀具旋转，从而对工件进行切削加工的方法。车削是最基本、最常用的切削加工方法，在生产中占有十分重要的地位。

1. 车床

通常，车床的主运动是工件的旋转运动，进给运动是刀具的直线运动。按工艺特点、布局形式和结构特性等的不同，车床可以分为卧式车床、落地车床、立式车床、转塔车床以及仿形车床等。

（1）车床的组成。

尽管车床的类型很多，结构和布局各不相同，但其基本组成大致相同。在各类金属切削机床中，车床应用较为广泛，约占机床总量的50%。其中卧式车床可作为车床的代表，主要由主轴箱、进给箱、溜板箱、光杠、丝杠、刀架、尾座、床身等部分组成，如图8-12所示。

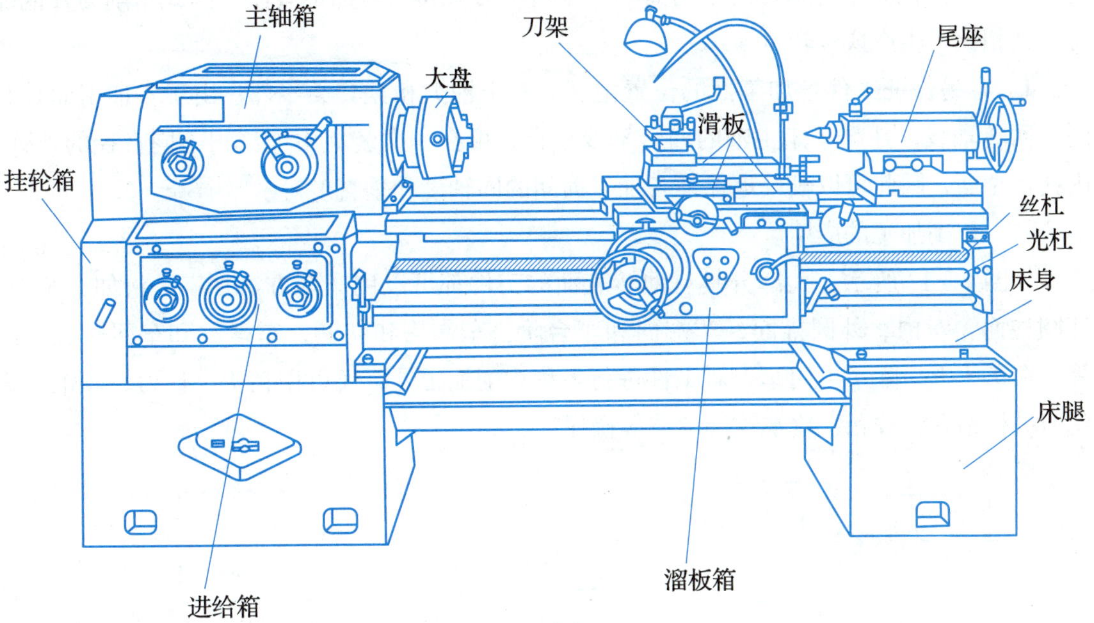

图8-12　C6140车床组成

（2）工件在车床上的安装。

加工时，工件应被稳固地夹持在车床上。工件的形状、尺寸和加工要求不同，采用的装夹方式也不同，装夹时常用的机床附件有以下几种：

1）卡盘：卡盘是应用广泛的车床附件，用于装夹轴类、盘套类工件。卡盘分为自定心卡盘、单动卡盘和花盘等。

2）顶尖：在车床上加工实心轴类零件时，经常用顶尖装夹工件，装在主轴上的顶尖称为前顶尖，装在尾座上的称为后顶尖。后顶尖又分为死顶尖和活顶尖。

3）心轴：在车床上加工带孔的盘套类工件的外圆和端面时，先把工件装夹在心轴上，再把心轴装夹在两顶尖之间进行加工。

4）中心架和跟刀架：加工细长轴类工件时，需要采用辅助的装夹机构，如中心架和跟刀架等。中心架适用于粗加工，跟刀架适用于精加工或半精加工。

2. 车削加工的工艺特点与应用

（1）车削加工的工艺特点。

1）加工范围较广。车削可加工不同类型工件的回转表面、端面和成形面；可加工各种钢、铸铁、有色金属等材料的工件，可获得的加工精度有低精度、中等精度和相当高的精度；适用于各种生产类型。

2）生产效率高。车削为连续加工，在加工过程中基本无冲击现象，可以采用很高的切削速度；车刀的刚度好，可以采用相当大的背吃刀量和进给量，生产效率高。

3）生产成本低。许多车床夹具都作为车床附件生产，可以满足一般零件装夹要求，生产准备工作较简单。车刀的结构简单，制造、刃磨和安装都很方便，因此车削与其他加工形式相比，生产成本较低。

4）容易保证工件各加工面的位置精度。对于轴类和盘套类零件，由于各加工面具有同一回转轴线，并与车床主轴的回转轴线重合，可在一次装夹中加工出不同直径的外圆、内孔及端面，因此可以较好地保证各加工面间的同轴度和垂直度等。

（2）车削加工的应用。

如图 8－13 所示，大部分具有回转表面的工件都可以用车削方法加工。例如，车内、外圆柱面，车内、外圆锥面，车端面和车台阶，车沟槽和切断，车螺纹和车回转成形面等。在车床上，除了可用车刀对工件进行各种车削加工外，还可用钻头、铰刀、丝锥和滚花刀进行钻孔、铰孔、攻螺纹和滚花等操作。

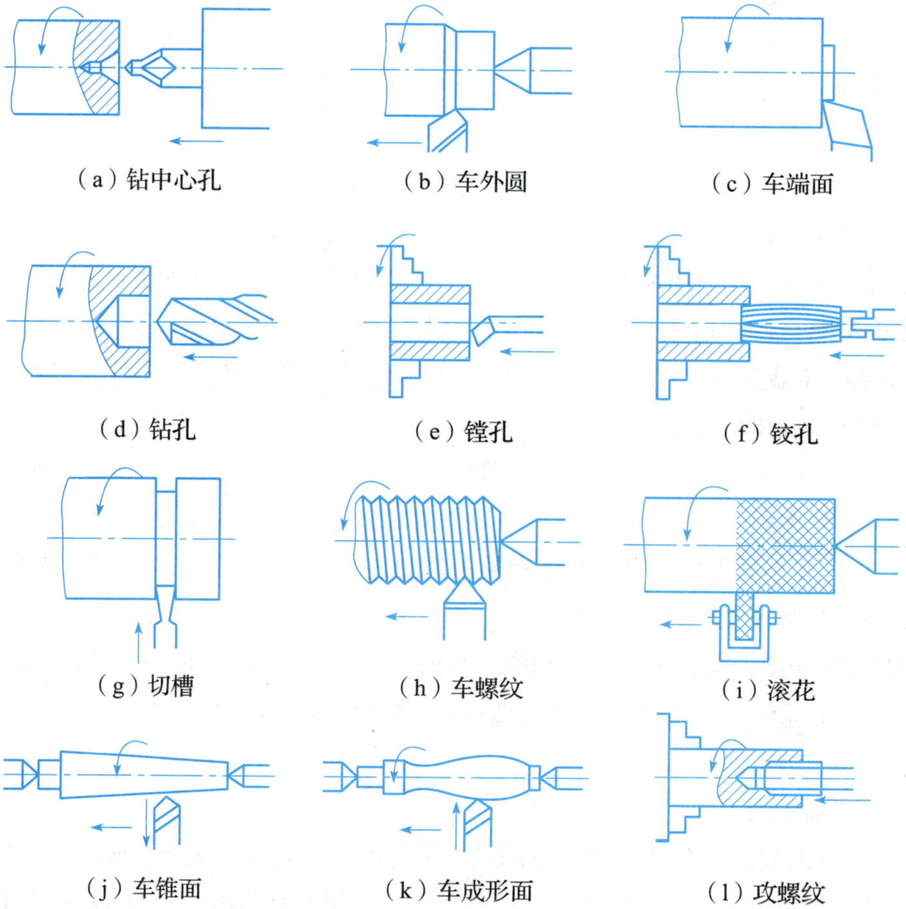

图 8－13　车削加工的应用

三、铣削加工

铣削加工时，铣刀旋转运动通常为主运动，工件或铣刀的移动通常为进给运动。铣削可以加工平面、台阶、沟槽、各种成形表面，还可以进行切断，如图 8－14 所示。

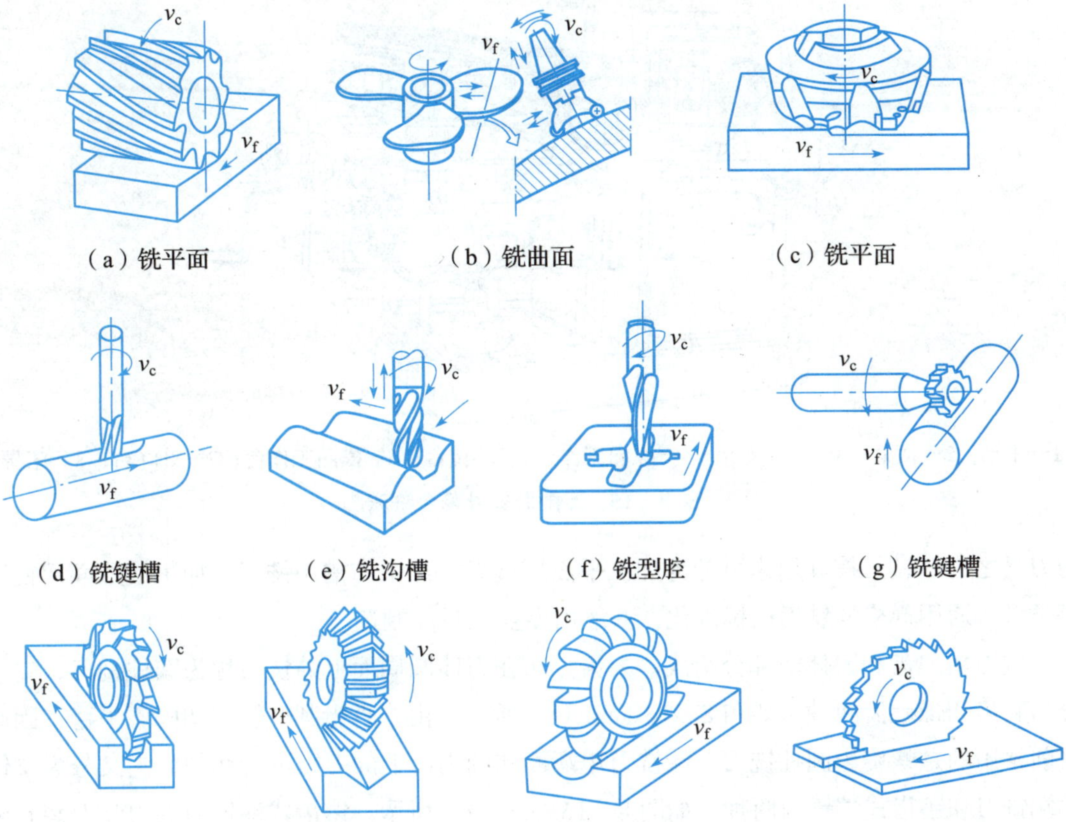

（a）铣平面　（b）铣曲面　（c）铣平面

（d）铣键槽　（e）铣沟槽　（f）铣型腔　（g）铣键槽

（h）铣沟槽　（i）铣成形面（一）　（j）铣成形面（二）　（k）切断

图 8－14　铣削加工的应用

1. 铣床

铣床是指主要用铣刀在工件上加工各种表面的机床。铣床的种类很多，按其结构分主要有台式铣床、卧式铣床、龙门式铣床、平面铣床、升降台铣床、摇臂铣床、专用铣床等。如图 8－15 所示为万能卧式升降台铣床。

铣床工作台的台面上有几条 T 形槽，较大的工件可以使用螺钉和夹板直接装夹在工作台上，中小型工件常常通过机床用平口虎钳、回转工作台、分度头等机床附件装夹在工作台上。

2. 铣刀

铣刀为多齿回转刀具，每一个刀齿相当于一把固定在刀具回转面上的车刀，其切削部分的几何角度及作用与车刀基本相同。铣刀的应用范围很广，是金属切削刀具中种类最多

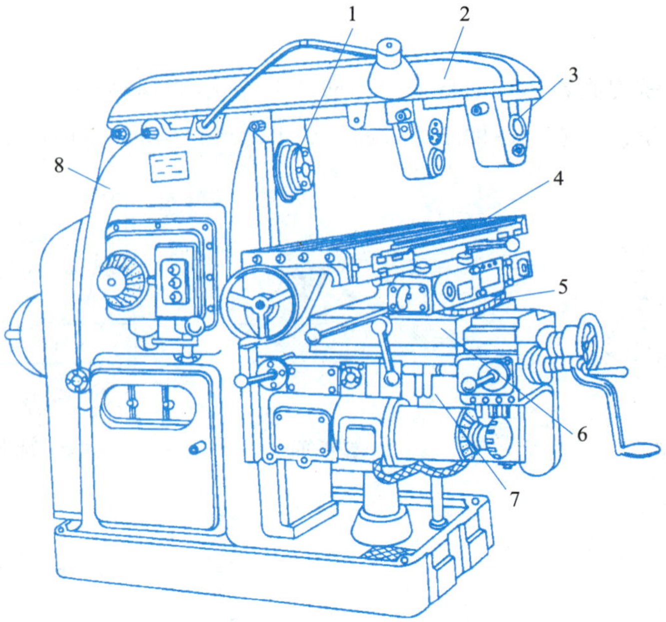

1—主轴；2—横梁；3—刀杆支架；4—纵向工作台；5—转台；6—横向工作台；7—升降台；8—床身

图 8－15　万能卧式升降台铣床

的刀具之一。铣刀按其用途可分为加工平面用铣刀、加工沟槽用铣刀、加工成形面用铣刀等类型。通用规格的铣刀已标准化，一般由专业工具厂制造。

铣刀由刀齿和刀体两部分组成。刀齿分布在刀体圆周面上的铣刀称为圆柱铣刀，它又分为直齿和螺旋齿两种，如图 8－16（a)、(b）所示。由于直齿圆柱铣刀切削不平稳，因此目前常用的是螺旋齿圆柱铣刀。端铣刀用端面和圆周面上的刀刃进行切削，它又分为整体式端铣刀和镶齿式端铣刀两种，如图 8－16（c)、(d）所示。镶齿式端铣刀的刀盘上装有硬质合金刀片，加工平面时可进行高速切削，应用广泛。

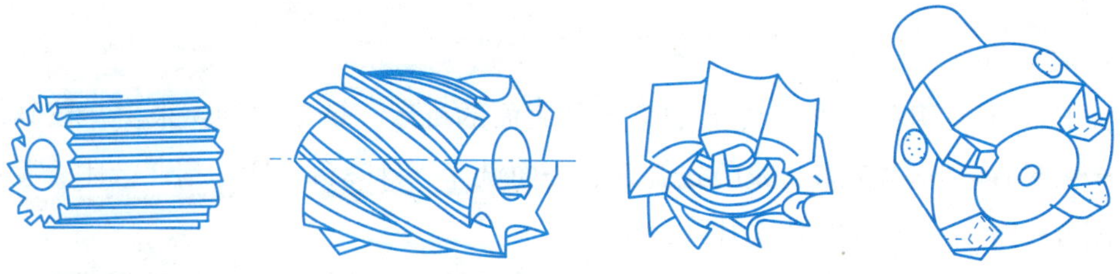

（a）直齿圆柱铣刀　（b）螺旋齿圆柱铣刀　（c）整体式端铣刀　（d）镶齿式端铣刀

图 8－16　铣刀

3. 铣削的工艺特点

（1）生产效率高。铣刀是典型的多刃刀具，加工过程中几个刀齿同时参加切削，总切削宽度较大。铣削时的主运动是铣刀的旋转，有利于进行高速切削，故铣削加工的生产效率高于刨削加工。

（2）铣削加工范围广。可以加工刨削无法加工或难以加工的表面。例如，可铣削周围封闭的凹平面、圆弧形沟槽、具有分度要求的小平面和沟槽等。

（3）加工质量中等。铣削是断续切削，刀齿在切入和切出工件时会产生冲击，而且每个刀齿的切削厚度时刻在变化，这就引起切削面积和切削力的变化，所以说铣削过程是不平稳的，容易产生振动。因此，经粗、精铣削加工后只能达到中等精度，一般为 IT9 ～ IT8，表面粗糙度 *Ra* 为 6.3 ～ 1.6μm。

（4）加工成本较高。铣床结构复杂，并且铣刀形状特殊，使得制造与刃磨比刨刀困难，所以铣削成本比刨削高。

4. 铣削加工的应用

铣削是平面加工的主要方法。特别是在大批量生产中，一般平面都采用端铣方式加工。

四、刨削、插削和拉削加工

1. 刨削加工

刨削是指用刨刀对工件做水平直线往复运动的切削加工方法，刨削主要用来加工平面（包括水平面、垂直面和斜面），是平面加工的主要方式之一；也常用于加工直槽，如直角槽、燕尾槽和 T 形槽等。如果进行适当的调整或增加某些附件，还可以用来加工齿条、齿轮、花键和母线为直线的成形面等。刨削加工的应用如图 8－17 所示。

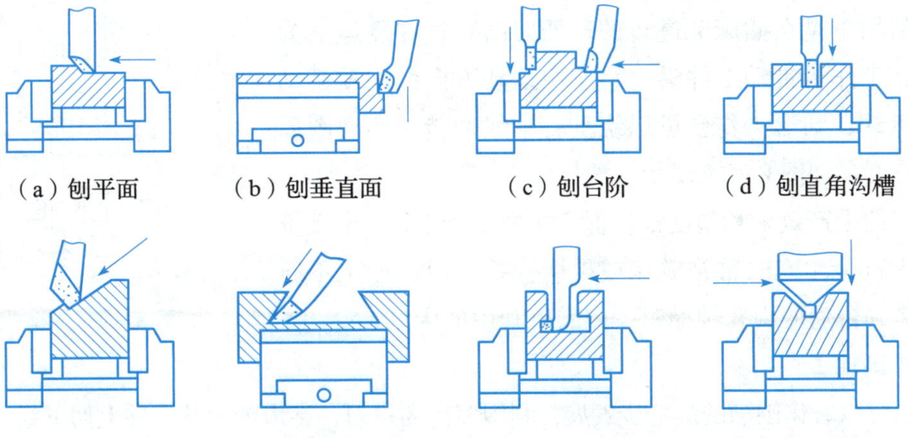

（a）刨平面　（b）刨垂直面　（c）刨台阶　（d）刨直角沟槽

（e）刨斜面　（f）刨燕尾形工件　（g）刨T形槽　（h）刨V形槽

图 8－17　刨削加工的应用

刨床是指用刨刀加工工件表面的机床。常见的刨床有牛头刨床、悬臂刨床、龙门刨床、插床等。牛头刨床的最大刨削长度一般不超过 1 000mm，因此只适合加工中小型工件；龙门刨床的刚度较好，而且 2 ～ 4 个刀架可同时工作，主要用来加工大型工件，或同时加工多个中小型工件。如图 8－18 所示为牛头刨床。

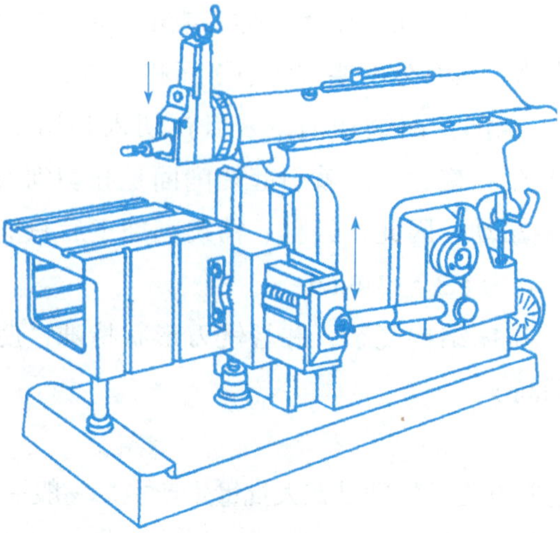

图 8－18　牛头刨床

刨削的工艺特点主要是通用性好，加工精度不高，生产效率低，因此刨削主要用于单件 / 小批量生产，在维修车间和模具车间应用较多。

2. 插削加工

插削加工可以看作立式刨削加工。主要用于加工零件的内表面，如方孔、多边形孔、孔内键槽、花键槽等，特别适合加工盲孔或有障碍台肩的内表面。

插削加工是在插床上进行的，插刀的竖直往复运动为主运动，工作台带动工件沿垂直于主运动方向的间歇运动为进给运动，圆形工作台可以绕垂直轴线回转，实现圆周进给和分度，如图 8－19 所示。

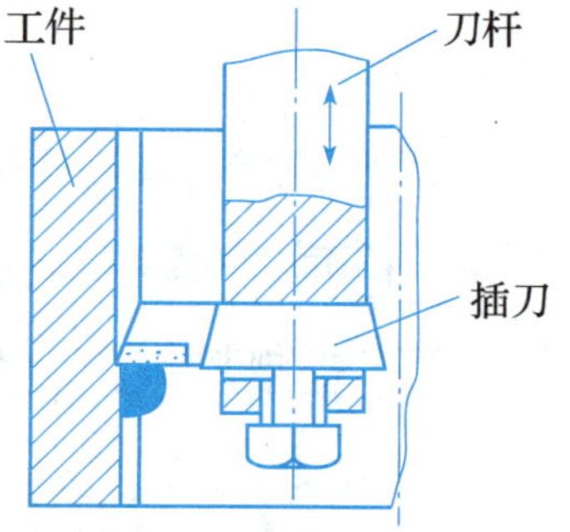

图 8－19　插削加工

插床的生产效率和精度都较低，主要用于单件 / 小批量生产，大批量生产时常被铣床或拉床代替。但在加工不通孔或有障碍台肩的内孔键槽时，则需要利用插床。

3. 拉削加工

拉削可以看作刨削的进一步发展，利用多齿的拉刀，逐齿依次从工件上切下很薄的金属层，使表面达到较高的精度和较小的粗糙度值，如图 8－20 所示。拉削所用的机床称为拉床。

拉刀是一种加工内、外表面的多齿高效工具，依靠刀齿的尺寸或廓形变化来切除加工余量，使工件达到要求的尺寸和表面粗糙度。拉床的结构简单，拉削时拉刀做平稳的低速直线运动，即主运动，进给运动则靠拉刀结构来实现。拉削能加工各种形状贯通的内、外表面，如图 8－21 所示。拉床的生产效率高，拉刀使用寿命长，拉削加工精度高，一般为 IT9 ～ IT7，表面粗糙度 Ra 为 1.6 ～ 0.8mm。但拉刀制造复杂，成本高，且一把拉刀只能加工一种尺寸的表面，所以拉削主要用于大批量生产。

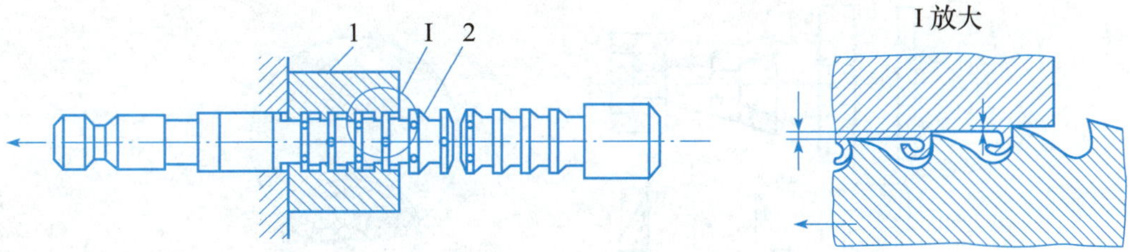

1—工件；2—拉刀

图 8-20　拉削加工

图 8-21　适于拉削的典型表面

五、磨削加工

磨削加工是指用磨具或磨料以较高的线速度对工件表面进行加工。磨具按形状分为磨轮（砂轮）和磨条。磨削属于精加工。

1. 磨床

磨削主要在磨床上进行，砂轮旋转和工件移动或旋转为表面成形运动，一般将磨具旋转作为主运动，工件或磨具的移动为进给运动。磨床的种类很多，主要有外圆磨床（如万能外圆磨床、普通外圆磨床）、内圆磨床（如普通内圆磨床、行星内圆磨床）、平面磨床（如卧轴矩台平面磨床、立轴矩台平面磨床），以及刀具、刃具等工具磨床。

2. 砂轮

砂轮是用结合剂把磨料粘结成形，再经烧结制成的一种多孔物体。因此其基本组成要素是磨料、结合剂和孔隙，如图 8-22 所示。

磨料是砂轮的主要组成部分，砂轮通过磨料进行磨削加工。磨料具有高硬度、高耐磨性和高耐热性的特点。

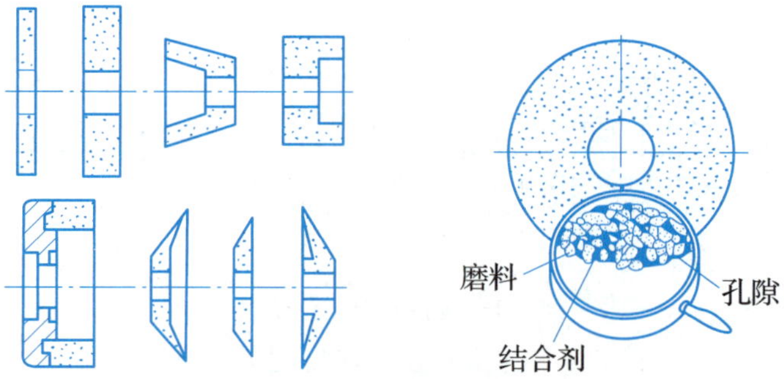

图 8－22　砂轮的形状和组成

结合剂的种类和性能会影响砂轮的强度、韧性、耐热性、成形性和自锐性等。

孔隙是指砂轮中除磨料和结合剂以外的部分。孔隙不仅能容纳切屑，还能把切削液及空气带进切削区域，有利于降低切削温度。孔隙可使砂轮逐层均匀脱落，从而获得满意的“自锐”效果。

3. 磨削加工

（1）磨削用量。

磨外圆时有三种进给运动：工件圆周进给、工件纵向进给、砂轮相对于工件的横向进给。因此磨削加工有四个要素，即磨削速度、工件圆周进给速度、纵向进给量和横向进给量。

（2）磨削加工。

1）磨外圆。在外圆磨床上进行，通常作为半精车之后的精加工。工作时砂轮的高速旋转运动为主切削运动，工件做圆周、纵向进给运动，同时砂轮以缓慢的速度相对于工件做连续的横向进给运动，如图 8－23（a）所示。

2）磨内圆。磨内圆可在普通内圆磨床、万能外圆磨床上完成。在大批量生产中，采用内圆磨床磨孔；在单件 / 小批量生产中，采用万能外圆磨床的内圆磨头磨孔，如图 8－23（b）所示。由于砂轮及砂轮杆的结构受到工件孔径的限制，其刚度一般较差，且磨削条件也较外圆磨削差，因此生产效率和加工质量相对较低。

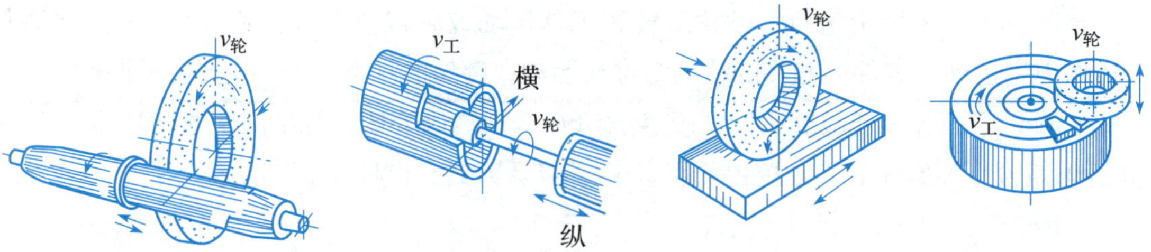

（a）磨外圆　（b）磨内圆　（c）周磨平面　（d）端磨平面

图 8－23　磨削加工

3）磨平面。磨削平面是在平面磨床上进行的。磨削时，砂轮的高速旋转是主切削运动，机床的其他运动分别为纵向、横向（圆周）和垂直进给运动，工件一般通过磁力工作台安装。

磨平面可分为周磨和端磨两种，如图 8－23（c）、（d）所示。周磨是指用砂轮的圆周面磨削平面，砂轮与工件的接触面积小，工件发热量少，砂轮磨损均匀，所以加工质量较高；但生产效率相对较低，适用于精磨。端磨是指用砂轮的端面磨削平面，砂轮与工件的接触面积相对较大，冷却液又不易浇注到磨削区，故工件的发热量大；且砂轮端面各点的线速度不同，导致磨损不均匀，所以加工质量比周磨低，但生产效率高，故适用于粗磨。

4）无心磨削。无心磨削在无心外圆磨床上进行。磨削时，工件不需要装夹，也不用顶尖支承，而是放置于磨轮和导轮之间的托板上，如图 8－24 所示。磨轮与导轮同向旋转以带动工件旋转并磨削工件外圆。导轮轴线倾斜所产生的轴向分力使工件产生自动的轴向位移。无心外圆磨削自动化程度高、生产效率高，适合加工大批量生产的细长轴及无中心孔的轴、套、销等零件。

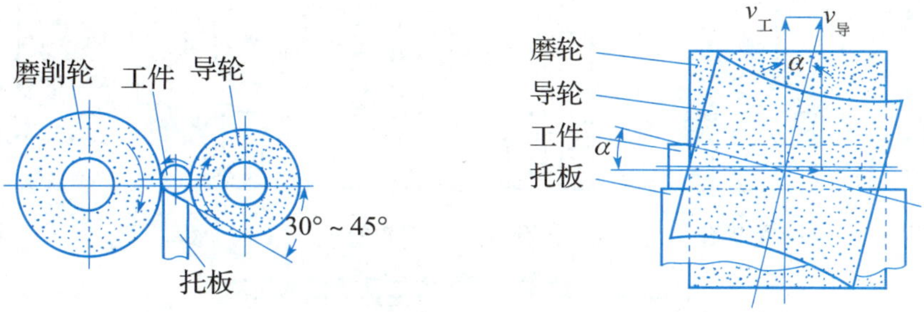

图 8－24　无心磨削

4. 光整加工

光整加工是指精加工后，从工件上不切除或切除极薄的金属层，以降低工件表面粗糙度或强化工件表面的加工过程。研磨、珩磨和抛光是常见的光整加工方法。

（1）研磨。研磨是指用研具和研磨剂从工件上研去一层极薄的表面层的精加工方法。研磨的余量一般为 0.005 ～ 0.02mm。小批量生产时采用手工研磨，大批量生产时采用机械研磨。研磨后的工件尺寸精度为 IT6 ～ IT3，表面粗糙度 *Ra* 为 0.1 ～ 0.012μm。

（2）珩磨。珩磨是指用珩磨工具对工件表面施加一定压力，珩磨工具同时做相对回转和直线往复运动，从工件上切除极小余量的精加工方法。珩磨的余量一般为 0.02 ～ 0.15mm，主要用于大批量生产。珩磨后的工件尺寸精度为 IT6 ～ IT4，表面粗糙度 *Ra* 为 0.2 ～ 0.5μm。

（3）抛光。抛光是指借助机械、化学或电化学作用，使工件获得光亮而平整表面的加工方法。抛光后，工件表面粗糙度 *Ra* 为 0.2 ～ 0.5μm，光亮度明显增加，但抛光不能改善加工表面的尺寸精度和形状精度，因此抛光前要进行精加工。抛光主要用于零件表面的修饰及电镀前的预加工。

六、钻削和镗削加工

钻削和镗削主要用于孔的加工，钻床和镗床可以看作为孔加工专门制造的机床。

1. 钻削加工

（1）钻床。

钻床是指主要用钻头在工件上加工孔的机床。常用来加工外形比较复杂、没有对称回转轴线的工件上的孔，如盖板、箱体和机架等零件上的各种孔。在钻床上加工时，钻头旋转通常为主运动，钻头轴向移动通常为进给运动。钻床结构简单，加工精度相对较低，可完成钻孔、扩孔、铰孔、攻螺纹、锪埋头孔和锪端面等工作。钻床的加工方法及所需的运动如图 8－25 所示。

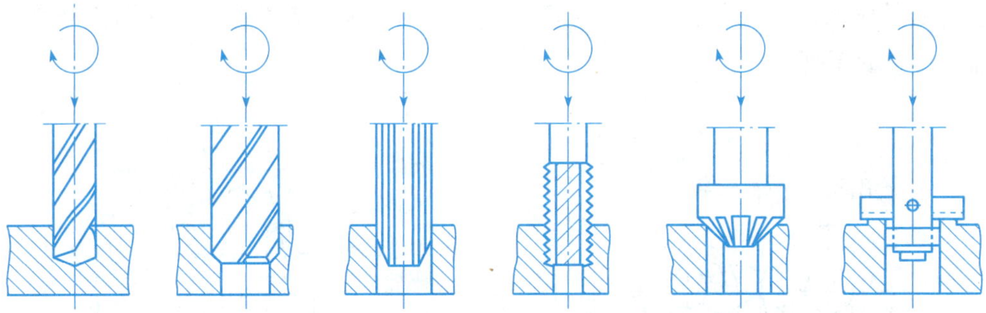

（a）钻孔　（b）扩孔　（c）铰孔　（d）攻螺纹　（e）锪埋头孔　（f）锪平面

图 8－25　钻床的加工方法及所需的运动

钻床分为台式钻床、立式钻床、摇臂钻床、深孔钻床等多种类型。受钻头结构和切削条件的影响，钻孔的加工质量不高，常用于孔的粗加工。

（2）钻削加工刀具。

钻床上常用的刀具分为两类：一类用于在实体材料上加工孔，如麻花钻、扁钻、中心钻及深孔钻等；另一类用于对工件上已有的孔进行再加工，如扩孔钻、铰刀等。其中麻花钻是最常用的孔加工刀具。

麻花钻的组成：麻花钻的结构如图 8－26 所示。标准高速钢麻花钻主要由工作部分、颈部和柄部三部分组成。其中，柄部是钻头的夹持部分，钻孔时用于传递扭矩，分为锥柄和直柄两种形式。

工作部分负责切削与导向工作，是钻头的主体，由切削部分和导向部分组成，如图 8－26（a）、（b）所示。

切削部分有两条主切削刃、两条副切削刃和一条横刃，如图 8－26（c）所示。

导向部分是切削部分的后备。副后刀面起导向作用，引导钻头正常切削并修光孔壁。为减小棱边对孔壁的摩擦，通常把棱边做成倒锥形。

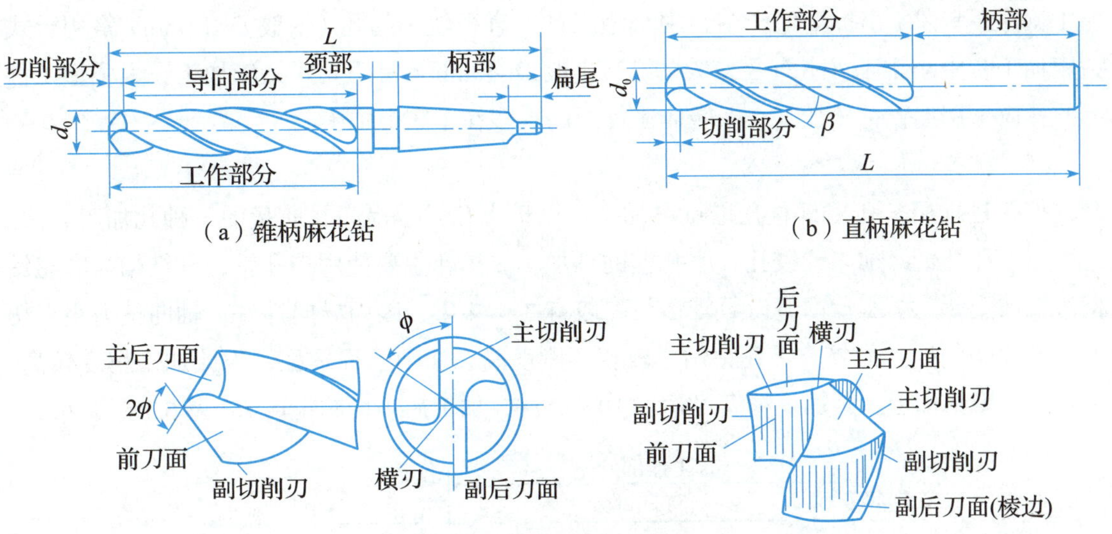

（a）锥柄麻花钻　（b）直柄麻花钻

（c）麻花钻的切削部分

图 8-26　麻花钻的结构

钻头上开出两个螺旋槽，形成了钻头的切削刃和前角。螺旋槽是钻削加工时排屑和输送切削液的通道。

（3）麻花钻的结构特点及其对钻削加工的影响。

麻花钻虽然应用广泛，但麻花钻在结构上的特殊性，致使钻孔的质量和生产效率受到一定影响，主要表现如下：

1）麻花钻的直径受孔径的限制，为排屑开出的螺旋槽使钻心变细，钻头刚度降低；仅有两条棱边导向，孔的轴线容易偏斜；横刃导致定心困难，轴向抗力增大，钻头容易摆动。因此，钻出的孔的形位误差较大。

2）麻花钻的前刀面、主后刀面都是曲面，沿主切削刃各点的前角、后角各不相同，切削速度沿切削刃的分配不合理，强度最低的刀尖切削速度最大，导致磨损严重。因此，加工的孔的尺寸精度较低。

3）钻头主切削刃全刃参加切削，刃上各点的切削速度又不相同，容易形成螺旋形切屑；排屑困难，导致切屑与孔壁挤压摩擦，常常划伤孔壁。因此，加工的孔的表面粗糙度大。

针对上述缺陷，可采取多种措施修磨麻花钻的结构。例如，修磨横刃，减小横刃长度，增大横刃前角，减小轴向受力；修磨前刀面，增大钻芯处前角；修磨主切削刃，改善散热条件；在主切削刃后面磨出分屑槽，通过加大排屑量和注入切削液，改善切削条件等。

（4）钻削的应用。

由于钻削的精度较低（加工精度在 IT10 以下），表面较粗糙（表面粗糙度 *Ra* 大于 12.5μm），生产效率也比较低，因此钻削主要用于粗加工。例如，加工精度和粗糙度要求不高的螺钉孔、油孔和螺纹底孔等。对于加工精度和粗糙度要求较高的孔，将钻孔作为预加工工序。单件 / 小批量生产中，中小型工件上直径较小的孔（一般 $D<13$mm）常用台式钻床加工，中小型工件上直径较大的孔（一般 $D<50$mm）常用立式钻床加工；大中型工件上的孔应采用摇臂钻床加工；回转体工件上的孔多在车床上加工。

（5）扩孔。

扩孔是指用扩孔工具对孔进行再加工，以扩大孔径、提高孔质量的一种孔加工方法。它可用于孔的最终加工或铰孔、磨孔前的预加工。扩孔主要使用扩孔钻，其结构与麻花钻相似，如图 8－27 所示，但齿数较多，一般有 3 ～ 4 齿，因而导向性好，轴向抗力小，切削条件比钻削好。另外，扩孔钻钻心较粗，刚度高，切削过程平稳，因此加工精度较高。扩孔属于半精加工，其加工精度可达 IT10 ～ IT9，加工后表面粗糙度 *Ra* 为 6.3 ～ 3.2μm。

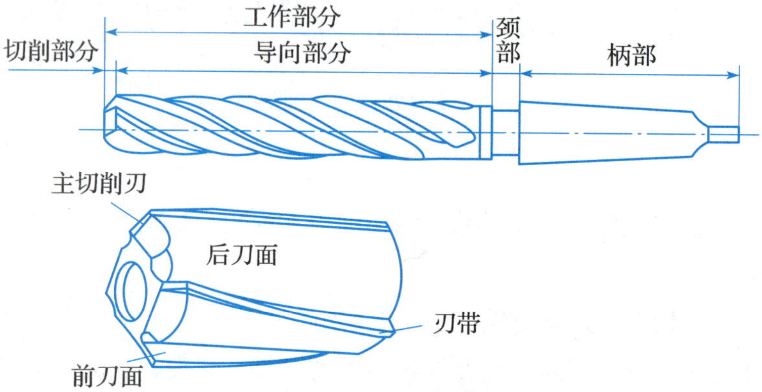

图 8－27　扩孔钻

（6）铰孔。

铰孔是指使用铰刀从工件孔壁切除微量金属层，以提高尺寸精度并降低表面粗糙度的加工方法，主要用于中小直径孔的半精加工和精加工。

铰刀加工的加工余量小，刀具齿数多、刚性和导向性好，容易保证孔的加工精度和表面粗糙度，铰孔生产效率高，因此应用广泛。铰孔的加工精度可达 IT7 ～ IT6，甚至 IT5；表面粗糙度 *Ra* 可达 1.6 ～ 0.42μm。

但铰刀是定值刀具，一种规格的铰刀只能加工一种尺寸和精度的孔，且不宜铰削非标准孔、台阶孔和盲孔；同时，为了提高铰孔的精度，铰刀与机床主轴通常采用浮动连接，所以铰刀只能修正孔的形状精度，提高孔径尺寸精度并减小表面粗糙度，不能修正孔轴线的歪斜。

对于中等尺寸以下较精密的孔，钻→扩→铰是生产中经常采用的典型工艺方案。

2. 镗削加工

利用钻、扩、铰等方法加工孔，只能保证孔本身的形状尺寸精度。而对于一些复杂工件（如箱体、支架），其上有若干同轴度、平行度及垂直度等位置精度要求的孔（称为孔系），上述加工方法难以完成，必须通过镗削来完成。

镗削加工是指镗刀回转作为主运动、镗刀或工件的移动为进给运动的切削加工方法。镗削主要在镗床上进行。

（1）镗床。

镗床的种类很多，常用的有立式镗床、卧式镗床、坐标镗床、精镗床和深孔镗床等。其中，卧式镗床是镗床中应用最普遍的一种类型，适合加工尺寸大、形状复杂、具有孔系的箱体和机架类零件。其工艺范围非常广泛，在镗床上除可进行一般孔的钻、扩、铰、镗外，还可以车端面、车外圆、车螺纹、车沟槽、铣平面、铣沟槽等，有时一个箱体零件可以在镗床上完成全部加工。镗孔加工精度一般为 IT9 ~ IT7，表面粗糙度 *Ra* 为 6.3 ~ 0.8μm。镗削可保证孔系的形状、尺寸和位置精度。如图 8－28 所示为卧式镗床的结构。

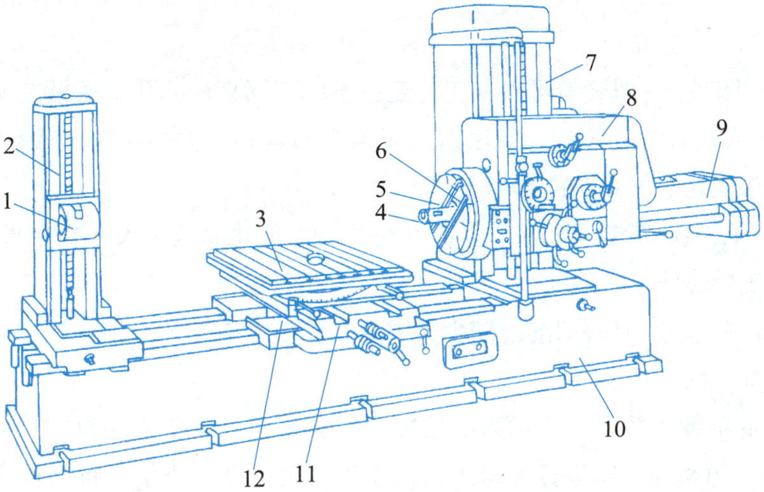

1—后支架；2—后立柱；3—工作台；4—镗杆；5—平旋盘；6—径向溜板；7—前立柱；8—主轴箱；9—后尾筒；10—底座；11—下滑座；12—上滑座

图 8－28 卧式镗床的结构

（2）镗刀。

镗削加工所用刀具为镗刀，镗刀有多种类型，按切削刃的种类可分为单刃镗刀、双刃镗刀和多刃镗刀；按加工表面可分为通孔镗刀、盲孔镗刀、阶梯孔镗刀和端面镗刀；按结构可分为整体式、装配式和可调式。

1）单刃镗刀：如图 8－29（a）所示的盲孔镗刀，刀尖外凸，适合加工不通孔；如图 8－29（b）所示的通孔镗刀，刀头与刀杆垂直，适合加工通孔。单刃镗刀结构简单，制造方便，通用性好，可进行粗加工、半精加工或精加工。但所镗孔径的大小要靠人工调整刀头的悬伸长度来保证；加之仅有一个主切削刃参加工作，故生产效率较低，多用于单件 / 小批量生产。

2）双刃镗刀：双刃镗刀有两个对称的切削刃，切削时径向力可以相互抵消。如图 8－29（c）所示为可调节双刃浮动镗刀，工作时，镗刀块能在径向自由滑动，并在切削力的作用下保持平衡对中，可以减小镗刀块安装误差及镗杆径向跳动所引起的加工误差，从而获得较高的加工精度。但它不能校正原有孔轴线偏斜或位置误差。浮动镗刀块适合精加工批量较大、直径较大的孔。

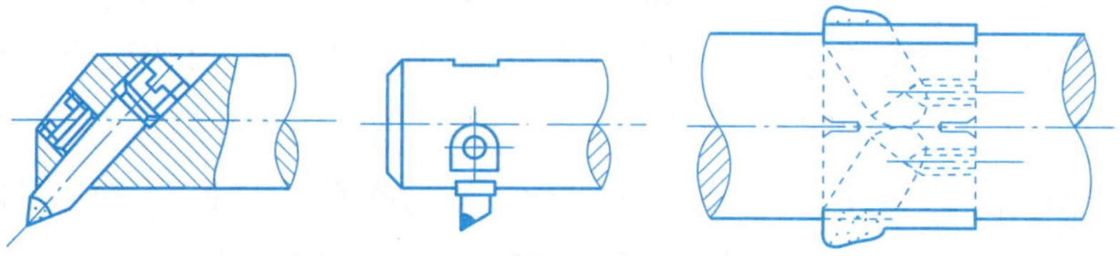

（a）盲孔镗刀　（b）通孔镗刀　（c）双刃浮动镗刀

图 8－29　镗刀

（3）镗削加工工艺特点。

1）加工范围广。一把镗刀可以加工一定范围内不同直径的孔，还可以加工非标准孔。

2）能修正底孔轴线的位置。镗削时通过调整刀具和工件的相对位置，可以校正底孔的轴线位置，保证孔的位置精度。

3）成本较低。镗刀结构简单，刃磨方便，加工尺寸的范围大。在单件 / 小批量生产中使用镗削加工较经济。

4）生产效率低。镗刀的切削刃较少，因此生产效率不如车削和铰削。

（4）镗削加工的应用。

镗削加工的精度主要取决于镗床的精度，一般镗床的精度可达 IT8 ～ IT7，表面粗糙度 *Ra* 可达 1.6 ～ 0.8μm。在坐标镗床上，由于工作台能微量进给，且有精密的测量系统，因此精度可达 IT7 ～ IT6，表面粗糙度 *Ra* 可达 0.8 ～ 0.1μm。

由于标准扩孔钻和铰刀的最大直径为 80mm，因此大孔都采用镗削加工。机架和箱体类零件上孔径较大、尺寸精度较高、有位置要求的孔或孔系，应在镗床上加工。小支架和小箱体上的轴承孔，也可以在卧式铣床上进行镗削加工。

8.3 零件切削加工工艺过程

在实际生产中，由于零件的结构形状、尺寸精度、形位精度、生产数量和技术条件等要求不同，所以对于某一零件，通常不是在一种机床上用某一种加工方法就能完成的，而是要经过一定的加工工艺过程才能完成。

一、零件切削加工工艺规程的编制

1. 编制工艺规程的内容和要求

机械加工工艺规程是规定零件机械加工工艺过程和操作方法等的工艺文件之一，它是在具体的生产条件下，把较为合理的工艺过程和操作方法，按照规定的形式书写成工艺文件，用来指导生产。既是指导生产的重要技术文件，又是生产组织工作和生产准备工作的依据。

机械加工工艺规程一般包括以下内容：工件加工的工艺路线、各工序的具体内容及所用的设备和工艺装备、工件的检验项目及检验方法、切削用量、时间定额等。

一个良好的工艺规程应满足零件的全部技术要求，并且达到生产效率高、生产成本低、劳动条件好的目的。

2. 编制工艺规程的步骤

（1）零件的工艺分析。

编制零件的机械加工工艺规程时，最终目的是满足零件的技术要求和保证零件的使用性能。因此，在编制工艺规程前要对照产品装配图分析零件图，熟悉该产品的用途、性能及工作条件，明确零件在产品中的位置、作用及与相关零件的位置关系；了解并研究各项技术条件编制的依据，找出主要技术要求和技术关键，以便在编制工艺规程时采取适当的措施；着重对零件进行结构和技术要求的分析。

（2）毛坯的确定。

毛坯的确定，不仅影响毛坯制造的经济性，而且影响机械加工的经济性。所以在确定毛坯时，既要考虑热加工方面的因素，也要兼顾冷加工方面的要求，以便从确定毛坯这一环节降低零件的制造成本。机械制造常用的毛坯有铸件、锻件、型材、焊接件，此外还有冲压件、冷挤压件、粉末冶金件等。选择毛坯时，主要考虑零件材料及其力学性能是否满足零件的使用要求，还要考虑零件的结构形状与外形尺寸，例如形状复杂的毛坯，宜采用铸造方法制造；机械强度要求较高的钢制件，一般选用锻件毛坯。还要注意结合具体生产条件降低生产成本。

（3）工艺路线的拟订。

工艺路线的拟订是工艺过程的总体布局，是编制工艺规程的关键，直接影响工艺规程的合理性、科学性和经济性。工艺路线拟订的主要任务是确定各个表面的加工方法和加工方案，确定各个表面的加工顺序，合理选用机床和刀具，确定所用夹具的大致结构。拟订工艺路线时要考虑以下问题：

1）表面加工方案的选择。根据零件的每个加工表面，特别是主要加工表面（一般指装配基准和工作表面）的技术要求、零件的生产类型、材料的力学性能、零件的结构形状和尺寸，以及毛坯情况和工厂实际生产条件等，选择合理的加工方法。注意考虑各种加工方法所能达到的经济精度及表面粗糙度，以及零件材料的可加工性能等。

2）加工阶段的划分。零件的加工质量要求较高时应划分加工阶段。一般划分为粗加工、半精加工和精加工三个阶段。如果零件要求的精度非常高、表面粗糙度非常小，还应增加光整加工和超精密加工阶段。其中，粗加工阶段的主要任务是切除毛坯上各加工表面的大部分加工余量，使毛坯在形状和尺寸上接近零件成品，因此，应采取措施尽可能提高生产效率；同时要为半精加工阶段提供精基准，并留有充分均匀的加工余量，为后续工序创造有利条件；半精加工阶段的目的是达到一定的精度要求，并保证留有一定的加工余量，为主要表面的精加工做准备；同时完成一些次要表面的加工（如紧固孔的钻削、攻螺纹、铣键槽）。精加工阶段的主要任务是保证零件各主要表面达到图纸规定的技术要求。光整加工阶段适用于对精度要求很高（IT6 以上），表面粗糙度很小（$Ra<0.2\mu m$）的零件，其主要任务是减小表面粗糙度或进一步提高尺寸精度和形状精度。

划分加工阶段时要满足加工质量的要求，合理使用机床设备，便于安排热处理工序。

拟订零件工艺路线时，一般应进行加工阶段的划分，但具体应用时还要根据零件的情况灵活处理。例如，对于精度和表面质量要求较低而刚性足够，毛坯精度较高，加工余量小的工件，可不划分加工阶段。又如，对一些刚性好的重型零件，由于装夹吊运很费时，往往不划分加工阶段，而是在一次安装中完成粗、精加工。

还需指出的是，将工艺过程划分为几个加工阶段是对整个加工过程而言的，不能单纯从某一表面的加工或某一工序的性质来判断。例如，工件的定位基准，在半精加工阶段甚至在粗加工阶段就需要加工得很准确，而在精加工阶段安排某些钻孔类粗加工工序也是常有的。

3）机械加工工序的安排。应遵循的原则主要有“基准先行”“先粗后精”“先主后次”“先面后孔”，零件加工一般从精基准的加工开始，再以精基准定位加工其他表面。精基准加工好以后，按加工阶段的先后进行加工，应是粗加工工序在前，然后是半精加工、精加工及光整加工。根据零件的功用和技术要求，还要将零件的主要表面和次要表面分开，然后先安排主要表面的加工，再把次要表面的加工工序插入其中。次要表面一般指键槽、螺孔、销孔等表面。这些表面一般与主要表面有一定的相对位置要求，应以主要表面为基准进行次要表面加工，所以次要表面的加工一般放在主要表面的半精加工之后、精加工之前，一次加工结束。对于箱体、底座、支架类零件，平面的轮廓尺寸较大，以它为精基准来加工孔，定位比较稳定可靠，容易加工，有利于保证孔的精度。

4）热处理工序的安排。热处理可提高材料的力学性能，改善工件的加工性能并消除内应力。在机械加工工艺路线中，常安排有热处理工序。为改善材料的切削加工性能而安排的热处理工序（如退火、正火、调质）应在切削加工前进行；为消除内应力而安排的热处理工序（如人工时效、退火）一般在粗加工后进行；为改善材料的力学性能而安排的热处理工序（如渗碳、淬火、回火）一般在半精加工和精加工之间进行。如果热处理后有较大的变形，还应安排最终加工工序（精磨）。

5）辅助工序的安排。检验工序一般安排在粗加工后、精加工前；送往外车间前后；重要工序和工时长的工序前后；零件加工结束入库前。表面强化工序（如滚压、喷丸）一般安排在工艺过程的最后。平衡工序（包括动、静平衡）一般安排在精加工以后。

安排零件的工艺过程时，不要忽视去毛刺、倒角和清洗等辅助工序。在铣键槽、齿面倒角等工序后应安排去毛刺工序。零件在装配前都应安排清洗工序，特别在研磨等光整加工工序之后，更应进行清洗，以防止残余的磨料嵌入工件表面，加剧零件的磨损。

（4）机床与工艺装备的选择。

机床与工艺装备的选择直接影响工件的加工精度、生产效率和生产成本，应根据实际情况合理选择。

对于中小批量生产，应尽量选择通用机床和通用工艺装备，包括夹具、刀具、量具和辅助工具等，以缩短生产准备时间并降低加工成本。对于大批量生产，应选用高效专用机床和专用工艺装备，以提高生产效率并降低加工成本。

机床与工艺装备的选择不仅要考虑当前设备以及设备投资的预期效益，还要考虑产品改型及转产的可能，应确保具有足够的适应性。

（5）加工余量、工序尺寸、切削用量和时间定额的确定。

1）加工余量的确定。选定毛坯并拟订加工工艺路线之后，就要确定加工余量，计算各工序的工序尺寸。加工余量是指由毛坯变为成品的过程中，在某加工表面切除的金属层厚度，即毛坯尺寸与零件图设计尺寸之差。

加工余量过大不仅浪费材料，而且增加切削工时，增大刀具和机床的磨损程度，从而增加成本；加工余量过小，会使前一道工序的缺陷得不到纠正，造成废品，也会增加成本。因此，合理地确定加工余量，对提高加工质量和降低成本都有十分重要的意义。

确定加工余量的方法有三种：分析计算法、经验估算法和查表修正法。其中，查表修正法是指根据各工厂长期生产实践与试验研究所积累的相关加工余量数据，制成表格并汇编成手册，确定加工余量时，查阅手册并结合本厂实际情况进行适当修正后确定。

2）工序尺寸及其公差的确定。工序余量是指为完成某一道工序所必须切除的金属层厚度，即相邻两工序的尺寸之差。机械加工过程中，工件的尺寸在不断地变化，由毛坯尺寸到工序尺寸，最后达到设计要求的尺寸。应根据工件精度要求和机床设备能力设计合理的工序尺寸和每个工序完成后工件要达到的公差等级。

3）切削用量的确定。切削用量应根据工件刚性、材料硬度、机床刚性和功率、刀具强度和角度、工件表面粗糙度要求、工件余量等条件来确定，不可一概而论。在单件 / 小批量生产中，通常不具体规定切削用量，而由操作者根据具体情况确定。在大批量生产中，常根据《机械加工工艺手册》并结合实际生产条件确定。

4）机械加工时间定额的确定。时间定额是指在一定生产条件下，规定的生产一件产品或完成一道工序所消耗的时间。它是安排作业计划、核算生产成本、确定设备数量和人员编制，以及规划生产面积的重要依据。

时间定额的确定与生产规模和生产设备有关，单件 / 小批量生产的时间定额通常根据实践经验估算确定，大批量生产的时间定额要通过计算并结合实际生产条件确定。

（6）机械加工工艺文件的编写。

把工艺规程中的各项内容以一定格式的文件、表格或卡片形式整理出来，可指导工人加工，这些文件、表格或卡片称为工艺文件。常用的工艺文件有机械加工工艺过程卡、机械加工工艺卡、机械加工工序卡，还有用于检验工序的检验卡和自动机床的调整卡等。

工艺规程是指导生产的重要技术文件，必须严格遵守。工艺规程的修订必须经过一定的审批程序。

二、典型零件的切削加工工艺

1. 轴类零件的机械加工工艺

（1）轴类零件的工艺分析。

1）功用和结构分析。轴类零件是机械加工中经常遇到的零件之一，在机器中，主要用来支承传动零件（如齿轮、带轮），传递运动和扭矩，如机床主轴；有的用来装卡工件，如心轴。轴类零件通常会承受一定载荷，要求具有一定的回转精度。轴类零件的表面一般由内外圆柱面、圆锥面、端面、沟槽、螺纹、键槽、花键等组成，常见的轴有光轴、阶梯轴、空心轴、异形轴（如曲轴、凸轮轴、偏心轴、花键轴）等。

2）轴类零件的技术要求。轴类零件的主要表面大致分为两类：一类是与轴承的内圈配合的外圆轴颈，即支承轴颈，用于确定轴的位置并支承轴，尺寸精度要求较高，通常为IT5 ～ IT7；另一类是与各类传动件配合的轴颈，即配合轴颈，尺寸精度要求稍低，常为IT6 ～ IT9。形状精度主要指轴颈表面、外圆锥面、锥孔等重要表面的圆度、圆柱度，其误差一般应限制在尺寸公差范围内，对于精密轴，需在零件图上另行规定其几何形状精度。另外，还有包括内外表面、重要轴面的同轴度、圆的径向跳动、重要端面对轴心线的垂直度、端面间的平行度等的相互位置精度要求。同时，轴的加工表面都有粗糙度要求，一般根据加工的可能性和经济性来确定。支承轴颈常为0.2 ～ 1.6μm，传动件配合轴颈为0.4 ～ 3.2μm。

（2）轴类零件的材料、毛坯选择及热处理。

1）轴类零件材料。常用的是45钢、50钢，精度较高的轴可选用40Cr、轴承钢GCr15、弹簧钢65Mn，对高速、重载的轴，选用20CrMnTi、20Mn2B、20Cr等低碳合金钢或38CrMoAl氮化钢。对于形状复杂的轴（如曲轴）可以选用球墨铸铁。

2）轴类毛坯。通常，轴类零件的毛坯常采用圆钢料或锻件，直径差别较大的轴应选用锻件。对于结构复杂的异形轴，可选择球墨铸铁或锻件作毛坯。

3）轴类零件的热处理。锻造毛坯在加工前，均需安排正火或退火处理，使钢材内部晶粒细化，消除锻造应力，降低材料硬度，改善切削加工性能。调质一般安排在粗车之后、半精车之前，以获得良好的物理力学性能。表面淬火一般安排在精加工之前，这样可以纠正因淬火引起的局部变形。精度要求高的轴，在局部淬火或粗磨之后，还需进行低温时效处理。

（3）轴类零件工艺路线的拟定。

轴类零件加工常以车削、磨削为主。其工艺路线一般为：下料→车端面、钻中心孔→粗车各外圆表面→正火或调质→修研中心孔→半精车和精车各外圆表面、车螺纹→铣键槽或花键→热处理（淬火）、修研中心孔→粗、精磨外圆→检验。

（4）典型轴类零件工艺过程。

要小批量生产图 8－30 所示的阶梯轴，经过结构分析，可知阶梯轴的轴颈 M、N 为安装轴承的支承轴颈，其精度要求较高；轴肩 G、H、I 相互之间有位置度要求。外圆 P、Q 上要加工键槽，且对尺寸精度要求较高。

根据阶梯轴的工作载荷，零件材料选取 45 钢，毛坯选择热轧圆钢料，调质处理硬度为 24 ～ 28HRC。

根据该零件的几何特征，选择外圆表面作为粗基准。为保证该轴的主要配合表面和轴肩对基准轴线 A—B 的径向跳动要求和端面跳动要求，以轴两端的中心孔作为定位精基准。两端中心应在粗车之前加工。

该轴大部分为回转表面，主要加工方法为车削。由于表面 M、N、P、Q 的尺寸精度要求较高，表面粗糙度较小，因此这些表面在车削后应进行磨削加工，加工顺序为：粗车→调质→半精车→磨削。其余外圆面进行半精车即可满足要求，键槽应在半精车完成后进行铣削加工。在调质之后和磨削之前应增加修研中心孔的工序。

2. 盘套类零件的机械加工工艺

（1）盘套类零件的工艺分析。

盘套类零件也是机械加工中常见的一种零件，在各类机器中应用很广。由于功用不同，其形状结构和尺寸有很大差异，常见的有齿轮、轴承套、法兰盘等；一般以孔和外圆为主要加工面，工作时多以内孔和一个端面为基准进行安装，设计时也多以该孔和端面为设计基准。多数情况下对孔的精度和粗糙度要求较高，而对外圆的精度要求较低。另外，对内外圆通常有同轴度和径向圆跳动要求。

（2）盘套类零件的材料、毛坯选择及热处理。

盘套类零件毛坯材料的选择主要取决于零件的功能要求、结构特点及使用时的工作条件。一般用钢、铸铁、青铜或黄铜等材料制成。

盘套类零件的毛坯制造方式的确定与毛坯结构尺寸、材料、生产批量等因素有关。孔径较大时，常采用带孔的锻件或铸件；孔径较小时，多选择圆钢料或实心铸件；大批量生产时，可采用冷挤压、粉末冶金等先进工艺。

盘套类零件多采用调质、正火等热处理方式。例如，齿轮经常要用到渗碳、表面淬火、高温时效及渗氮等热处理方式。

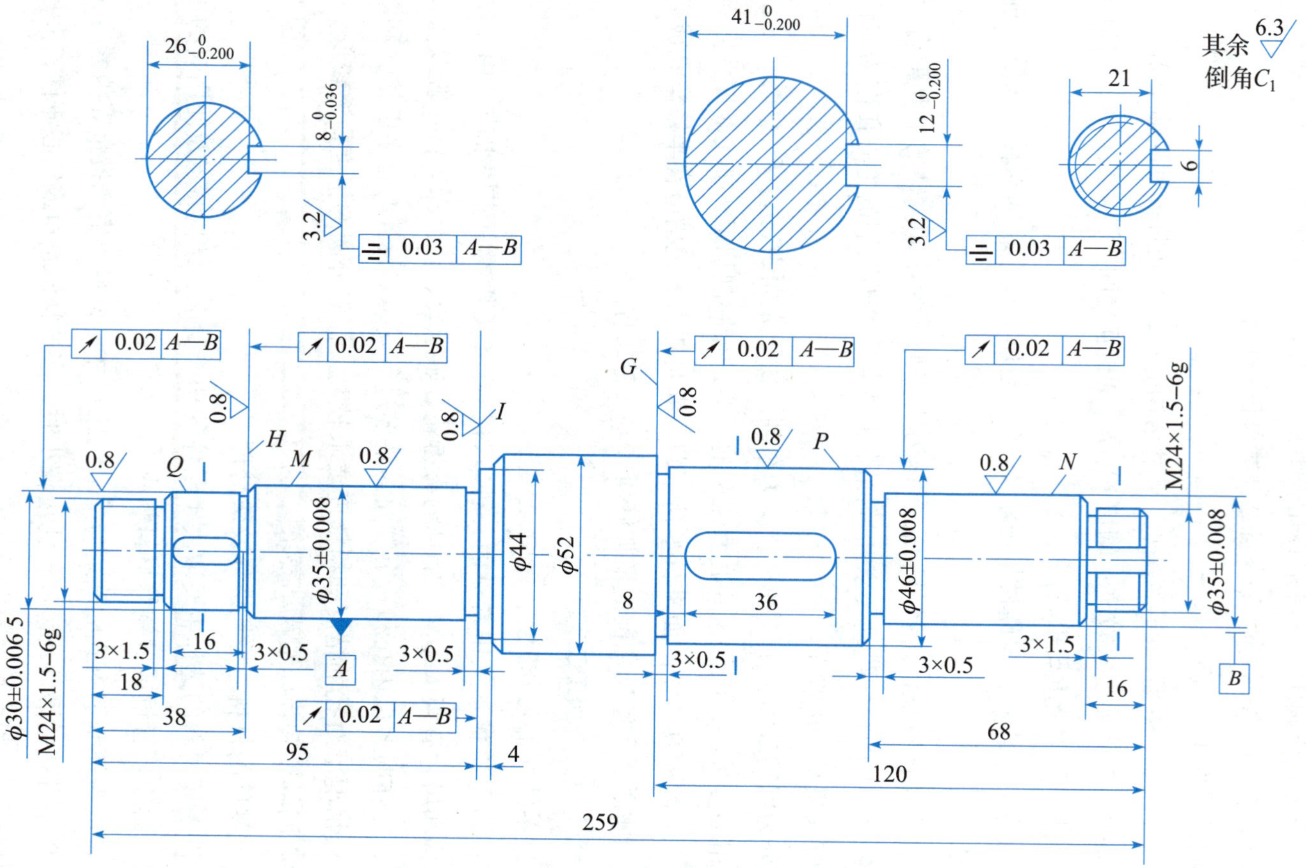
$26^{\ 0}_{-0.200}$
$8^{\ 0}_{-0.036}$
3.2
0.03 A—B
$41^{\ 0}_{-0.200}$
$12^{\ 0}_{-0.200}$
21
6
其余 6.3
倒角C_1
0.02 A—B
0.8
G
H
I
M
Q
P
N
M24×1.5−6g
$\phi35\pm0.008$
$\phi44$
$\phi52$
$\phi46\pm0.008$
$\phi30\pm0.006\ 5$
3×1.5
16
3×0.5
18
38
95
4
8
36
A
B
68
120
259

图 8-30　阶梯轴

（3）盘套类零件工艺路线的拟定。

盘套类零件的主要加工面为孔和外圆。

加工孔时，如孔径较小，一般采用钻→扩→铰的加工方案；如孔径较大，常采用粗镗→半精镗→精镗或磨削的加工方案；如大批量生产，多采用钻（或粗镗）→拉削的加工方案。

外圆表面通常采用粗车→半精车→精车（或磨削）的加工方案。

（4）典型盘套类零件工艺过程。

如图 8－31 所示为轴承套，材料为 ZQSn6-6-3，每批数量为 400 只。该轴承套属于短套，其直径尺寸和轴向尺寸均不大，粗加工可以单件加工，也可以多件加工。由于单件加工时，每件都要留出备装夹的长度，原材料浪费较多，因此采用多件加工的方法。

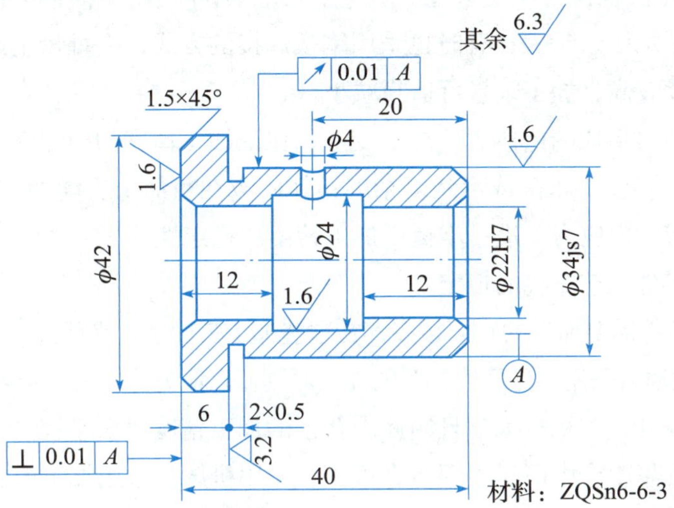

图 8－31 轴承套

通过分析技术要求可知，ϕ34js7 外圆对 ϕ22H7 孔的径向圆跳动公差为 0.01mm；左端面对 ϕ22 H7 孔的轴线垂直度公差为 0.01mm。因此，该零件的内孔和外圆的尺寸精度和位置精度要求均较高。

该轴承套的材料为 ZQSn6-6-3。其外圆为 IT7 级精度，精车即可满足要求。内孔的精度也是 IT7 级，铰孔即可满足要求。内孔的加工顺序为钻孔→扩孔→铰孔。

3. 箱体类零件的机械加工工艺

（1）箱体类零件的工艺分析。

箱体类零件是机器及其部件的基础件，它将机器及其部件中的轴、轴承、套和齿轮等零件按一定的相互位置关系装配成一个整体，并按预定传动关系协调其运动。因此，箱体的加工质量不仅影响其装配精度及运动精度，而且影响机器的工作精度、使用性能和寿命。

箱体类零件通常尺寸较大，形状复杂，壁薄厚不均匀，内部有空腔，箱壁上常布置有平行孔系或垂直孔系；有许多精度要求较高的轴承支承孔和精度要求较低的紧固用孔，还有很多较小的孔，如螺孔、检查孔、油孔等；箱体上的加工面主要是大量的平面，它的底面、侧面或顶面通常是装配基准面。

箱体类零件的主要技术要求是位置精度，包括孔系和轴线之间的距离尺寸精度和平行度、同一轴线上各孔的同轴度、孔端面对孔轴线的垂直度等。此外，为满足箱体加工中的定位需要以及箱体与机器的总装要求，箱体的装配基准面与加工中的定位基准面应有一定的平面度和表面粗糙度要求；各支承孔与装配基准面之间的距离应有一定的尺寸精度要求。

（2）箱体类零件的材料、毛坯选择及热处理。

箱体类零件材料一般选用灰铸铁，常用的牌号有 HT100 ～ HT400，对承载较大的箱体可采用球墨铸铁或铸钢件。

毛坯的铸造方法视铸件精度和生产批量而定。单件 / 小批量生产中多用木模手工造型，毛坯精度低，加工余量大；有时也采用钢板焊接的方式；大批量生产中常用金属模机器造型，毛坯精度较高，加工余量可适当减小。

为了消除铸造时形成的内应力，减少变形，保证加工精度的稳定性，毛坯铸造后要安排人工时效处理。精度要求高或形状复杂的箱体还应在粗加工后增加一次人工时效处理，以消除粗加工造成的内应力，进一步提高加工精度的稳定性。

（3）箱体类零件工艺路线的拟定。

由于箱体类零件需要加工的表面很多，在这些加工表面中，平面加工精度比孔的加工精度容易保证，因此通常采用“先面后孔”的加工原则，以便为孔提供稳定可靠的定位精基准。

箱体一般为铸件，体积较大，且箱体中孔系的加工精度要求又较高，因此多采用工序集中的原则。大批量生产中广泛采用组合机床、专用机床。采用加工中心的话，自动换刀功能可实现箱体类零件在一次装夹中完成平面和孔的铣、镗、钻、扩、铰及螺纹加工等多道工序，大幅提高了生产效率。

箱体类零件的工艺路线一般为：铸造毛坯→退火→划线→粗加工平面→粗加工孔→时效处理→划线→精加工平面→精加工孔→钻小孔→攻螺纹。

职业能力训练

训练要求	请为图示的车床主轴选择适宜的材料，安排合理的热处理工艺和加工工艺路线。 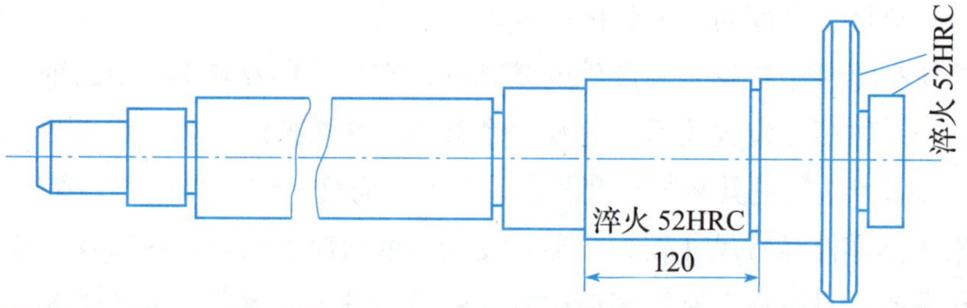

续表

训练目标	熟悉轴类零件常用材料及应用场合，能够合理选用材料；掌握典型零件的加工工艺过程，能够为典型零件安排合理的加工工艺。
实施过程	材料：45 钢。（分析：机床主轴是典型的受扭转－弯曲复合作用的零件，转速较快，承受中等载荷，加工精度要求较高。轴在整个截面上所受的应力分布不均匀，表层应力较大，心部应力较小，不需选用淬透性很高的钢种，选用中碳优质碳素结构钢和合金调质钢即可。） 性能要求：整体硬度 220 ～ 240HBS；轴颈及锥孔处硬度 52HRC。（分析：轴颈处需确保较高的耐磨性。） 热处理：整体调质，轴颈及锥孔表面淬火。 加工工艺路线：下料→锻→正火→粗加工→调质→精加工→表面淬火及低温回火→磨削。这类轴所受的工作应力较低，冲击载荷不大，45 钢热处理后的屈服极限可达 400MPa 以上，完全满足要求。部分机床主轴也可以用球墨铸铁替代钢材使用。

复习思考题

一、填空题

1. 切削加工包括________和________两大类。

2. 按照切削运动在切削加工过程中的功用，可将其分为________和________。

3. 随切削运动的进行，工件上有三个不断变化的表面，为________、________和________。

4. 切削用量三要素指________、________和________。

5. 常用的金属切削加工方法有________、________、________、________、________等。

6. 刀具通常由________部分和________部分组成。

7. ________具有较高的强度、韧性和耐磨性，容易磨出锋利的刀刃，是应用广泛的刀具材料，尤其是制造结构复杂的刀具，如成形车刀、铣刀、钻头等。

8. 常用的外圆车刀由________、________、________组成。

9. 切削液的作用有________、________、________、________。

10. 在钻床上加工时，通常钻头旋转为________运动，钻头轴向移动为________运动。

二、判断题

(　　) 1. 在切削过程中必须有一个主运动、且只能有一个主运动。

(　　) 2. 在切削过程中可以有一个或多个进给运动。

(　　) 3. 主运动可以是旋转运动（如车削），也可以是直线运动（如刨削）；可以由工件完成（如车削），也可以由刀具完成（如铣削）。

(　　) 4. 进给运动可以是连续的，如车削外圆时车刀平行于工件轴线的纵向运动；也可以是步进的，如刨削时工件或刀具的横向移动等。

(　　) 5. 切削过程中所消耗的能量有 98% ～ 99% 转换为热能，切削区域产生的切削热，在切削过程中分别由切屑、工件、刀具和周围介质向外传导。

(　　) 6. 切削热对切削加工是十分不利的。

(　　) 7. 车削适于加工各种回转成形面，大部分具有回转表面的工件都可以通过车削加工。

(　　) 8. 铣削主要是用铣刀在工件上加工各种表面和沟槽。

(　　) 9. 内孔加工可以通过钻、扩、铰、镗削完成。

(　　) 10. 钻孔属于粗加工，扩孔属于半精加工，铰孔属于精加工。

三、简答题

1. 简述 CM6132 各个代号的含义。
2. 简述车床的基本结构组成。
3. 切削用量要素有哪些？
4. 刀具的磨损包括哪几个阶段？
5. 常用的切削液有哪些种类？
6. 切屑液的作用有哪些？

项目9 机械零件的材料和毛坯选择

项目导读

机器设备在运行过程中可能存在许多不可靠及不安全的因素，因此，可能发生多种故障，使机器不能正常运行，这不仅会造成重大经济损失，还会威胁人们的生命安全。实践证明，机械产品的质量和使用寿命等，与产品结构设计、材料选择、毛坯制造等有直接关系。合理地选用材料、设计加工工艺路线，对于制造高质量的机械产品至关重要。为了满足使用要求且尽量降低成本，必须选择适宜的零件材料和毛坯，那么，前面各项目介绍的典型零件分别选用什么材料和毛坯合适呢？让我们带着问题来学习本项目的内容。

素养园地

大学教育“育人”非“制器”

中国科学院院士杨叔子是国内外著名的机械工程专家，又是全国优秀科技工作者、全国教育系统劳动模范、全国五一劳动奖章获得者。

杨叔子院士在机械工程方面的成就：在精密机械加工与机械加工自动化方面，发展了切削振动理论与误差补偿技术；研制出切削监控系统，解决了生产中重大关键问题；在机械设备诊断理论与实践方面，建立了一套概念体系，发展了诊断模型与策略，研制出不解体的发动机诊断系统；发展了钢丝绳无损检测理论与技术，解决了国际上断丝定量检测难题，为我国机械工程的发展做出了历史性的突出贡献。

杨叔子院士是一名杰出的教育家，大学生文化素质教育的倡导者，任校长期间积极推行文化素质教育，提出“大学教育必须把科学和人文融合起来，大学的主旋律是‘育人’，而非‘制器’，是培养高级人才，而非制造高档器材”。为国成才而不仅是个人求学，关注学术而不仅是关注学分，要成为既有科学精神，又有人文素养的高素质人才，真正肩负起民族复兴的时代重任。

9.1 机械零件的失效

机械零件的失效

机械零件在工作过程中最终都会失效。为此，分析并找出零件失效的原因，采取相应的改进措施，不仅能延长零件的使用寿命、提高经济效益，同时失效分析的结果对于零件的设计、选材、加工以至使用，都具有重要的指导意义。

一、失效的概念

失效是指零件在使用过程中，由于外形尺寸、内部组织和力学性能发生变化，而失去正常工作应具有的功能和可靠性的现象。

任何零件或部件使用一段时间后都会被损伤或损坏，具体分为三种情况：

（1）零件被完全破坏，不能继续使用，如轴的断裂现象。

（2）零件表面有裂纹或被磨损，虽能工作但不能保证安全生产。

（3）受损零件虽能保证安全生产，但不能保证产品精度或使产品达不到预定使用功能。

发生上述任何一种情况都认为零件已经失效。

二、零件失效的主要形式

零件在工作时承受载荷的情况比较复杂，往往承受着多种应力的复合作用，从而导致不同的失效形式，主要有过量变形失效、断裂失效和表面损伤失效等。

1. 零件的过量变形失效

零件的过量变形失效是指零件在工作过程中，由于发生超过允许量的变形，导致整个机械设备无法正常工作，或者能正常工作但所生产的产品的质量严重下降的现象。零件的过量变形失效包括弹性变形失效和塑性变形失效两种类型。

（1）弹性变形失效是指由于零件材料的刚度不够，在载荷作用下发生过大的弹性变形而失效。

（2）塑性变形失效是指当零件的实际工作应力超过材料的屈服强度时，产生过大的塑性变形而失效。

2. 零件的断裂失效

零件的断裂失效是指零件在工作过程中，发生完全断裂而导致整个机械设备无法正常工作的现象。断裂失效主要包括：塑性断裂失效、脆性断裂失效、疲劳断裂失效、蠕变断裂失效等。

3. 零件的表面损伤失效

零件的表面损伤失效是指零件表面因摩擦导致磨损或失去表面精度，造成零件无法正常工作而失效的现象。

零件的表面损伤失效主要有磨损失效、腐蚀失效、接触疲劳失效等。其中磨损失效的基本类型包括粘合磨损、磨料磨损、表面疲劳磨损。按表面疲劳损伤的程度又分为点蚀、剥落、表层压碎等。

零件的腐蚀失效是指机械零件在常温下，受到酸、碱、盐等腐蚀介质的腐蚀，发生化学腐蚀或电化学腐蚀而失效的现象。

零件的接触疲劳失效是指机械零件在循环应力和应变载荷的作用下，经过一定循环次数后产生裂纹或发生突然断裂而失效的现象。

三、零件失效的原因

在实际生产中，零件失效的原因是多种多样的。零件失效很少由单一因素引起，往往是几个因素综合作用的结果。归纳起来，机械设计、材料选择、加工工艺、零件的安装与使用等方面出现问题均会导致零件失效。

1. 机械设计方面

（1）设计者对零件的结构工艺性考虑不全面或对工作条件估计错误可能导致零件在使用时失效。例如，设计者对零件在工作过程中可能出现的过载现象估计不足，导致所设计的零件在使用过程中因承载能力不足而断裂。

（2）设计者不能根据整个生产过程和生产条件，对零件的毛坯制造、热处理、机械加工、表面处理、装配调试等环节进行全面、正确的规划和设计，可能导致零件在使用时失效。例如，当零件的结构与尺寸基本固定，难以做出重大改动时，本可以通过合理选择材料加以补救，但是，由于没有设置备用方案最终导致零件失效。

（3）设计者设计的零件的结构形状和尺寸不合理，制造出的零件存在高应力区和应力集中源，可能导致零件在使用过程中失效。例如，设计的零件存在尖角或过渡圆角过小、截面尺寸突变等情况，设计的零件存在计算上的错误，都可能导致零件失效。

2. 材料选择方面

零件的材料选择不当是导致零件失效的主要原因之一。最常见的是仅根据材料的常规性能指标进行选择，这些性能指标不能全面满足零件的工作条件和使用要求，致使零件在制造或使用过程中失效。另外，所选的材料本身存在缩孔、缩松、气孔、夹渣、裂纹等缺陷，也是导致零件失效的主要原因。

3. 加工工艺方面

对零件进行机械加工时，由于加工者采取的工艺方法和工艺参数不正确，造成各种加工工艺缺陷，可能导致零件失效。例如，机床加工后零件的表面粗糙度过大、有明显的刀痕和磨削裂纹；热处理工艺控制不当，使零件的表面出现氧化、脱碳、回火不足等现象；锻造过程操作不当，引起零件的过热、过烧等现象，均会导致零件失效。

零件加工工艺方面的缺陷与零件的结构设计有直接关系。热处理时，不合理的结构设计会促使零件发生变形、开裂等热处理缺陷。要避免加工工艺缺陷，在设计时应注意以下几点：

（1）零件截面的大小或厚薄应均匀，避免尖角结构，合理采用封闭、对称结构。

（2）避免零件的截面尺寸突然变化，在变截面处采用足够大的圆弧过渡。

（3）避免设计出薄壁和细长杆件，合理安排孔和键槽的位置。

否则，零件在热处理淬火时，容易在薄壁处开裂；在结构形状不对称处发生较大的变形；在变截面处产生应力集中。另外，还需注意整体和表面淬火件、氮化件、渗碳件的表面粗糙度不应超过规定值，防止变形过大。

4. 安装和使用方面

在机器安装和零件装配时，操作者采用的安装方法不正确或零件装配的定位基准选择错误，会使所装配零件间的配合出现间隙过大、过小或达不到同轴度、垂直度等问题，导致机器的重心不稳定，产生剧烈的振动和噪声，零件之间摩擦严重，密封件泄漏。严重时甚至会使机器完全丧失正常工作能力而失效。

此外，在操作过程中，操作者若不按规程进行操作或方法错误，都可能导致机械零件在使用过程中失效。

四、失效分析实例

零件失效时总是一种失效方式起主导作用，另一些方式起辅助作用。有时会出现几类基本失效方式组合的情况，形成复杂的复合失效方式，如腐蚀疲劳、蠕变疲劳、腐蚀磨损等。因此，进行失效分析时要找出主要的失效形式，把辅助因素归入主导因素。

解决零件失效的前提是对零件的设计方案、材料的选择、加工工艺方法、安装与使用过程等方面进行综合分析，确定失效性质及失效方式，查明失效原因。

1. 轴的失效及预防

（1）轴的失效形式。

不同类型的轴受力状态不同，轴的失效形式也完全不同，常见的轴的失效形式是疲劳断裂。当轴的局部发生应力集中现象时，在应力集中最大的危险截面处会发生疲劳断裂。

1）轴的弯曲疲劳失效。

轴的弯曲疲劳失效是由周而复始的单向、交变和扭转的载荷引起的。轴在旋转过程中，受变化或交变的扭转力矩作用，会发生扭转疲劳失效；受变化或交变的拉伸、压缩载荷作用，会发生轴向疲劳失效。

2）轴的脆性断裂失效。

轴的脆性断裂失效是指在低温环境下，轴受到过量的冲击载荷而发生脆性断裂的现象。轴受到冲击后，裂纹的扩展速度极快，因此瞬间就会发生断裂。

脆性断裂失效的特征：在轴的断裂源处，变形痕迹极小，断裂表面只存在鱼骨状或人字形花样的标志，人字形的顶点指向断裂源处。

3）轴的韧性断裂失效。

轴的韧性断裂失效是指在变化或交变的拉－压载荷作用下，轴发生韧性断裂的现象。轴在正常工作条件下很少发生韧性断裂失效。若设计时对轴的工作条件和载荷作用因素估计不足，或者轴受到单一过载，都可能发生韧性断裂失效。

韧性断裂失效的特征：在轴的断裂表面上有塑性变形的痕迹。实际生产中，受拉伸作用而断裂的轴，能被预先发现；而受扭转作用发生断裂的轴，往往由于断裂前的变形不太明显，不容易被发现。

4）轴的蠕变断裂失效。

轴的蠕变断裂失效是指在高温条件下工作的轴，受高温及应力作用，当工作载荷远小于金属的屈服条件时，随时间推移而发生蠕变变形直至断裂的现象。

轴类零件除了会发生以上形式的失效外，在不同的工作条件下还会发生粘着磨损、应力腐蚀开裂等失效形式。

（2）防止轴失效的措施。

1）设计时，根据轴类零件受到的扭转、弯曲、扭转弯曲组合这三种不同载荷，合理校核轴的强度，可采取扭转初算，再按弯扭核算的方式。为提高轴的抗过载能力，合理确定计算载荷、载荷系数和安全系数。

2）主要承受拉伸、压缩或弯曲的轴类零件，需要校核轴的刚度。选择合理的截面形状、支承方式和位置，确保轴的实际变形小于许用变形，即满足轴的刚度条件。

3）提高轴类零件的耐冲击韧度。当轴所受的载荷和速度突然变化时会发生冲击现象，因此在设计时必须考虑冲击的影响。

4）改进轴系零件的结构形式，合理布置轴系零件的位置。目的是减少轴系零件所受载荷的影响，提高轴的承载能力，降低轴系零件的载荷集中、应力集中现象。

5）采用合适的热处理或化学热处理方法，提高轴类零件的耐磨性和抗疲劳强度。

2. 齿轮的失效与预防

齿轮是机械设备中应用广泛的重要传动零件。由于齿轮的类型很多，适用场合差别很大，工作条件比较复杂，因此失效形式及影响因素很多。齿轮的类型和特点不仅决定了齿轮的运转特性，也决定了它的失效形式。

齿轮的失效一般发生在轮齿部分。其中，闭式软面齿轮失效主要表现为齿面点蚀；闭式硬面齿轮失效主要表现为轮齿折断；高速重载齿轮失效主要表现为齿面胶合；受短时过载的齿轮失效主要表现为齿面塑性变形和压碎；开式齿轮失效主要表现为齿面磨损。

（1）齿轮失效的形式。

磨损失效是指齿轮的轮齿接触表面的材料损耗所引起的失效。

表面疲劳失效是指齿轮的轮齿接触表面或表面应力超过材料疲劳极限而引起的轮齿表面材料失效。可分为初始点蚀、毁坏性点蚀和剥落。

塑性变形失效是指齿轮的轮齿在重载荷作用下，材料屈服时使齿轮的轮齿表面产生塑性变形而引起的失效。可分为压塌和飞边变形、波纹变形、沟槽变形。

折断失效是指齿轮的整个轮齿或轮齿相当大的一部分发生断裂而引起的失效。可分为疲劳折断、磨损折断、过载折断、淬火或磨削裂纹引起的折断等。

（2）齿轮的失效分析与预防。

1）齿轮的磨损失效。

齿轮磨损失效分析：

齿轮在过大载荷作用下，工作齿面被大量磨损，齿廓磨损率很高，严重失去有效工作面积，同时整个机械设备产生噪声和振动。齿轮磨损时会出现破坏性胶合现象，沿齿轮的轮齿面滑动方向出现明显的粘附撕伤沟痕，直至轮齿的整个工作面。齿轮的轮齿齿顶部磨损严重时，齿轮的工作节线明显的齿廓几乎完全损坏，甚至出现轮齿完全咬死的严重失效现象。

齿轮磨损失效的原因：

齿轮啮合不正确；润滑系统和密封装置润滑不良，不能建立有效的油膜润滑；整个齿轮系统严重振动，产生冲击载荷。若齿轮的齿面接触应力过高，滑动速度过快，啮合齿面会发生粘焊，两啮合齿面的粘焊处会因为存在相对运动而被撕裂。齿轮副材料选配不当（如材质硬度完全相同的材料副，软钢对软钢等），或齿轮所受载荷过大、转动速度过快，轮齿表面温度过高等，也会使齿轮的啮合齿面发生粘焊。

齿轮磨损失效的预防措施：

对于齿轮的磨损、胶合失效，可以在保证一定载荷、速度、温度等条件下，精心设计齿轮的合理抗胶合能力。改善齿轮的润滑和密封装置；改善齿轮的润滑方式和润滑条件；尽量减轻齿轮的振动程度。改进齿轮的设计；改善齿轮的材质；选用不易胶合的齿轮材料作齿轮副材料；合理选择两齿轮的硬度差。采用角变位齿轮传动；减小齿轮的模数和齿高；降低齿轮的滑动速度。

2）齿轮的表面疲劳失效。

齿轮表面疲劳失效分析：

表面疲劳失效一般发生在齿轮的应力集中处。在应力集中处先出现疲劳裂纹，裂纹不断扩展，使齿轮承载的有效截面积减小。当应力超过齿轮的疲劳极限时，便会发生疲劳断齿现象。

齿轮表面疲劳失效的原因：

齿轮的材料选用不合理；齿轮的设计和制造工艺不合理，如齿轮的齿根圆角半径过小、齿根表面粗糙度太大、滚齿切削时拉伤齿轮表面、热处理后齿轮表面产生裂纹、磨削时齿轮的表面被烧伤、存在残余应力等。

齿轮表面疲劳失效的预防措施：

提高齿轮的加工精度；采用适当的热处理方法减少齿轮的热处理裂纹，从而提高齿轮的齿根危险截面的抗弯曲疲劳应力；尽可能降低有害的残余应力。

3）齿轮的过载折断失效。

齿轮过载折断失效分析：

齿轮的过载折断失效一般发生在齿宽较小的直齿圆柱齿轮上，表现形式是齿轮的齿根处先出现裂纹，裂纹横向扩展直至全齿折断。而斜齿轮或人字齿轮常发生轮齿局部折断，断口处有丝状纤维，由齿轮的断口边缘向里呈现放射状开裂痕迹。齿轮韧断或混合断裂的断口处发生明显的塑性变形，断口处有平滑韧断区（微隆起或凹陷）；齿轮脆断的断口横截面平直，较粗糙，断茬能相互吻合。

齿轮过载折断失效的原因：

轮齿承受的载荷超过极限强度。过载形式有短时意外过载、严重过载和动载荷过大等。轴承损坏（如卡住）、轴畸变或其他传动件失效等，都会导致齿轮的整个传动系统瘫痪，甚至发生意外事故。

齿轮过载折断失效的预防措施：

合理选择齿轮的过载系数；采取相应的监控与安全保护措施，如安装齿轮过载保护装置、安全联轴器等；保证齿轮的加工和安装精度；及时发现轴承和零部件过载现象，及时处理和更换损坏的零部件。

（3）齿轮的失效实例。

载重汽车变速箱换挡齿轮是用渗碳钢制成的。在台架试验中，未达到设计要求就发生断齿现象。

1）齿轮的断齿分析。

分析断口的形貌可知，是高应力作用引起的快速断裂。由断口可见主动齿轮断齿的心部呈现韧窝，被动齿轮断齿部分有明显的断裂痕迹。说明主动齿轮的韧性较好，但强度较低（硬度实验证实主动齿轮硬度比被动齿轮低）。两齿轮断齿表面的渗碳层中均有网状渗碳体析出，使轮齿表层韧性降低，导致其在运转过程中经受不了启动冲击应力。试验时，主动齿轮先断裂，进而引起被动齿轮崩齿。被动齿轮沿齿根断裂，断齿表面能看到明显碰伤，断口形貌与主动齿轮断口相似，断齿旁的轮齿不同程度地发生小块崩裂及碰伤。

2）齿轮失效的原因。

热处理不当，渗碳工艺控制不合理，有网状渗碳体析出，使齿轮轮齿表层韧性降低，导致断齿失效。

3）改进的措施。

改变齿轮的材质，改善齿轮的热处理工艺。齿轮渗碳后进行淬火并及时回火，降低齿轮软硬层的硬度梯度，改善硬度分布不均匀的问题。确保齿轮具有足够而合适的硬化层厚度，避免产生裂纹。在保证齿轮强度的条件下，使齿轮材料达到较好的韧性。控制齿轮的过载现象，提高齿轮的齿根弯曲疲劳强度和齿面接触疲劳强度。

9.2 机械零件材料选择的一般原则

合理地选用零件的材料，对于提高机械产品的质量起到关键性作用。选择零件的材料时，不仅要满足零件的使用性能和工艺性能，还应在外观、安全、价格、加工环境污染等方面，进行全面考虑。这就需要全面地了解材料的各种性能、热处理特点和零件制造的有关知识。

有些机械零件是标准件，如滚动轴承、键、弹簧等，其材料由国家统一规定，并标准化大量生产。因此，对于标准件可以根据需要直接选用。

一、使用性能

使用性能是指零件在工作条件下，材料应具有的力学性能、物理性能和化学性能。对于机械产品来说，重要的是材料应具有良好的力学性能，以便使零件满足承受各种载荷的要求，确保零件安全可靠、经久耐用。例如，要求飞机、火车上的重要零件具有很高的安全性和可靠性，不允许零件突然发生失效和损坏。

同一种材料，在不同的工作条件和环境中，抵抗破坏的能力是不同的。选择材料前必须对零件的使用条件（如载荷、工作性质、工作温度、使用寿命）进行全面了解。推测可能发生的失效形式，从而有针对性地选择材料。在特殊环境下工作的零件，选材时还应考虑特殊要求。对于辅助要求，应在不影响主要要求、不增加成本的条件下予以满足。例如，在航空、航天领域，零件的重量控制便是一个很重要的辅助要求。

二、工艺性能

零件的材料不仅要满足使用性能，还应具有良好的工艺性能。在制造机械零件时，通常要采取一些工艺方法使金属材料产生形状和性能的变化，以满足零件的使用要求。金属材料适应各种加工工艺而得到高质量成品的能力，称为材料的工艺性能。材料的工艺性能直接影响零件的质量、生产效率和成本。材料的工艺性能包括：铸造性能、压力加工性能、焊接性能、切削加工性能、热处理工艺性能。

1. 铸造性能

铸造性能是指金属材料经铸造而获得优质铸件的能力。铸造性能由两方面衡量，即金属熔融状态的流动性和金属冷却时的收缩性。有些金属存在偏析缺陷，一般不予考虑。通常，熔点低、结晶范围小的合金流动性较好。共晶成分的金属具有良好的流动性和较好的铸造工艺性。而共析成分的金属铸造工艺性较差。有色金属是共晶成分时流动性较好，由于结晶的温度范围较小、收缩较少，故铸造性能好。铸铁是共晶成分，结晶温度范围小，石墨析出时可以补充金属的收缩，故具有良好的铸造性能。而铸钢是共析成分，结晶温度范围大，流动性较差，故铸造性能较差。

2. 压力加工性能

压力加工性能是指金属材料在压力加工时，受压产生塑性变形，从而获得优质零件或毛坯的能力。衡量压力加工性能的指标是材料的塑性和变形抗力。塑性好、变形抗力小的材料，压力加工性能好，适合进行压力加工。如低碳钢和有色合金的 α 相部分都具有良好的压力加工性能，低碳钢的高温组织 γ-Fe 铁（即奥氏体组织）具有优异的压力加工性能。反之，具有共晶组织的金属，由于共晶体很脆，塑性小而变形抗力大，故压力加工性能差。如铸铁具有共晶组织，压力加工性能就很差。因此，铸铁在任何温度下都不能进行压力加工。

3. 焊接性能

焊接时，金属材料在限定的施工条件下，形成良好的焊缝并满足预定服役要求的能力称为材料的焊接性能。金属的焊接性能主要与材料的化学成分、焊接方法、构件类型有关。焊接性能好的金属能获得没有裂纹、变形、气孔和夹渣等缺陷的焊缝，焊接处具有良好的力学性能。低碳钢的碳质量分数较小，塑性好，一般没有淬硬和冷裂倾向，故具有良好的焊接性能；铸铁、高碳钢、不锈钢的焊接性能较差。尤其是铸铁，仅能进行焊补或用特种方法焊接。

4. 切削加工性能

切削加工性能是指对金属材料进行切削加工的难易程度。常以材料的切削抗力和切削后的表面质量来衡量。切削加工性能与材料的化学成分、显微组织及机械性能都有关系。切削加工硬度在 170 ～ 230HBS 范围的材料的切削加工性能较好。强度和硬度高的材料切削加工困难，切削加工性能差；硬度过低的材料塑性好、切削抗力较小，但容易“粘刀”，表面质量较差，因此切削加工性能较差。热处理可以改变金属材料的机械性能，改善金属材料的切削加工性能。在材料中加入某些化学元素也能改善切削加工性能，如中碳钢以其合适的硬度和强度而具有良好的切削加工性能；低碳钢塑性好，但切削加工性能很差，加入适量硫元素可以改善其切削加工性能，使其成为易切削钢。高碳钢和合金钢的硬度高、变形抗力大，难以切削，故切削加工性能差。铸铁和有色合金都具有良好的切削加工性能。

5. 热处理工艺性能

热处理工艺不仅能提高零件的使用性能，充分发挥金属材料的潜力，延长零件的使用寿命，还能改善零件的工艺性能，提高零件加工质量，减少刀具磨损。热处理工艺性能包括材料的淬透性、淬硬性。热处理时会出现淬火的变形与开裂、过热与过烧、氧化与脱碳等缺陷。为了防止淬火件在淬火时发生变形与开裂，应尽量选择淬透性好的材料，如合金钢的淬透性优于碳钢的淬透性。

选择零件材料时，应该十分注意材料的工艺性能。单件 / 小批量生产时，材料工艺性能对成本影响不大，因此不必过分强调工艺性能。即使采取特殊加工方法，加工的难度和成本增加也不大。大批量生产时，材料的工艺性能往往是选择材料的决定性因素，对零件的成本、刀具的消耗、工时的占用等具有很大的影响。不同的材料具有不同的工艺性能：中碳钢的锻造性、焊接性、切削加工性都较好，但淬透性较差，铸造性能也比较差；合金钢的热处理性能很好，但锻造性、焊接性、铸造性、切削加工性都较差。

总之，在选材时需要综合考虑各种因素，在保证使用性能的前提下，应尽量选择价格便宜、工艺性能好的材料。当不能同时满足两种或两种以上工艺性能时（如焊接性、切削加工性），可采取特殊手段改善材料的工艺性能，如改变工艺规程、切削刀具、加工设备、热处理方法和采用特殊焊接方法等。

三、经济性

选择零件材料时，应考虑产品生产的经济性。同时，还要考虑零件的耐腐蚀性、充分利用现有资源、节约稀有金属的消耗。尽量选择价格便宜、资源丰富、加工费用低廉的材料，以降低成本。

1. 在满足使用性能的前提下，尽量选择价格低廉的材料。

当铸铁的性能可以替代钢材时，优选铸铁；当碳钢的性能满足使用性能和工艺性能要求时，尽量不选用合金钢；少用或不用价格昂贵的有色金属。我国常用金属材料相对价格见表 9－1。

表 9－1　常用金属材料相对价格

名称	材料种类	相对价格
铸件	灰铸铁铸件	1 ～ 1.4
	碳素钢铸件	2 ～ 2.6
	铝合金、铜合金铸件	8 ～ 10
热轧圆钢	Q235	1
	优质碳素钢	1.3 ～ 1.5
	合金结构钢	1.7 ～ 2.9
	弹簧钢	1.7 ～ 3
	合金工具钢	3 ～ 20
	滚动轴承钢	2.1 ～ 3

2. 考虑材料的加工费用

零件生产的费用分为材料费、加工费、管理费（包括包装、运输、销售等）。其中，加工费与零件技术要求和材料加工性能有关。采用不同的加工方法所需费用完全不同，例如，采用铸造方法加工零件的毛坯与采用锻造方法加工零件的毛坯，价格相差一倍左右。

对于工艺性能好的材料，低价加工也能达到使用要求。还可以减少加工工序，进一步降低费用。

例如：分别选用价格相近的20钢、易切削钢、冷拉圆钢来加工螺栓。

（1）用20钢车削加工，不易获得优质的加工表面。必须采用较小的进给量和其他方法加工才能获得优质的加工表面，但会降低生产效率。

（2）若改用易切削钢，表面质量很容易达到要求，可以节约一部分机械加工费用。

（3）若采用冷拉圆钢，只需进行螺纹加工，可以省去外圆加工费用。

3. 使用廉价的材料

合理选用廉价的材料可以提高产品生产的经济性。如汽车和拖拉机中的曲轴，原采用优质碳素结构钢制造，毛坯选用圆钢经模锻成形。由于球墨铸铁的价格与灰铸铁相当，比优质碳素结构钢低许多；铸造毛坯的价格仅为锻造毛坯价格的1/3左右，因此若用球墨铸铁替代优质碳素结构钢，成本可以降低许多。目前，球墨铸铁曲轴已经广泛应用在各种车辆中。

还需注意节约矿产资源。如用蕴藏量丰富的锰硅钢代替资源较少的铬钢，不仅可以降低价格，还可以节约铬矿资源。

4. 减少选材品种

同一部机器的零件，应尽量使用较少的材料品种和规格。这样虽然不能降低材料本身的费用和加工费用（甚至稍有增加），但是会给材料采购和保管、零件热处理、安装和修配等环节带来很大方便，减少辅助费用，达到降低机器制造成本的目的。

四、典型零件的选材及工艺路线

几乎所有机器零件都要承受一定的载荷，许多零件还要承受多种载荷的共同作用。选择材料时应根据零件的工作条件，首先满足力学性能。零件设计后，要进一步验证其他条件的满足情况，对出现的问题及时修改。

1. 以综合机械性能为主的零件的选材

连杆、锻锤、锻模等结构件常承受不同程度的冲击载荷和交变循环载荷的作用。因此，此类零件的材料应具有较高的强度和韧性，即具有综合机械性能。一般选用综合机械性能较好的中碳钢或中碳合金钢，调质处理即可。也可以选择球墨铸铁，通过正火或等温淬火处理提高其性能。对于同时承受拉伸和弯曲载荷的拉杆和轴类零件，不宜选用铸铁。而对于承受载荷很大的重要轴类件，可选用合金调质钢。此外，还需考虑零件的特殊使用要求，根据要求选用具有特殊性能的材料。

通常，承受较大载荷的零件，选用综合机械性能较好的材料。例如，机床心轴选用20钢即可；而转轴和花键轴均采用45钢，通过调质处理提高轴的综合力学性能和使用寿命；汽车变速箱的花键轴和机床主轴多选用40Cr合金钢，通过热处理提高其使用寿命和综合力学性能。

2. 以疲劳破坏为主的零件的选材

做旋转运动的零件和起支撑作用的零件都是在交变载荷下工作的，如齿轮、发动机曲轴、凸轮、滚动轴承等。这类零件工作时受到很大的挤压接触应力，工作表面容易发生点蚀、疲劳裂纹等失效形式。选择材料时，要确保材料具有较高的强度和抗疲劳性，具有较高的抵抗弯曲、扭转、挤压的能力。

由于部分零件的轮廓形状、加工后的微观加工痕迹对疲劳强度有较大影响，因此对于此类零件必须选择强度较高、淬透性较好的材料。通过调质处理、表面淬火、喷丸、滚压等，提高抗疲劳能力和使用寿命。

材料的疲劳极限和强度有关，在相同情况下，零件调质后的组织比退火、正火后的组织具有更好的抗疲劳性。因此，承受重载的零件，应选择强度较高、淬透性较好的钢材进行调质处理，可以提高材料的疲劳强度。

3. 以承受磨损为主的零件的选材

（1）主要承受摩擦而磨损损耗较大的、受载荷作用较小的零件，如模具、量具、刀具，零件表面会因为摩擦而剥落，导致失效。为这类零件选择材料时应以硬度为主，可选用高碳钢和低合金工具钢，通过淬火和低温回火处理，获得硬度很高的回火马氏体（或回火贝氏体）组织，以满足零件的硬度和耐磨性要求。

对于一些形状简单、受力很小的仅因磨损而失效的零件，可以采取镶嵌硬质合金的方法来提高磨损部分的使用寿命。

（2）同时承受剧烈摩擦和交变载荷作用的零件，如机床齿轮、变速箱齿轮等，为了满足其耐磨性和承受交变应力的要求，所选材料必须具有很高的硬度和较高的抗疲劳强度，中碳钢或中碳合金钢可满足使用要求。对于受冲击载荷较大且承受剧烈摩擦的零件，可以选用低碳钢或低碳合金钢。对于要求耐磨性高、热处理变形小的精密零件，选用渗氮钢为宜。这些零件的材料通过淬火、调质、表面淬火、渗碳或渗氮等热处理方法，可以获得很硬的表面和内部韧性很高的机械性能，既可抵抗表面摩擦又能降低疲劳破坏程度。

（3）高速、重载条件下工作的零件，工作条件恶劣，承受较大冲击和摩擦。要求这类零件的表面具有很高的硬度，以抵抗剧烈的摩擦；零件的心部具有很高的强度和韧性，以抵抗冲击载荷、避免产生疲劳破坏。一般选用低碳合金钢，进行表面渗碳淬火和低温回火处理，得到贝氏体组织，达到提高硬度和耐磨性的目的。而且由于零件材料内部的含碳量较少，因此韧性非常好，足以抵抗剧烈的冲击。

上述每一种情况，能够满足使用要求的材料有很多。因此，选择材料时还应全面考虑工艺性能、经济性及其他因素，最终选出价格低廉、性能优良、加工方便、满足零件使用要求的最佳材料。

4. 典型零件的选材及工艺路线

（1）齿轮类零件的选材。

齿轮是各类机器普遍应用的传动零件，主要作用是传递运动和动力。齿轮工作时，通过齿面的接触传递动力，齿轮的齿面受到很大的挤压力，且周期性受到弯曲应力和接触应力；啮合的齿面上还承受着剧烈的摩擦。因此，选材时要确保轮齿具有较高的弯曲疲劳强度和接触疲劳强度；齿面具有很高的硬度和耐磨性；齿根具有很高的强度、抗弯强度和冲击韧性；轮齿的心部应具有足够的强度和韧性；材料具有良好的切削加工性及热处理工艺性。此外，还要根据不同的工作环境进行选取，同时安排合适的热处理工序。

常用齿轮材料主要是调质钢和渗碳钢，齿轮的毛坯通常经锻造成形。

调质钢主要用于制造耐磨性要求较高，而冲击韧性要求不高的硬齿面（>40HRC）齿轮，如车床、钻床、铣床等机床的主轴箱齿轮，常用钢号有 45、40Cr、42SiMn 等；齿面硬度要求不高的软齿面（≤ 350HBS）齿轮，如车床滑板上的齿轮、车床挂齿架齿轮等，这类齿轮通常在低速、低载荷下工作，常用钢号有 45、40Cr、42SiMn、35SiMn 等。

渗碳钢主要用于制造高速、重载、冲击较大的硬齿面（>55HRC）齿轮，如汽车变速箱齿轮、汽车驱动桥齿轮等，常用钢号有 20CrMnTi、20CrMnMo、20CrMo 等。机床齿轮的工作状态一般比较稳定，承受的载荷、振动和冲击较小，可以选择优质碳素结构钢制造，45 钢便是典型的齿轮材料。

碳素结构钢的机械性较合金钢差，只能用于制造较小型、负荷不大的齿轮。对于工作条件恶劣、重载、高速的大型齿轮，必须使用性能较好的合金钢制造。

对于中速、中载、尺寸较大的齿轮可采用合金调质钢，如 40Cr、45MnB、35CrMo 等。这些齿轮材料具有较高的强度和淬透性，淬火后可获得很高的硬度和耐磨性。热处理时零件毛坯应先正火（必要时需退火），然后进行调质处理，以提高齿轮的综合力学性能。

对于中低载荷、中等速度下工作的齿轮，采用 45 钢制造。高速、重载环境下工作的齿轮，截面尺寸较大，不宜采用整体调质处理。可以对齿轮的毛坯进行正火处理，对齿轮的齿面进行高频淬火处理，高频淬火处理后立即进行回火处理，可获得硬度较高的齿面。

对于高速、重载、腐蚀环境下工作的齿轮，可选用渗碳钢，38CrMoAl。对零件毛坯先进行正火或调质处理，最后对齿面进行渗氮处理。渗氮后的零件表面硬而脆，具有一定的抗腐蚀能力，但不宜承受冲击载荷。

对于承受冲击、载荷较大的齿轮，可选用合金调质钢或合金渗碳钢，如 40Cr、42SiMn、20Cr、20CrMnTi、38CrMoAl 等。对于转速快、负载大、工作环境恶劣的齿轮

(如汽车后桥圆锥齿轮)，应进行渗碳、淬火、低温回火处理，以获得较高的硬度，提高轮齿表面的耐磨性。

对于冶金、矿山机械所用的重型齿轮，由于负载很大，且齿轮很大，因此很难采用淬火的方式强化。生产中一般采取大齿轮正火、小齿轮调质的热处理方式。这种齿轮被破坏的主要原因是齿轮的点蚀疲劳和齿面变形。硬齿面齿轮对提高抗点蚀能力无明显作用，反而容易使齿面剥落而导致失效，故重型齿轮多采用软齿面齿轮。

根据上述分析，重型齿轮多采用调质钢，如 45、55、40Cr、50SiMn、38CrMnMo、38CrSiMnMo、50SiMnMoB 等。硅和锰元素能显著提高材料抵抗麻点、剥落的能力。

如图 9－1 所示的重型小齿轮，宜进行中频淬火，以得到较厚的淬透层，经高温回火处理后具有很高的综合机械性能。也可采用渗氮和软氮化处理，减少齿面的变形并获得良好的渗氮层。

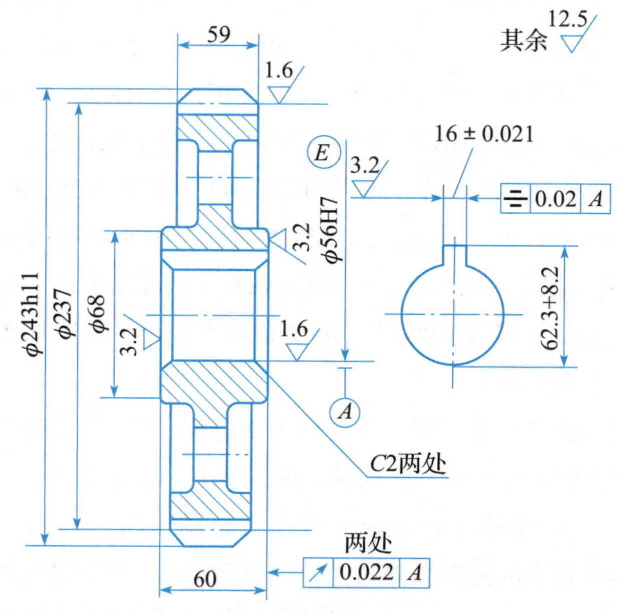

图 9－1　重型小齿轮

重型小齿轮的选材与毛坯加工工艺路线如下：

材料：40Cr。

热处理：正火→齿面中频淬火→高温回火。

毛坯加工工艺路线：下料→锻造毛坯→正火→粗车（车外圆、端面，钻、镗花键底孔）→拉花键孔→精车外圆（端面及槽）→检验（留余量 0.06 ～ 0.08mm）→插齿（留余量 0.03 ～ 0.05mm）→倒角→钳工去毛刺（剃齿 $Z = 34$）→齿面中频淬火→高温回火→磨孔、磨齿→检验。

（2）轴类零件的选材。

轴是机器中支承传动零件，并传递运动和动力的重要零件。轴类零件的特点是传递一定的扭矩、承受一定的弯曲应力或拉压应力。轴是在轴承上运转的，轴颈处受到持续摩擦，因此轴颈处应具有较高的耐磨性、并能承受一定的冲击载荷。因此，轴类零件的材料应具有良好的综合力学性能。具体选材时，应根据轴所承受的不同载荷进行。

对于承受交变应力和动载荷的轴类零件，如船用推进器轴、锻锤杆等，一般选用淬透性好的调质钢，如 30CrMnSi、40MnVB、40CrMn 等。

对于主要承受弯曲和扭转应力的轴类零件，如主轴箱传动轴、发动机曲轴、机床主轴等。由于轴所受的应力分布不均，表面应力较大，心部应力较小，因此不需选用淬透性很高的材料，一般选择中碳钢或合金调质钢。

对于高速转动的、高精度的轴类零件，如镗床主轴，可选用 38CrMoAlA，进行调质和氮化处理。中低速运转的内燃机曲轴以及连杆、凸轮轴等，可以用球墨铸铁制造，不仅可以满足力学性能要求，而且制造工艺简单，成本较低。

例如，汽车、拖拉机轴的选材如下：

汽车、拖拉机轴的工作条件比较恶劣，不但承受很大的扭矩，还常受到剧烈的冲击。经常变速，导致载荷变化大，从而加剧传动轴的磨损。此类轴应选择中碳钢或中碳合金钢，调质处理即可达到使用要求。

发动机曲轴的精度很高、形状复杂，在工作中承受很大的载荷和剧烈冲击。由于工作速度很快，主轴颈部和曲轴颈部都受到强烈的摩擦，因此要求曲轴材料具有较高的强度和耐磨性，以及较高的韧性以抵抗冲击。重型车辆的曲轴可选择中碳合金钢，如 35CrNiMo、40CrNi、35CrMo，也可以选择球墨铸铁或合金球墨铸铁，降低制造成本。

汽车半轴的花键部分的磨损和扭曲，以及半轴凸缘处的变形、断裂等失效因素，直接影响半轴的使用寿命。因此，要求半轴材料必须具有很高的耐磨性、抗冲击性、韧性，以及较小的淬火开裂倾向。

汽车半轴通常选择中碳合金钢，如 40Cr、40MnB、40MnMo、40CrMnMo 等，毛坯锻造成形。正火后进行调质处理或中频表面淬火，以获得优良的机械性能。需调质处理的半轴，应选择淬透性好的材料，保证淬层的深度。否则，半轴的抗扭曲强度和疲劳极限达不到技术要求。需进行表面中频淬火的半轴，则应选择淬透性适当的材料。若淬透性太差将达不到必须的淬硬层，若淬硬性过高会增加开裂倾向。

通常，半轴直径在 40mm 以下时，可选用中碳合金调质钢，如 40Cr、40MnB 等。直径在 40mm 以上的粗半轴（载重汽车的半轴）需选用淬透性较高的合金结构钢，如 40CrMnMo、40CrMo 等。如图 9－2 所示为载重汽车的半轴。

载重汽车的半轴的选材与工艺路线如下：

材料：40Cr。

热处理：整体调质。

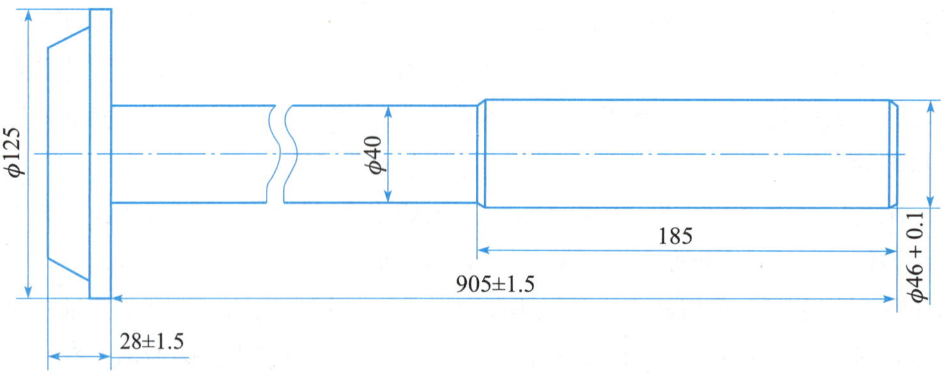

图 9－2　载重汽车的半轴

性能要求：杆部 37 ～ 44HRC，盘部外圆 24 ～ 34HRC。

调质半轴的工艺路线：下料→锻造→正火（退火）→机械加工→调质→校正→精加工→成品。

表面中频淬火半轴的工艺路线：下料→锻造→正火→校正→机械加工→中频淬火→回火→校正→精加工→检验→成品。

随着能源和原材料供应的日趋短缺，对汽车节能降耗的要求越来越高。而减轻汽车自重可提高汽车的装载质量利用系数，减少材料的浪费和燃油消耗。例如，用铝合金或镁合金代替铸铁，汽车自重可减轻至原来的 1/3 ～ 1/4，且不会影响使用性能。用新型的双相钢板材代替普通的低碳钢板材来生产汽车的冲压件，可强化使用性能。用塑料或纤维增强复合材料制造的零部件代替不太重要的金属结构件，可以大幅降低汽车自重，并减少钢材损耗。

（3）箱体零件的选材。

齿轮箱、轴承座、泵体等箱体类零件，结构比较复杂，一般通过铸造成形。受力较大、在高温和高压下工作、要求具有高强度和韧性的箱体零件，如汽轮机机壳等，可选用铸钢材料。主要承受静压力、受冲击不大、受载较小的箱体零件，可选用价格便宜、制造方便的铸铁材料。受力不大、要求自重较轻、导热性较好的箱体零件，如汽车发动机箱体，可选用铸造铝合金材料。自重轻、尺寸小、受力小、耐腐蚀的箱体零件，可选用工程塑料。受力较大、形状简单的大型箱体零件，可采用钢材组合焊接而成。

以上各类零件在具体选材时，还要参考相关机械设计手册、工程材料手册，结合实际情况进行初选。重要零件在初选后，需进行强度计算校核。确定零件形状尺寸后，还需审查所选材料的热处理性能是否符合要求，并确定其热处理技术条件。目前，选择材料的最好方法是根据零件的工作条件和失效方式进行定量分析，然后根据分析结果参照相关经验确定。

9.3 毛坯的种类及成形方法选择

一、毛坯的种类

制造零件时，一般先将原材料制成与零件形状相似的毛坯，以减少机械加工的工作量。毛坯的制造方法直接影响产品的质量、使用性能、使用寿命和生产效益。根据毛坯制造方法，毛坯可分为以下几种：

1. 型材

型材是指用不同的压力加工方法制成的形状、规格不同的金属半成品，如图 9－3 所示。这些半成品在许多情况下可以直接使用，也可以用于制造机械零件。尤其在单件 / 小批量生产中，多采用型材制造毛坯。对于大量生产的小型零件，如轴、销、套等，直接用冷轧、热轧棒料或管料作毛坯。对于板状零件，如汽车挡泥板、汽车外壳等，可以用板材作毛坯，直接冲压加工成形。对于大型结构件，如井架、桥梁，可以用角材、槽材等作毛坯，通过焊接加工或铆接加工成形。

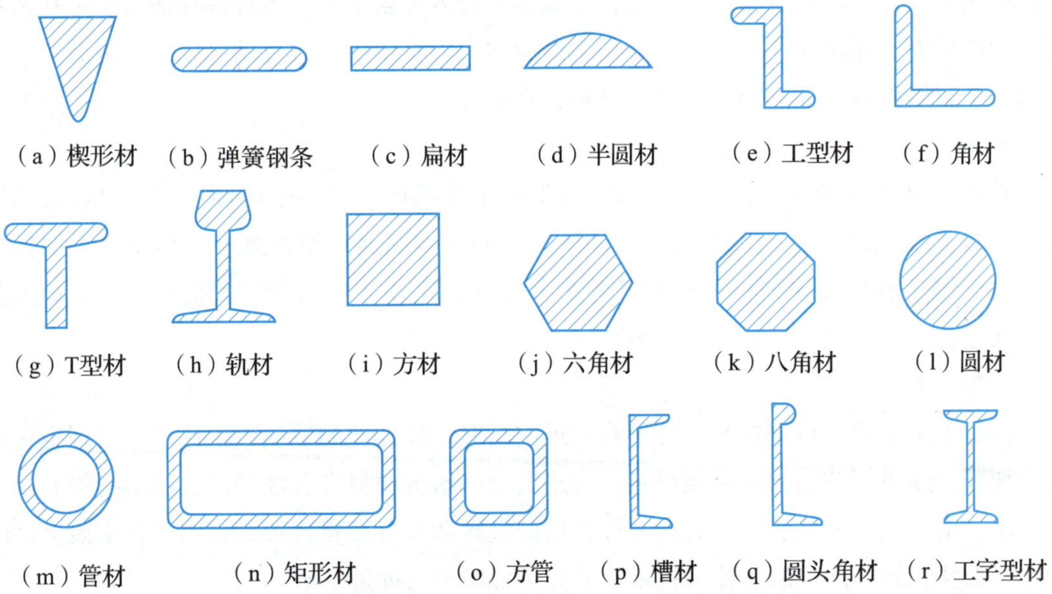

图 9－3　型材

2. 铸件

用铸造方法铸造成形的零件毛坯称为铸件。铸造方法操作灵活，不受零件尺寸、形状、质量的限制，可获得形状复杂的毛坯和零件。铸件的成本低廉，毛坯形状和尺寸与零件相近，可减少金属切削量或无切削，金属材料利用率高。铸件可以用铸铁、铸钢、有色金属等多种金属材料制成。

限于性能要求，有些机械零件只能采用铸造方法制造毛坯，如各种箱体、支架、大型齿轮、青铜蜗轮等。由于铸件的生产周期长、铸造组织粗大、力学性能较低、生产效率低、模样费用高，因此砂型铸造方法主要用于制造承受压应力为主、形状复杂、尺寸较大的零件的毛坯。而形状复杂、尺寸精度高、力学性能好的中小型薄壁零件和圆形中空件，普遍采用特种铸造方法制造毛坯。

3. 锻件

锻件是金属在固态下经塑性变形成形的毛坯。锻件要求原材料的塑性好、变形抗力小。一般采用低碳钢、中碳钢和合金钢制造。对于强度要求高、形状简单的零件，普遍采用锻造成形的毛坯。通过锻造工艺成形，可获得组织致密、晶粒细小、力学性能优异的毛坯。但是，自由锻生产效率低，仅适用于单件 / 小批量生产。对于大批量生产，如齿轮、皮带轮等盘类零件需采用模锻成形。通常，承受重载荷、动载荷、复杂载荷，需要具备高强度的零件，均采用锻造毛坯。

4. 焊接件

焊接件是利用金属的熔化或原子的扩散作用，形成永久性连接的结构件。常采用低碳钢、低合金高强度结构钢等制造焊接件。单件 / 小批量生产的复杂零件和一些大型结构中，采用焊接件可减轻重量，还可以将复杂零件分解为若干简单零件焊接而成。毛坯形状复杂的结构件，通常采用型材，以降低生产成本。但是由于焊接件精度较差，因此主要用于制造金属结构件，如支架、桥梁、塔架、容器等。

5. 冲压件

冲压件是采用冲压方法经过冷变形成形的毛坯或成品件。采用冲压方法可获得精度高、强度大、互换性好、形状复杂的冲压件。冲压方法适合塑性好、变形抗力小的低碳钢、合金钢、有色金属薄板材料和各种非金属板料毛坯或成品件的大批量生产，如电器箱、油箱、汽车外壳、仪表盘等均由冲压件制成。

6. 粉末冶金件

用粉末冶金方法可制造与零件形状相近的具有特殊性能的毛坯，不仅可以实现少切削或无切削，还可以节约大量金属材料。常用的粉末冶金材料有含油轴承、过滤材料、硬质合金等。由于用粉末冶金方法制造零件所用的模具和设备投资比较大，因此粉末冶金件的大小、形状受到一定限制，使得粉末冶金方法仅用于大批量生产。

二、毛坯成形方法选择的一般原则

1. 满足零件的使用性能

制造零件时，为了满足零件功能，降低材料的损耗，提高材料的利用率，首先需要制造与零件形状相近的毛坯。而毛坯制造方法的选择，必须要满足零件的使用性能。即首先考虑零件的工作环境、受载荷类型、表面质量和形状，还应考虑零件可能发生的失效形式、主要的机械性能要求和使用期限等使用性能。

毛坯的形状和尺寸，主要由零件的表面形状、结构、尺寸及加工余量等因素确定，因此应尽量与零件形状和尺寸相接近，力求实现少切削或无切削加工。不过，受毛坯制造技术及成本的限制，以及零件的加工精度和表面质量要求，毛坯的某些表面必须留有一定的加工余量，以便进行机械加工，达到零件的技术要求和使用要求。

制造毛坯时可选用型材、铸件、锻件和焊件，虽然加工余量较大，但材料的利用率降低。如果采用熔模铸造、精锻、冷挤压、粉末冶金等先进毛坯制造方法，毛坯质量可得到很大提高，还可以节约机械加工量，提高材料利用率。

对于结构形状复杂、力学性能要求不高的箱体和阀体类零件，为使毛坯形状与零件接近，应选择铸造方法制造毛坯。对于重要的零件，如要求具有较高综合力学性能的齿轮、轴类零件，一般采用锻造方法制造毛坯。

为了使毛坯形状与零件较为接近，可参考以下方法：

对于结构形状复杂的，大批量生产的中小型零件，一般选择特种铸造方法制造毛坯。

对于结构形状较复杂，且抗冲击、抗疲劳要求较高的中小型零件，可选择模锻方法制造毛坯。

对于结构形状很复杂的，且尺寸不大的零件，宜选择熔模铸造方法制造毛坯。

对于结构形状相当复杂的，且尺寸很大的大型零件，无法用铸造方法制造时，宜采用组合方法制造毛坯，即先分部制造毛坯，再将毛坯组合焊接成整体。

对于结构形状简单的零件，采用锻造方法或型材制造毛坯。

对于结构形状简单的力学性能要求较高的零件，常采用锻造方法制造毛坯。

对于结构形状复杂的力学性能要求不高的零件，可以选择砂型铸造方法制造毛坯。

对于薄壁零件，不宜用砂型铸造方法制造毛坯。

对于尺寸较大的零件，一般选择自由锻造方法制造毛坯。

2. 满足材料的工艺性能

不同的材料具有不同的成分、组织和性能，这些因素决定了材料的工艺性能和毛坯的质量，也决定了毛坯制造的方法。例如：铸铁和锡青铜材料，只能采用铸造方法制成毛坯，不能采用锻造及焊接方法；重要的钢件，为保证其力学性能，只能采用锻造方法制成毛坯；形状复杂的大型钢件，如大齿轮、大滑块、大连杆等，也是只能采用铸造方法制成毛坯。

常用材料中，铸铁的铸造性能比铸钢好。黄铜和铝合金在室温状态下就具有良好的锻造性能，碳素钢在加热状态下锻造性能较好；其中低碳钢的锻造性能优于高碳钢；低合金钢的锻造性能优于高合金钢。而铸铁、铸铝几乎不能进行锻造成形。低碳钢具有良好的焊接性能，铸铁、不锈钢、铸铝等材料的焊接性能一般较差。因此，应在保证材料的力学性能的前提下，根据材料的工艺性能选择毛坯的制造工艺。

例如：轴类零件一般采用自由锻制造毛坯。对于一般用途的阶梯轴，轴的各段直径相差不大时，可选用圆棒料制造毛坯；各段直径相差较大时，为减少材料的消耗和机械加工量，则采用锻造方法制造毛坯。圆形的中空件，如管子、气缸套、轴套、圆环等，要求外部组织致密，力学性能良好，无气孔和砂眼缺陷，宜采用离心铸造方法制造毛坯。对于铸钢零件，可采用“铸－焊”组合方法制造毛坯。

3. 经济性

毛坯的生产方式直接影响成本和生产效率。选择毛坯成形方法时，必须认真分析零件的使用要求、所用材料的价格、结构工艺性和生产批量的大小等因素。毛坯制造成本可用下式表示：

$$C = M + P + H/n$$

式中，C——每个毛坯的制造成本；

M——毛坯的材料费；

P——制造一个毛坯的费用；

H——工艺装备及其他杂费；

n——零件批量。

上式可以求出最低毛坯成本的生产批量。大于这个批量时，可选用先进的毛坯制造方法；反之，则采用普通的毛坯制造方法。采用先进的毛坯制造方法时，$(M + P)$ 减少，而 H 增加，把 H 费用均分到每件产品之后，毛坯制造成本便会随着年产量的增加而减少。

由此可见，当小批量生产毛坯时，需要从设备、模具等方面着手降低成本。

单件 / 小批量生产毛坯时，可采用通用的精度配以较低的生产效率。如采用自由锻成形、砂型铸造成形、手工电弧焊接等方法，这些方法虽然生产效率较低，却因为设备、模具等方面的投资成本低，均分到每件产品上的制造费用就降低了，生产成本由此而降低。

大批量生产毛坯时，必须采用先进的、高效率的机械化和自动化模式。虽然设备费用高，但是生产量大，均分到每个毛坯的成本不高。

此外，还应考虑企业的实际生产条件，尽量使用先进设备和先进加工方法。当本厂毛坯的造价高于专用设备生产厂家时，可以在保质、保量、按期交货的前提下，到专用设备厂家加工或外购毛坯，以达到降低成本，提高经济性的目的。

三、典型机械零件毛坯的选择

1. 轴类零件的毛坯选择

轴类零件的结构特点是轴向尺寸远大于径向尺寸。常用的轴类零件如图 9－4 所示。

轴是支承各类传动零件的重要部件，主要承受弯曲、扭转、拉伸等多种应力，并且多为循环应力。有时还需承受冲击应力，轴颈处和滑动表面需承受摩擦。因此，要求轴类零件具有较高的综合力学性能，交变载荷很大时还应具有抗疲劳性，局部应具有较高的硬度和耐磨性。

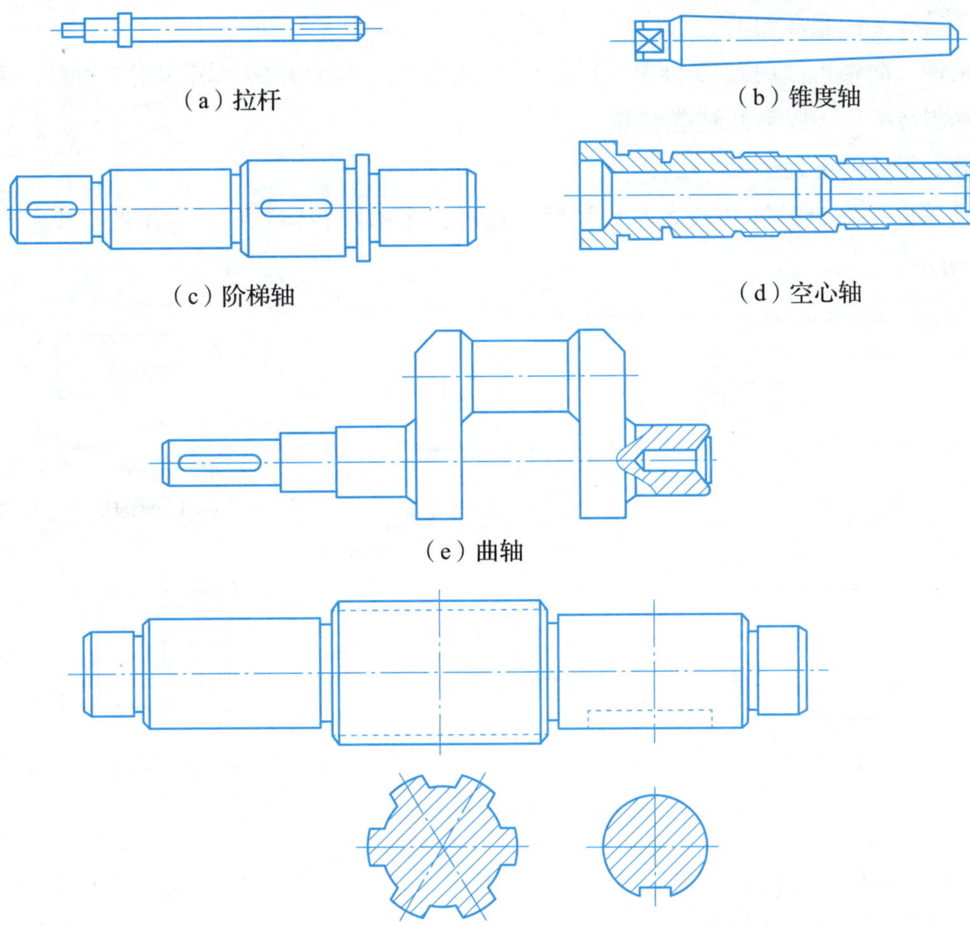

（a）拉杆　（b）锥度轴　（c）阶梯轴　（d）空心轴　（e）曲轴　（f）花键轴

图 9-4　常用的轴类零件

轴类零件最常用的毛坯是型材和锻件，一般采用锻造成形方法，同时安排热处理工序。

大多数轴选用圆钢锻造毛坯。对于小尺寸的轴，截面变化不大的或有变化但直径相差不大的一般轴，常用型材（热轧或冷拉圆钢）切削成形。对于直径相差较大的阶梯轴或承受冲击载荷和交变应力的重要轴，采用锻造成形方法制造毛坯。当生产批量较小时，采用自由锻造成形方法；当生产批量较大时，采用模锻成形方法。对于结构形状复杂的大型轴，可以用“铸－焊”或“锻－焊”组合方法成形。

轴类零件的毛坯选择实例：

（1）机床的主轴。

机床的主轴转速较快，一般承受转动冲击载荷，受弯曲载荷较轻，很少或不受磨损。所以选用中碳钢以锻造方法制造毛坯，并通过调质处理使其具有较高的综合力学性能。由于轴颈处以轴承支承，因此必须进行表面淬火以提高硬度和耐磨性。对于精度要求很高的精密主轴，可采用渗氮处理来减小变形。

（2）具有异形截面的轴。

凸轮轴、曲轴可以用 QT500-7、QT450-10、QT600-3 等球墨铸铁替代钢铁材料，采取铸造方法制造毛坯，以降低制造成本。

2. 盘类零件的毛坯选择

盘类零件是指直径尺寸较大而长度尺寸相对较小的回转体零件。常用的盘类零件如图 9－5 所示。

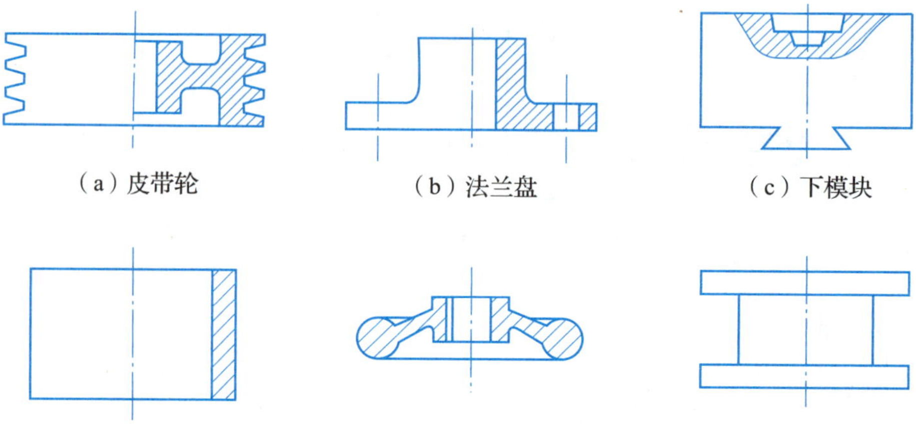

（a）皮带轮　（b）法兰盘　（c）下模块

（d）套筒　（e）手轮　（f）绳轮

图 9－5　常用的盘类零件

盘类零件的用途不同，所选材料和毛坯成形方法也不同。例如，手轮、带轮等受力不大，其毛坯可以选择铸铁材料采用铸造方法制造，单件 / 小批量生产时，可用低碳钢焊接而成。联轴器、法兰盘类零件的毛坯可分别用铸铁、铸钢材料采用铸造方法制造，或直接用型钢切削制造。圆柱齿轮的毛坯的成形方法是根据齿轮的材料、结构形状、尺寸、使用条件及生产批量等因素确定的，一般选用调质钢、渗碳钢，采用锻造方法制造。

对于尺寸较小，生产批量小，且性能要求不高的钢制齿轮，直接用热轧型材（圆钢）制造毛坯。对于尺寸较小，生产批量较大的齿轮，应采用模锻方法制造毛坯，以提高质量和生产效率。对于尺寸较大，生产批量小的齿轮，采用自由锻造方法制造毛坯。

对于尺寸很大的齿轮，不便用锻造方法制造毛坯时，可采用钢材铸造、锻造－焊接、铸造－焊接组合的方法制造。

盘类零件的毛坯选择实例：

（1）汽车变速箱齿轮。

汽车变速箱齿轮需要承受较大的冲击载荷，为满足结构形状和大批量生产的要求，材料选用 20CrMnTi 钢，以模锻成形方法制造毛坯。

（2）双联齿轮。

双联齿轮如图 9－6 所示，若是单件 / 小批量生产，为节约加工费用，可采用圆钢制造毛坯。对于性能要求很高的双联齿轮，需提高零件的组织性能，故采用自由锻造方法制造毛坯。若是大批量生产，则采用模锻方法制造毛坯，毛坯的形状可与零件极为相近，从而减少加工余量，降低材料损耗，节约机械加工时间，降低生产成本。

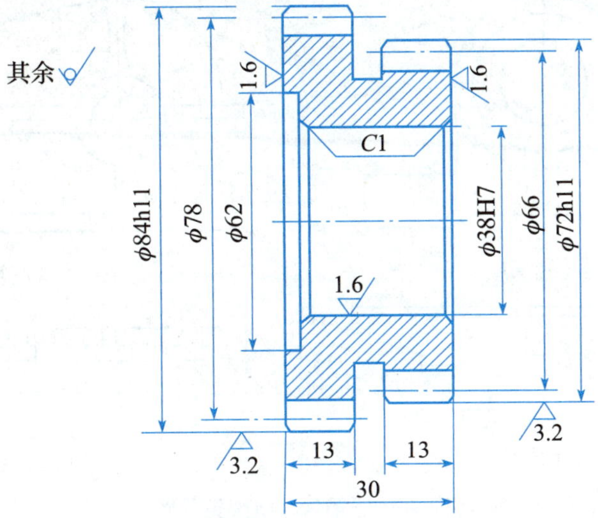

图 9－6　双联齿轮

（3）带轮。

带轮通过中间挠性件（各种带）传递运动和动力，承受的载荷比较平稳，因此一般选择铸铁材料，采用铸造方法制造毛坯。中小型带轮的毛坯一般选用铸铁材料 HT150，采用砂型铸造方法制造。小批量生产时，采用手工造型；大批量生产时，采用机器造型。对于直径很大的带轮的毛坯，为减轻其重量，可采用钢板，通过焊接方法制造毛坯。

（4）链轮。

链轮是以链条为中间挠性件来传递动力和运动，工作过程中承受一定的冲击载荷。链轮上的链齿与链条之间长期相互摩擦，链齿磨损较快。链轮的毛坯一般选用钢材，采用锻造方法制造。单件 / 小批量生产时，链轮的毛坯可使用型材，采用自由锻造方法制造。大批量生产时，一般采用模锻方法制造。从动链轮的毛坯可以用强度高于 HT150 的铸铁替代钢材，采用砂型铸造方法制造。

3. 箱体、机架类零件

如图 9－7 所示的箱体、机架类零件是机器的基础件，常见的有机床床身、齿轮箱、阀体、泵体、轴承座等，结构都比较复杂，工作条件差异较大。例如，减速器、汽车变速箱、机床主轴的箱体都是传动件箱体，主要承载各传动件及其支承件，要求具有良好的密封性和一定的强度和刚度。而机床床身、工作台等主要承受压力，要求具有良好的减震性和刚度；工作台面有相对滑动部分，还要求具有一定的耐磨性。泵体（如齿轮泵）、阀体（如液压阀）的主要功能是改变液体流动方向、流量大小或液体压力，也要求具有良好的密封性和一定的强度和刚度。发动机缸体的主要功能是保证内燃机正常工作，除了要具有良好的密封性和一定的强度和刚度外，还要求耐高温。

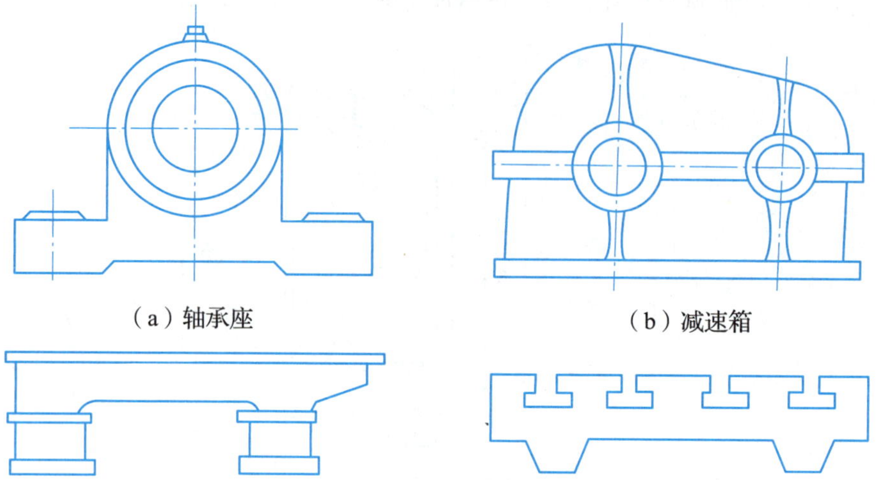

（a）轴承座　（b）减速箱　（c）床身　（d）工作台

图 9－7　箱体、机架类零件

大多数箱体、机架类零件毛坯采用砂型铸造成形。

对于形状较复杂、具有吸振性和机械加工性能的中小型箱体、机架类零件毛坯，批量生产时，一般采用铸铁材料铸造成形。对于尺寸精度要求较高的小型箱体、机架类零件毛坯，可采用特种材料铸造成形。对于受力较大且受力情况较复杂的箱体类零件毛坯，可采用钢材铸造成形。对于受力较小且要求自重轻的箱体、机架类零件毛坯，可采用铝合金铸造成形。对于形状简单、结构尺寸很大的机架毛坯，单件 / 小批量生产时，可采用钢板、型钢或铸钢组合焊接而成。对于结构尺寸小、受载荷小、形状简单的箱体毛坯，大批量生产时，可采用板材冲压加工而成或制件注塑成形。

职业能力训练

训练要求	请为图示的汽车后桥圆锥齿轮选择适宜的材料，安排合理的热处理工艺和加工工艺路线。 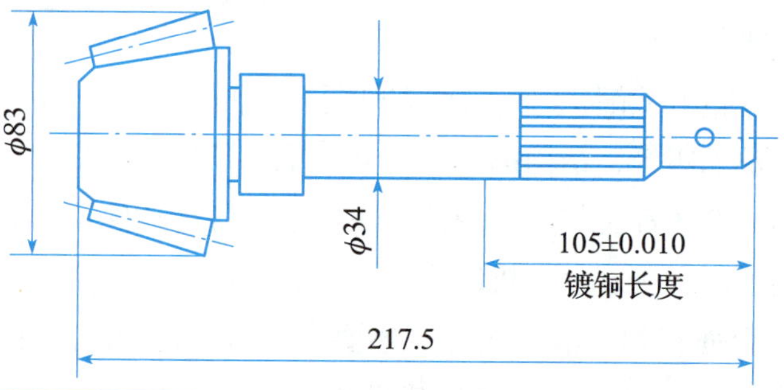

续表

训练目标	熟悉盘套类零件的常用材料及应用场合，能够选定适宜的材料；掌握典型零件的加工工艺过程，能够为典型零件安排合理的加工工艺。
实施过程	材料：20CrMnTi 钢。 分析：汽车后桥圆锥齿轮工作时承受的冲击、载荷较大，可选合金渗碳钢，以便使心部获得更高的冲击韧度，表层通过表面热处理获得高硬度。对于转速快、负载大、工作环境恶劣的齿轮，应进行渗碳、淬火、低温回火处理，以得到较高的硬度，提高轮齿表面的耐磨性。 性能要求：齿面硬度 58 ～ 62HRC，心部硬度 33 ～ 48HRC。 热处理：渗碳、淬火、低温回火，渗碳层深度 1.2 ～ 1.6mm。 毛坯加工工艺路线：下料→锻造毛坯→正火→切削加工→渗碳、淬火、低温回火→精磨。

复习思考题

一、选择题

1. 铸造性能是指金属材料经铸造变成优质铸件的能力，铸造性能由两方面衡量，即（　　）。

A. 金属熔融状态的流动性和金属冷却时的收缩性

B. 材料的塑性和变形抗力

C. 金属熔融状态的流动性和金属的吸气性

D. 金属的流动性和氧化性

2. 切削加工性能是指金属材料在切削加工时的难易程度。切削加工性能最好的材料是（　　）。

A. 低碳钢　　B. 中碳钢　　C. 高碳钢　　D. 合金钢

3. 在航空、航天领域，机械零件的（　　）是一个很重要的辅助要求。

A. 硬度　　B. 强度　　C. 重量　　D. 韧性

4. 对于同一部机器的零件，应尽量使用（　　）。

A. 较少的材料品种和规格　　B. 较多的材料品种和规格

C. 不同的材料品种和规格　　D. 不同的材料和毛坯

5. 对于形状较复杂的、有较好的吸振性和机械加工性能要求的、成批生产的中小型箱体和机架类毛坯，一般选用（　　）。

A. 中碳钢　　B. 低碳钢　　C. 铸铁　　D. 合金钢

6. 链轮的毛坯一般采用钢材锻造成形，大批量生产时采用（　　）。

A. 砂型铸造　　B. 自由锻　　C. 模锻　　D. 焊接

7. 汽车、拖拉机上使用的轴，其工作条件比较恶劣。不但受到很大的扭矩，还要遭受强烈的冲击载荷，经常变速，轴与齿轮之间的配合较差，致使轴的磨损加剧，因此应选择

（　　）制造。

A. 中碳钢　　B. 铸铁　　C. 合金钢　　D. 有色金属

8. 对于直径很大的齿轮，毛坯不便于锻造成形，可采用（　　）。

A. 铸钢或焊接组合成形毛坯　　B. 铸铁毛坯

C. 型材毛坯　　D. 铸钢毛坯

9. 对于结构形状复杂的中小型零件，为使毛坯形状与零件接近，应选择（　　）。

A. 铸造毛坯　　B. 锻造毛坯　　C. 焊接毛坯　　D. 型材毛坯

10. 重型汽车的半轴需选用（　　）制造。

A. 铸铁　　B. 淬透性不高的碳钢

C. 普通合金结构钢　　D. 淬透性较高的合金结构钢

二、简答题

1. 零件失效的主要形式有哪些？
2. 零件选材应遵循哪些基本原则？
3. 为什么重要零件的毛坯都选用锻件，而不选用铸件？
4. 常用的毛坯形式有哪几类？选择毛坯应遵循的基本原则是什么？
5. 轴类零件常用什么毛坯？
6. 零件失效的原因有哪些？

三、名词解释

失效　　使用性能　　工艺性能

参考文献

[1] 高美兰．工程材料与热加工基础［M］．北京：机械工业出版社，2021.

[2] 王英杰．金属材料及热处理［M］．北京：北京理工大学出版社，2021.

[3] 李占君．机械工程材料［M］．北京：机械工业出版社，2023.

[4] 丁德全．金属工艺学［M］．北京：机械工业出版社，2021.

图书在版编目（CIP）数据

金属材料及加工工艺 / 王真，吴明清，李艳侠主编 北京：中国人民大学出版社，2025. 4. --（新编 21 世纪高等职业教育精品教材）. -- ISBN 978-7-300-34120-0

Ⅰ. TG

中国国家版本馆 CIP 数据核字第 2025L726T3 号

新编 21 世纪高等职业教育精品教材 · 装备制造类

金属材料及加工工艺

主　审：李振明

主　编：王　真　吴明清　李艳侠

副主编：董征莲

参　编：苏成涛　张世亮　周兴蒽　方　雅　周　鹏

　　　　贾秋霜　王建立　徐　英　李高峰　王文广

Jinshu Cailiao ji Jiagong Gongyi

出版发行	中国人民大学出版社		
社　　址	北京中关村大街 31 号	**邮政编码**	100080
电　　话	010－62511242（总编室）		010－62511770（质管部）
	010－82501766（邮购部）		010－62514148（门市部）
	010－62511173（发行公司）		010－62515275（盗版举报）
网　　址	http://www.crup.com.cn		
经　　销	新华书店		
印　　刷	北京宏伟双华印刷有限公司		
开　　本	787 mm × 1092 mm　1/16	**版　　次**	2025 年 4 月第 1 版
印　　张	18	**印　　次**	2025 年 4 月第 1 次印刷
字　　数	373 000	**定　　价**	55.00 元